The Utility of Force
The Art of War
in the Modern World

ルパート・スミス
軍事力の効用

新時代「戦争論」

General Sir Rupert Smith
ルパート・スミス

監修
山口 昇
(防衛大学校教授)
佐藤友紀
訳

原書房

ルパート・スミス
軍事力の効用
新時代「戦争論」

目　次

第二部　冷戦という対立

第三部　人間《じんかん》戦争

監修者まえがき

本書はルパート・スミス元英陸軍大将著*The Utility of Force: The Art of War in the Modern World*の全訳である。一九九一年の湾岸戦争で英陸軍機甲師団を指揮したのをはじめ、輝かしい軍歴を誇る生粋の軍人の手になる原著を手にして、ぜひ日本語版が欲しいと思ったのは、筆者がまだ現役自衛官だったときのことである。陸上自衛隊研究本部長の職にあって、大きく変化する国際情勢の中で日本として備えるべき戦いの様相がどのようなものになるのか、また、広い意味での安全保障において軍事力がどのような役割を果たすべきなのか、ということを模索していた頃である。

「もはや戦争は存在しない」という書き出しに息を呑んだ。国民国家同士が、国力を総動員して戦う戦争、また、軍隊同士が国家の存亡をかけて戦い、戦いの結果がその後の情勢を決定するような戦争は起きないという意味である。ルパート・スミス将軍は、このことを「工業化された国家間の戦争（国家間戦争）」というパラダイムが終焉していると説明する。

一方、現在我々が直面しているのは「人々の間での戦争」というパラダイムであると喝破し、対立、紛争、戦闘の絶えない状況をこの新しい枠組みの中で理解しなければならないと指摘する。日本語版では「人間《じんかん》戦争」という造語を使った。読者は、この新しいパラダイムでの軍事行動がどのような特徴をもっているかということを、著者の深い歴史観と軍人としての豊かな経験というレンズを通して理解していくことになる。

本書を読み進める前に知っておいた方がよいことがあるとすれば、「対立」(confrontation)と「紛争」(conflict)という状態をどう考えるかという点であろう。これは著者の考えかたを知る上で鍵になる。「対立」とは、国家や国家の集団あるいはテロリスト組織といった主体が、敵対してはいるものの現実の戦闘には及んでいない状態であり、そこから一線を越して干戈を交えることになれば「紛争」状態に移行し、戦闘をともなうことになる。例えば領土問題のような伝統的な国益問題はもとより、宗教や民族の違いといった多様な問題が原因となって「対立」あるいは「紛争」といった状態が生まれる。このような「対立」や「紛争」が「国家間戦争」のような決定的な戦いの状態に発展する可能性は小さい。著者が指摘するように核兵器の誕生はその理由のひとつである。

したがって軍事力の使用をともないかねないような事象は、ほぼすべてのケースにおいて「対立」と「紛争」の間を往き来する。「紛争」状態を改善して「対立」状態にし、その「対立」状態を解消して平和を獲得するためには、長い年月にわたって様々な努力を積み重ねていかねばならない。バルカン半島やパレスチナだけをみても「対立」を「紛争」に発展させないためだけの努力や犠牲が大きいことがわかる。

このように「対立」と「紛争」との間を往き来する中にあって軍事力がどのような効用をもたらし得るのかという点が本書の底流にある。かつて「国家間戦争」においてそうであったように、相手の軍主力を撃破することによって自らの意思を強要するような決定的な役割を軍が果たすことはもうない。政治、経済、治安、司法などの多岐にわたる要素に関するシステムが軍事力とともに効果を発揮してはじめて成果が得られるからである。あるいは、著者が指摘するように、これらの政治や経済などのシステムが機能するような条件を設定し、維持するためだけに軍が配備され使用されることが大半だからである。

本書の底流にあるもう一つのテーマは、作戦や戦闘といった軍事行動に意味合いを持たせるのは政治だということ、すなわち、戦争を含む軍事行動はすべて政治に従属するという透徹した政軍関係観である。したがって、すべての論考が原点としているのは、クラウゼビッツがいう「政治的意図は目的であって、戦争は手段であり、そしていかなる場合でも手段は目的を離れて考えることはできない」ということである。本書は、時に軍の側が政治的意図から乖離した歴史上の教訓を挙げ、また逆に政治サイドが意図や目的を明確に示さないまま軍が投入された失敗を鋭く指摘している。現代における政治と軍事という視点からも学ぶ点が多い書である。

著者は、「国家間戦争」が終焉したこと、また「人間《じんかん》戦争」においては「対立」と「紛争」の間を往き来する過程を管理することが重要であること、さらに、そうする上で軍事力が果たし得る役割には限界があることを雄弁かつ丁寧に説明している。本書が現代を代表する戦争論と評されてきた所以である。一方、たとえば「紛争」を解決し、あるいは「対立」を緩和するために、軍事力を始めとする様々な力をどのように適用すればよいのかということは、本書が読者に問いかけた重大な課題である。これだけ鮮明な戦争論を示された以上、このパラダイムの中での戦略論を発展させるのは我々の使命である。

ところで、本書は三部構成であり、著者も指摘しているようにそれぞれを独立したものととらえても読みがいがある。第一部は「国家間戦争」の成熟過程を描いており、特にナポレオン戦争から第一次世界大戦にいたるヨーロッパの軍事情勢に関する記述は、欧州近代史に馴染みの薄い読者には啓発的である。第二部は「国家間戦争」のアンチテーゼとしてゲリラ戦や対反乱戦を扱っており、イギリスが体験したボーア戦争や第二次世界大戦後のマレーにおける対ゲリラ戦、フランスが体験したアルジェリア動乱などは日本人に馴染みの薄い軍事史の分野であり、新しい知識の宝庫である。第三部は著者の経験に基づいた「人間《じんかん》戦争」のケース・スタディである。本書のエッセンスが凝縮されているのはもちろんであるが、特に九章に描かれているサライェヴォの悲劇は、自身が国連軍司令官として経験した危機であり、アクション映画さながらに圧倒する臨場感を味合うことになる。

スミス将軍の書く英文は決して易しくはない。軍人だけが使う専門用語に満ちているだけでなくそもそも解説しようとしている概念そのものが複雑だからである。「国家間戦争」という、我々が深く意識したことのない概念をナポレオン時代にさかのぼりながら定義し解説した上で、「人《じん》間《かん》戦争」という新しいパラダイムを解説するための語彙を探しながら論理を組み立てるという大作業である。この難解な英文を解り易い文章に訳出してくださった佐藤友紀さんには大いに感謝したい。日本語版の中に堅苦しい読み辛さがあるとすれば、軍人らしさを表そうとした日本語版監修者である私の罪である。また、この書の意義を広く世に問うことに対する情熱を共有し、出版に賛同してくれた上で、忍耐強く監修の作業を見守ってくれた原書房の石毛力哉編集長には感謝し尽くすことができない。

山口　昇（防衛大学校教授）

はじめに

本書は、軍籍にあった期間と退役後に軍隊勤務時代を振り返った期間、つまり四〇年と三年の時間をかけて形になった。

一九九一年の湾岸戦争終結後から二〇〇二年に退役するまで何度も、本を書くつもりがあるかと尋ねられ、そのたびにノーと答えてきた。時には質問してきた相手に、どんな本を期待しているのかと尋ねると、「これまでいろいろな任務をこなしてきたのだから、面白い話がたくさんあるでしょう」といった返事があった。そうした返事から私は、軍隊勤務中に出会った人物にまつわる逸話や遭遇した事件のこぼれ話を年代順にまとめた読み物を期待されているようだ、さまざまな事件についてこれまでに出版されている本とは異なる観点から切り込めればなおいいようだと解釈した。しかし、たとえ自分の軍務を題材としての本を考えていたとしても、そのために確実な記録を残しておくようなことはしないできてしまった。

退役する直前、たしか「欧州防衛の独自性に対する見通し」というテーマでのセミナーに先立って開かれた立食パーティの席でまたこの質問が出た。片手にワイングラス、もう片方の手にサンドイッチをもち大勢の人に囲まれていた私は、とっさにいつもどおり否定的な返事をした。その場に居合わせたさる高名な歴史学者――その方の著書と見識には敬服している――が私の受け答えを耳にして、「今は書かないなんて言わない方がいいですよ。退役なさったら自分に対して報告書を書かれるといい。他の人に読んでもらうために書きたい材料があるかどうかわかりますから」と言ってくれたのだ。それ以来、私はこのアドバイスについてじっくり考え、自分に対して報告書を書いてもいないのだけれども、本を書くとしたらどんな内容にしようかあれこれ考えるようになっていた。

何について報告すればいいのだろうか？　私が任務についていた時と場所について、まだ記録になっていないものがあるとして、何を語るべきだろうか？　注目すべき出来事が生じた場合にはいつも、それに関する重要な事柄――状況、取られた行動、装備あるいは装備の不足等――についてては私や他の人たちが報告書を書いている。どうして自分がまた繰り返して書く必要があるのだろうか？　それとも、故意かどうかはともかくとして、何か言わないでいたことがあっただろうか？　こうした思案がゆっくりと報告書に変わっていった。

ある政治的目的のもとに、ある軍事的目標を達成するべく派遣されるのだが、私や一緒に派遣された人たちは、成功を収めるためには自分たちの行動方式を変えたり部隊を編成し直さなければならないというのがいつものことであった。そうしなければ、自分たちの軍事力を効果的に行使することはできなかった。長年の経験から、私はこれが当たり前なのだと思うようになった――どんな作戦においても欠かせない作業なのだと。四〇年に及ぶ軍隊生活、特に最後の一二年を終えて、紛争や戦争に対処するうえで避けることのできない非常に重要なこの現象についてどう考えればよいのか理解できるようになったと思う。このように現実の状況への適合を迫る要因となるものは、敵の意志決定がどのようなものなのか、自分たちの軍事力行使の目標は何なのか、自分たちはどんな方法あるいは要領で軍事力を行使するのか、自分たちが利用できる戦力や資源はどんなものなのか——特に同盟国と協力して軍事行動する場合——といった事柄である。こうした適合を適切に行うには、その軍事行動の政治的背景とその枠内での軍隊の役割を理解することが要求される。政治的背景が理解され、適切な適合が完了してはじめて、その軍事力は効用のある使い方をされ得る。

右記の文脈のなかで私が取り上げているのは、国家の存亡を賭けた戦争に関して昔から言われていることではない。はっきり言うと、昨今の軍隊は国家の存亡を賭けた戦争に備えているのではない。彼らは往々にして、自分たちが想定してきている戦争とは違った戦いに駆り出されている。これは、通常各国政府が危険な存在になると懸念される脅威に対して手を打つことを専らとし、敵はこちらの強力なところではなく弱いところに仕掛けてくるという状況になっているせいでもある。例えば、一九九〇年に湾岸に展開していた時期、我々イギリス軍は一九六〇年代末以降のイギリスの防衛政策が対象としてきた守備範囲の外にあたる環境に身をおくことになった。その結果、はっきりわかったことは、非常に旧式の装備だけが砂漠でも動作するような設計になっていたということだった。購入時期が新しい装備は、冷戦という大きな対立に関連する戦闘の概念のなかで、北西ヨーロッパでのみ機能するようにつくられていた——だから、砂漠での交戦に欠かせないサンドフィルターがどの装備にもついていなかった。冷戦時に予想された大がかりな筋書きでは、NATOの指揮下に動員される西側諸国の陸軍は前方防御を受けもち、アメリカが主力を占める空軍はワルシャワ条約機構軍の縦隊およびソ連中心部をまず通常高性能爆弾で、続いて核兵器で攻撃するというものであった。これは総力戦であり、我々はそのために編成されており、補給、整備、医療支援の分野では特にそうだった。しかし、一九九一年の湾岸戦争での我々の目標は限定的なものであった。あの戦争は総力戦ではなかった。そのうえ、イギリス軍はアメリカ軍が主力となっている同盟軍のなかの小規模なパートナーとして展開しており、NATOが長い年月をかけて進化させてきた政治的管理・統制という仕組みがこの同盟軍には欠けていた。我々にとって好ましい面もあった。それは、イラクの将軍たち――サダム・フセインだけだったかもしれない？――がアメリカ軍やNATO軍の戦法の強みの多くが生かされるような戦い方と地形を選んだことである。特にアメリカ軍やNATO軍の空軍力が活躍できるような戦いとなった。それゆえ、そのような環境においては、我々の手段と編制を状況に適応させることが必要だったわけで、陸上戦およびその支援に携わる人々に重点をおきつつ、空における我々の強みを生かした戦いを続けたのである。

軍事力によって達成すべき目標が、事前に想定していたものとは異なる場合も、適合が必要になる。湾岸戦争の場合、これは必要なかった。なぜなら、軍事力を実際に行使する目標が、案に相違して、ヨーロッパにおける軍事力行使を想定していた際の目標によく似ていたためだ。ヨーロッパにおけるソ連の作戦機動部隊群を破壊するという目標は、サダムの共和国防衛隊を撃破するという目標にほぼ等しいものであった。それゆえ、北西ヨーロッパでの戦術的戦闘に対する準備の大部分はイラクにも適用できた。しかしながら、軍が編成され訓練された時に想定していたのとは異なる目標を達成するべく運用される場合――例えば、セルビアのミロシェヴィッチ大統領に圧力をかけてコソヴォを国際的な管理下に移行させること等――は問題である。このような目標の変更は戦闘の性質に影響を与えるものであり、その状況に適応した軍事行動をとること、すなわち新しい作戦の方式をとることが要求され、指揮の手順や編制を変えることも必要となる。目標変更の極端な例は、北アイルランドにおけるイギリス軍の任務に見出せるだろう。北アイルランドでイギリス軍は、現在警察隊を支援する形の軍事行動をとっている。実際、イギリス軍の専門用語では、この種の軍事行動は文民部門に対する軍の支援という項目に入る。このような軍事行動は大英帝国時代に始まり、帝国衰退期にはしばしば実践されたという長い歴史を有している。このことは、イギリス軍にとって戦術上の方式や編制における多くの改変は常態化しており、改変が必要な状況と判断された場合には適切な改変が行われるようになっていることを意味していた。言い換えれば、イギリス軍は軍事作戦の実をあげるべく、つねに適合してきている。けれども、北アイルランドにおける活動期間を通してずっと、イギリス軍はほぼ同じ組織を維持し、その時々の軍事作戦ごとに軍隊の構成や部隊を改造していた。我々の教義は、適合が有効であったことを説明するのではなく、基本的な組織を正当化するために使われてきた。

どこの国の軍隊も思い切った変革が必要だという状況に直面している。特にＮＡＴＯ諸国やワルシャワ条約機構諸国の軍はそうだ。しかし、一般に議論されているものは、科学技術、数、組織をめぐる問題であって、各国の軍隊はいかに戦うべきか、そしてどういう目的で戦うべきかをめぐる議論ではない。

私は長年、軍事力の行使を訓練し実行することについて考え続けている。私が本書において報告しなければならないことは、自分たちの目的を達成するべく軍事力の使用を検討し、それから軍事力の使用を実行するにいたるまでの取り組みについてである。本書を書いているこの時代は、世界的規模での安全保障が問題になっている時代である。軍事力はさまざまなシナリオのなかで検討され、あるいは実際に、しばしば同盟諸国と連携して、行使されている。例を少し見ただけで、こうしたシナリオの複雑さがわかる。テロ、大量破壊兵器の拡散、平和創造、平和維持、大規模な人口移動の管理、環境保護、希少資源――エネルギー、水、食糧等――の供給確保などである。探せば目立たない例はもっとたくさんあるだろうが、要点は変わらない。すなわち、軍事力が、もともと軍事力の用途として想定されていないさまざまな問題において、解決策、あるいは解決策の一環とみなされているのだ。

私は一九六二年に軍に入り、一九六四年に将校に任命された。それゆえ理論および訓練において私は、冷戦に必要と思われていた《国家間戦争》遂行機構のなかで育ってきた。それにもかかわらず、おそらく一九九一年の湾岸戦争での経験を除いて、私が関与し指揮をとった軍事作戦は、いずれも《国家間戦争》ではなかった。その結果、私は長年にわたり、解決策を求めるさまざまな局面に対してそれぞれに応じて構成を変更した軍隊を投入してきた。特に四〇年に及ぶ軍隊生活の最後の一〇年間は、一九九一年の湾岸戦争におけるイギリス軍機甲師団を皮切りに、一九九五年のボスニアにおける国際連合保護軍（UNPROFOR）、一九九六年から九八年にかけては北アイルランドでのイギリス軍に身をおき、そして一九九八年から二〇〇一年にかけては全欧連合軍副司令官を務め、多くの主要な国際戦域において上級指揮官として働いてきた。北アイルランドの場合を除いて、他国の軍隊、もっとも多い時でNATOや提携国合わせて一九カ国、を指揮していた。すなわち、国連保護軍の場合、NATO関係国の他にバングラデシュ、マレーシア、ロシア、ウクライナ、エジプトからの分遣隊を含んで一九カ国であり、各軍隊にはそれぞれの国あるいは国際機関を代表する将校たちが指揮官としてついていた。そのうえ、総指揮官としての私の参謀チームにはパキスタン、ロシア、オーストラリア、ニュージーランドを含む他国の参謀将校が加わっていた。私は国家相手だけでなく非国家相手の戦争も指揮してきた。後者は昨今の軍事作戦行動において主要な相手となってきている。これらの国際的な軍務は大変であったけれども、同時にこのおかげで、世界中の多くの国の軍隊の力と能力について、その非常に卓越したものを含めて、詳細に知ることができた。

一九九二年から九四年にかけて私は、国防参謀次長としてイギリス軍の全作戦を監督する立場にもあった。この間、九〇年代における自分自身の配備先でずっとそうだったように、軍事力をもっと効果的に適用するべく、全般的な政治的目標を達成することに関わっている人たちと緊密に連絡をとりながら仕事をした。要するに、私に与えられている命令はどれもかなり政治的色彩の濃いものだったので、外交官や政治家、国連その他国際機関の行政官や職員と連携して仕事をしていたのだ。このように国内外における文民による意志決定プロセスを深く理解したのちに、各地の司令部での任についた。そのおかげで、既存の軍隊の編成がその軍隊に課せられた作戦行動に適応していないことをはっきり理解するようになった。同様に、軍の編成とその運用に関する既存の理論と明らかになってくる現実とはひどくかけ離れているということがはっきりわかるようになった。私にとっての戦争の世界は、そこにおいて文民組織と軍部組織とがそれぞれに異なる段階で異なる役割を果たすという世界ではもはやなくなっていた。この新しい状況はつねに政治的事情と軍事的事情とが複雑に結合したものである。しかしながら、この二つがどのようにして絡み合うようになったのかについての理解はほとんどないように見える。さらにまた、軍事部門における実務家の視点から見てもっと深刻な問題は、事態が進展するにつれてこの二つがどのようにして絶えずお互いに影響し合うのかについての理解がほとんどないように思われることだ。そこでは、この問題の理解に努めることを司令部における私の最優先課題とした。こうしたことをいろいろと熟考するうちに、我々は紛争の新しい時代――要するに新しいパラダイム――にいるのだと気づいた。私はこれを「人々の間での戦争」――《人間《じんかん》戦争》と呼ぶことにした。すなわち、そこにおいては政治的な展開と軍事的な展開が密接な関係をもって進展する戦争である。軍務を果たすうえでこの理解は大いに役立った。退役後に、在職中の出来事を思い起こしていた時期、自分自身に対する空白のままの報告書の背景にあったのはこの仮説的な考えである。結局、本書においては、前述の政治的事情と軍事的事情の二つが溶け合っている。

本書は、いかにすれば軍事力はより大きな効用をもって行使され得るのかということを明らかにする目的をもって書かれたものである。観念的な議論と実際的な議論の両方が述べられている。はっきり言えば、実際的なことをどうしても強調したかったのである。私の軍務経歴は、あらゆるレベルの司令部におけるさまざまな状況下での実際的な経験であった。この点は重要だ。なぜなら、理論と一緒に軍事力行使の現実的な面、および軍事行動や戦闘の現実も理解する必要があるからだ。もっとはっきり言うと、このことがわかっていないと往々にして紛争に対する理解の欠如を招いてしまうのだとわかってきた。政治家たちは軍が自分たちの要求に応ずることを期待しており、これは当然のことである。しかし、彼らは事態の概念的な事柄についてはもちろん、実際的な事柄についての理解もなしにそのような期待をもつことが多い。軍事力を今後も使い続け、そしてその効用を保ち続けるつもりであれば、こうした状況を変えていく必要がある。

本書は、さまざまな発展を時系列的に追っているが、権威ある正確な歴史書というわけではなく主題についての論考書である。三部構成になっているがそれぞれ詳細なエッセーとして読むこともできるし、三部あわせて多面的な考察として読むこともできる。包括的な話だとは主張しない。そうではなくて、私が長年いた世界についての、私が与えられ使うよう訓練された手段と方法についての、私が経験した対立（confrontation）や紛争（conflict）についての、そしてそのなかで私が最終的にたどり着いたさまざまなアプローチについての、私自身の考察である。私は、全体としての軍隊について言及するか、あるいは、必要な時には陸海空の個々の軍に言及するかのどちらかをはっきりさせるよう努めた。しかし、その過程で、「army」という言葉を陸・海・空軍のすべてに対する集約的な意味で用いている箇所があるかもしれない——その場合、海軍と空軍に対して心よりお詫び申し上げる。また、全ページを通じて男性代名詞を使っているが、あくまでもわかりやすさを考えてのことで他意はない。本書は完成された研究論文というわけではないので、出典についての詳細は割愛した。事実や人物や過去についての物語風の話は、分析やテーマについての例としてのみ入っており、厳密な引用をしたところのみ出典を明記している。また、専門用語の問題もある。軍事力や軍事力の行使は、かなりの広がりをもつテーマであり、専門用語を使わずに論ずることは難しい。しかしながら私の見解を多くの読者に提示したいと思い、なるべく軍隊用語や専門用語を使わないよう心がけた。とはいえ使わざるを得ない場合もあった。特に序論のところがそうだ。この序論は以下の各章において取り上げる話の内容の基盤となるものであり、ある程度専門的なものになっている。このような問題に興味のない向きには、ジョージ・オーウェルが読者に贈ったすばらしい助言を贈りたい。彼は自分の作品である『カタロニア賛歌』のなかに政治的な考え方や軍事的な考え方が混ざり合っていることを読者に説明し、以下のような助言をしている。

党利党略の恐ろしさに関心がなければ飛ばしていただいてかまわない。まさにこの恐ろしさを伝えるために、私は各章に政治的な話を入れるようにしているのだ。しかし、スペイン内乱を純粋に軍事的な視点から書くこともまた完全に不可能なことである。スペイン内乱は何よりもまず政治的な戦争なのだ。

最後に、本書は学問的な研究論文ではなく解説書であるということを強調しておきたい。そのうえで一読をお勧めする。

そもそも執筆に気乗りがしなかったのは、一つには記憶というものを信用していないからだ。自分の記憶についても他人の記憶についても。故意に嘘を言うと言っているわけではないが、ある出来事が起きて、その結果を知っている場合、我々はその出来事の以前にもっていた情報やくだした決定を、結果に照らして整理し直し、新しい解釈を施す傾向がある。このいかにも人間らしい特質は、車を破損したあとで保険金支払い請求書に記入した経験のある人にはよくわかるだろう。これはまた、「成功には一〇〇〇人の父親がいる。だが、失敗は孤児だ」という現象にもつながる。このことを心に留めて、記録資料を提供するためではなく自分の主張を例証する目的で、自分の記憶を援用したことを強調しておかなければならない。そして、当時私と一緒にその場にいて、私とは違った記憶をもっている方たちには、このいい加減さを我慢してくださるようお願いしたい。

私は長年にわたり多くの人——文字どおり何千人もの人——と出会い、一緒に仕事をする特権を与えられてきた。彼らは、知ってか知らずか、私が軍事力および軍隊について理解を深めるのに貢献してくれた。そうした方々全員に感謝している。また、軍事力によって我々の意志を敵に押しつけるべく努めていた時に、私の指揮に従って動いてくれた人たちに本書を捧げたい。また、私のいろいろな見解や構想は、多くの幕僚大学、学術協会、公開討論会における講演を通して紹介し発展させてくることができた。そのような機会を与えてくださったこれらの諸機関にも感謝申し上げる。

本書を出版するに当たっては多くの方にご支援をいただいた。弁舌さわやかでテキパキとした研究者のウィルフレッド・ホルロイドは、膨大な歴史を淡々と調べてくれた。初期の原稿を読んでくれた忍耐強い友人たちにも感謝したい。彼らのコメントと激励のおかげで修正できた。特にデニス・ストーントン、ジョン・ウィルソン、クリス・ライリー、ローラ・シトロンは執筆作業が追い込みに入った大事な二カ月間、健全な家庭を維持できるよう助けてくれた。だが、間違いや誤判断があればそれはすべて私の責任だ。ナイジェル・ハワード教授には大変お世話になった。一九九八年に開催されたセミナーでは、対立の分析やゲームの理論についてお話をうかがい興味をそそられた。セミナー終了後にお話しさせていただいたおかげで、自分の考えやそれまでに得た教訓を首尾一貫した体系にまとめることができ、また自分の経験を理論モデルの枠内で理解することができ、それによって経験をさらに生かせるようになった。代理人であるマイケル・シッソンはどんな時もこの企画の価値を信じてくれた――人に見せても恥ずかしくないものになるまでに時間がかかりはしたが。アレン・レーン社では代理編集者のスチュアート・プロフィットがつねに気持よく支え助言してくれた。これは本書をつくるうえで大いに役立った。リズ・フレンド＝スミスはスチュアートやペンギン社と円滑に連絡をとり、原稿を見事に推敲してくれた。単独で読んでも面白い包括的な索引を作成してくれたジョン・ノーブルにも感謝したい。大事なことを一つ言い残したが、本書が形になったのはパートナーであり作家、歴史家、ジャーナリストであるイラナ・ベテルがいたからこそである。この企画に対して熱意をもち、代理人にすら愛想をつかされた原稿について出版社から契約を取りつけ、その後原稿を書き上げ面倒な校正が終わるまでずっと我々を励ましてくれた。彼女の才能、知識、分析能力と分析的な識見、そして我々の討議にたいする貢献は、どのページを開いても明らかである。

序論——軍事力を理解する

もはや戦争は存在しない。対立、紛争、戦闘はたしかに世界中に存在しており——特に目立つのはイラク、アフガニスタン、コンゴ民主共和国、パレスティナ自治区におけるものだが、それらだけではない——、また権力の象徴として用いる軍隊を相変わらず保有している国家も存在している。それにもかかわらず、大多数の一般市民が経験的に知っている戦争、戦場で当事国双方の兵士と兵器のあいだで行われる戦いとしての戦争、国際的な状況のなかでの紛争における決め手となる大がかりな勝負としての戦争、こうした戦争はもはや存在しない。

以下のことをよく考えてもらいたい。世界に知られている最後の本物の戦車戦——双方の軍の機甲集団がそれぞれ砲兵、空軍の支援を受けながら互いに機動し、隊形を組んだ戦車が決定的戦力となる戦い——は一九七三年のアラブ・イスラエル戦争（第三次中東戦争）においてゴラン高原およびシナイ砂漠で行われたものである。それ以来、まず北大西洋条約機構（ＮＡＴＯ）の諸国、続いてワルシャワ条約機構の諸国によって何千両もの戦車が建造され、購入された。冷戦として知られる長期にわたる国際的緊張状態が一九九一年に終結した時点で、ＮＡＴＯ同盟諸国は二万三〇〇〇両以上、ワルシャワ条約機構諸国はおよそ五万二〇〇〇両の戦車を保有していたと推定されている。だがこの三〇年間、機甲集団は、空軍や砲兵を支援するため――一九九一年の湾岸戦争や二〇〇三年のイラク戦争あるいは二〇〇〇年にチェチェン共和国で起きた戦争でのように――投入されるか、さもなければ――現在（アメリカ軍の完全撤収は二〇一一年一二月一四日であり、本書が書かれた時期は二〇〇四年頃）イラクにおいて多国籍軍が、あるいは占領地でイスラエルが行っているような市街地戦闘において――歩兵部隊を支援するための防護力の高い車両として、小規模の戦車部隊の形で少しずつ投入されているかである。しかし、この三〇年、戦闘によって決定的な結果を得ることを目的として編成された戦争機械として戦車が活用されたことはない。さらに言うならば、今後もありそうにない。機甲集団が活用され得る、また、活用されるべき戦争はもはや現実的ではないからだ。だからと言って軍隊や兵器を保有する大きな組織同士の大規模な戦いがもはや不可能だというわけではない。大規模な戦いが起きるとしても、それは計画の段階でも遂行の段階でも「国家間の工業化された戦争」ではないということだ。もはや《国家間戦争》（Inter state industrial war、国家間による産業・工業化された戦争）は存在しない。

今やこの現実は、緊急展開可能な軽装備の軍隊を主張する一部の軍事計画立案者にも認められている。しかしながら、彼らのそのような主張はだいたいにおいて現代戦の様相を反映してはいるものの、すでに時代遅れとなった戦争に関する概念の枠内にとどまっている。しかし、ここで大事なことは、戦争の概念そのものが変わってしまったということである。すなわち、戦争は新しいパラダイムへと転換したのである。

二〇〇一年の九・一一の事件以降、サミュエル・ハンチントンの「文明の衝突」理論について多くの議論がなされている。この議論はテロリストの動機や身の毛がよだつような活動と折り合いをつけようとする時に有益だ。しかし、我々が生きている世界に対するこれらの真の影響を理解するためには、そして、戦争の土台となっている考え方がいろいろな観点から眺める時にどれほど変化してしまっているのかを理解するためには、間違いもなく、トーマス・クーンの科学革命論を当てはめる方が役に立つだろう。クーンは次のような指摘を行っている。科学者たち――ここでは軍事的な事柄について考えている人たち――のコミュニティーはどれも、そのコミュニティーにおいて堅く支持されている一連の定説的考えの枠内で行動しており、そのような定説を破壊するような目新しい考えを抑圧するまでになっている。そして、定説では説明しきれない例外的なものが、ついには、科学活動の既存の慣行を打倒するにいたって、科学的思考の枠組みの転換が起こる。これは一つの革命であり、クーンが「パラダイム・シフト」と呼ぶものである。パラダイム・シフトは新しい仮説と古い仮説の再構築との両方を必要とする――パラダイム・シフトが激しい抵抗にあうのは主としてこの後者のためである。

戦争についてじっくり考えてみると、我々が今問題にしているパラダイム・シフトは一九四五年の核兵器登場とともに始まったものであり、そして冷戦――この呼称は大きな歴史的誤称である。冷戦は戦争ではなくむしろ長期にわたる対立だ。しかし、わかりやすくするためにここでは慣例に従う――が終結した一九八九年から九一年に支配的になってきた。核兵器の登場によって、決定的な結果を狙う《国家間戦争》は事実上不可能となった。はっきり言うと、冷戦は相互確証破壊（ＭＡＤ）という概念の枠内で行われていたのである。それにもかかわらず、この概念を支持する戦略計画立案者たちは、《国家間戦争》という古いパラダイムの枠内で軍隊を発展させてきた。しかし、同時に、ヴェトナムやアルジェリアでの戦争のような《国家間戦争》ではない戦争も、同じ軍隊で戦った。近年、非国家組織を相手とする「工業化されていない戦争」はますます増えてきている。言い換えれば、クーンが言うような例外的な状況は一九四五年には起きていたのであり、政治指導者や軍首脳部はそれを事実として認めたが、軍事計画立案者たちはその真の重要性を認めようとしなかったのである。彼らにとっては、そうするより他に選択肢はなかった。というのも、MADは、終末的な総力戦が確実に起きるという見通しを大前提としていたからである。冷戦の終結は、長いあいだ潜んでいた新しいパラダイムを暴露したが、必ずしもそれがどういうものか理解されたわけではなかった。実際、冷戦終結を受けての過去一五年間における軍隊の編成や資源の展開に関する議論は、だいたいにおいて古いパラダイムのなかで行われてきている。

もうそろそろ戦争に関するパラダイム・シフトが間違いなく起きたことを認識してもいいだろう。互角の兵力を有する両軍が戦場で戦うという戦争から、規模の異なる戦闘部隊——軍隊とはかぎらない——がさまざまな兵器——間に合わせである場合が多い——を用いて戦う戦略的対立へと変わったのだ。古いパラダイムは、《国家間戦争》というパラダイムである。新しいパラダイムは《人間《じんかん》戦争》（War among people、人々の間での戦争）というべきものであり、これが本書の背景である。

パラダイムという言葉は、通常は立証された模範・範例の類義語として使われているのであるが、今の時代のちょっとした流行り言葉になっていることは承知している。誤解がないように言うと、私はパラダイムという言葉をその意味では使っていない。むしろクーンが定義したような「一般に認められた科学的業績で、一時期の間、専門家に対して問い方や答え方のモデルを与えるもの」（『科学革命の構造』中山茂訳）という意味で使っている。《国家間戦争》というパラダイムは、そのような意味をもつものとして軍事畑や行政畑において明らかに役に立ってきている。だが、そろそろ同じように《人間戦争《じんかん》》というパラダイムを理解してもいい頃である。《人間戦争《じんかん》》という表現は、昨今起きている戦争に類似した状況に対する図式的な描写であり、また概念的枠組みでもある。両軍が戦闘を行うための人里離れた戦場もなければ、どちらの側にも軍隊が必ずしもいるとはかぎらない、という事実を反映している。はっきり言っておくが、これは非対称戦争ではない。私が嫌いなこの言葉は、通常国家が非従来型武装勢力によって脅かされる状況を説明するためにつくりだされたものである。しかし、そのような状況においては、従来型の軍隊であっても、やり方によってはその脅威を抑止することもできるし、それに対応することもできる。《人間戦争《じんかん》》はそれとは異なる。《人間戦争《じんかん》》は、路上や家屋や田畑にいる人たち——あらゆる場所にいるあらゆる人たち——のいるところが戦場であるという現実を表現する言葉だ。武力衝突はどこででも起こり得る。市民の面前で、市民に対して、そして市民を守るために。一般市民は、標的であり、獲得されるべき目標であり、同時に対戦相手でもある。しかしながら、《人間戦争《じんかん》》は非対称戦争ではない。なぜなら非対称戦争はパラダイムの転換とはまったく無関係なものだからである。戦争を実行すること、すなわちその「真髄《アート》」は、敵に対するある種の非対称を獲得することだ。非対称戦争という呼称は、私からすれば、敵がこちらの主力を避けて行動し、それゆえこちらが勝利することはないということを認めることを避ける遠回しな表現として提案されたもののように思われる。そのようなことであれば、戦争の名前ではなくて戦争の型がもはや適切でないということなのだろう。すなわち、パラダイムが転換したのだ。

国民国家、特に西側諸国やロシアだがそれ以外の国も、みな従来どおりに編成された軍隊をそうした戦場に派遣し戦わせている——戦争をしている——が、勝利できずにいる。実際、ここ一五年間ほどのあいだ、西側同盟諸国の軍やロシア軍は、世界各地で交戦状態に入ったが、あれやこれやで目論んだ結果を見事なまでに得られずにいる。要するに、戦争を始める原因となった問題、たいていは政治的なものだが、それを解決するような軍事的に決定的な勝利を収められずにいる。これは基本的に軍隊を展開することと軍事力を使用することのあいだにある深い永続的な混乱のせいである。

多くの場合、軍隊は展開されるが、その後軍事力は使用されていない。バルカン半島における国連軍がいい例だ。一九九五年までにバルカン半島には何万という兵力の国連軍が主としてクロアチア、ボスニアに駐留していた。しかし、国連軍は同軍のバルカン半島派遣の根拠である国連決議により、武力行使を禁じられていた。一九九五年、ボスニア駐留国連保護軍の司令官として、私は国連および各国の首都で広く上層部の人たちに多くの時間を費やしてこの問題を説明しようとした。二万を超える軽装備の部隊を交戦中の集団のただなかにおいておく状態は、戦略的に維持することは難しいし戦術的に不適切である。すなわち、そこに駐留するだけでは何の役にも立たない。つまり、私をここの司令官として任命した国連関係者たちによく言ったのだが、一方の盾となることは他方の人質になることなのだ。

他の場合には、軍事力は使用されているがその効果はないも同然であった。二〇〇三年の戦争に先立つ数年間のイラク上空の飛行禁止区域がそうだ。メディアの目の届かないところで多国籍空軍は疑惑の標的を繰り返し攻撃していた(これは一部のパイロットの間では「気晴らしの爆撃」として知られていたようだ)が、サダム・フセイン体制がもたらす継続的な恐怖が減ることはなかった。一九九一年の湾岸戦争や二〇〇〇年のチェチェン共和国のように大規模な軍事力が行使された場合もあるが、その結果は決して戦略的に決定的なものではなかった。軍事作戦そのものは成功したが、主要な戦略的問題は解決されないままだった。また別の場合には、軍事力がその手段と目的を同盟国や一般社会に説明するのが難しいような方法で適用されたこともある。一九九九年のコソヴォがそうだ。ミロシェヴィッチに軍をコソヴォから撤退させるために始めた空爆は当初一週間程度で終わると予想されたが七八日間続き、最終的にはコソヴォではなくてセルビア内の民間のインフラへの攻撃を伴うようになった。民間のインフラだと思ったものがベオグラードの中国大使館だったと判明したことさえあった。この誤爆により私は北京の報道機関から個人的に非難された。あるいは、二〇〇三年のイラク戦争がそうだ。この戦争は戦いが始まる前から同盟国のあいだに不和・対立をもたらし、その状態は今日まで続いている。実際の軍事作戦は短期間で終了したが、その余波と市民生活における混乱は長く続き始末に負えなかった。

いずれの場合も軍事力は局所的には軍事的成功を収めたかもしれないが、その成功は政治的に好ましい展望を生めない場合が多かった。決定的な勝利がないのだ。要するにこの一五年間、政治家、行政官、外交官、陸海空軍の将官たちは、軍事力を効果的に行使することにも自分たちの意図および行動を説明することにも難儀してきているのだ。例えば、二〇〇三年から〇四年におけるイスラエル軍は、イラクで多国籍軍が苦労したのと同じような問題に取り組んでいた。このイスラエルに特有の問題は、戦争のパラダイムが変化した一方でそれを認めようとしない抵抗が続いた結果である。政治家や兵士たちは相変わらず古いパラダイムの観点から考え、従来どおりに構成された軍隊をその目的のために行使しようとしている――が一方で、敵と戦闘様相は変貌したのだ。その結果、その軍事的努力の効用は微々たるものになってしまっている。軍事力は大規模で堂々としたものかもしれないが、要求された結果をもたらせないでいるし、当然持っていると思われている能力にふさわしいどんな結果も出せないでいる。軍隊の展開と行使との違いについての理解不足と同様、これは軍事力の効用についての理解不足を反映している。これこそが議論すべき核心問題であり、本書の主題である。

この考察は軍事力に関する議論から始めるのがいいだろう。軍事力に関する議論は、戦争のあらゆるパラダイムで共通しており、また残念ながらしばしば誤解されているからだ。作戦戦域においてであれ二人の兵士のあいだの小競り合いにおいてであれ、軍事力はあらゆる軍事活動の基礎である。それは破壊の物理的手段――弾丸、銃剣――と、それを行う主体を合わせたものである。大昔からそうだ。実際、軍事力の本質とその軍事的用途は現在も聖書、孫子の『兵法』、ギリシア神話、ノルマン神話、そして戦闘や戦争について書かれているあらゆる歴史書のなかで描写されているものとまったく同じである。

軍事力が行使された場合にすぐにあらわれる効果は二つだけだ。すなわち、それは人を殺し、物を破壊する。この死や破壊が、軍事力の行使が意図した何よりも重要な目的、すなわち政治的目的を達成するのに役立つかどうかということは、標的や目標の選択によって決まるものであり、すべてはその軍事行動のより広い背景のなかにある。それが軍事力の効用の真の尺度である。したがって、軍事力を有効に行使するには、自分の行動の背景についての理解、達成されるべき結果についての明確な理解、軍事力を行使する地点や目標の確認が必要である。そしてこれらと同じように重要なことは、行使されている軍事力の性質についての理解だ。がけ崩れによる土砂・岩石を道路から取り除かねばならないという状況を想像してもらいたい。目標は大量の岩石である。背景は地滑りが起きやすい周囲の丘陵地帯で、そこにある村落および付近の電気・水道・ガス等の基本設備も含まれる。達成すべき結果は、障害物のない道路であり、できるだけ早くということになる。道路上の大量の岩石は、軍事力が適用される標的だ。ここで軍事力の性質についての基本的な問題が出てくる。掘削機と爆薬のどちらを使うべきか？　どちらを使っても問題は解決できるが、コストとスピードが違ってくるだろう——爆薬を使えば、短時間で大量の岩石を取り除けるだろうが、新たな山崩れを引き起こすかもしれない。掘削機を使えば、安全だが作業に要する時間は長くなる。いずれを選択しても道路から障害物は取り除けるが、それぞれの効用は異なるのだ。

　軍事力は、兵員・装備・兵站支援で構成される軍隊によって行使される。こうした軍隊の行動能力はこれら三つの構成要素の単なる寄せ集めではなく、全体として働くように構成された組織としての機能であり、敵、その時の状況、および直面する戦闘とつねに関連している。というのも、いかなる戦闘においても敵は自らの意志と判断力を有しており、あらかじめ決められた計画に従うだけの相手ではないからだ。敵はつねに反応する生き物で、こちらの計画にのせられまいとするだけでなく、積極的にこちらの計画の裏をかこうとし、そのうえ、自分自身の計画も同時に立てている。敵というものは、敵対するものであり、対抗してくるものであって、無防備な木偶の坊ではない。状況に対応して修正していくことは攻撃が進展するなかで、当初の詳細な作戦計画と同じくらい重要な部分である。このことを充分に理解していなければ、たいていの軍事行動は、あらゆるレベルで、はたから見ている人にははっきり見えてこないだろう。実際、私は痛い目に遭って学んだ。吹き飛ばされたのだ。私は一九七八年に北アイルランドで、指揮していた中隊の全力をもってＩＲＡの活動と脅威に対応していた（自分ではうまくやっていると思っていた）。しかし、学習し続けることの必要性を忘れていた。彼らの我々に対する攻撃は現状維持が関の山でその攻撃の質を早々に変えるだけの能力はないだろうと思っていた。現実には、彼らは市場が開いている時間帯に、クロスマグレンの市場に爆弾を車で運んだ。そんなことをしたのは初めてだった。この無線操作爆弾は巧妙につくられており、爆発は局所的効果しかないように設計されていた。今日もいつもどおり変わったことはないと思いながら市場を巡回していた私ともう一人の将校は、爆発に巻き込まれ火に包まれた。自分たちの敵が自由で独創的な精神をもち、私と同じようには考えもしなければ考えるつもりもないということをよくわかっていなかったのだ。それ以来私はアイルランドであれどこであれ、知識を前提とするのではなく、敵が何をするつもりでいるのかを絶えず知るように自分の作戦行動を組み立てるようにした。

軍隊は正規の兵力からでも非正規の兵力からでも構成できるが、両者には違いがある。正規の軍隊は、法律上正当な政府が定めた政治的目的を達成するために運用される。この軍隊は、その政府に対して責任のある法的に認められた組織であり、この政府はその軍隊が軍事力を行使するように指示を出す。したがって、正規軍は合法的に破壊活動を行う組織である。しかしながら、非正規軍は同じように破壊活動を行うが国家という枠の外においてであり、それゆえ当該国の法の埒外で軍事行動をとる。しかし、彼らが不法な組織であるからといって彼らが国際法の保護の埒外におかれるということにはならない。非正規軍は、犯罪組織のギャングからレジスタンス、テロ組織を含めてゲリラ軍まで、さらにはヴェトナム戦争末期のヴェトコンのように正規軍と同程度まで組織化されたものまで、さまざまである。

軍隊は、国際社会の構成要素である地政学的に独立した統一体にとって必要不可欠なものだが、つねに合法的な存在でなければならない――すなわち正規軍の形をとる必要がある。数百年にわたり各国の皇帝、国王、大公、民主的な政府は、いずれもこの実現に向けてじっくり考えてきた。誰もが同じ問題に直面していたためだ。すなわち、財政的、政治的に手頃なコストで、自分たちに脅威を与える存在とならない形で、自分たちの利益を増進し守るために利用できる軍隊をいかにして保有するかという問題だ。出された答は歴史的な状況によって、細部は少しずつ違っているが共通する四つの特徴をもっていた。この四つはいずれも法的に承認された国家構造のなかで正当と認められそこに定着しているものだ。これこそが正規軍を非正規軍を区別するものである。

◉組織化された軍事団体。
◉その統一体あるいは国家の最高責任者に対して義務を負う階層構造をもつ。
◉武器をとり独自の懲罰規則をもつことが法律で認められている。
◉戦争のための資材を購入するための一元化された財源をもつ。

この四つの特徴はすべて現代の世界各国の軍隊にもはっきりと見られるし、実際、各国の軍隊の基盤である。それとともに、この四つの特徴により軍隊はまとまって合法的に機能するだけでなく、社会とは完全に別枠で機能することも保証される。軍隊はその構成員を社会から得て、その社会に尽くすために存在するが、それにもかかわらずその独自性を失わないように軍は独自の規律に基づいて社会と一緒に機能する。難しい場合もあるが、政治的組織は時間がたつと非正規軍を正規軍にしようとして自分の支配下におくことがある。

非正規軍の正規軍への転換は、一般社会の観点から見ても同じように重要である。この軍隊が自分たちの選んだ指導者たちの支配下におかれ、したがって法の枠内で行動するという理由で、この危険な組織が自分たちの社会の中に存在することをその国の人たちは許すのだ。バルカン半島、コンゴ民主共和国（ＤＲＣ）、アフガニスタンなど世界の紛争地帯では、正規軍がいつその正当性を失い、武装した非正規軍に戻るのかを見極めるのが難しい場合がある。その一方で、時には非正規軍が合法的な存在へ移行し正規の軍隊になりつつある場合もある。アフガニスタンでは麻薬取引で資金を調達している軍閥が非正規軍を率いているのは明らかだが、ガザ地区なり被占領地域で作戦行動を実行している場合のＰＬＯは正規軍になるのかそれとも非正規軍になるのか？　あるいは旧ユーゴスラヴィア軍（ＪＮＡとして知られている正規軍）を構成していた部隊が一九九一年にボスニアでボスニアのセルビア軍（ＢＳＡ）になった時、この組織は非正規軍になったのかそれともそれまでとは別の正規軍になったのか？　軍隊の正規性の識別というこの問題は、武器を使用してのあらゆる独立運動に当てはまるものであり、現在起きている紛争の大多数に見られるものである。そして、これは国際社会がまだ結束して取り組んでいない問題だ。これについては本書の第三部で見ていきたい。現代の紛争の大部分には、双方の軍隊も含めて紛争当事者双方の正当性、双方の大義の正当性が絡んでいる。例えば、ボスニアでは、国際社会はボスニアのセルビア人勢力を独立した統一体とは認めなかった。このためＢＳＡの正当性を定義するのが難しかった。

我々が暮らす西側世界では、軍事力のあらゆる面に対して無関心が高まる時代に生きている。だが一方、二〇〇一年九月一一日の恐怖は安全保障に対する一般市民の関心を新たに引き起こした。そして、アメリカでは国防費が大幅に増加した。冷戦終結以降のほとんどの期間、軍事的問題に関する公開討論は、たいていの場合防衛予算についての議論や軍事力行使の合法性と道徳性についての議論になっていた。その一方で、軍事力の現実的重要性やその効用についての議論はほとんど時代遅れになってしまっていた。実際、「イラクの自由」作戦――二〇〇三年三月に行われたアメリカ主導の多国籍軍によるイラク侵攻――が始まるまでの国際社会の激しい抗議や論説は、多くの点で、軍事力行使の道徳性と合法性をはっきりさせることが自動的にその効用を明確にするのだ、という考えを反映していた。すなわち、もしそれが道徳的で合法的ならば、その軍事力行使はうまくいき望みどおりの結果をもたらすだろう、というものだ。たとえその逆は真ならずでも。しかし、現実はそうではない。道徳に反する旗印を掲げ、あるいは非合法的なやり方で軍事力を行使することが支持されることはないことが明白である一方、そのような考え方では核心的な真実を理解するのには充分ではない。我々一般民衆は、二つのもっとも重要な目的――防衛と安全保障――のために生活の基本的要素として軍事力を必要としている。もっと詳しく個人的な意見として言えば、我々の家庭と我々自身を守るため、我々の利益を確実なものとするために軍事力を必要としている。軍事力のあらゆる他の側面と同様、この二つの目的は不変である。このことは戦時と同様平時においても軍事力の維持を、たとえそれが高くつこうとも、まったく止めてしまうことはできないことを意味している。そしてまた、軍事力行使の道徳性と合法性に議論の的を絞ることで、軍事力の効用を理解するために必要とされる本当に基本的なものがはっきりすることはあり得ないのである。

近年、特に冷戦終結以降、軍隊の非常に基本的な目的がわかりにくくなり、先に述べた四つの基本的な特徴により定義されている軍隊の独自の特質は、特に戦争が社会的現実から隔絶した、マスコミ目当ての事件になるのに伴って、西洋の一般大衆にはしばしば誤解されるようになってきている。このわかりにくさと誤解は政治家たちにも同じように言えることである。彼らは人道上の目的や治安維持の目的のために軍隊を展開し行使しようとするのだが、軍隊はそのような訓練を受けていないし、そのような意図で存在しているわけではない。これは軍隊の階級性の強い規律上の特質が幅広い用途に適応できないということでもなければ、兵器は軍隊間の純粋な軍事行動のみに使用すべきということでもない。しかし、現在我々が軍隊を展開する状況の多くにおいて、我々の軍隊は軍隊として有効でないだろうということは理解しておく必要がある。イラクにおける多国籍軍はその典型的な例だった。軍隊としての有効性は軍隊間の戦闘が終結した二〇〇三年五月の時点でなくなった。その後多国籍軍は局地的な一連の小競り合いで勝利を収めたが、彼らの主要な義務となっていたイラクを占領しイラクを再建するための軍隊としての効果は、たとえあったとしても、微々たるものであった。多国籍軍はそのような任務を果たすための訓練も受けていなければ準備もしていなかったのだ。だからその任務を果たせなかった。本書の用語を使って言えば、その軍事力にはほとんど効用がなかった。

防衛と安全保障の両方が必要だということは、敵対関係が存在することを意味する。すなわち、明白な対立や潜在する対立があるからそのような必要性が生じるのである。利害や優先事項を異にする人々のあいだの対立は、あらゆる社会に存在するものである。国家と呼ばれるそうした社会が何らかの問題をめぐって対決し、双方の満足のゆくように解決できず、双方がその問題を武力解決しようとする場合、その結果として生じる紛争を我々は——冒頭で述べたように、たとえ現代社会において不適切なことであっても——戦争と呼び、双方の目標はそれぞれの立場から考える平和の樹立である。一般に自衛以外の目的での軍事力の行使は、解決のためのその他すべての手段を尽くしたうえで初めて採用される最後の手段としての行為とみなされている。何世紀ものあいだ各国は、こうした紛争にうまく対処するべく戦争を遂行するさまざまな軍事機関や政府機関と協力して、さまざまな法や議定書をつくってきた——一般にジュネーヴ協定として知られている。ひとたび戦争が始まれば紛争当事者たちはこの協定を順守するよう求められていても、同じルールに従って戦うとはかぎらない。実際、用兵・戦略の手腕の大半は、自分たちに都合がよく相手に不利となるやり方やルールで戦いを進めることを意味している。もっと言えば、社会的に容認される他のどんな行為とも違って（一部のスポーツを除く）、戦争や戦闘は競技会ではない。二番手になるということは敗北を意味する。

戦争や紛争には四つのレベル――政治レベル、戦略レベル、戦域レベル、戦術レベル――があり、政治レベルを最上位として、下位のレベルは上位のレベルを背景としている。同じ目標を目指すすべてのレベルにおけるすべての活動に筋道を与え、それらに首尾一貫性をもたせているのはこれだ。まず最初の政治レベルは、権限と決定の出所である。ある戦場における戦闘に参加している軍に対しては、それぞれの軍が帰属する政治的統一体の政治レベルでの判断がつねに働いている。すなわち、これらの軍はたまたまその戦場に居合わせたというのではなく、関係する政治的統一体のあいだに横たわる問題が武力以外の方法では解決できないので、その戦場で戦闘を行っているのだ。歴史的に言うと、国家あるいは政治的統一体の政治的指導者と軍事的指導者はたいてい同一人物だった。これは、王公が政策を立案すると同時に軍の指揮もとっていたためだ、たとえ、名目上だけだとしても。一九世紀を通じて国民国家が発展するにつれ、民主国家では政治を指導する人物と軍を指導する人物は別になり、今日までその流れできている。イギリス女王、アメリカ大統領のそれぞれの国軍に対する立場――それぞれ憲法上は異なるが――は、政治的指導者と軍事的指導者が同一だったという歴史を反映している。現代の戦争においては、政治的指導部が軍を統制し、戦争を始める目的を決定する。この決定は、それが何であれ価値のあるもの――領土、統治権、貿易、資源、利益、正義、宗教など――に対して突きつけられた脅威との相関の中でなされなければならない。戦争を始める決断は、まずその脅威によるリスクが現実のものとなる可能性、そして次にその脅威が進展した時何が現実的にリスクにさらされるのか、ということを見きわめてからくだされるべきである。これは人生についても言えることだ。例えば、一九三九年九月三日、ポーランドに駐留しているヒトラーの軍隊が二時間以内に撤退し始めなければ、イギリスはドイツとの戦いに踏み切るという最後通牒を突きつけられた時点で、ヒトラーは、イギリスの脅しは現実のものとなるだろうが自分の計画や行動が危うくなるまではいかないだろうと考えていた。一方、チェンバレンとその内閣は、ヒトラーがまずズデーテン地方を併合し、続いてポーランドに侵攻するのを見て、ドイツ軍がブリテン諸島に上陸する可能性も充分にあるという脅威が自分たちの目の前に出現しつつあることを理解し、何がリスクにさらされているかを理解したのだ。ヒトラーとは交渉はしないしドイツ軍が攻めてくるのを座して待つわけにはいかぬとなれば、最後通牒を発し戦いを始める以外に選択肢はなかったのである。

軍事力の役割が、何を達成することが期待されているのかということとその達成方法の観点から議論されるのは、この脅威とリスクに関する分析の過程においてである。どんな妥協も許さぬ純粋主義者であれば、軍事力の役割はもっと早い段階で議論して決めておくべきだと言い立てるだろう。しかし、現実には、そのような議論は脅威が差し迫ってから行われるのだ。概して、この政治がらみの議論は予期される脅威についてのものであり、保険契約を決める場合に非常によく似た議論展開となる。すなわち、何らかの保険が必要なことはわかっているが起こりそうもない遠い先のことまで保証するために今日の生活が成り立たなくなるほどの大がかりなものであっては困るという議論展開である。そうではあるのだが、政治レベルでの方針が戦略の拠り所となるので、平時においても戦略担当者は政治レベルでの議論に関わらねばならない。戦闘の厳しい現実をこの議論の場にもち出すのはまさにこの戦略担当者なのであり、彼の努力の成果は、敵に直面した時に戦術レベルでの担当者や戦域レベルでの担当者にとって利用可能となっている軍隊の質、士気、適応性、装備、規模のなかに見出される。

戦争に踏み切る覚悟が政治レベルでなされると、活動は戦略レベルへ移行し、軍事力を実際に行使するのかそれとも可能性の段階にとどめたものにしておくのかはともかくとして、軍事力に訴える政治的目的を果たすための軍隊の編成と具体的な軍事行動という形で明らかにされる。この過程において、その目的に適した軍隊がつくられ、それに続いてその軍隊が展開され、軍事力の行使が行われる。しかしながら、この戦略が拠り所とする背景を提供しているのは政治的考慮であることを忘れてはならない。したがって、政治レベルと戦略レベルはつねに緊密な関係にあらねばならず、不断の見直しと議論が要求され、これは全般的な目的が達成されるまで続くことになる。同時に政治的な目標と軍事戦略上の目標が同じではないこと――決して同じではない――をつねに心に留めておかなければならない。軍事戦略上の目標が軍事力によって達成されるのに対して、政治的目標は軍事的成功の結果として達成される。

自分の真剣な努力によって達成すべき目標と利用可能な兵力および資源とを完全に理解し、作戦の「狙い」を絞り込むまでにすることが戦略レベルでの指揮官の任務である。「狙い《エイム》」という言葉は、任務やその目標という言葉を包含するものであり、標的とそれに向かって自分の軍事力を集中させ最大限の正確さと効果をもつ打撃を与えることの両方の意味をもっている。戦略的な「狙い」をはっきりさせることは難しいのであるが、それでもこれは大切なことなのだ。政治的に決断された目的と堅く結びついた「狙い」がなければ、軍事力を生かして使うことは難しい。なぜならば、戦略レベルでの指揮官は、全般的な政治目的の達成を支えるためには、軍事力の行使によってどのような結果と効果を達成すべきかを知っていなければならないからだ。

この「狙い」を達成するための戦略を案出する過程はいくつもの妥協を必然的に伴う。完璧な戦略は存在しないし、完璧な計画ですら存在しない。はっきり言ってしまえば、そのような完璧さを求めることは、敵が自力で行動でき、紛争のなかで自由に想像力を発揮する要素を有しこちらには思いもつかぬ行動をとるということを忘れているか否定していることに他ならない。そのことを念頭において、与えられた状況のなかで相手よりも優れた戦略を考案しようとしなければならないのである。また、戦略が表現すべきことは、入念につくりあげられた計画ではなくて、むしろ、事態がどのように進展するのが望ましいと考えているのかという基本的な方向である。一九九一年の対イラク戦争に向けてペルシア湾へ出発するのに先立つ一九九〇年一一月、私は隷下の指揮官たちに対する命令書のなかでこう書いている。「戦時における指揮が慎重に整えられた計画どおりになることはめったにない。平時には姿を見せないでいる敵は、こちらの組織および計画の一貫性を損なうために手段を尽くしている。結果を決めるものは敵に打ち勝つ意志と方法だ」

それゆえ、戦略は、与えられた状況下で政治的目的から生ずる行動の制限を含めて、問題となっている紛争の背景と全般的な政治的目的と結びついた「狙い」を表現したものである。それは事態の進展についての望ましい基本的な方向を、これをどの程度達成しようとしているのかを含めて説明する必要があり、兵力と資源の配分を決めるものとなる。最終的には、この「狙い」が、必要な戦場指揮官たちを指名し、彼らの責任と権限を決めるのである。妥協が必要になるのは、主として、事態の進展に対する基本的方向の本質とそれを達成するために行われる兵力と資源の配分に関してである。戦略が優れていれば、戦わずして勝つことができる。孫子によれば、「戦争においては敵の戦略を攻撃することがきわめて重要である。次によいのは敵の同盟を分断することだ。その次によいのが敵の軍隊を攻撃することである」。しかし、昨今の敵対関係において、一方の戦略が他方の戦略よりもはるかに優れているような状況はなかなか生まれない。

軍隊を攻撃するという段階で、我々は戦術レベルに入る。そこにあるのは戦闘《バトル》、交戦《エンゲージメント》、戦い《ファイト》である。こういった戦闘の規模には単独の軍事行動もあれば集団的なものもある。トラファルガーのような大規模な海戦やイギリス本土航空決戦のような空中戦から、戦艦——例えば、フォークランド戦争中のベルグラノ——を撃沈する潜水艦や一九四〇年にケント上空で起きた二機の戦闘機による空中戦まで、幅がある。陸上での戦闘の規模は、「ソンムの戦い」からベルファーストやバスラの狭い通りにおける短時間の小競り合いまでいろいろある。もっとはっきり言うと、戦闘《バトル》はさまざまな規模の交戦《エンゲージメント》で構成されている。すなわち、個人、射撃班、子部隊、部隊、集団等を単位とした交戦である。これらの交戦は一定の順序で行われるのではなく、使用する兵器、戦場の地形、天候、直面している敵の出方等によって適切な規模の交戦が行われるのだ。

あらゆる戦術の要締は火力と機動であり、戦術上の根本的なジレンマは、目標を達成するべく敵を攻撃するために注ぎ込む努力の量と、敵の攻撃に対応するための努力の量との均衡を見つけることである。多くの点で戦術レベルでの闘争はボクシングに似ており、どちらも攻防のわざ《アート》の応酬である。戦闘員には体力とかなりの熟練と、敵の攻撃を前にしても萎えない勇気が欠かせない。この土台のうえで双方の部隊は、有効なパンチの組み合わせを相手に加え、あわよくば決定的な一撃を加えるために相手の防御を突破しようとして攻防戦を展開する。パンチの組み合わせは長年の練習によりボクサーの身体が覚えている。相手の無防備な弱点が露呈するように仕向け、ついには好機を察知し、これを利用して激しい一撃を加えるのがボクサーのわざ《アート》である。こういったことはすべて、戦闘においても通用することであり必要なことだ。しかし、クインズベリー規約（近代ボクシングの基本的規約）は戦闘には適用されないし、戦術のわざ《アート》は、貧民窟での命がけの喧嘩に近い。そこにはルールもなければレフェリーもいないし、手に入る暴力を最大に駆使することとえげつない手段を組み合わせた者が勝利を得るのだ。戦術とは、軍隊に作戦行動をとらせる術《すべ》だけではないのだということを強調するために、私はこれらの例を引き合いに出した。すなわち、戦術とは、軍事力——それも敵に死をもたらす決定的な軍事力——を行使するための術《すべ》であり、敵のこちらに対する同じような軍事力行使の意図を避けるための術《すべ》だ。戦術の先にある結論は単純だ。殺すか殺されるかである。優秀な戦術レベルの指揮官は、強烈な量の砲火を敵に浴びせられるよう、敵よりも機敏ですばやく動かねばならない。そのためには、砲火や障害——天然のものであれ人工物であれ——を活用して、敵の機動を制約したり動きを遅らせたりすることもある。

最後に、我々は戦術レベルと戦略レベルを結びつけるレベルに達する。すなわち戦域レベルあるいは作戦レベルである。昨今の状況では「作戦」という言葉は、軍人社会においても市民社会においてもさまざまな活動を表現する言葉として広く使われているので、ここでは「戦域」という言葉の方が適切な表現と思い、以下においてはこれを使用する。戦争の戦域レベルあるいは作戦レベルというのは作戦が遂行されている戦域での活動に関するものである。すなわち、達成することによって戦略的状況が有利になるこの戦争の軍事的政治的目標をそっくり含む地理学上の地域における軍事行動に関するものである。例えば、一九四四年Dデイのノルマンディ上陸は、戦略的現実を変えた真の作戦であった。これで西ヨーロッパを解放しドイツを征服する目処がついたのだ。誤解のないように言うと、戦域における作戦は、はっきりと定められた地理学上の地域内で行われる戦術的戦闘の寄せ集めではない。戦域レベルの指揮官は計画すなわち自分の作戦行動を立てなければならない。この作戦行動は、彼の最終目標――これは戦略レベルの指揮官から与えられる――へ向かう道筋を明示するものであり、自分の指揮下にある部隊の活動を戦術的目標を達成するように結集するものである。つまり、この戦術的目標がこの部隊を全体として明示された方向へ向かわせるのだ。戦域レベルの指揮官は、自分の戦域の政治的背景を理解しておく必要がある。これは、問題となっている地域における政治情勢、自分の上位に位置する政治レベルおよび戦略レベルの指揮官たちの政治的立場、そして自分の指揮下にある部隊――特に多国籍軍の場合――の政治的立場等からなっている。よくあることだが、政治レベルの指揮官たちと戦略レベルの指揮官たちの政治的立場が錯綜している場合には、よく理解しておかねばならない。

一九九〇年代を通じての私自身の指揮官としての経歴は戦争の種々のレベルに関する好例を与えてくれる。一九九〇年から九一年にペルシア湾岸でアメリカ第七軍団の下におかれたイギリス師団を指揮した私は、戦術レベルの指揮官だった――軍団司令官であったフレッド・フランクス中将も戦術レベルの指揮官だった。戦域レベルの指揮官であったノーマン・シュワルツコフ大将およびその将軍たちは、私の部隊の展開の政治的戦略的背景を理解し、私の部隊を運用する際にはそれを考慮しなければならなかった。そして彼らはそうした。一九九五年、私はユーゴスラヴィア国連保護軍の指揮官として、事実上戦域レベルの指揮官であった。ボスニアにおける紛争の政治的背景と私の指揮下にある国連保護軍に軍隊を拠出している国々の政治的立場等が絡んで戦域が決まっているようなものだった。国連軍全体の指揮官――当時、国連軍はクロアチアとマケドニアにも展開していたので、中心としての指揮官が必要だった――はザグレブに本拠を置いていた。彼は戦略レベルの指揮官ではなかったし、ボスニア、クロアチア、マケドニアという三つの戦域の指揮を同時にとることも不可能だったので、中途半端な立場にあった。こうした事態が発生するのは、国連は常備軍をもたぬ組織だからである。そのために、国連には戦略レベルでの部隊をつくる力がないのだ。だから、国連は軍事力の使い方についての深刻な選択肢を提示できない。一九九六年から九八年まで、北アイルランドにおける司令官（GOC）として私は間違いなく戦域レベルの指揮官であり、ロンドンにいる私の戦略レベルの指揮官である参謀総長（CGS）に対して直接責任を負っていた。一九九八年一一月に全欧連合軍副司令官に就任してからは、副最高司令官とはいえ同盟国の戦略レベルの司令官だった。さらにNATOにおける最先任のヨーロッパ人上級司令官として——全欧連合軍副司令官はいつもヨーロッパ人であり、全欧連合軍最高司令官（SACEUR）はつねにアメリカ人だ——設立されて間もないEU軍の戦略レベルの指揮官でもあった。最終的に、GOCとしてまたNATOや国連での役割のなかで私は、戦域や各国の首都で、政治レベルの指揮官たちとのやりとりに多くの時間を費やした。戦術レベルでの指揮官の時にはそのようなことはしなかった。そのような任務と権限の分担——関係者たちもはっきりと理解しているわけではない——は現代的な指揮系統の現実である。

本書ではいたるところで軍事行動のすべてのレベルについてもっと多くのことが語られるだろう。というのも、それが軍事力の行使される枠組みであるからだ。しかしここでは基本的でおおむね明らかな二つの事柄を理解することが重要だ。まず第一は、戦いを始めると決定するのは政治レベルであり、戦いをやめると決定するのも政治レベルだということである。軍隊はこれらの決定のどちらも実行する。第二は、あらゆる軍事的活動は与えられた戦略の全体的な背景のなかにあり、戦いが始まると個々の交戦は上位の指揮官が指揮するもっと大きな交戦の一部となるということだ。個々の交戦を指揮する個々の指揮官が達成したものは、少なくとも理論上は、上位の指揮官の目標達成に寄与する。ある特定の軍事行動の背景としての状況を理解しておくことは、上位の指揮官の意図を理解することと同じように重要である。というのも、そうすることによって、すべてのレベルにおける軍事行動の効果の一貫性が確実なものとなり、お互いに寄与し合うことになるからだ。しかしながら、昨今の状況では戦略レベルに達する戦いはほとんどない。《人間《じんかん》戦争》はたいてい戦術的なもので、たまに戦略レベルになりかけることもある。だが、我々はそれらを、依然として、決定的な勝利を達成し解決策をもたらしてくれる戦争であると考えることに固執している。重要なことは《人間《じんかん》戦争》がそのような性格のものである理由を理解することだ。

軍事力の行使についての我々の理解は、かなりの程度、《国家間戦争》という古いパラダイムを土台にしている。これは、完全な勝利という目的のためにその他の利害関係をすべて無視し、国家の人的資源と産業・工業の基盤からの全面的支持を得て、大規模な兵力を機動させる国家間の戦争という概念である。《国家間戦争》の世界において前提となっているものは、平和――危機――戦争――解決という一連の過程が存在するということだ。その結果としてふたたび平和が訪れるのであって、戦争と軍事行動が決定的要素である。これに対して《人間《じんかん》戦争》という新しいパラダイムは、国家が国家に対して立ち向かっているのか非国家行為者に立ち向かっているのかに関係なく、対立と紛争が絶え間なく繰り返される状況についての概念である。戦争と平和どころか、あらかじめ定義された一連の過程は存在せず、平和という状態が起点としても終点としても存在する必然性はない。紛争に決着がついても対立は必ずしも終わらない。例えば、朝鮮戦争は一九五三年に終結したが、韓国と北朝鮮の対立は解けていない。あるいは最近の例で言うと、コソヴォでの虐殺を受けて始まったセルビアに対する爆撃および軍事行動は一九九九年に終結したが、コソヴォの最終的な位置づけはまだ決まっていないし、セルビアと国際社会との対立は続いている。

《人間《じんかん》戦争》は以下の六つの傾向によって特徴づけられている。

◉**戦いの目的が、**《国家間戦争》における妥協の余地のない絶対的なものから、国家ではない個人や社会と関連するより柔軟なものに**変わりつつある。**

◉これは**一般市民のなかで行われている戦い**である。このことはメディアの主要な機能である文字と映像によって増幅される避けられない現実である。紛争地帯の街路上や田野と同じように世界中の人々の居間が戦場になっている。

◉これは**果てしなく続きかねない戦い**である。最終的な結果に関する合意を得るには何年も何十年もかかると思われており、現在やっていることはそれにいたるまで何とか維持しなければならない条件を得ようとしているだけのことだ。

◉目標を達成するためには犠牲を惜しまないという姿勢で戦っているのではなく、**兵力を失わないように戦っている。**

◉軍事力が行使されるたびに**古い兵器の新しい用法が見出されている。**戦場で、兵士や重兵器に対して使用するために特別に製造された古い兵器が、今や、最新の紛争用に改造されている。《国家間戦争》用の兵器はそのままでは《人間《じんかん》戦争》で使えない場合が多いからだ。

◉たいていの場合、**交戦している双方ともに国家という体裁をとっていない。**というのも、国家ではないものを相手にして、国家が同盟あるいはより一時的な有志連合という形で多国籍軍を組織して紛争や対立を処理しようとしているからだ。

こうした六つの傾向は昨今の新しい型の戦争の現実を反映している。昨今の戦争は、決定的な政治的結果をもたらす軍事的な解決、という一度きりの大規模な戦争ではもはやないのである。これは政治的要素と軍事的要素の関係も大きく変わってしまっているためだ。戦争の四つのレベルは以前と変わらずそのままであり、軍事力を行使するかどうかの決定もこれまでどおり政治的指導者が行うが、昨今の対立と紛争は、政治的活動と軍事的活動がつねにどこまでも混じり合っていることを示している。それゆえ昨今の紛争を理解するためには、両者を一緒に検討することが必要になる。なぜなら、両者は同時に展開し、変化し、相互に影響を与えあっているからだ。軍事力行使がこのように分析されて初めて、軍事力は効用をもつことになる。

軍事力には、殺す、破壊するという二つの基本的な目的以外に絶対的な効用はない。対立とか紛争というものは、関わっている場所や当事者たちがそれぞれ異なっているだけでなく、事態の性質そのものもそれぞれに異なっている。特に、昨今の人道的介入や《人間《じんかん》戦争》における軍事作戦においてはそうだ。このことは二〇〇二年のアフガニスタンや二〇〇三年のイラクを見ればよくわかる。与えられた状況において、軍事力がどのような効用をもつのか、どのような軍事力ならば役に立つのかを理解してはじめて、軍事力を有効に行使できる。そのためには、軍隊を理解する必要がある。というのも、軍隊という媒体を通して軍事力は行使されるからだ。何にでも通用する「軍隊《ミリタリー・フォース》」は存在しない。ある程度標準的な形態のものは存在するし、要素ごとに見れば、それぞれはかなりの一般性をもっている。例えば、以下のような要素分類が可能だ。陸軍・海軍・空軍／さまざまな特殊部隊／戦闘機・爆撃機／航空母艦・潜水艦／ミサイル・砲／戦車・

機関銃、そしてさまざまな兵器体系や現代ならではの科学技術の支援。これらはいずれも重要な構成要素だが、それだけのことだ。指揮官は、自分に与えられた任務に適切な部隊を編成するためにこれらの要素のなかから必要なものを選択する。そのようにしてできあがった軍隊は、いずれも、その時・その国家・その戦争・戦争の中での個々の戦域・たぶん個々の戦闘、等の状況に対する特別の軍隊だ。常備軍ですら、それが構成された時の種々の要因の結果としての特別な存在だ。基本的に戦闘は、それを取り巻く状況の産物なのだということを理解しておかねばならない。したがって、軍隊を構成している個々の要素は、その軍隊が編成され使用される状況の個々の産物なのだということを理解しておく必要がある。ワーテルローの戦いが戦闘として成立したのは、それが一八一五年にワロン地方で行われたからだ。ナポレオンがあれだけの規模の軍隊を形成し、ウェリントンとブリュッヒャーがあれだけの規模の軍隊を動員したからである。ナポレオンが一つの計画を立て自軍をあのやり方で戦わせ、ウェリントンとブリュッヒャーが自分たちの計画を立て自分たちの軍隊をあのやり方で戦わせたからである。以下延々と理由づけが行われる。戦闘が一カ月後に行われていたら、こうした要素はすべて違っていただろう。戦闘に関わる種々の要素が戦闘が行われるまさにその日の状況に依存すること、そしてその重要性を理解することは軍隊の活動性を考える際の本当の枠組みとなる。

軍隊を編成するという基本的な行為には、兵士と物資を集めることが必要だ。しかし、これだけで使いものになる軍隊ができるわけではない。兵士と物資は、質・量ともに手頃かつ適切なものを社会から見つけなければならない。徴兵制度を実施している国もあれば志願兵制度をとっている国もある。非常に高度な見るからに威力のありそうな兵器を手に入れようとする国もあれば、古くて操作が単純な兵器を求める国もある。だが、昨今の交戦の多くの場合に見られるように、最新の軍事兵器をもっていることが必ずしも勝利には結びついていない。それは、世界中どの軍隊も特定の目的に合わせてつくられているためだ。つまり、その国の防衛・安全保障政策と軍事理論に従って、具体的な特定の能力を有する人員と物資を然るべき量集め、これがすべて絡み合って一貫性のあるその国の軍隊ができる。一貫性が強くなればなるほど、その軍隊が戦闘で勝利する可能性が大きくなる。本書のあちこちに出てくるが、一貫性の欠如——目的における一貫性の欠如でも、目的と軍事力とのあいだの一貫性の欠如でも——は軍隊が不首尾に終わる主要な理由である。

地勢は別として、金《かね》は昔から軍隊の構成を決める最大の要素である。その国の人口規模や徴兵できそうな人間がいるかどうかということですら、その国の財政的事情に比べると二次的なものだった。金《かね》さえあればいつでも余分に軍隊を買い揃えることができる。歴史的に言えば、軍隊編成において金《かね》はつねに、軍隊が達成する目的なり達成することを期待されている目的と、当座だけでなくその先ずっと社会が払う負担とのあいだの兼ね合いで決まっていた。もっともはっきりしている負担は金《かね》と人的資源である。これらは軍隊が形成される際にのみ存在するのではなく、その社会の全体的かつ継続的福利にも負担をかけているのだ。例えば、軍隊は農作物の収穫作業あるいは経済活動の維持に必要となる人間をすべて入営させることはできない。そんなことをしたらその軍隊も社会も餓死してしまうだろう。あるいは馬を片っ端から徴発することもできない。馬がいなければ収穫作業はすべて人の手で行うことになり、そうなれば作業が終わる前に田畑の作物はだめになってしまうだろう。あるいはもっとはっきり言うと、総力戦においてもすべての工場を武器製造に振り向けることはできない。その社会が破綻してもかまわないなら話は別だが、そうでなければ生活していくうえでどうしても必要なものをつくらなければならないからだ。要するに、軍隊の編成は、現在手に入れることのできる資源と将来必要になる資源との現実的な兼ね合いを考慮してなされねばならない。この論法でいくと、もし人間の値段が安く馬の値段が高ければ、歩兵の数が増えるだろう。人口は少ないが経済的に比較的豊かであれば、歩兵ではなく騎兵や砲兵が主力になるだろう。労働価格が高ければ兵器製造価格も高くなるから、常備軍は充分に武装できないだろう。

こうした考慮すべき事情は、兵器が世界各地で製造されて理屈のうえでは誰でも入手できる今日でも当てはまる。軍隊は、その国の現在入手できる資源と将来の資源との妥当な均衡を示していなければならない。もし兵器製造費なり購入費と軍隊の維持費が、その社会の経済に悪影響を及ぼす重荷となるほど巨額であれば、最悪の場合には指導者たちはまさに守ろうとしたものを破壊してしまうし、よくてもその社会は繁栄できなくなる。我々はそのような事態を未成熟社会のしるしし、民主的ではない社会のしるしと見る傾向がある。というのも、人々は生存が脅かされていないかぎり軍事力よりも繁栄を求めるだろう、というのがその理由だ。それゆえ、費用がかかる規模の大きい軍事機構を維持することは、アメリカのような豊かな民主主義社会かあるいは住民が脅威にさらされている国——インドやイスラエルなど外的な脅威にさらされている民主主義国か、さもなくば北朝鮮やイランのように内的な脅威にさらされている独裁体制の国——においてのみ可能なことである。

軍事力の他の多くの側面についてもだが、昔から王公たちや政府は投資と効果の兼ね合いを計ることに頭を悩ませてきた。砲や戦艦など高度の工業技術を要する兵器はたいてい君主が保有していた。これらは非常に高価であったし、市場向きの品物でもなかった。したがって、貿易の対象として入手することはできなかったし、一般市民の誰かと契約を結んで保有させておくわけにもいかなかった。また、国王は、強力な武器や船が自分に敵対する連中の手に渡ることは避けたかった。そうではあるが、その一方で、兵器に対する投資とそれがもたらす効果との兼ね合いはつねにその社会の基本的構造を反映したものとなっている。たとえ、そのような兵器類を購入して揃える場合であっても、その国の軍隊に関する中心的論理はその軍隊が依って立つ人民と国土に基づいている。例えば、海岸線のない国は通常海軍をもたないだろうし、貧しい国は裕福な国よりも保有する兵器は少ないだろうし、人口の多い国は少ない国に比べて大規模な軍隊をもつだろう。

軍備に対する費用対効果の均衡点を決定するにあたり、政府はつねに防衛と安全保障とのあいだを慎重に区別している。すでに述べたように、この二つがいつの時代にも変わらぬ軍隊の存在目的である。基本的には、平和を維持あるいは達成するのにもっとも安上がりなところで、手を打っている。この均衡点は、その国家なり統一体が自己存続のために絶対的に必要なものだけを防衛という枠のなかに入れ、その他は軍事的手段、外交的手段、経済的手段の混合で確保するようにすることで見出される。例えば、イギリスは一七世紀から第二次世界大戦まで、ブリテン諸島と自国の海上貿易を、強力な海軍を維持することで守ってきた。陸軍と（第二次世界大戦の頃には）空軍はイギリス帝国を危険から守るのに最小限度の規模に保たれていた。有事の際には危機に対応できる陸軍が編成されるまで、海軍が奮闘して何とか帝国の敗北を阻止できるだろうと判断されていたのだ。イギリスの常備軍の規模が昔も今も小さいのは、この理由による。この軍事戦略は他の手段で補われて完全なものになっていた。すなわち、イギリスの外交の焦点は、ヨーロッパ大陸の北部海岸を単独支配する強国が出現しないように、また、イギリスが戦争に突入することになってもヨーロッパ大陸に同盟国がいるように、ヨーロッパ大陸における勢力均衡を維持することに絞られていた。この防衛・安全保障政策――今風の名称にするとこうなる――は、いくつか派手な失敗はあるもののおおむねうまくいった。アメリカ独立戦争でイギリスがアメリカ植民地を失ったのは、一つには、フランスからの脅威に対処することがイギリス海軍の最優先課題だったからである。ナポレオン戦争の時代、フランスのイギリス侵攻という直接的脅威をトラファルガーの海戦で粉砕するのに一〇年近くを要し、ナポレオンを打ち負かすのにさらに一〇年を要している。この時期、イギリスには対フランス以外の戦線を開けるほどの大規模な陸軍を動員し維持することはできなかった。クリミア戦争（一八五三～五六年）とボーア戦争（第一次一八八〇～八一年、第二次一八九九～一九〇二年）の二つは、イギリス常備軍の兵員数不足を露呈し、会戦で勝利しても教訓が生かされる前に大損害を出している。これを受けてイギリス軍の改革が断行されることになった（リチャード・ハルデインによる海外遠征軍の創設など）。そして、第一次世界大戦に勝利する陸軍を形成するには一九一四年から一七年までの期間を要した。しかしイギリスはほんの一例にすぎない。ワルシャワ条約機構という巨大な脅威がなくなった今、ヨーロッパ諸国――旧ワルシャワ条約機構諸国も含めて――は似たようなジレンマに陥っている。

我々が手にする歴史書はほとんどすべての軍隊の発展過程に見られる共通点に触れている。例えば、陸軍は今も昔も歩兵、騎兵、砲兵に大別され、「攻城砲列」や「兵站部」をもっている。海軍は大型の戦艦だけでなく小型の哨戒・護衛艦も開発してきた。また、空軍は戦闘機部隊と爆撃機部隊をもっている。海軍と空軍は装備主導の組織で、装備や技術の進化に合わせて編成され進化する。その一方で陸軍の編成は、その母体となる社会の地勢や特質を反映する傾向がある。例えば、モンゴル遊牧民にしてもボーア人にしても広々とした草原で、お互いに離れた小集団を単位とした社会を構成して生活しており、日頃から、自分たち自身の馬と弓矢あるいはライフル銃の技量に頼って生きていたのであった。したがって彼らは生来の騎馬歩兵であった。そのような社会から生まれた、モンゴル軍団やボーア人ゲリラ隊は、集められた時点ですでに立派な軍隊だった。これは現代の軍隊についても当てはまる。現代の軍隊もそれぞれの社会から生まれ、その社会の長所と短所を反映している。西ヨーロッパの兵士たちの教育水準は他に比べると高く、またその社会は兵士たちの待遇や用兵のされ方に目を光らせている。こういったことすべてが、この軍隊の特質と軍事行動のあり方を規定している。非常に大ざっぱな言い方になるのを覚悟して言うのだが、彼らは科学技術に頼り過ぎているきらいがあり、戦場での生活を快適に維持するためにかなりの資源を必要としている。そして、彼らを支配・管理する政治レベルの人たちには、彼らを危険にさらす覚悟ができていない状況になりつつある。

軍隊のさまざまな構成要素がどのような割合で入っているのか、そして三軍——陸軍、海軍、空軍——はどのような割合になっているのかは、その軍隊の最適な運用方法を規定するものである。そうでなければ、指揮官が戦い方を決め、それに応じて自分の軍隊を編成することになる。概してたいていの常備軍は、防衛目的で使用されることを想定して編成されている。したがって、この軍隊をそのままの構成で行使すべき最善の場所は自国の防衛である。このことは、我々の現在の状況において特に大事だ。西側の主要大国および旧ソ連の軍隊は相変わらず、冷戦時代からの、すでに効力を失っている防衛概念に合わせて構成されている。それゆえ、テロのような新しい脅威に対して、また、我々が繰り返し派遣されている《人間《じんかん》戦争》という軍事行動に対して、絶えず自分たちの軍隊の構成を改造していくことが必要である。

戦略レベルの指揮官がある軍事作戦を始めるためにある特定仕様の軍隊を編成する場合に頼みとするものは、だいたいにおいて、その国の常備軍である。この軍隊編成の段階は、その軍事力を行使する手段を念頭において行われる。戦争に踏み切るという政治レベルでの決断から導き出された戦略はこの軍隊が行使されるべき目的を与える責任があり、指揮官はこの目的を達成するための方法を工夫する必要がある。目的・方法・手段というこれらの三つの要素は軍事力を行使する場合に必要不可欠のものであり、それらが明確に定められていなければ、そしてまた、これらのあいだの均衡が正しくとれていなければ、どんな軍事作戦もまず失敗するだろう。この問題については、本書を通じて種々の観点から立ち戻るつもりだ。

戦略レベル、作戦レベルで軍隊を指揮する場合には、重要な要素が五つある。防衛のためか安全保障のためか、軍隊の規模、使う兵器がカタパルト式ミサイルか誘導ミサイルか等は関係ない。

◉編成　軍隊を現実のものとして立ち上げることであり、実際に兵員と物資を一つの組織にまとめることだ。常備軍の枠内であっても、特に多国家間での活動においては、実際の部隊はその軍事行動の特定の目的を達成するための編成になっていなければならない。私はバルカン半島におけるNATOの作戦を維持するための任務に従事していたが、同時に設立間もないEU軍の司令官に任命されたNATO初の欧州軍副司令官でもあった。EU軍は一九九八年にサン＝マロにおいて政治レベルでその設置が認められたものであった。EU軍の戦略レベルでの指揮官としての私の仕事は、EUのハヴィエル・ソラナ上級代表やNATOおよび各国と連携して実用的なヨーロッパの戦力をつくりだすことであった。EU軍に対する人員や物資の供給に関する協力を得る目的でヨーロッパ各国の参謀長と交渉していたのだ。

◉展開　すぐに戦闘に入る即応状態にある軍隊を戦域へ送り配置することである。

◉指揮　右記以外のことすべてに関わる全般的な指揮を行うことである。すなわち、その戦闘の全局面を理解し決断できる能力のことである。言い換えれば、その軍事行動に期待されている政治的軍事的結果が得られるように、その軍隊を活用できる能力のことである。否定的例をあげると、国連にはこれ以外にできることの一つや二つはあるかもしれないが、軍隊の指揮だけはどのレベルのものもできない。だから、深刻な軍事行動が必要な場合、国連がこの指揮をとるという選択肢はあり得ないのだ。

◉維持　幕僚大学における講義で何度も言っているが「兵站の目処が立っていない戦闘を始めてはならない」。アメリカの南北戦争において南部連合は自分たちの戦争を維持するための充分な産業基盤もないまま北部諸州と戦った。北部諸州は、自分たちが生産量で南部連合を追い抜けるとわかってから、初の《国家間戦争》となったものを遂行した。シャーマンの進軍（ジョージア州アトランタからサヴァナまでの主要部を五〇キロから一〇〇キロの幅で行った破壊進撃）は深い意味をもつ攻撃であり、南部諸州の戦争維持能力を破壊した。

◉正常な状態の回復　「帰還できる目処のない軍隊を派遣してはならない」という古い格言があるはずだ。軍隊を帰還させる能力は、軍隊の行使を首尾よく進めるうえで必要不可欠である。しかし、強調しておかねばならぬことは、たとえ軍事的目標がすべて見事に達成されていても、軍隊を帰還させるかどうかの決定権はつねに政治レベルにあるということだ。また、帰還は軍隊を編成しこれを運用することとは正反対の行為だが、その重要性に変わりはない。なぜなら帰還は任務が終了し、それゆえ成功裡に立ち去るかあるいは後任を見つけるということを意味するからだ。勝利宣言をしたアメリカ軍とイギリス軍が二〇〇三年にイラクで直面したのはまさにこの問題だった。自分たちの代わりとなりそうな体制の目処がないま立ち去れば悲惨なことになるのがわかっていたからだ。彼らは、聖地を解放するために向かったのだが聖地を占領し続けねばならなかった十字軍と同じような運命にあった。いや、それどころか一九六七年のイスラエル軍とも大して違わなかった。イスラエルは、ヨルダンやエジプトからヨルダン川西岸地区とガザ地区を奪うことによって自分たちにかかっている圧力を緩和しようとしたのだが、結局一九六七年以降パレスティナ住民がいるヨルダン川西岸地区とガザ地区を占領し続ける羽目になった。

戦争あるいは作戦として知られている事象は、これら五つの動作が相関し合った枠のなかで行われる。たいていの場合、これらの動作が現実的に問題となるのは、政治レベルや戦略レベルよりも下位のレベル、すなわち、戦域レベルと戦術レベルにおいてである。実際、これら五つの動作要素は、これまでに立ち上げられた軍隊すべてに当てはまることである。すでに注意したように、これらはどんな規模の軍隊に対しても言えることだ。しかし、その一方で、軍隊の規模と言う時、作戦行動に使える軍隊の規模とか使えそうな軍隊の規模と混同してはいけない。例えば、ここに二万人の兵士の部隊があるとしても、これをひとまとめで使えるとはかぎらない。多国籍軍はこの点では最悪の例を提供してくれる。各国からの派遣部隊は、大小の差異はあっても、それぞれに他国のそれと重複する輜重隊を引き連れている。これをそのまま足してしまうと、純粋に一国のみで構成されている軍隊よりも「戦闘部隊と後方部隊比率」は同じ兵数で見れば非効率的になってしまう。そのうえ、各国からの派遣部隊は、通常、それ自身がまとまった形での戦術的交戦しかできないので、多国籍軍を全体として指揮する指揮官は、配下の軍隊を唯一つの結束した軍隊というよりも複数の国ごとにわかれた小さな集団の集まりとして機動させねばならない。例えば、配下の軍隊が三カ国からのそれぞれが大隊規模の部隊から構成されているとしよう。指揮官はこれを三つの別々の大隊として機動し戦わせねばならない——同じ国からの三個大隊であれば一個の旅団として戦わせることができるのだが。このことを理解しておくことは、多国籍軍の組織としての効果を考えるうえでも、また特に、多国籍軍の戦術的目標の規模を決めるうえでも重要なことだ。今の例で言うならば、多国籍軍の指揮官は一個大隊が勝ち取れる目標しか自信をもって攻撃できないが、一国からのみの軍であれば一個旅団が勝ち取れる目標を選択できる。

冷戦終結以降、軍事力は何度も使用されたが、期待された結果を達成しそこなっている。軍事力が誤用された場合もあれば、軍事力の効用をわかっていないために指導者たちが軍事力行使をためらった場合もある。その間ずっと彼らは、自分たちが直面している問題を、解決してくれるような決定的勝利を勝ち取ろうとしてきている。たいていは政治的な意味での勝利であるが。これを書いている今も、我々はいわゆる「テロとの戦い」——これを宣言した指導者たちによれば、テロに対して決定的な勝利を収めることを意図した戦いのことである——を遂行しているが、本書を読み終わる頃には、この指導者たちの言葉は空虚なものだということ——少なくともこの対立の一部始終を詳細に見てみると——が明らかになるだろうと思っている。この戦いのなかでテロリストは、自分の政治的目的を達成するうえでの軍事力の効用を、テロリストと対決している人々——政治指導者たちや軍部高官たち——よりもよく理解していることを示している。こうした状況は一九九三年のアメリカ軍によるソマリア介入や一九九一年から九五年までの国連軍によるバルカン半島介入をはじめとして、この一五年間に世界各地で行われた大国による小国への介入にも当てはまる。そのような状況を永久に回避できるのだと言ってもおそらく空虚に響くだろう。しかし、現在の情勢のなかで、実際に軍事力が行使されている目的よりもずっと大きな目的のために軍事力を使うことは可能なのだと私は信じている。これが、本書において、軍事力の効用についての詳細な検討を示す究極の目的である。

軍隊による戦闘が野蛮なのは、凶器で武装した軍隊がその力を行使するからだ。一般社会のルールから解放された軍隊は、人を殺し、物を破壊する。結局そうするために軍隊は訓練されている。そして実際、我々一般社会は、それを軍隊に求めている。しかし、これは暗黙の契約であり、長い年月をかけて進化してきた戦争と平和の明確な枠組みのなかに収められている。この枠組みは特にこの二〇〇年のあいだに発展してきたものである。そして、これらの枠組みが我々が生きている現実にもはや適していないという事実があるからこそ、我々は自分たちが知っている枠組みの中で現実を再整理しようとしているのである。

戦争のパラダイムは非常に重要である。なぜならば、これは軍事力の行使に関わる概念的かつ実際的な構造であり、軍事力は軍隊という手段を介して行使されるからである。現在、我々を悩ませていることは、《国家間戦争》というパラダイムのなかにある軍事力の概念とその枠組みのなかで編成された軍隊が存在する一方で、我々が直面している紛争は《人間《じんかん》戦争》というパラダイムのなかでのものだということである。それゆえ、このあとは両者について議論していきたい――現在と未来を明らかにするために、過去についても検討する。《国家間戦争》というパラダイムの成り立ちを明らかにするナポレオンから始まって、一九四五年から八九年までの長期にわたるパラダイムの転換期、一九九一年から現在にいたるまでの《人間《じんかん》戦争》という新しいパラダイム、そして最後に将来の見通しを述べて終わる。

このパラダイムの転換は、戦争の手段――兵員と兵器――に関わるものではなく、それらを使用する場合の目的と効用に関してのものである。そして、本書の立場もそうである。美術界にも同じような例があり役に立つアナロジーを提供してくれる。印象派は写実派としての訓練を受けた。彼らは写実派の人たちと同じ絵筆、カンバス、パレットを使い、同じ静物、人物、景色を眺めた。しかし、これらの道具・画材を使って描き出したいと思っていたものは写実派の人たちのものとまったく違っていた。ほぼ同じことが軍事力の使用についての現下の問題にも当てはまる。我々の軍事的組織と政治的組織は《国家間戦争》という古いパラダイムのなかで発展し、思いどおりに使える《国家間戦争》用の道具をもっている。しかし、それらの道具を使わねばならないパラダイムが変わってしまった。それゆえ、我々の軍事的組織に属する人たちや政治的組織に属する人たちは、もっている《国家間戦争》用の道具を、これまでとは異なる結果を達成するために用いることを学ばねばならない。すなわち、紛争に関する印象派になる必要がある。

この二〇〇年間の主要な紛争と展開は、軍事力の効用を理解するための背景である。しかし、冒頭で述べたように、軍事力と軍事力の行使は永遠に続くものである。武力衝突は人の世の習いであり、衝突の種は尽きないだろう。武力衝突がなくなる見込みはまずない。そのような次第であるから、我々は自分たちの身をさらによく守り安全を確保するために自分たちが有する軍事力の効用をよりよいものにしていかねばならないのである。

第一部……………《国家間戦争》

第一章 発端

ナポレオンからクラウゼヴィッツへ

軍隊や作戦行動を含めて戦争全般に関して我々が有する理解は、序章で述べたように、《国家間戦争》(Inter state industrial war、国家間による産業・工業化された戦争)というパラダイムに基づいており、このパラダイムが形成されたのは一九世紀のことである。ナポレオン戦争はこのパラダイムの起点であり、その二つの重要な要素――国家《ステーツ》と産業《インダストリー》・工業――がこの一九世紀を通して充分に成長・発展を遂げた。ナポレオン戦争以降の多くの戦争のなかでも特にアメリカ南北戦争、ドイツ統一戦争そして二〇世紀の二つの世界大戦は、このパラダイムの発展にそれぞれの形で大きく寄与している。私はプロの歴史研究者ではないが、歴史に興味をもつ者である。司令部において、また第一線において、自分が直面している事態をどのように処理するかについて、過去にこのような問題がどのように扱われたのかを理解するためだけでなく自分自身の考えを吟味する目的で、過去の事例の記録やそれについて書かれたものをよく利用してきた。歴史を学ぶことによって、自分と自分の敵がどうして今のような状態になってしまったのかがわかる。つまり、双方がそれぞれの将来につながる決断をくだすうえでの背景となる状況が、大まかな政治的条件のなかではっきりしてくる。歴史に対するこのような学び方は、出来事の発生順序を確定することから始まる。そうすることによって、「時系列」が理解されそれぞれの現象の因果関係をはっきり認識できる。このような原因と結果の関係がいったんわかってしまえば、種々の場面においてさまざまな関係者によってなされた決断を理解できるようになる。ただし、ここで言う理解とは、必ずしもなされた決断の是非を評価するものではなく、その時点とその状況下においてなぜそのような決断がなされたのかという理由を理解するということだ。このようにして、我々は直面している事態の個々の来歴、すなわち「His Story」を理解できるようになる。この「His Story」こそが、現状において我々が個々人としてあるいは組織としてくだす決断の背景となる。

ここで取り上げるテーマは軍事力の歴史であり、まずはその基本的な構造、すなわち軍事力を行使する軍事組織の構造から始めたい。出発点は一七九〇年代であり、フランス革命がフランスを暴力的な混乱状態から暴力的な手法ではあったが初期の市民国家機構へ向かわせた時期である。今日にいたるまで我々が近代的な軍隊として認識しているものは、この動きのなかから主に一人の人物、すなわちナポレオンのリーダーシップによって生まれた。現代の陸・海・空軍の組織は、全体として見れば、ナポレオンがフランス軍を再編し、ヨーロッパ征服に乗り出した際につくった機構と組織の多くを今も引き継いでいる。当時、空軍は存在していなかったのであるが、本当のところ、軍事力としての空軍は陸軍および海軍からいろいろな経緯があって生まれたものだ。ナポレオンの天賦の才能と因習をものともしない大胆さはすばらしいものであった。実際、思考や作戦行動の硬直性が目立っていた時代において、彼の用兵は非常に革新的であった。ナポレオンが自分の軍隊の組織全体としての機動性と作戦行動の柔軟性に誇りをもっていたのは明らかである。そして、この二つの流動的概念を、これと対照的な動かすことが難しい大軍隊と重火器という概念と結合させたことが彼の真骨頂であった。そして、彼が輝かしい数々の勝利を収めることができたのは、まさにこの新しい戦略概念の枠内で自分の軍隊を組織し活用したからである。「軍事力の効用《ユーティリティ・オブ・フォース》」についてのナポレオンの理解は実にすばらしいものであった。

ナポレオンが打ち出した新機軸とその永続性、そして、現代における我々の軍事力の行使との関連性を理解しようと思えば、まず市民軍の誕生から話を進めるのが適切だろう。市民軍は、ナポレオンの戦略に欠かせない真に大規模の軍隊を提供し、また同時に動員可能兵力についての新しい概念を提供した。すなわち徴兵制度による国民皆兵の概念である。彼らは、もはや国王のために戦う軍服を着た農奴ではなく、フランスの栄光のために戦うフランス人愛国者だった。ナポレオンがこの新機軸を最初に思いついたわけではない。有事の際に行われる国民全体の兵役義務としての徴兵制度の概念は、古代エジプトにまで遡る。しかし、市民には国家に対して兵役につく義務があるという考えは、フランス革命を支える自由《リベルテ》、平等《エガリテ》、友愛《フラテルニテ》という観念の産物であった。誰もが、お互いのためとフランスの栄光のためにフランス国民として協力し合った。軍事用語で言えば、これにより国民総動員《ルヴェ・アン・マス》という考え方が導入された。これは事実上の徴兵制度で、新たに国家の主人となったフランス市民は、国家を防衛する責務を負うとした。三〇万人という最初の徴集《ルヴェ》——外国勢力および亡命貴族《エミグレ》による侵略の脅威から祖国を防衛するよう呼びかけていた——が一七九一年に行われ、この年にナポレオンは准将に昇進している。革命戦争中（革命政府下のフランスとイギリス、オーストリア、プロイセンなどとの一連の戦争（一七九二〜一八〇二年））の徴集《ルヴェ》の規模は状況と軍の要求により年ごとに変化したが、大部分はこの期間の志願兵による新兵補充の不足を補うものであった。だが、すぐにその限界が明らかになった。特にナポレオンがイタリア遠征を開始すると必要な兵員を確保できなくなった。これを受けて執政政府（フランス革命の一七九五～九九年のあいだ、立法府である元老院と行政府としての五人の総裁（Directors）からなる政府体制）は一七九八年九月五日、ジュールダン＝デルブレル法を可決した。同法は満二〇歳から二五歳までのフランス人男子すべてに一定期間兵役を課しており、一七九五年に制定された共和国憲法第九条に述べられている市民の義務に基づいていた。この第九条は、すべての市民は、祖国を防衛し、自由・平等・財産を守るために兵役につく義務を負っていると明言している。これにより正式に市民軍が誕生した。

この徴集《ルヴェ》という制度に備わっている、兵力の定常的供給源としての巨大な可能性を認識したのはナポレオンであった。そこで彼は、この制度を具体化し、それが国民の生活に確実に定着するようにした。一八〇四年一二月二九日、フランス皇帝として、フランス全県《デパルトゥマン》での徴兵手続きを詳述した法令を通過させた。これ以降、毎年の徴集兵の数は各年ごとに上院の法令によって定められることになった。そして、フランス全土一三〇の県《デパルトゥマン》の民事・軍事当局は定められた数の徴集兵の名簿を作成し、この徴集兵を一定期間強化訓練する責任を負っていた。この制度こそがフランス軍隊への定常的な動員源を確実なものにしたのだ。さまざまな変更や改定はあったもののおよそ二〇〇年後の二〇〇一年にシラク大統領が正式に中止するまで、この枠組みのなかで、徴兵制はフランス国民の生活に程度差はあれ定着していた。今日の軍事計画立案者ならばこの徴兵制度を、近代のあらゆる徴兵制度の模範と認めるだろう。しかし、導入当初、この制度はまったく革命的な出来事であった。何しろ、金銭、封建領主に対する義務、懲役、専門資格などに関係なく、市民権と性別に基づいてフランス人男子すべてが服する軍務によって常備軍を維持することになったのだから。

毎年行われる徴集《ルヴェ》は、ナポレオンの大陸軍《グラン・ダルメ》を根底で支えるものであった。一八〇〇年から一四年までのあいだに推定二〇〇万人の男子が召集され、この期間を通してフランスの旗のもとで戦った。これはとてつもない数であり、人類史上過去に例を見ない兵力であった。しかし、これはまだ徴兵制度が有する絶対的な力よりもむしろ潜在的可能性を示すものであった。というのも、この空前の総数は、徴兵対象条件を満たす年齢層の約三六パーセント、総人口の約七パーセントにすぎなかったからである。これはまさに、戦争の新たなパラダイムの実験場だった。およそ一〇〇年後の第一次世界大戦（一九一四〜一八年）までにこのパラダイムは頂点に達し、フランスは徴兵制度を通じて全人口の二〇パーセントにあたる八〇〇万の兵士を召集した。ナポレオンの場合と第一次世界大戦の場合の数値の比較は単に膨大な数という意味では、両者が似たような大規模な人員（mass）であることを示している。しかしながら「mass」という単語は軍隊用語として敵に対する兵力の集結・集中という意味でも使われている。例えば、「指揮官は隷下の火砲二〇門すべてを攻撃の主軸に集中し（mass）、圧倒的な集中砲火を浴びせ攻撃開始を支援した」という具合に使う。ナポレオンは、まさに、この「mass」という単語の両方の意味を自在に体現したのである。すなわち、彼は近代における大規模（mass）な陸軍を創設した最初の人であり、また、その戦役においては自分の軍隊をいろいろな進路で集中（amass）させ勝利を得ている。《国家間戦争》が発展し普及していくにつれて、この「mass」という単語がもつ意味の二重性は強められた。すなわち、軍隊は高密度に集結させることが可能な大規模集団であることが重要となった。したがって、《国家間戦争》におけるこの「mass」の二重性を理解することは、《国家間戦争》における軍隊の活用と効用を理解するうえでの核心である。

たしかにナポレオンは自軍の規模に重点をおいていたが、だからと言って自分の作戦行動に投入する兵士の数にしか関心をもたなかったと思うのは間違いである。彼は、この大集団が意欲的でなければならないこともよく理解していた。すなわち、戦うということがフランス国家にとって好ましい行動なのだと思わせることが、戦いを成功させるために重要だということを知っていた。したがって、ナポレオンは兵士たちの心を奮い立たせるような演説を行ったり、兵士たちを気遣う大げさな表現を示したりして、自分たちが戦う愛国者なのだという観念とイメージを育てることに大いに気を配っていた。例えば、ある時、「皇帝は国民兵ならば信頼するが傭兵は信頼できない」と表現している。ナポレオン以前の多くの司令官たちも配下の兵士の身を大いに案じ、自分たちの目標を共有していた。しかし、兵士たちに自分の構想を共同で行う国家事業として示したのはおそらくナポレオンが初めてだろう。そして、その国家事業に彼らはフランス国民として等しく関わっていたのである。実際、ナポレオンは兵士たち――兵卒、士官を問わず――に敬意を払い、彼らに負担を強いる前にまず自分の計画や構想を示した。例えば、一八〇五年に行われたアウステルリッツの戦いの前夜、ナポレオンは騎乗で五〇キロ以上行軍しているが、その間ほとんど兵士たちと一緒で、馬は疲れ果て、兵士たちに翌日の戦闘計画を伝えなければならない幕僚たちをうんざりさせた。このように兵士たちと直接接触し、個々の兵士たちの目標が自分の目標と同じであると納得させ、彼らに対する自分の信頼を表明することによって兵士たちの士気は確実に高められ、これがこの戦いにおける勝利の一因となったことは疑いのないところである。

大規模な徴兵制が、祖国に対する義務と忠誠の愛国的表現としてヨーロッパ各国で採用されるまでには長い年月を要した。これは、主として、徴兵制が一般市民の国家への関わり具合に依存するものだという理由による。そして国家に対する義務とか忠誠という観念は、ナポレオン戦争の結果としてヨーロッパ大陸全体に伝播したのである。それはともかくとして、徴集《ルヴェ》という徴兵制によりナポレオンは大量の兵士を動員できるようになり、彼は二〇年近くこれを続けることができた。このことは、たった一度の決定的な戦略的軍事行動において、投入した全軍を失うとか、少なくともそのかなりを失うような戦いをナポレオンは思い切ってやることができたのだということを意味している。敗北した場合のことをあまり心配する必要はなかった。フランス革命以前の旧政治体制《アンシャン・レジーム》の枠内にいるナポレオンの敵たちはそのようなことができる立場になかったし、また彼らが率いていた軍隊はウェリントン公爵がうまく表現したような兵士たちによって構成されていた――「志願兵について世間の人たちは、彼らが軍人らしい気持ちから志願したと言うがみんなでたらめだ、とんでもない。女に私生子を孕《はら》ませてしまったために兵士になった者もいれば、軽い罪を犯したため入隊した者もいる。たいていは酒を飲むためだけに軍に志願してくるのだ」。そのうえ、徴兵制なしではこのような連中でも定常的に確保できず、戦いで兵士が死亡しても迅速に補充することもできなかった。このため、ナポレオンに敵対する陣営にとっては、戦闘で兵力を失うことはその戦争で敗北することであった。動員可能兵力という点でナポレオンは戦略上圧倒的な優位を得たが、この優位をさらにもう一つの優位で補った。すなわち、火力である。砲兵出身のナポレオンは火砲の威力をはっきりと認識しており――神は優秀な砲兵を持つ者の側にあり、と言ったとされている――、自国の工業的・科学的基盤を最大限に活用して、砲兵を見事に発展させた。当時の記述によれば、ナポレオン軍の火砲は数量的にも性能的にも敵に畏敬の念を起こさせるほどのものであり、文字どおりすさまじい効果があった。ナポレオンは、たいていの場合、その火砲を集結して「大砲列《グランド・バッテリー》」の形で使用した。すなわち、自軍の攻撃軸を定めその軸上にある敵陣に砲火を集中させ、自軍の歩兵が突撃するための進撃路をつくった。この砲撃の破壊力に加えて、なすすべもなく、この殺戮弾の乱打にさらされることの心理的効果によって敵の指揮・士気・統率は時にはその限界まで試されることになった。ウェリントンが、可能な場合にはいつもナポレオン軍砲兵の視界から隠れるように丘の反対側斜面に布陣したり、歩兵に伏せの姿勢をとらせていた――ワーテルローでナポレオンの近衛部隊を相手に戦った時がそうだ――ことは、イギリス軍がフランス軍砲兵の威力を認めていたことを示すものである。

ナポレオンは戦いや軍事作戦行動についての明確な戦略構想を書物としてはっきりと説明することはしなかったが、格言集《マキシムス》を残している。そのなかには今も通用する教えがいくつも含まれている。例えば、「守勢から攻勢への移行は作戦行動の中でももっとも微妙で細心の注意を要するものである」とか、「進軍は分散して行い、攻撃はまとまって行うべし（分進合撃）」等である。ナポレオンの格言は、軍事的天才の理論的考えというより実際的な考えを示したものであり、基本的な指針――敵兵力の決定的破壊――に焦点を絞っている。自分が具体化した徴兵制度による大規模軍隊と産業革命初期の技術を背景とした火力を用いて、ナポレオンはその革新的な用兵術を駆使して、この格言にある教えを実行した。すなわち、敵の主力を直接攻撃し、戦場において敵の主力部隊と交戦しこれを破壊したのである。概して一八世紀に行われた戦争の軍事的戦略目標は、ナポレオン戦争ほど決定的なものではなかった。兵力がほぼ互角だったからというだけでなく、先に述べたように、双方とも兵力をすべて失う危険を冒そうとは思わなかったのだ。全兵力を失えば軍を再建するには何年もの時間と巨額の金が必要だったからである。このような戦争は「（火力戦闘を伴わない）機動だけの戦争」として知られていたものであり、司令官たちは、兵力と兵站に制約があるなかで有利な態勢を占めることを眼目として戦い究極的には交渉を有利に進めることを目指した。ナポレオンは戦争に対するこのような取り組み方を根底から変えた。格言集のなかで言及しているように、「手段と結果、努力と障害の比較・考察を慎重に行うこと」により敵の平衡状態を破壊することを目指していた。彼は自分の主要目標を戦場における敵兵力の全滅におき、これによって敵の抵抗意欲を間違いなく打ち砕けると考えていた——それ以外のことは二義的な意味しかもたなかった。

ナポレオン軍の相次ぐ戦争における勝利は、このような戦争に対する考え方の変化の結果であった。この変化は非常に革新的だったため、ナポレオンは長年にわたり迅速な勝利を収めることができた。速度と柔軟性がナポレオンの作戦行動の根幹にあった。しかし、何よりも重要なことには、ナポレオンは自分の軍事行動を全体として捉え計画していたことだ。すなわち、立案、進軍、戦闘は全体としての軍事行動を構成する統合部品であった。会戦へ向けてのこのようなアプローチは、彼にとって会戦そのものに不可欠なことであった。つまり立案や進軍は交戦に先立って行われる、必要ではあるが別個の独立した過程とするのが当時の一般的な慣行であったが、ナポレオンは全体として捉えたのである。ここで「アプローチ」という言葉は会戦にいたる立案と会戦に向けた状況設定との両方の過程を意味すると理解しなければならない。後者としては、諜報活動、外交、政治的経済的措置などが含まれる。このアプローチの期間が何カ月にも及ぶことも珍しくなかった。というのも、理想的な会戦の状況に到達するためのあらゆる可能性が比較考察されたからである。そしてそれに続いて会戦へ向けて軍隊が実際に動き出すのであった。この全般的なアプローチを現実的な条件のなかで実現するためには、ナポレオンはその軍隊を迅速にかつ自分たちの意図を敵にさとられずに移動できるように編成する必要があった。これもナポレオンが達成した偉業の一つであり、私は「編制による機動性」と呼んでいる。これはもう一つの重要な新機軸の導入により実現された。それは、すべての兵科をそのなかに含む小型の軍、すなわち軍団《コール・ダルメ》であった。軍団は単独で作戦行動をとることができ、会戦時にのみ合流した。大陸軍《だいりくぐん》は同時にいくつもの戦域で会戦ができるほど大規模であったから、ナポレオンは各戦域に兵力を戦略的に配置した。各戦域にいくつかの軍団が配置され、これらの軍団はさらに師団や旅団にわかれた。

軍団《コール・ダルメ》およびその発想を生かしたナポレオンの能力は、大陸軍が成功を収める鍵となったので、これについてはもう少し説明した方がいいだろう。一七世紀、一八世紀の軍隊は、歩兵、騎兵、砲兵で構成されていた。それらは連隊や大隊等の単位で編成され、それから師団や旅団の単位にまとめられていたが、こうして構成された軍隊のほとんどが統一体として行動し、単一の組織として戦った。下位の指揮官たちには自由裁量ないし行動の自由はほとんど認められていなかった。ナポレオンはこの軍組織全体を換骨奪胎した。つまり現代の専門用語で言えば、これを編組したのである。各軍団はいずれも、歩兵、騎兵、砲兵で構成され――一個ないし数個の歩兵師団に騎兵隊、砲兵隊、輜重隊、野戦病院、その他軍隊に必要なものがすべて加えられていた。軍団は、与えられた特定の任務を遂行するために必要な兵科を組み合わせて構成されており、他の軍団が救援に駆けつけるまでもちこたえられるほどの規模があった。まさにこの理由のために、軍団はお互いに一日の行軍距離以上に離れることなく進軍した。ナポレオンは将軍である義理の息子ウジェーヌ・ド・ボアルネに宛てた手紙のなかで、兵力二万五〇〇〇から三万の軍団《コール・ダルメ》であれば、孤立したままでも大丈夫だと説明しながら軍団の役割を手短に述べている。

優秀な将校が指揮をとる軍団は、交戦するかあるいは戦闘を回避するかを選択し、軍団を危機にさらすことなく臨機応変に機動することができる。なぜなら、そのような軍団は、意に反して戦闘に巻き込まれることがないからである。またそれ故に、長期間にわたって独立的な戦闘に耐えることができる。軍団《コール・ダルメ》の優秀な指揮官というのは、つねに敵の接近に注意を払い、自分の軍団よりも規模が大きい敵軍との戦闘に引き込まれないようにするものだ。軍団の指揮官はつねに軍団の先頭に立ち交戦を指揮しなければならない。そして、この責任を委任してはならない。軍団の指揮官は、総司令官の意図、他の軍団の所在と他の軍団にそれぞれ期待できる救援、会戦のために他軍団と再合流できる時機を把握している唯一の人間である。

これは非常に興味深い記述であり、軍団《コール・ダルメ》の規模が決して小さくはなかったことを示している。兵員数にかぎって言えば、現在のイギリス陸軍は三個軍団程度しかつくりだせない。ナポレオンが軍団指揮官のあるべき姿を非常に重視していたことは強調しておいた方がいいだろう。自分の軍団が実際に戦うべきか否かというような決定的な決断を含めて、さまざまな決断をくだすため、指揮官はなんとしてでも最も適切な地点に位置していることが要求されたのだ。

ナポレオンの軍団は、複数の経路にわかれて前進することによって、全体としては非常に迅速に移動できた――これは同じ目的地に向かう高速道路やバイパスを追加することに似ており、ナポレオンの敵たちがずっと採用していた当時の慣行とは対照的であった。すなわち、彼らは軍を一つにまとめて単一の道路あるいは単一の前進軸に沿って行軍した。軍団ごとに別の道路を進む「分進」により、ナポレオン軍は各々の行軍経路において徴発する食糧が少なくてすむようになり、「徴発糧食に頼りながら行軍」できる場合が多くなった。その結果として各軍団の兵站・補給部隊は縮小された。実際のところ、ナポレオンはこの縮小を大々的にやる必要に迫られていた。というのも、彼の巨大な軍隊とその遠征距離を考えると、補給部隊の長い車列を伴う行軍は費用もかかり実際的ではなかったのだ。しかしながら、ナポレオンの敵方はまさにこのような足手まといを引きずっていた。敵国の軍隊はいずれも全体として一つの戦闘集団を構成しているので、これをいくつかにわけていくつかの道路を行軍させると、それぞれが必要な戦闘機能すべて備えているナポレオン軍団からの攻撃にさらされる危険があった。そのうえ、敵国のこのような構成の軍隊はナポレオン軍団に比べると大規模となり、道すがら糧食を徴発するという行軍形式をとることはできなかった。したがって、莫大な糧食を運ぶ長い兵站線を運営する大がかりな補給部隊を擁していた。それにひきかえナポレオン軍が維持するのは軍需品および上級将校が個人的に必要とする物資の補給線のみで、運ぶ糧食も比較的少なかった。例えば、一八〇九年にナポレオン軍はドナウ川に向かって行軍したが、八日分の糧食しか携行していなかった。こうしたさまざまな組織上の対策を組み合わせることによって、ナポレオン軍は敵軍に比べて迅速に行動できるようになった――この迅速性は編制による機動性とでも称するべきものである。

ナポレオンの軍団が会戦に向かって行軍する経路の選択は、事前の綿密な計算の上になされ調整された。その目的は軍団の真の目標あるいは真の狙いについて敵を惑わし、そうすることによって敵が手の内を明かすように仕向け、あわよくば機に乗じることである。全体的に見て、それぞれに異なる道筋を行軍する軍団は軍全体としての統一を欠いているような印象を敵に与えたが、実際は軍全体が、細心の注意を払って案出された多くの隊形のいずれかを組んで、一つの作戦軸に沿って注意深く分散されているのであった。もっともよく採用されたのが「(機動のための)大方陣《バタイヨン・カレー》」と呼ばれるものであり(これは、迂回路も含めた複数の経路を縦隊形で進む複数の軍団を四角形の辺と見立て、布陣としての「中空方陣(これがバタイヨン・カレーの本来の意味である)」になぞらえての呼称と思われる。言うなれば「動く中空方陣」とも呼ぶべきものである)、この隊形における各軍団間の距離は、望ましい会戦の状況が整い次第一日ないし二日の行程で迅速に「集結」することができる程度のものであった。作戦方針は大まかに作戦目標に向かう軍全体としての努力の方向と焦点を示すものであり、多くの場合空間的な表現が使われた。数多くの経路は単一の作戦方針を実現するうえで有用であり、それぞれ特定の部隊に割り当てられた。実戦におけるこの分散と集結の二つを示すもっとも適切な例はイエナの戦いだろう。一八〇六年、イエナでプロイセン軍は壊滅させられた。あらかじめ作戦方針を明確にしていたナポレオンは、作戦目標を達成する好機を捉えフランス軍をいくつかの経路に分散し、プロイセン軍が予想する倍の速度で移動させ、プロイセン軍の予想よりも一日早い会戦を強要した。その結果、プロイセン軍は徹底的に撃破された。ナポレオンの速度を活用した作戦行動の決定的な例であり、また「分進合撃」という彼の名言の典型的な例である。

まさに「軍団《コール・ダルメ》」という着想のおかげでナポレオンは編制による機動性を獲得し、この名言を実行できたのである。というのも、ナポレオンが構築した軍団は、交戦に必要なものをすべて完備した、ほとんど独立して機能できる戦闘組織であり、このおかげでナポレオンは史上空前の柔軟性をもつ作戦行動をとれたのである。兵力の配置・展開における布陣の幅と厚みが変幻自在であることはこれを例証している。会戦の初期においては、その前線は、切れ目がなかったわけではないが、たいていの場合単なる長い哨兵線のようなものであった。例えば、一八〇五年九月、大陸軍はストラスブールからヴュルツブルクまでの二〇〇キロにわたる第三次欧州同盟軍に直面していた。一八一二年には兵員六〇万の大陸軍《だいりくぐん》はヴィスワ川沿いに四〇〇キロ以上にわたって伸びていた。いったん進撃が始まると軽騎兵の遮掩部隊が援護し、作戦の意図を偽装する。会戦が進行するにつれて進軍を阻む自然の障害に取り組んだり敵を混乱させたりするべく前線は収縮あるいは膨張しながら展開した。と同時に、当面の要求を満たすためあるいは敵を欺くために、主力部隊の編制には変更が加えられた。会戦中、戦域を担任する司令官は、新たに旅団を編成すること、師団を加えたり移動させること、果ては新たに軍団《コール・ダルメ》を編成することまで行える権限をもっていた。一八〇五年にオーストリアの情報機関がアウステルリッツで悟ったように、こうした土壇場での組織改編の情報を探知するのは非常に困難だった。なぜなら、情報収集後に突然の変化があれば収集していた情報がすべて無価値になってしまうからだ。

敵軍に近づくにつれ、各軍団は集結する速度を速めた。行軍はこの目的のためにきわめて重要であり、ナポレオンの戦争構想にとって不可欠だった。ナポレオンは一八〇九年に「私は行軍だけで敵を打ち破った」と述べている。桁外れの行軍の例をいくつかあげてみたい。一八〇五年、ダヴー元帥は第三軍団の先遣師団をウィーンからアウステルリッツにいたる一四〇キロを二日間で移動させた。重荷を負った兵馬は睡眠時間をわずかしか取らず、二日間にわたって時速四キロから五キロの速度を維持して悪路を行軍したのだ。その一〇年前、第一次イタリア戦役中の一七九六年には、オージュロー元帥が師団を率いてカスティリオーネの戦場まで八〇キロ以上の距離を三六時間で行軍して戦闘に参加し、ウルムゼル指揮下のオーストリア軍を打ち破った。あるいは一八〇六年にイエナでナポレオン率いるフランス軍は、プロイセン軍から二日程度の行軍距離にあったが、前に述べたように、ナポレオンはプロイセン軍を奇襲するため、強行軍を命じ一晩で移動させ、それによって圧倒的優位に立ち、決定的な勝利を収めた。

こうした真剣な努力を知ることにより、我々は、ナポレオンが柔軟性と編制による機動性をいかに重視していたかを理解できる。だからナポレオンは単独でも作戦行動がとれる単位である軍団をつくり、各軍団の分散行動を好んだのである、すなわち、全軍に比して少人数の軍団はその兵員をすばやく集合させることができたし、迅速に進軍できたからである。そして、この編制による機動性がナポレオンの下で軍団を指揮する元帥や将校たちの力量にかかっていたこともわかる。ナポレオン同様、彼らの大部分は貴族ではなく平民の出であり、自分の実力によって昇進していた。実際、当時の社会で理解されていた範囲では、彼らはプロフェッショナルであった。このようにしてナポレオンは軍隊をつくりあげた。それは高く揺るがない士気を保ち、プロ意識と武勇を誇り、自らと指揮官に自信をもち、ナポレオンが意図したように戦うべく組織され訓練された軍隊であった。ナポレオンは自ら全体的な作戦計画を練り、詳細に立ち入ることもしばしばだった。計画を実行に移すにあたっては、ナポレオンは自分が取り入れた編制上の新機軸を活用するべく部下に大幅な自主裁量の余地を認めた。が、全体的な指揮をとるのはあくまでもナポレオンであり、特別な連絡将校を使って戦闘現場からの情報を集め、その情報にしたがって優先事項、兵力、物資補給の再調整を行っていた。ナポレオンの敵たち、特にナポレオン戦役が始まってから最初の一五年間にナポレオンと戦った敵たちは、親王諸公による厳密な身分階層性に基づく指揮・支配をはじめとして、融通のきかないしきたりが幅を利かせる組織や機構の枠内で相変わらず行動しており、ナポレオンのやり方は文字どおり衝撃的であった。

ナポレオンの才能に対する高い評価の相当な部分は、彼が軍事力の行使と軍事力の効用を区別していたところにある。そして、前者は後者のためのものであるとした彼の力量にあった。軍事力の行使にあたってナポレオンが行った構造的、概念的変革——軍団《コール・ダルメ》制度の柔軟性を土台にしてアプローチ、行軍、機動、戦闘といったものを一つの活動に結合させたこと——によりフランス軍はナポレオンの総合的な戦略目標にかなう新しい役割——その政治的目的をただ一度の決定的な軍事行動で達成すること——を獲得した。よく知られているように、一七世紀、一八世紀の頃のヨーロッパにおいては、戦争がこのような形で戦われたことはなかった。その当時、戦争は継続して行われる外交に関連してはいるが、分離したものとして捉えられていた。したがって、戦争によって決定的な目的を達成することを意図したことはなかった。いわゆる勢力均衡というもっと大まかな状況のなかで考えると、もし戦争に訴えるという場合には、その戦争は、明確な戦略的目標と関与するすべての国々の勢力は程度の差こそあれ保存されるべきという理解の枠内で行われた。国土が割譲されることはあっても、支配者や国家は存続したのである。ナポレオンはこの前提を完全に否定した。ナポレオンの戦略的政治的目標はまさに支配者と国家を変えてしまうことだった。主としてその領土を自分の帝国に組み込むためであった。ナポレオンの非凡なところは、自分が創出した軍組織という手段と、これを用いるべく工夫した方法とを融合させて自分の目的――敵兵力の決定的な撃破――を達成したことにある。敵兵力を決定的に撃破してしまえば、たとえ敵国の支配者が名目上その地位に留まろうとも、ナポレオンが望む敵方の戦略的敗北をもたらしたのである。そのいい例がイエナの戦い後のプロイセンであり、プロイセン国王はその座に留まったがフランスの一属国の支配者としてであった。逆に、一八〇七年のフリートラントにおけるロシアの決定的な敗北はティルジット条約につながり、これによってフランスとロシアのあいだに協調関係が成立した。これでナポレオンは帝国東部国境の平静を達成したが、これは彼にとって充分なものではなかった。すなわち、ロシアは依然として脅威であり、一八一二年になってもなお戦略的解決を求める必要があると思っていた。

ナポレオンは、自身が軍事的にも政治的にも消滅してしまうまで、ほぼ二〇年間にわたって自分の戦略を成功させてきた。彼のこの行為によって、戦争の戦略的目的は見直されることになった。戦略家の第一の義務は、政治的目的を支持し実現するために軍隊が目指すべき目標を選択することだと宣言したのはナポレオンである。そしてこの訓言を完全によく理解していたのはナポレオンであった。そして、まず最初に、一個師団、一個軍団、いや二個ないし三個軍団を失っても戦うことができるほどの大量の兵力を動員できる徴兵制を施行した。しかし、単に数を増やすだけという徴兵制では不充分であった。なぜなら、頭数を揃えるというだけのことであれば、敵はもっと大規模の軍隊をつくることができるだろうし、戦争が進捗するにつれて敵国の多くがそうするだろうからである。また、軍団制度の下での大規模軍隊を創設しこれを行使するというだけでは充分ではなかった。ナポレオンが徴募した兵士たちは、新しい国家を反映したものであり、一般民衆であり愛国者である人たちのなかから召集された兵士たちであった。これは、敵国と比べた場合の決定的な違いであった。これは、国家全体が、そしてその機構全体が動員されることを意味していた。ナポレオンは今やほとんど負けることなく敵の主力と直接交戦することができた。そして、敵の抵抗能力を迅速かつ完全に粉砕することによって、敵の戦闘継続意欲を破壊した。これがナポレオンのいつものやり方であり、そのようにできなかった時に彼は敗北している。

ナポレオンの敵たちのなかには、このように戦略的な軍事力の行使を真似したものはいなかった。ナポレオンの軍隊がスペインで敗北を喫したのは、スペイン側の抵抗意志が衰えずゲリラ戦が続いたためである。まさに、この長期間にわたるゲリラ戦がきっかけとなって、《国家間戦争》というパラダイムに対する「アンチテーゼ」と私が呼ぶパラダイムが始まった。この重要なパラダイムについては第二部で取り上げたい。イギリス軍はこの機会を逃さず大陸戦線を開き、同盟を結ぶポルトガル、スペイン両国に援軍を派遣した。この半島戦役においてウェリントンは、空間を犠牲にして時間を稼ぐことによって、イギリス・ポルトガル連合軍を慎重に運用した。すなわち、自分の望みどおりの条件が整わぬ状況での戦闘は拒否し、陣を引くのもよしとしたのである。これは、状況が自分に好都合になるまでナポレオン軍が求めている決定的な交戦に引き込まれないようにするためであった。同じように一八一二年にはロシア人も決定的戦闘を拒否し、ロシア軍はモスクワを捨てることによって自軍を温存したが、その後ロシア軍は撤退するフランス軍を苦しめ壊滅させた。イギリス海峡に守られて安全なイギリスは、ナポレオン戦争中、ナポレオンが海上で優位に立たぬかぎり決定的戦闘に引きずり込まれる心配はなかった。そして、トラファルガーの海戦でイギリス軍は勝利し、ナポレオンを断念させた。これらの事例はいずれも、ナポレオンが行った戦争やそれに続く産業力を背景とする戦争が、国家の保有する資源すべてを持続して利用できるかどうかにかかっていること、また資源が減少するにつれて戦争を遂行するのが次第に困難になることを証明している。トラファルガーの戦いののち、イギリスは大陸の海岸線を封鎖してフランスの戦争継続能力を徐々に浸食していった。経済封鎖されたフランスが軍需品を陸軍に提供できなくなったためである。この状況は、ナポレオンがフランス軍兵士に出血をもたらす「潰瘍」と呼ぶようになった半島戦争と相俟って、一八一二年の敗北によりどうしようもないところまで悪化した。ナポレオンがもはや自分の「兵員調達《ルヴェ》」すなわち徴兵制度を維持できないと悟ったのはロシアからの撤退後であった。徴集を通じて集められる兵士の数が充分でなくなったからである。兵力が少なくなるにつれてナポレオンはライン川の西まで撃退され、和睦を求めざるを得なくなった。

イベリア半島では戦場が起伏の多い土地だったのでゲリラやウェリントンは思い思いに、そしてある意味ではナポレオンの軍隊よりも戦術的に巧みに行動できたのだが、それと同じように海洋と大草原は作戦の段階でナポレオン流の決定的戦闘を拒絶する戦略的空間を提供してくれた。これらの戦域においてナポレオンの不首尾は二つの主な理由によっていた。まず第一に、政治指導者であると同時にフランス軍の戦略指揮官でもあったナポレオンは、たいてい自ら戦域における司令官ともなって作戦を指導し、重要な戦いではしばしば最古参の戦術部隊指揮官となった。

しかし、いかにナポレオンといえどもこれらの役割を同時に果たすことはできなかった。特にスペインおよび海上ではそうだった。ナポレオンに代わって指揮をとった部下たちには、ナポレオンほどの名声はなかった。ナポレオンは一人しかいなかった。第二に、敗北を喫したのにはいくつか作戦上の理由があった。ナポレオンの用兵術は、戦争のすべての段階で同じように効果的であるということではなかった。すなわち、彼の軍隊は大規模で、たとえそれを軍団単位に分割していたとしても、彼の戦術がつねに有効であるとはかぎらなかったのである。軍隊の戦い方、すなわち戦術や使うべき火力をその軍隊の編成と混同しないようにすることは重要だ。この二つは密接に関連しているが別個のものだ。理想を言えば、軍隊の編成は戦術に適したものでなければならないし、また、戦術は軍隊の編成にふさわしいものでなければならない。通信、補給、適切な指揮官たち、また、もっと高いレベルでは多国籍軍であること――ナポレオンに対抗した同盟軍のようなもの――等のいろいろな要素を考えると、戦術はその軍隊の編成に適合させねばならないことがしばしばである。戦術と火力も密接に関連してはいるが別個のものである。火力は力をもっており、その力には砲弾の爆発力と衝撃がもたらす効果、保有量、迅速性、単位時間当りの発射弾数、射程、弾道等多くの尺度がある。戦術とは、指揮官によって決定された作戦行動の中での手順と訓練にしたがって戦場において敵の防御を弱め、また、敵を破壊するように火力を用いることである。戦術的交戦は戦闘の核心である。ナポレオンの数々の勝利を考えると、ナポレオンが戦略家であると同時に機敏な戦術家であったのは間違いない。そうではあるが、彼の全般的な軍隊の使い方を吟味するにあたっては、彼の欠点を理解することが重要である。ナポレオンは新機軸をいくつも取り入れることで作戦全体のレベルでは有利になったのだが、イギリス軍は戦術のレベルでフランス軍を打ち負かすことができた。このレベルではナポレオンが兵力の規模の大きさを重視していたのに対し、イギリス軍は火力の重要性に着目していた。

マスケット銃が広く用いられていた時代には、兵士たちの数が利用できる火力の尺度である──多数の兵士は大量の火力を意味する──と考えるのが普通であったがこれはもっともなことであった。しかし、多数の兵士が効果的に射撃するには、そのタイミングや量、攻撃目標に関して戦闘中に決断をくだす必要がある。敵の砲火にさらされながらさまざまな決定をくだし実行に移すためにはその軍隊が適切な訓練を受け、手順をのみこんでいることが必要である──兵員の数に関わらず今日にいたるまでこれは不可欠なことだ。兵士たちがそのような訓練を受け手順を身につけていなければ、指揮官たちは、効果的な砲火を浴びせるべく、敵に比較して充分にすばやく指揮下にある部隊を動かすことができず、したがって主導権をとることができない。すなわち戦闘を支配できない。これは戦術レベルでの軍隊のもっとも基本的かつ不変的な特性の一つである。現代の我々が眺めている(英国陸軍伝統の)軍旗敬礼分列式のような格式ばった軍隊パレードは、まさにウェリントンの時代の軍隊の訓練を模したものである。多数の兵士が行進するこうした見事な動きを通して、我々は今日でも、非常に多数の兵士たちが一糸乱れずに動くことができるのだということがわかる。行進の際に携えている武器──といっても今日のような自動小銃ではなく、昔のマスケット銃だが──を兵士たちが使用することになっていたのだとすれば、歩兵隊が行う一斉射撃の威力を理解できる。自動火器がない時代に持続可能な火力を最大限得るには、兵士を二列横隊（並行して二列に）に展開し、各列が順に斉射すればよい。第二列が号令に合わせて射撃するあいだ第一列は膝をついて装弾し、第二列が装弾するあいだに第一列が号令に合わせて射撃するなどである。これは間断のない弾幕射撃であり、個々に発射された多数の弾丸が一団となることによりすさまじい威力を発揮した。この戦術は一九六四年に制作された映画

『ズール戦争』のなかでうまく再現されている。一八七〇年代のアフリカで起きた辺境の植民地への攻撃を描いた作品で、次々に押し寄せるズールー族の戦士たちが、号令に合わせて斉射する二列横隊の歩兵になぎ倒されてゆく。その結果として、辺境にあるイギリスの植民居留地は救われた。戦術的勝利だ。

そのようなわけでナポレオンは取り入れたいくつもの新機軸により、戦域レベルあるいは会戦においては優位に立てたが、大規模集団を形成するフランス軍兵士たちを効果的な集中火力に変換することはいつも難しく、フランス軍は戦術レベルではイギリス軍より弱かった。実際、ほとんどの交戦においてイギリス軍はフランス軍より優位に立った。ウェリントン流の訓練は間違いなく優れていたのだ。この訓練は時間がかかるものであり、イギリスが支援部隊なしにフランス軍と戦えるほどの巨大な軍隊をつくることはなかった。それにもかかわらず半島戦争やワーテルローの戦いでイギリス軍とその指揮下にあった同盟軍は、戦術がものを言う戦闘で勝利を収めることができた。というのも、戦術レベルにおいては、編制による機動性の点でイギリス軍はフランス軍に優っていたからである。この戦闘における戦術の優位がもつ価値を完全に理解するためには、他の二つの概念、すなわち隊形の横幅と縦の厚味、および兵士たちの分散と集中を理解する必要がある。指揮官は部隊を二様に展開できる。横に広がって展開するか、縦に厚味をもって展開するかだ。横隊にするか縦隊にするかと表現される場合もある。横に広く展開すれば、敵を捉える視野は大きくなり、広範囲の敵に銃弾を浴びせることができ、敵を攻撃する機会に恵まれる。しかしながら、このような横隊はどの地点においてもたやすく突破され、指揮をとるのが難しくなるし、また、攻撃が成功してもこれを拡大することは容易でない。縦に厚味をもって展開すれば、有利な点と不利な点は逆となる。兵力を集中させると集中した地点では強力だし、指揮をとるのも補給するのもたやすい。しかしながら、機動性に欠け、単一目標となり、集中地点以外での状況を把握できない。そのうえ、指揮官にとって集中すべき適切な地点を選択することもまた難しい。兵力を分散させると、これらの有利な点と不利な点は逆となる。しかしながら重要なことは部隊展開の形ではなく、その形によって発揮できる火力である。マスケット銃やライフル銃など短射程の直接照準火器で武装している兵士たちにとっては、自分たちの展開隊形そのものが火力の有効性に直結する。しかし、大砲のように長射程で大きな障害物を越えて向こう側へ着弾させ得る火器を有しているのであれば、効果的に火力を発揮すべき地点を考える必要があり、それにしたがって部隊や火砲を展開せねばならない。砲やそれに類する兵器が、その火力を、横方向に幅広く着弾させる態勢から縦方向に深度を変えて着弾させる態勢へ、あるいは単一目標への集中砲撃から複数目標への分散砲撃へ、砲列の配置を変えずにすばやく行える機能をもっているかどうかは戦術家の目から見て、そのような火力戦闘部隊の価値を決めるものである。現代では、空軍も戦域を担当する司令官にとっては同じような意味で重要である。ナポレオンの敵にとっては幸いにもナポレオン時代の砲は、近代的な砲としての特性を獲得し始めたばかりで、空軍は実現不可能な夢だった。戦術的な技量の核心は、状況に応じて、一つの射撃態勢からもう一つの射撃態勢へ――横から縦へ、そして、集中から分散へ――より迅速に変更できることだった。

ここまでくればイギリス軍がナポレオン軍に対して戦術的に優位に立っていたことが理解できる。つまり、イギリス軍は、戦場においてフランス軍に比べて小さな集団で行動するように組織され訓練されていたのだ。そのおかげで、横隊と縦隊とのあいだの隊形変換をすばやく実行することができた。横隊の時には、各横列ごとの一斉射撃を順次迅速に続けることにより大変な火力をものにしており、その戦果を拡張して進軍する時には縦隊となった。彼らは方陣を敷いて高密度の火力をつくりだすことも、規模の小さい分遣隊に分散することもできた。この柔軟性は、規模の小さなイギリス軍がよく訓練されているおかげであった。大規模で自主性が尊重されていたナポレオンの徴兵部隊にはこの柔軟性に欠けている場合が多かった。ウェリントンは、フランス軍がやむなく攻撃するように仕向ける戦術を好んだ。そして先に述べたとおり地形を利用してフランス軍砲兵から配下の部隊を守った。このようにして、ウェリントンはフランスの大規模軍隊に対処した。フランス軍の砲撃がイギリス軍の守備を弱めたと思われた時点でフランス軍歩兵の大規模な縦隊が前進するのだが、イギリス軍歩兵による一斉射撃を浴びることになるだけだった。このような状況では集中火力が集中兵力を打ち破る結果になったのである。

戦場におけるナポレオン軍の動きに対する私の描写は単純で安易なように見えるかもしれない。実際には、彼らの動きは敵を混乱させる、複雑で破壊的なものであった。フランスのシャンブレイ将軍はこのナポレオン軍の動きの実際を次のように表現している。

フランス軍の兵士たちはいつものように肩に銃をかついで（すなわち発砲せずに）突撃した。彼らが近距離まで近づいてもイギリス軍の横隊には動きがなく、前に進むフランス軍の歩並みにはためらいが見てとれた。フランス軍の将校や下士官たちは兵士たちに向かって「前進、進め、撃つな」と怒鳴っていた。「敵は降伏するつもりだ」と叫んでいるものもいた。このため前進が再開されたが、イギリス軍から至近距離の地点まで来たところで、イギリス軍は二列横隊射撃を開始した。フランス軍兵士はばたばた倒れ、前進は止まり、フランス軍将校は兵士たちに向かって「進め、撃つな」と叫ぶ（それにもかかわらずフランス軍も撃ち始めた）のを尻目にイギリス兵たちは撃ち方を止め、銃剣を構えて突撃を開始した。すべてがイギリス軍に有利だった。整然とした動き、勢い、銃剣で戦うという決意。一方フランス軍はと言えば先ほどまでの勢いは失せ、敵の思いがけない覚悟に混乱するばかり。潰走するのは避けられなかった。

ナポレオンが敗れた戦いを論ずることは、戦場における采配を理解するうえで重要であるが、一五年以上勝利を重ねたことにはより大きな意味があり、どのような基準に照らしても驚きである。そのうえ、最後には敗れたとはいえナポレオンが確立した軍隊観はすたれなかった。すなわち、ナポレオンを相手に戦った各国の軍事指導者たちは、最終的にはいずれも自国の軍隊を改革したのである。それも知ってか知らずしてか、ナポレオンが確立した指針に従ったものとなっていた。そしてこれは必要なことだった。フランス軍と戦った各国の軍隊は、将校についても下士官兵についても問題を抱えていたからである。プロイセン軍は格好かつ重要な例である。というのも、彼らの改革はナポレオンの手法を真似たものではあったが、それを洗練した形で取り入れ、さらにもう一つの独創的なものを生み出していた。すなわち、参謀本部という制度である。

フランス軍を相手に戦った各国の軍隊同様プロイセン陸軍は、鞭打ちの多用に象徴されるすさまじい懲罰が植えつける恐怖心により強制的に入隊させられ、抑えつけられている兵士たちで構成されていた。徴兵からなるフランス軍の懲罰もすさまじかったが、兵士の恐怖心をあおって抑圧するものではなかった。それ以外のプロイセン軍兵士のほとんどは外国人だった。プロイセン国民は軍務につかせるよりも土地を耕させ、労働させ、税金を納めさせる方が役立つとみなされていた。この税金によって親王たちはこのような軍隊を調達することができた。一七四二年、フリードリヒ大王は、原則として歩兵大隊の三分の二は外国人、残り三分の一をプロイセン人で構成すると定めた。その結果、ほとんどの歩兵大隊は外国軍からの脱走兵、捕虜、犯罪者、浮浪者ばかりになった。騙されて、あるいは力ずくで、あるいは金に目をくらまされて入隊してきた連中である。この雑多な多数の兵士を支配できるのは過酷な懲罰だけだった。懲罰が加えられるからこそ彼らは逃亡しなかったのだ。実際、脱走兵は軍隊指導者たちがもっとも頭を悩ませた問題であった。フリードリヒ二世は一七四八年から五六年にかけて、『戦争遂行にあたっての一般的な原則』（*General Principles on the Conduct of War*）を書いた。そのなかには、脱走を予防するための一四の規則が含まれており、戦術的、戦略的配慮はしばしば脱走を防止する必要性の下位におかなければならないと説いている。その結果、プロイセン軍の兵士は密集隊形のなかに組み込まれ、斥候として分遣されることもめったになく、撃破した敵を追撃することもままならなくなった。夜陰に乗じた攻撃や森のすぐ近くでの野営は言うまでもなく、夜間行軍も避けなければならなかった。兵士たちは戦時、平時にかかわらずお互い脱走しないか監視し合うよう命じられた。一般市民も脱走兵を見つけた場合、監禁して軍に引き渡さなければ厳罰に処せられた。

　このような兵をナポレオンの徴集兵に対比して考えてもらいたい。法によってつねに供給され、戦う心構えができている兵士たちでもあり、それゆえいかなる行軍、作戦行動においても信頼されていた。この違いは計り知れないものがあった――違いは将校にも及んでいた。フランス軍を動かしていたのはナポレオン旗下の革新的な職業軍人たちだったが、それとは対照的にプロイセン軍はおおむね従来どおり能力よりも社会的階級により選ばれた人物が指揮をとっていた。指揮官には外国人もいたが、大部分はユンカー（プロイセンの土地貴族層）出身の上流階級の人間だった。著書のなかでフリードリヒ二世は、平民を将校に任用してはならない。平民は名誉よりも金銭的な利益を重んじる傾向があると繰り返し述べている。しかし、貴族たちは往々にして子弟を軍人にしたがらなかった。軍人としての経歴はゆくゆくは名誉になりまた役に立つだろうが、ほとんどの軍学校の学問的水準は初等教育よりも下だった。その結果、平均的なプロイセン士官に教養のある者はほとんどいなくなった。これがプロイセン軍における指揮の水準に強く影響した。

プロイセン軍の数々の欠陥は、一七九二年から九五年にかけて、第一次対仏同盟の参加国として、訓練を受けていない志願兵ばかりからなるナポレオン以前のフランス革命軍と戦い敗れた際にすでに露呈していた。こうした初期の敗北を受けて、軍事に関する理論と演習の場として陸軍大学《クリークス・アカデミー》がつくられた。校長にはプロイセン軍の機構改革の立役者の一人ゲルト・フォン・シャルンホルスト将軍が就任した。歴戦の勇士としてシャルンホルストはすでに、フランスのこうしたろくに訓練を受けていない社会的地位の低い徴集兵や無名の将校たち(彼らの多くも下層階級出身者だった)が、ヨーロッパ各国の職業軍人からなる軍隊を相手によく戦い打ち負かすことに好奇心をそそられていた。シャルンホルストをはじめとしてプロイセンの軍隊改革に取り組んでいた人たちは軍団《コール・ダルメ》という着想から生じた作戦行動上の柔軟性については比較的早く理解していたが、やがてそれでは充分でないと気づいた。軍隊の組織よりも捨てておけない大きな問題があった。どうやらそれが新しい革命国家と関係しているらしいと気づいたのはシャルンホルストだった。それは政治的な問題でたいがいの将校たちの識見や理解力では到底手に負えないものであることもわかっていた。この厄介な問題に取り組む手始めとして、彼は陸軍大学《クリークス・アカデミー》のシラバスに一般教養科目を導入した。それ自体は重要な一歩であったが、軍隊の改革にはまったく影響がなかった。やらなければならない改革という仕事の底知れなさを考えれば、驚くにはあたらないことであった。プロイセン軍はあまりにも規模が大きくのろのろしており、その縦隊は、オーストリアやロシアの縦隊と同様、一日にわずか五～六キロしか行軍できなかった。動きの遅い何千もの補給用荷馬車を引き連れていたからである。プロイセン軍の戦術も時代遅れとなっていた。新兵たちは、柔軟性のないゆっくりした機械的な動きによる訓練を受けていたが、これは次のような戦場を想定してのものであった。すなわち、兵士たちは硬直して融通のきかない横隊を組んで進み、まったく同じように柔軟性のない敵の横隊と一斉射撃をやり合う、という戦場である。一八〇六年のイエナの戦いで——ナポレオンの柔軟な戦術、巨大な集団、迅速な機動、士気の高い意欲的な兵士たち、決定的勝利に焦点を絞った戦略に直面して——撃ち破られたのはこの軍隊だった。ナポレオンの戦略を見事に体現したこの戦いが世に知られていない——例えば、ワーテルローのようには——のは皮肉な話だ。というのも、ある世代のプロイセン将校、特にこれから見ていくカール・フォン・クラウゼヴィッツにとって、この戦いは決定的な経験だったからである。

一八〇五年における、オーストリアとロシアに対するフランスの驚異的な勝利に驚いたプロイセンは、一八〇六年に戦争準備に入った。自国の軍事力をいささか過信していた国民も軍隊も心理的な覚悟ができていなかった。プロイセンの動きにナポレオンはすばやく反応し、大陸軍は——この時は、数個軍団に編成された二〇万の兵力が、集結地点へ向かう軸を対角線とした四辺形《アンカレ》を構成する形に経路をとって——一〇月上旬に機動を開始した。ナポレオンの目標はプロイセン王フリードリヒ・ヴィルヘルムに対する決定的勝利であった。この戦役は初めからプロイセン軍に不利だった。ミュラ元帥、ベルナドット元帥がそれぞれに率いる軍団は早々にザール川を渡り、プロイセンのタウエントツィーン将軍率いる師団をホーエンローエ大公軍の主力がいる地点まで撃退した。一方、ランヌ元帥はザールフェルトでルイ・フェルディナント公の部隊を見事に撃ち破った。公は戦死し、プロイセン軍兵士一万人が捕虜となった。プロイセン側の士気がすでに落ち込んでいた一〇月一〇日、ナポレオン率いるフランス軍はイエナの北に位置するラントグラフェンベルク台地を占拠しているホーエンローエ軍の後衛を発見した。ナポレオンはランヌ元帥の軍団と近衛部隊をこの台地に展開し、敵の中央を捕捉しようと考えた。オージュロー元帥の軍団は右翼に、ネイ元帥の軍団は左翼に回り、プロイセン軍を両側面から包囲した。一方、ダヴー元帥の軍団をアポルダに向けて北進させ、包囲を完全なものにした。夜にはナポレオン自ら指揮をとって山道をつくり、兵士や大砲をこの台地に運べるようにした。明け方、フランス軍は展開し、約二・五キロにわたって戦線を形成した。日が高く昇り霧が晴れると、それまでフランス軍の側衛と対峙していると思っていたホーエンローエは自分の誤りに気づいた。やがて地形を利用して姿を隠していたフランス軍が、開けた場所に集結して援軍を待つホーエンローエ軍に猛砲撃を浴びせ始めた。午後早くにナポレオンは前進を命じ、兵力四万の予備軍を投入した。砲兵の支援を受けながら近づいてくる兵力九万の歩兵、騎兵の大集団に直面してホーエンローエ軍は逃げ出した。午後四時前に戦闘は終結したが、フランス軍兵士の半数は銃弾を一発も撃っていなかった。

ナポレオンはプロイセン軍の主力を決定的に打ち負かしたと確信していた。しかし、プロイセン国王フリードリヒ・ヴィルヘルムはその前日に七万の軍勢を率いてマグデブルクの森に向けて出発していた。この国王軍がアウエルシュテット付近で孤立していたダヴー元帥の軍団と出くわし、両軍は本当に激突した。兵力二万六〇〇〇のダヴー軍団が有する騎兵は一五〇〇人ほどで、砲は四四門にすぎなかった。ブリュッヒャー——のちのワーテルローの戦いで有名になる男だ——率いる六〇〇人の騎兵が霧の中から駆け出してきたところで最初の交戦が始まった。それから、プロイセン軍は二五〇〇人の騎兵隊による突撃を四回繰り返した。大隊ごとに方陣を組んで布陣していたフランス軍はこの猛襲に耐えた。プロイセン軍の波状攻撃をことごとく跳ね返したが、ダヴーは唯一の予備である一個連隊を投入せざるを得なくなった。ナポレオンはダヴー軍団の兵力と編制を的確に評価していた。正午、フリードリヒ・ヴィルヘルムは、ホーエンローエ軍と合流し翌日に戦闘を再開しようと撤退を決断した。ところが何とフリードリヒ・ヴィルヘルムの前に現れたのは、イエナの戦場から逃げてきた大量のプロイセン兵で、彼らとともに逃げる以外なかった。フリードリヒ・ヴィルヘルムが退却したあとにはプロイセン軍兵士三〇〇〇の捕虜――クラウゼヴィッツもその一人だった――と一万の戦死者が残った。ダヴーは自分の軍団の三倍の兵力を寄せつけなかったのだ。ナポレオンはこの健闘を称えたが、帝国史編纂係には、今後この二つの戦いをイエナの戦いとして記録するよう命じた。

プロイセン軍は壊滅した。それというのもこの会戦においてナポレオンは、プロイセン軍が自分の意図を悟って対応するだけの時間的余裕を与えぬように彼らに接近していったからである。ナポレオンはプロイセン軍が想定していたよりも速く動き、想定していなかった方向へ移動した。このためプロイセン軍は思いもかけない場所でフランス軍と戦う破目になり、戦場についての理解が不正確な状況で戦わざるを得なかった。そのうえ、プロイセン軍の命令手続きは重苦しいほどに上意下達が徹底しており、また命令には字義どおりに従うことが強調されていた。したがって、フランス軍と最前線で対峙し、現状をつぶさに把握できる人たちには状況に応じて適切に行動する権限は与えられておらず、また充分な情報も知らされていなかった。この教訓は今なお重要性を失っていない。一九九一年の湾岸戦争中、私が指揮した機甲師団がイラク国内への攻撃を開始して一八時間ほどたった頃、偵察部隊からイラク側の機甲部隊がこちらに向かっているという報告が入った。やがてこの機甲部隊は射程に入ってきたところを撃破された。拘束したイラク軍兵士の話によると、この部隊はおよそ一〇〇キロも後方のイラク国境沿いにある奥行きの深い地雷原に突破口を開けた我々に逆襲するため機動していたそうだが、それは前日のことだった――彼らの指揮官たちは、一八時間ないし二四時間前に一〇〇キロほど後方で起きた出来事に対応していたのだ。

講和条約は一八〇七年にティルジットでようやくまとまり、六月二五日、ナポレオンと、敗れたプロイセン国王の同盟相手であるロシア皇帝は、プロイセン東部を流れるネマン川のちょうど中間点に係留された特設筏の上で調印した。この講和条約によりプロイセンの領土と人口は半減し、事実上フランスの属国になった。さらにプロイセン軍の兵力はわずか四万二〇〇〇に限定され、各兵科ごとに許される総数も制限された。こうした兵力削減と制限は、イエナ、アウエルシュタットの屈辱的な敗北に今もなお茫然としているプロイセン軍に追い打ちをかけた。そうではあるのだが、いつまでもその効果が色褪せないほどに軍隊を改革できたのは、こうした制限を実行したからこそである。何年もの時間をかけてまったく新しい軍隊が生まれた。そこには、新しい存在としての「考える兵士」、参謀本部という革新的な着想、そして最後に『戦争論』という理論が伴われていた。これらの三つは相互に関連し合って活力のある基本原則とそれを支える力強い組織・制度をつくりだした。それはプロイセン、そしてのちにはドイツ、のその後一〇〇年間の発展を可能ならしめたものであり、世界各国の有力な軍隊が次々に範とするような指揮機関のモデルを確立したのである。この過程において確立された、軍事組織と軍事力行使に関する考え方は、二度の世界大戦での戦場を支配するものであり続けたし、おそらく今日にも適用できると思われる。そしてそれはイエナの戦いで敗北を喫した後の痛みを伴う改革で始まった。

シャルンホルスト将軍は先頭に立ってこの試みを推し進めた。それを軍の全般的な改革――軍隊の改革、将校クラスの改革、作戦行動の改革――の必要性がよくわかっているすばらしい将官グループが支えた。構造的改革としては、このプロイセンの改革者たちはフランス軍の軍団《コール・ダルメ》制度を取り入れ、六個軍団をつくった。各軍団には砲兵、歩兵、騎兵の三兵科が組み込まれ、それぞれ兵力六〇〇〇から七〇〇〇の旅団を編成した。次に改革者たちは兵士および武器の問題に取り組んだ。一八〇七年に締結された条約をあからさまに無視することなく兵員数を早急に増やすべく、条約で認められている枠一杯の新兵を徴集し、数カ月間厳しく訓練しては兵役を解き、有事にはいつでも召集できるようにして、また次に枠一杯の新兵を徴集して同じように訓練した。これもフランスの制度――この場合には強壮な男子を対象とする徴兵制度――を真似ていたが、明らかに違う点もあった。この徴兵制度は、後述の国民皆兵制ではなく国民国家の意欲的な愛国者の徴兵でもなかった。そのような国家はまだプロイセンにはなかった。プロイセンのそれは短期兵役の選抜徴兵制度であった。プロイセンは事実上、徴兵制度の目的を定義し直したのである。ナポレオンは戦争中に軍を維持するために徴集《ルヴェ》制を活用していた――市民は戦闘中に死傷した兵士の代わりを務めるために動員されたのだ。プロイセンが徴兵制度を活用してつくりあげた軍隊は、平時には小規模な軍隊であるが、市民生活に戻っている男たちを戦争に備える兵士として訓練する機関でもあった。そして、必要な時にはこの男たちで大規模な軍隊を構成できた。プロイセンの軍事機構に加えられた最後の変更は、それまでの年功序列による昇進制度の廃止であった。軍隊に実力主義を浸透させようとしたのだ。力量と専門的能力が昇進に必要な特質となった。

　装備はイエナの戦いでほとんど使い果たされていた。このため修理工場がつくられた。ベルリンの主力工場はマスケット銃を月に一〇〇〇丁製造できるように拡張され、ナイセ川流域に新たに工場が建設され、オーストリアからも武器が購入された。三年もすると一五万丁以上の小火器を確保できるようになった。野戦砲も新しく入れ替える必要があった。ティルジット条約後もプロイセンの手に残っていた八カ所の要塞都市が新たな野戦砲をつくる材料を供給し、また野戦砲製造工場が再建された。三年後には一二万の兵力を支援できる野戦砲を保有していた。一八〇九年までにプロイセン軍は完全に再編成され、規則や規定、機構も改められていた。一八一二年にはこうしたさまざまな改革により、プロイセンは公称兵力わずか四万二〇〇〇ではあるが、数カ月もあれば一五万近い兵力まで規模を拡大できる万全の態勢を整えた。徴集兵からなるこの新しい軍隊は、一八一三年から一五年にかけての最後のナポレオン戦役でフランス軍と戦って勝利し、結果としてその機構はその後何十年にもわたりプロイセン軍、そしてドイツ軍の模範であり続けた。

この新しいプロイセン軍は以前の軍に比べてはるかに柔軟で事態に即応できる組織だった。しかし、この改革は、当時のプロイセン——旧態依然とした君主国——でなされなければならなかった。このため改革者たちは、深刻な問題に直面した。国民全体の革命的イデオロギーで動く巨大なフランス軍を相手に、プロイセン独自の国民全体の革命的イデオロギーで動く同じような大軍をつくるのでないとすれば、どのようにして戦えばよいのか？　そのような軍隊を育成するには、国民を鼓舞し、軍隊に引き寄せることが必要であった。すなわち、この改革者たちが述べているように、「開発されずに国民のなかに眠っている無限の力」を引き出すことが必要であった。しかしそのような措置をとれば、国の民主化につながり革命によって君主制の崩壊を招きかねなかった。軍の改革にあたっている将校たちは改革者なのであって革命家ではなかった。そして、何としてもそのような事態は避けたいと考えていた。この問題は、一八六〇年代に国民皆兵制に関する法案が最終的に議会を通過するまで、このプロイセンの軍改革事業につきまとうものであった。この法案成立は、国民意識や民族主義の概念が充分に発達した大国を最終的に生み出したドイツ統一戦争の前触れでもあり、そしてその一部として成年男子を愛国的な軍務に引き寄せたのである。その間、特にイエナ以降の改革期に改革者たちが試みた解決策は、プロイセン王の伝統的な王室としての正統性――これが改革以前のプロイセン軍を動かしていた――を「国家としての正統性」すなわち「国家の誇り」を強調する新しい主眼点に結びつけようとするものだった。これはもともと、屈辱的な敗北のあとに、プロイセン国民を結びつける共通のフランス嫌い、ナポレオン憎しの思いによりつくりだされたものであり、一八一三年にライプチヒの戦いでの勝利により強化された。この「国家の誇り」は国民が幅広く支持する概念であり、それゆえ「国家の誇り」のために多くの国民は快く軍務につく気になった。このようにして、プロイセンはまだ市民国家ではなかったが徴兵制を導入できた。同時に、これまでの社会構造を維持することも可能であった。つまり、国王に対して責任を負う親王諸公が戦場で軍を指揮するというものであり（フランス軍とは違っていた。フランス軍では断頭台行きを免れていた貴族たちは、軍人としての意識が高い兵士たちに押しのけられていた）、ユンカー出身者たちが士官になるという構造を維持することもできたのだ。

こうした状況を背景にプロイセンの軍事改革者たちは指揮・統率という重要な問題に取り組んだ。陸軍大学《クリークス・アカデミー》の設立とともに始まっていたさまざまな改革はいよいよ核心に触れるところまできた。将校は実力で起用され、中身の濃い教育を受け――軍事についてだけでなく一般教養科目も――、身分や家柄、極端な恩顧主義ではなく功績に基づいて昇進した。プロイセン軍人の専門職業化の始まりだった。この結果、新しくなった旅団やその隷下部隊はたちまち若く有能な指揮官に指揮されるようになった。だが、そうした指揮官やその部下たちもまたみな新しい試みであった。命令の字義よりもその趣旨に従う「考える兵士」である。彼らは戦闘の進展を理解し、これに対応できることが要求されていた。実際、イエナでの不幸は、まさに士官たちが自分たちのおかれた状況のなかで必要と思われる主体的な行動をとらず命令に黙従し、また兵隊たちが融通のきかない訓練どおりの行動をとったところにあった。「考える兵士」はプロイセン独自の発想ではなく、すでにイギリス軍が積極的に推し進めていた。イギリス海軍のジョン・ビング提督はこの試練に敗れ一七五六年に裁判にかけられ処刑されていた。ビングは命令の趣旨を汲みとらず、字義どおり命令を遂行したのだ（その結果、フランス艦隊はビングの手中からすり抜けてしまった）。これは画期的な出来事だった。「この国では人々を鼓舞するためにときおり提督を殺してよいと考えられている」というヴォルテールの有名なコメントもあり、ビングの処刑はイギリス軍の将校連中に衝撃を与えた。というのも、この件は、将校が戦闘に失敗すれば、地位に関係なく処罰されることをはっきりさせたからだ。敵を攻撃すればさまざまな失敗が起きるかもしれないが、攻撃しないことはまったく取り返しのつかない誤りなのだ。ムーア将軍が一七九七年から一八〇一年にかけて行った軽歩兵師団の改革と訓練も同じように、戦場で小銃兵が「考える兵士」として積極的に関与することを促進した。その目的は「孤立した場合にも適切な行動をとれるよう将校の判断力を鍛えることにあった。将校は責任を負うことをためらってはならない」とムーアは述べている。プロイセン軍が自主的に行動する兵士という概念を追い求めてついにすばらしいものになったのは、その概念をイエナ後のもう一つの新機軸である参謀本部と融合させたからである。この組織は、ナポレオンとの戦いを通して明らかになったプロイセン軍のあまりにもひどい欠陥を正そうとするものであった。すなわち、プロイセン軍のさまざまな構成単位のあいだはもちろん、行政面での指導層と軍事面での指導層とのあいだを調整することができる中枢機構の欠如を正そうとするものであった。例えば、前述のイエナの戦いにおいて、フランス軍はナポレオン配下の元帥たちによって指揮されていたが、プロイセン軍を指揮していたのはすべて親王諸公であり、彼らはそれぞれ自分の軍隊を率い、国王だけを直接の上官としていた。プロイセン軍が将来勝利を得るためには、将校団の団結と専門職業化が至上命題であった。

参謀はつねにあらゆる軍隊組織に不可欠な要素であるとされてきた。どんな指揮官も補佐役を必要とするからだ。例えば、プロイセン軍では親王諸公はそれぞれ参謀を抱えていた。ナポレオン戦争以前、参謀は軍隊の管理運営に専念するのが普通であった。大所帯のさまざまな仕事のなかには、補給、法務、部隊編成、戦闘中の伝言通達等のように形式的には軍事的な事柄と結びついているものもあった。参謀将校は特別な訓練は受けておらず司令官に助言するよう求められてもいなかった。他の分野と同様、ナポレオンが最初に変化をもたらした――それは主として新たに編成した軍団《コール・ダルメ》のためである。このような分散した組織ではすべての軍団を結びつける神経系統の役割を果たす中枢組織をもつ必要がでてきた。そこでナポレオンが解決策として考えたのが、新しくはあるが必ずしも効率的ではない参謀本部であった。徴兵制度同様、参謀本部はフランス革命に付随して偶然でき、ナポレオンに気に入られて制度化された組織がその始まりだった。新しくできた巨大な軍隊の集団とやはり新しく生まれた指揮官たちは、悪意はないのだが秩序がまったくとれていないこの組織に秩序を浸透させる人間を必要とした。ルイ・ベルティエ――革命前には国王軍にいた職業軍人である――はそうした役割を果たせる人間のなかでも特に際立っていた。一七九五年にイタリア方面軍に配属されたベルティエは、組織化、中央集権化に長けていた――これは彼が指揮官となった際にナポレオンが認めた事実である。ベルティエはナポレオンの下で部隊補充や人事、兵站に責任を負う参謀長になったが、彼の真価はナポレオンが次々に出す命令を配下の人間がすぐ理解できる言葉に置き換える能力にあった。ベルティエの部下たちは、大陸軍の各部隊を編成し、支援し、さまざまな指令を伝える中枢組織となった。しかし、軍事計画立案はナポレオンの参謀たちの仕事の一部にすぎなかった。彼らにはボナパルト家の機能と帝国の行政管理を結びつける仕事もあった。これがナポレオンの場合の大きな欠陥だった。命令すべての出所は皇帝だったので戦争の規模が大きくなり帝国の領土が拡大するにつれて、その有効性は下がった。

シャルンホルストたちが目指したプロイセン軍の参謀本部の原型は本質的にフランス軍のそれとは異なり、専門知識に基づいて計画立案し、指揮をとるための広くかつ詳細な基盤をつくることを目的としていた。そしてそれは陸軍大学《クリークス・アカデミー》と類似した理念をもちあわせた機関としてシャルンホルストにより考案された。一八〇八年に参謀本部の原型となる組織が設けられると当然の成り行きとして彼が初代参謀総長となった。そして、陸軍大学《クリークス・アカデミー》が行う共通の教育により、よく訓練された中堅将校をこの中央機関に集めた。一八一四年の国防法により師団や軍団に常設の参謀職が設けられ、陸軍大学《クリークス・アカデミー》と参謀本部の連帯的役割は一層高まった。指揮の中枢機関が戦闘組織と結びつくことで共通の訓練を受けた将校たちが配置されて管理する神経系統の進化が始まった。これにより、徴集兵を用いて戦争をしつつ、君主制の権限をいかにして維持するかという問題も解決された。専門知識——戦略レベルから戦術レベルに及んでいた——をもつ参謀を、国王に指名された指揮官と対等の位置におくことで軍事に関する専門的能力は国王の権威に匹敵するものとなった。時間が経つにつれて、この共有された理念はより強調されるようになった。すなわち、国王に新しく任命される指揮官たちは、参謀と同じような訓練を受け、自ら考え、すべての計画と万一の場合の代替計画に精通する能力をもつ者であることが要求されるようになった。

そうではあったが、参謀の日常的業務および専門的経験を要する基本的業務は、地図製作、情報収集、動員計画の作成および列車時刻表の調整であった。戦術レベルで戦争に備えるのが参謀の主要な仕事だった。参謀本部を設立した改革者たちはこの仕事の重要性をはっきりと理解していたが、プロイセン軍内の一般的、特に保守的な古参指揮官たちは必ずしもそうではなかった。一八一三年にシャルンホルストがまだこれからという年で他界したのち一八一五年にナポレオンが最終的に敗れて大きな戦役が終結すると、軍事改革に対する関心が薄らぎ出した。その結果、ドイツ軍部内で参謀本部の重要性は数十年にわたって低下した。そして、一層の改革推進が陸軍大学《クリークス・アカデミー》に委ねられ、特に主要な卒業生の一人でありのちに校長となるカール・フォン・クラウゼヴィッツ（クラウゼヴィッツが入学した当時は陸軍大学ではなくて、歩兵・騎兵若手士官研修所（士官候補生を教育する士官学校ではない）であった）によって組み立てられた戦争観をもとにして進められたのである。

ナポレオンの驚くべき戦略構想とナポレオンに敗れたプロイセン軍の根本的な改革という組み合わせが、軍事力の使い方についての理解を深めるうえで重要であるのは間違いない。ナポレオンの数々の戦闘が、現代の我々がもっている戦争（War）――大文字で始まる戦争は今でもなおメディアのなかで取り上げられているし、我々の大部分はそのような戦争が依然として行われるものだと決めてかかっている――すなわち、軍事力によって決定的な政治的結果を得ようとしている戦争が。一方、プロイセンにおける軍事改革は、結局注目すべき軍事機構をつくりだし、これは現代における多くの国々の軍隊のひな型となっている。しかしながら、ナポレオンの重要性が理解され、またプロイセン軍の改革の意義が永続的評価を得ているのは、一人の人物、すなわちカール・フォン・クラウゼヴィッツがいたからこそである。ナポレオンが単に従来の軍隊より大規模で強力な軍隊をつくっただけではなく、さまざまな戦略目的をもって戦うまったく新しい軍隊をつくったのだということを、彼は正確に理解していた。そしてこの理解を記念碑的著作『戦争論』にまとめた。これは、ナポレオンの戦闘を一つの理論的枠組みのなかで体系化したものであり、また、プロイセンの軍事改革についても述べている。そうすることによって、彼は軍事哲学の分野でもっとも重要かつ不朽の名著とされているものの一冊を書き上げた。

カール・フィリップ・ゴットリーブ・フォン・クラウゼヴィッツは職業軍人で、陸軍少将の地位にまで昇進した。だが、大きな戦闘組織の参謀長を二度務めたものの、重要な上級指揮官として作戦部隊の指揮をとることはなかった。フランス革命軍に抵抗する第一次対仏同盟軍の一兵士として一七九三年に一三歳で初めて戦場に出て砲火の洗礼を受けた。その後、ナポレオン戦争中いくども戦闘に参加した。一八〇六年のイエナの戦いでは負傷しフランス軍の捕虜となった。抑留されその後傷が癒えるまで時間がかかったため、終生フランス嫌いになったことはさておいて、イエナの屈辱後にプロイセン軍の改革に乗り出した軍事改革者グループに当初関われなかった。一八一二年のナポレオンのモスクワ遠征に際しては、同年に結ばれた普仏同盟に抵抗して三〇名の同僚将校とともにプロイセン軍を去り一年間ロシア軍に従軍したため、さらにグループから遠のいてしまった。一八一五年にプロイセン軍の参謀本部に返り咲いたものの、国王に楯突くようなそれまでの行為が災いして指揮官や戦略的に重要な地位には任命されなかった。その後プロイセン陸軍大学《クリークス・アカデミー》の校長となり、教育と執筆に打ち込んだ。一八三〇年にはプロイセン軍の参謀長に任命された。フランスおよびポーランドで起きた暴動を受けてしばし戦争準備がなされていた時期だ。しかし、暴動が鎮圧されると今度はポーランドで流行り出したコレラがプロイセン領にまで広がってきた。クラウゼヴィッツはコレラの発生・流行を阻止するべく防疫線《コルドン・サニテール》を敷く任務を課せられた。しかし、コレラは防疫線《コルドン・サニテール》を突破し、一八三一年一一月にはクラウゼヴィッツ自身が病没した。五一歳であった。

クラウゼヴィッツが終生上級指揮官の地位を切望していたことは、妻に宛てた手紙から明らかである。しかし、地主貴族《ユンカー》の家系ではなくかなり低い家柄の出だったこと、および、一八一二年から短いあいだとはいえ祖国を捨ててロシア軍に従軍したこともあって、その希望はかなわなかった。いずれにしても戦場の上級指揮官には不向きと判断されていた。その死後に同時代の軍人ブラント将軍が述べたところによると、クラウゼヴィッツは「戦略家としては非常に注目されたかもしれない……［が］本人は軍隊を指揮する術《ダンルヴェ・レ・トループ》にあこがれていた」。指揮官にふさわしいかどうかは複雑な問題で、これについては次章であらためて取り上げたい。ここでは、クラウゼヴィッツのような人物は他にいなかったとだけ強調するにとどめよう。多くの将校たちが戦争に関する理論的考察を進めてはいるが、いずれも微々たるものである。しかし、彼だけは『戦争論』を著した。八編からなる畢生《ひっせい》の大作である。戦場で大軍を率いることはなかったかもしれないが、軍隊と戦場についての理解と分析は非常に優れていた。著作によっては、当時の軍隊にしか当てはまらないものもある。彼の著作を読む場合、読み手は彼の見識が後装ライフル銃や鉄道、飛行機、戦車、ラジオがまだ生まれていない時代のものだという点を考慮しなければならない。それにもかかわらず、彼の著作の大部分が今日性を失っていない――これはクラウゼヴィッツが戦争の本質を捉えていたことを示しているし、また『戦争論』が今日にいたるまで読み継がれている理由である。

クラウゼヴィッツはプロイセンの軍事改革者ゲルト・フォン・シャルンホルストの影響を強く受けた。一八〇一年に二一歳で陸軍大学《クリークス・アカデミー》（正確に言えば、その前身にあたる士官研修所である）に学生として入学して出会うとたちまちシャルンホルストに傾倒し、優秀な弟子となった。一八〇三年に一番の成績で卒業したのちはシャルンホルスト同様、ナポレオンとナポレオンが導入した新機軸に関心を向けた。このようにしてクラウゼヴィッツは非常に若い時から、新しいフランス軍およびその戦役の研究が重要であると理解していた。フランス軍と戦いながらもその合間に、フランス軍およびその戦役を詳しく検討し、一二年間の陸軍大学校長時代にナポレオン戦役のほとんどを取り上げて独創的な論考を書いた――この活動は終生続いた。こうした詳細な検討と考察から生まれたのが『戦争論』である。その遺稿を一八三二年に出版したのは夫人で、彼女は初版の序文のなかで、夫は一八一六年以来『戦争論』の構想を練り、原稿を書いていたと述べている。実際、クラウゼヴィッツは全八編の草稿の通しでの推敲を終えないまま亡くなっている。彼自身一八二七年および一八三〇年には、「後半を書き終わってみると、前半の部分は修正が必要だ」とメモに書いている。特に彼は、国家や民族のあいだにおける戦争以外の戦争という形があることに言及しており、また、理論的には戦争においては無制限の暴力が求められるのだが、その戦争の政治的目的次第で、暴力を加減すべき理由はいくつもあると述べている。こうした問題については第三部で検討したい。

戦争に関するクラウゼヴィッツの理論にはさまざまな概念が含まれているが、それらは八編のなかで検討されているので、ここでは本書に関係があると私が考えている三つの概念を取り上げたい。まず第一に、私がもっとも大事だとみなしている概念は、国家、軍隊、国民という「注目すべき三位一体」という彼の見解である。これは私には、政府、軍隊――すべての武装勢力――、住民を意味する。クラウゼヴィッツは、この定式を、ナポレオンが得意とする戦争形態すなわち決定的な結果を生む大規模な軍事衝突がこれからは有力な戦争形態になるとの明確な理解から導き出した。彼は次のように述べている。

さて、このような状況は今後もずっと変わらないのかどうか、ヨーロッパにおける将来のすべての戦争はつねに国家の総力を挙げて、すなわち重大な、国民全部を巻き込むような利害を巡ってのみ遂行されるのであろうか？　あるいはふたたび次第に政府と国民のあいだの乖離が生ずるのであろうか？　そのような質問に対して答えることは困難であり、我々もあえて答えるつもりはない。しかし、我々が次のように述べれば、人はこれに同意するであろう。すなわち、二つのものを切り離している柵は、この柵が取り払うことのできるものだということや取り払った時にどうなるのかということなどいろいろな可能性を知らぬ時には存在できるのであるが、いったん柵が取り払われてしまうと、これをふたたび設置するのは容易なことではないのだ。少なくとも重大な利害が問題になる場合にはいつでも、相互の敵対関係は、我々が今日目にするのと同じような様相を呈するであろう。

このような概念上の洞察に基づいてクラウゼヴィッツはこの三者の関係を提言したのである。そして、この関係においては、三者はお互いに対等に関連しており、また戦争で勝利を収めるためにはこの関係において三者の釣り合いが保たれていなければならないと言うのである。第二部、第三部で見ていくが、この三位一体は今日にいたるまで、あらゆる形態の戦争に不可欠である。クラウゼヴィッツとその三位一体を今日性はないのだとして退ける人々には私は賛成しかねる。私の経験ではある一国によるものであろうが国際的なものであろうが、あらゆる軍事行動において、三位一体の三つの要素――国家、軍隊、国民――すべてがそろわなければ軍事行動をうまく遂行できない。特に時間がたつにつれて難しくなる。これはクラウゼヴィッツの二つ目の基本概念のためである。三位一体は、政治的目的が最優先のものであるという基本概念とつながっている。「戦争は政治的目的から発生するということを考えるならば、戦争の遂行に当たって、戦争を引き起こしたこの最初の目的に、第一の、しかも最高の考慮を留めるのは当然である」（『戦争論』第一編第一章第二三節）。残念ながらこの明確な概念は忘れられてしまっている。はっきり言うと、否定されてしまっている。「戦争は他の手段をもってする政策の継続にすぎない」という次節（第一編第一章第二四節）の一節が頻繁に引用されるためだ。この言葉はありふれた二つの誤解を招いている。まず一つ目の誤解は、ある時点で駆け引きや外交のような政治的手段が停止し戦争が始まるというものだ。しかし、クラウゼヴィッツは前記その他の引用のなかで、政治的手段と戦争は並行して行われる活動であるとはっきり述べている。二つ目の誤解は、政治的目標と軍事的目標は同一であるというものだ。だが、クラウゼヴィッツは、この二つは全面的に関連しているがまったく別物であると強調している。しかしながら、クラウゼヴィッツが「政治的」という言葉を国家――クラウゼヴィッツが生きていた時代の国家、あるいは現代の国民国家――の統治と関連した定義よりももっと広義に用いていることも同じように理解しておく必要がある。それは、公式と非公式両方の顔をもつ政治的統一体の活動とその両面の相互作用である。例えば、ダイヤ取引と自ら率いる民兵の力で権力を獲得した現代アンゴラの軍事指導者は、自らの行動に正当性を与える政治的目的――いかに非公式であれ――をもっている。彼は自分の政治的地位を確立するために自分の武力を行使しており、そのうえで、政治的あるいは経済的交渉を進めている。これらの活動は、同時進行で協力し合いながら行われているのだ。

私が『戦争論』を読み、大きな実際的価値を見出した三つ目の概念は、戦争は「力だめし」と「意志の衝突」の産物であるとの記述だ。

敵を打倒することを強く望むのであれば、敵の抵抗力に応じた取り組みが必要である。この取り組みは、利用できる手段の総和と信念の強さという二つの要素の積によって表現され、この二つの要素のどちらが欠けても駄目である。

これもまた、国力を総動員させることによって達成され得るものをナポレオンが現実にやって見せたことを目の当たりにしたクラウゼヴィッツの年代の人たちが、その体験から引き出した明白な見解である。一八世紀の「(火力戦闘をともなわない)機動だけの戦争」は外交交渉と深く絡み合っており、意地の張り合いという傾向があった。しかし、ただ一度の食うか食われるかの戦闘において敵の主力を粉砕することによって、ナポレオンは力だめしに勝ち、——そしてそののち敵国の意志は崩壊した。この見方は《国家間戦争》というパラダイムの根幹となり、今日まで軍事的な問題を検討する場合の拠り所であり続けている。しかしながら、第三部で検討するが、現状では国民の意志こそが求められる目標であるという場合が実は多いのである——にもかかわらず力だめしに勝てば敵の意志に打撃を与えられると信じ、依然として圧倒的軍事力を行使する傾向がある。しかし、クラウゼヴィッツは、どちらか片方がより重要であるとか、先に行うべきと言ったのではなく、二つの要素を同等に強調したのである。両者の関係を決めるためには個々の状況を検討しなければならないということだ。

ナポレオンの構想、プロイセンの軍事改革、クラウゼヴィッツの理論的洞察という連続性のあるものが組み合わさって、軍隊の新しい形態と軍事力の行使の両方に対する枠組みがつくりあげられたのは間違いない。これらは政治的要素と相俟って、《国家間戦争》というパラダイムの基盤であった。フランス革命では、人民は政治的な勢力となり、軍事力は政治的目的を直接達成する手段となった。実際、ナポレオンがはっきり示したように、軍事力はその手段になり、クラウゼヴィッツが予測したようにナポレオン流の戦争のやり方が広まった。その後二〇年にわたりナポレオンが指揮するフランス軍はヨーロッパ各国の軍隊を相手に勝利を収め、ナポレオンは他国の軍隊に影響を及ぼすこととなった。そのような変化は、ナポレオンの真似をするというよりも、もっと不変な基本的な真理を反映するものであった。すなわち、戦争とはお互いに模倣し合う活動だということである。敵を打ち負かそうと長期にわたって戦っているうちに、お互いに相手の良いところを取り入れて、似てくるのである。模倣の形態は、それがどのような戦争であるのか、その特定の戦争に参加している協同体はどのようなものであるのか、その戦争の目的はどのようなものであるのか、という事柄を反映したものになるだろう。しかし、それにもかかわらず、お互いの基本的な考えを大いに真似し合ったものとなる。このため一八一〇年代末までには、対ナポレオン戦争に参加した各国の軍隊の多くが以下に列挙するナポレオン軍の基本的な特質を見せるようになっていた。

- ◉徴集された市民で構成され、科学技術により強化された巨大な軍隊の出現。
- ◉戦略的目標としての敵主力部隊の撃滅。
- ◉平時における大規模な予備の維持と、戦時における部隊の新編。
- ◉統制と迅速な機動を可能にする軍内の指揮階梯の区分。
- ◉専門的能力と実力主義に基づく軍団や師団の指揮官の任命。

◉戦争の基本原則の枠内での専門的訓練。

決定的な力をもつこと、総合的に組織されていること、そして、政府・国民・軍隊の三位一体の枠内にあること、という軍事力の三つの特性は、一九世紀を通じて絶えず進化し、それによって明らかに一つのパラダイムを確立した。そして最終的には、二〇世紀の二つの世界大戦においてこれらの特性は、いずれもその頂点に達した。決定的な結果を達成するためには、三位一体を通じて戦争を遂行することが必要であった。そこにおいては、この三要素はいずれもお互いに結びついていると理解されていた。すなわち、巨大な軍隊を構成する兵士たちや軍の財政を支える労働者たちを含む国民の支持と参加なしに戦争を遂行することはもはやできるものではなかった。一方、政治的目的を達成するべく戦争を布告するのは政府であったが、これも次第に国民の政府となってきていた。一方、専門職業的に訓練を受けた軍部が戦争を指導するようになるが、軍部が新しい形態の戦争を遂行するには大規模な軍隊が必要であった。これらの三つの要素はそれぞれ同じように不可欠な要素であったため、《国家間戦争》は最終的に総力戦となった。はっきり言うと、総力戦《トータル・ウォー》という言葉を二つの世界大戦にのみ関連づけるのはおかしい。この言葉はクラウゼヴィッツが、ナポレオンの戦略とこれを実現するための方法を解釈する際に考え出したものである。国ごとに、また戦争ごとに、三位一体を構成する三つの要素の均衡は異なるが、三つの要素を結ぶ論理は同じであり、時の経過とともにその論理は強化された。その結果、ヨーロッパ全土で国民国家が出現し、市民は権利を主張し、政府は選挙で選ばれるようになった。愛国主義や民族主義は当たり前の思想となり、国家間の競争を煽った。総力戦が起きる政治的要因ができつつあった。

一八一五年以降、こうした基本的な構造は、その構造を支える制度の発展につながり、以下のような回りくどい論理をたどる政府見解により支えられた。すなわち、自分たちの国を守り、自分たちの利益を増やすためには、軍隊が必要である。我々はナポレオンから戦争に勝つためには利用可能な資源をすべて活用して戦わなければならないことを学んだ。そのためには、大規模な予備役によって巨大な軍隊を動員する能力をもたなければならない。しかし、動員するためには戦略計画を立て、どのような目的のために、どのような手順で、何が必要なのかを把握しなければならない。しかし、戦略を立てるためには敵がいなければ困る。もっとも論理に適うのは、最悪の場合を想定することだ。そうすれば最悪とまでいかないすべての事態に対する備えができる。最悪の事態で敵となるのはつねに強力な隣国だろう。よって我々は強力な隣国から自分たちを守らなければならない……。これは、今日でも当てはまるおきまりの論理であり、ヨーロッパ各国で以下の特徴を備えた軍隊の発展をもたらした。

◉徴兵制度　有事の際に軍隊の規模を拡大するのに必要となる、訓練済みの動員可能な兵員を確保しておくために、成人男子は平時にも戦時と同様徴兵された。一九世紀半ばにはフランスおよびプロイセンの兵力に占める市民予備役兵の比率は大きくなり、一九世紀末にはヨーロッパ諸国の大部分がそうなった。徴兵期間は国により、また時期によりまちまちだった。徴兵された人たち——彼らは訓練を受けたのち予備役兵となる——で構成される部隊は、必ず一つのタイプの戦争、つまり最悪の場合の戦争に備えて訓練、編成された。それは、最強の隣国がもたらす脅威を撃ち破るための戦争であった。どの隣国も同じような軍隊をつくっていたから、その結果は国家対国家の総力戦にならざるを得なかった。

◉**動員**　国民国家が発展し、指導者が国民により選出されるような状況が出現したことによって、政府は総力戦に突入した場合の経済に及ぶ影響を意識してぎりぎりまで開戦の決断をためらうようになった。戦争を支えるため、通常の経済活動が中断されるからである。このことは、現役の徴集兵と訓練が済んでいる予備役兵とをあわせて動員部隊を集結させる細密な動員計画の展開策定につながった。これがあれば、理論上は、戦争に踏み切るぎりぎりの時間的余裕がどの程度かを確認できた。許された最小限の時間を使って政府が決断をくだすのである。結局のところ、国の経済と国民が戦争のために動員されるというのであれば、このような努力をとりまとめる中枢機関が必要であった。そのうえ、ここでいう最小限の時間的余裕が、国の経済と国民――彼らは有権者でもあった――を混乱状態に陥れるまでに許された本当に「ぎりぎりの安全な時間的余裕」であることを確実にするため、軍情報機関はさまざまな手段を開発して発展した。彼らは、兵力、物資、動員計画、国境への機動などの観点からの彼我の能力比較に関して可能なかぎり正確な情報収集を担当した。

◉**専門職業意識**　訓練され組織化された兵士を大量につくりだす徴兵制度を機能させるためには、これを管理し指導する、専門の将校団が求められた。これらの将校たちは、おびただしい数の徴集兵で構成される軍隊を戦う気にさせること、そして、あらかじめ策定された計画を実行すること、に焦点を絞った専門職業的訓練を受けるようになった。さらに、この将校団の上層部の人たちは、首都において政府と緊密に連携し、単に戦争を遂行するのではなく国民国家全体として総力戦を遂行できる態勢をつくりあげようとしていた。このために、軍部は平時においても国家予算の中に充分な枠を獲得しておく必要があった。

◉**科学技術の発展**　国の人的資源を徴兵制度によって活用することと並んで、国の産業も総力戦へ向かう国の取り組みの一翼を担うようになってきた。各国は敵国よりも高性能の科学技術を求めた。この傾向は特に海軍で顕著だった。一九世紀、各国海軍はナポレオン的陸戦に相当する決定的な艦隊交戦に備え、艦船の数および火力の優位に関する競争にこぞって乗り出した。さらに、どこの国の軍隊も産業革命に伴う連絡手段の進展、すなわち鉄道や電信を活用するようになった。

軍隊のこうした特徴および軍隊に関連するさまざまな制度は一九世紀にしっかりと確立された――そして、その国が徴集兵からなる軍隊を維持しているのか、職業軍人からなる軍隊を維持しているのかにかかわらず、多くの社会においてそういった特徴や制度は今日でもそのまま残っている。そして、それらはすべてナポレオンまで遡ることができる。

一八一五年、ナポレオンはワーテルローにおいて好敵手に出会った。最後までナポレオンの軍隊はすばらしかったし、ナポレオンの采配は見事だった。しかし、最後の会戦でナポレオンはしくじった。それは戦力集中競争であり、ブリュッヒャーのプロイセン軍により戦力が増強された、ウェリントンの連合軍に勝利をもたらした。このプロイセン軍の来援は、踏みとどまって戦い続けようというフランス軍の意志を打ち砕くきっかけとなった。ワーテルローでの敗北は、ナポレオン帝政という旧体制《アンシャン・レジーム》を復活させようとする政治的戦略目標を掲げた戦いにおける決定的な敗北であった。ナポレオンの敵たちは、ナポレオンの土俵でナポレオンを負かしたのである。これですべてが終わった。

鉄と蒸気と大規模化

いかに事前に計画を立て訓練をしていようと、戦闘は状況に支配される出来事である。適切な準備をしていれば勝利する可能性はたしかに高くなるが、結局のところ、彼我ともにその日の戦いを行っている。別の日に、同じ場所で、まったく同じ軍隊と軍隊が戦っても、彼らは違った状況下での違った戦いを経験することになる。だから、ある戦闘において指揮官たちがくだす判断はすべて、その戦いの日の状況における判断だ。ナポレオンはこのことを理解していた。彼は自軍の編成――権限と責任の設定、兵力と武器・弾薬・食糧等のグループ分け、任務の割り当て――が自軍の機動性に直接影響することを知っていたし、相手にする敵に応じて、自軍の編成を変えねばならぬことも理解していた。彼の軍編成はいつもその時の戦いに応じたものになっていた。敵への「接近《アプローチ》」は戦闘の一部であると理解していたナポレオンは、交戦が自軍にとって最も有利な状況下で行われるように計画を立て、彼独特の「編制による機動性」を駆使してこの状況をつねに実現していた。これを見ても、ナポレオンは単に先見の明のある指揮官というだけでなく、本当に偉大な指揮官だったとわかる。

軍隊の構成も軍事力の行使も指揮官が決定するのであるから、指揮するということは軍事力を行使するうえで非常に重要な要素になる。もし指揮官がこれをうまくやり、より広い政治的戦略的目標を達成するうえでの軍事力の役割を理解していれば、彼の軍隊も効用のあるものとなる。だから軍事力を理解するうえで指揮官は非常に重要だ。指揮官は、自分が指揮する軍隊そのものである。指揮官の戦争に対する適性、性格、士気、勝利しようという意志は、その意志と指揮努力を勝利に向けて集中し勝利に結びつける非常に重要な要素である。指揮・命令の論理性を説明できるのは指揮官であり、彼はこの論理性を拠り所として目標を達成する。軍事的な決定を行うのは指揮官であり、彼はこれをなすすべての権限を有する。そのかわり、勝っても負けてもその結果に対する責任は彼にある。戦争には四つの異なるレベルの階層があると序章で述べたが、各レベルにおいて指揮が要求するものはレベルごとに異なっている。各レベルにおける指揮官は、自分より上位および下位のレベルの指揮官の行動と決定に必然的に依存することになる。その結果、その軍隊が成功するためには、すべてのレベルにおける指揮官たちが基本原則を共有することが非常に重要である。ここで言う共有する基本原則とは、問題となっている事態にどう対処するのかということではなくて、事態をどう考えるのかということだ。この基本的な考え方が共有されていれば、戦略レベルから戦術レベルまでを通して、事態に対する見解、解釈、表現に一貫性が出てくる。

戦争における上級指揮官の指揮は敵前において、逆境の中で行われる。より下級の部隊長が発揮するリーダーシップも同様である。この両者の違いは、前者が「行け」と命令を与えて実行を求めるのに対して、後者は「ついてこい」と言って部下の先頭に立つところにある。分隊長や小隊長が方法を見つけ目的を認識し自分たちを見捨てないだけの力量をもっている、と兵士たちが信じているかぎり、兵士たちは部隊長についていく。より上級の部隊における指揮官の任務はもっと難しい。彼が派遣する兵士たちは、自分たちがどうすべきかを知っており、目的を認識してそこへいたる過程において自分たちの面倒は自分たちで見ることができる、と確信している必要がある。しかし、それと同じように、自分たちはこの過程において支援を受けること、そしてその目的が価値のあるものだということも確信している必要がある。派遣すべき軍隊の選抜と、その兵士たちがこの程度の確信をもつようにすることが指揮官のもっとも重要な務めである。このことからわかるように、軍隊を戦場へ差し向けるのは司令官であるが、この軍隊に戦闘を命じ指揮するのはより下級の部隊長である。そして、司令官の指揮下にあるすべての人たちは、彼がこの軍隊を熟知しているから自分たちは勝つことができるのだ、と確信していなければならない。

　司令官たる指揮官の次の務めは、相容れない責務が発生するたびにどちらを優先するか判断することだ。これを行うためには、指揮官はその問題をよく知っていなければならない。といってもこの場合は特定分野の専門家としての見解ではなく、ゼネラリストすなわち将軍としての見解ということになる。指揮官には専門知識をもつ参謀が何人もついており、彼らは専門的立場から指揮官の計画立案を支えている。しかし、計画立案はすべて妥協の産物である。非の打ちどころのない計画といったようなものはない。あるのは、その状況において競い合ういくつもの優先事項のあいだをとった最善の妥協案だけだ——戦争における状況は、こちらの努力を無効にしようと全力を尽くしている敵も含んでいる。指揮官は配下の将兵たちについても妥協点を見出して妥協を受け入れる。配下の将兵すべてが完璧ということはあり得ないし、指揮官はその事実を受け入れる必要があり、それに応じて計画を立案しなければならない。非常に有能な将校ならば、軍隊という階層組織の中である程度までは他の連中にはできないような仕事ができる。すなわち、有能であれば他の連中の無能力を自分の腕前で補う。それは、主として配下の部隊内の弱点を綿密に管理することによって行われる。その結果、この有能な将校はたいてい昇進する。しかし、やがてこの階層組織のなかで指揮の範囲が非常に広い地位に達する。ここで彼は、技術的な意味であるが、能力のない者を許容することを学ばなければならない。これは、彼が昇進し他の将校が昇進しそこなった有能・無能の区別とは別種のものだ。サターンV型ロケットを開発した科学者アーサー・ルドルフが死去した際の新聞追悼記事は、能力が劣るものを許容することの必要性をよく示している。「漏れのないバルブが欲しいのでそのようなバルブを開発しようと手を尽くす。しかし、現実の世界が与えてくれるのは漏れのあるバルブだ。そこで、どの程度の漏れならば許容できるのかをはっきりさせなければならない」。それゆえ、最大の効用を獲得するためには、指揮官は部下の実体を受け入れ、部下とその力量についての自分の判断に従って計画を割り当てなければならない。八〇パーセントの能力しかない部下に、九〇パーセントの能力が必要な任務を与えるのは愚かなことだ。その部下は任務を達成できず、それは指揮官の責任となる。指揮官はその部下が提供できる以上のものを要求したのだ。プロイセン軍、ドイツ軍の参謀総長を務めた大モルトケはこの辺の事情をうまく表現しているように思われる。「命令は当の指揮官が自分だけではできないことをすべて含んでよいが、それだけでは駄目なのだ」。命令を出す時、自分の部下に何ができるのかを把握しておくのは指揮官の義務である。

指揮官は自分が率いている軍隊について充分に理解していなければならない。すなわち、その軍隊の兵士たち、構成、戦闘能力を熟知しておく必要がある。もし指揮官が他国の軍隊を自分の指揮下においている場合には、指揮官は自分が責任を負っているその軍隊の構成や編成に精通しておく必要がある。その軍隊の強みと弱点を判断し、まずは彼らと打ち解けることが大切で、厳しく監督するのはそれからと考えて計画を立てる必要がある。こうした問題の重要性を充分に理解するためには、指揮官は兵站——補給物資の保管と移動を効率よく行う技術である——に通じていなければならない。大規模な軍隊の移動と軍事行動の遂行は兵站の問題と言い切っても過言ではないからだ。兵站について理解していなければ、その指揮官は気がつくと補給ができない戦いをしていることになるだろう。例えば、これは一九九九年にコソヴォにおけるNATO軍で生じたことなのだが、予定していたよりも多くの航空機の配備を要請したため、兵士たちが乗り込むためのタラップが不足する破目になった。この手違いは当時NATOに加盟したばかりのハンガリーのおかげで事なきを得た。実際の戦闘は状況に支配される事象かもしれないが、その状況のすべてがその時点で突然起きるものではない。事を起こすにあたって考慮すべきリスクの性質と程度の多くは兵站に関する予測に還元される。

何よりも大事なことは、指揮官は隷下部隊における士気の根源だということである。私は士気を、逆境においても勝利を収める意気込みと定義している。これは統率力、訓練、戦友意識、自分自身や指揮官や指揮官の下にいる参謀に対する信頼から生まれる。特に戦時においては、自分が指揮する軍隊の士気が低ければその指揮官が成功する見込みはほとんどない。同様に、指揮官は自分自身の士気を高く保たなければならない。士気が高くなければ、決断をくだすという孤独な作業をやり抜くことはできないし、危険と不確実さが続く過酷な日々に耐えられない。士気を高く保つことで指揮官は重荷を負えるのだ。自分の指揮下にある兵士たちの生命に責任を負っているという認識からくる重荷、たとえ自分の目標を達成することができても彼らの生命を確実に救うすべについては知らないという認識からくる重荷。実際、指揮官が立てる計画のなかで唯一確実なのは、部下に犠牲者が出るということだけだ。

こうした点の本質的要素はいつの時代も指揮官たちにとって変わらない。ナポレオンの全盛時代、ナポレオンは、特に幕僚や軍隊を使いこなす手腕のなかで、何よりもそれまでとはまったく異なる軍隊をつくり多年にわたって勝ち続けた過程のなかで、これらを体現している。指導者および指揮官としてのナポレオンの偉大さは、流刑先のエルバ島を脱出してフランスに上陸した際、かつて率いていた部隊の多く、市民の多くが、前回の戦いで敗北を味わっていたにもかかわらずナポレオンの元に駆けつけたという事実に集約される。私にとってこれは驚きだ。

ナポレオンとクラウゼヴィッツの二人は軍事力の行使についての新しい理解を通して、《国家間戦争》というパラダイムの形成において非常に重要な役割を果たした。この二人は、一方は指揮官で他方は軍事理論家だということでも、一緒に仕事をしていないという点でも大変珍しい組み合わせである。それどころか二人は敵対していた。この二人に続いて一九世紀に《国家間戦争》というパラダイムの形成に大きく貢献したのは、軍司令官と政治的指導者の組み合わせであった。すなわち、アメリカのエイブラハム・リンカーン大統領とユリシーズ・S・グラント将軍、プロイセンのちのドイツのオットー・フォン・ビスマルク大公とヘルムート・フォン・モルトケ（大モルトケ）である。リンカーンもビスマルクも、軍事力には決定的な軍事的勝利によって政治的目的を達成する力があることを本能的に理解していた。グラントもモルトケも、この決定的な勝利をもたらすべく軍隊を形成し行使する才能をもっていた。なによりもこの四人はいずれも、どんなに時間がかかろうとどんなに困難であろうと、たとえ国民の不信が高まり政治不信に直面しようとも、勝利するまで諦めないと固く心に決めていた。独立国家としての地位という妥協の余地のない目標がかかっていたからである。一九世紀のすばらしいさまざまな産業革新と相俟ってこうした政治と軍事の融合が、軍事力の行使と効用についての考え方を進展させ再構成するのに大きく貢献したのであり、そのやり方は、今日でもはっきり認識できるものである。

ナポレオンが導入したさまざまな新機軸とクラウゼヴィッツの理論的洞察のすばらしいところは、彼らが大規模産業発達前の時代という彼らの時代を超越していたことである。それができたのは、主として、この二人のどちらも戦争の形式にこだわらず、本質を見抜こうとしたからである。とはいえ二人の時代を超えた貢献が、技術の発展によって数年後には時代遅れになるような考え方に基づいていたことは驚愕に値する。ナポレオン戦争はそれまで何世紀ものあいだ戦場の花形だったマスケット銃が戦闘で用いられたほぼ最後の戦争であり、何千年もの歴史がある牛馬による行軍や補給線、あるいは伝令を基盤とする連絡方法を利用したほぼ最後の戦争であった。それから数十年足らずで後装ライフル銃や真鍮製薬莢が出現して戦術に革命をもたらし、蒸気動力や鉄道が導入されてどの点から見ても戦争の規模は大きくなり、また電信装置が発明されたことで通信手段は根底から変わった。武器、輸送、通信手段という戦争の基本的な三要素におけるこうした変化は、一九世紀における軍事力の行使方法を実質的に変えてしまった。

蒸気機関の発明と、その船舶や車両への応用は、輸送手段における真の革新であった。これは、結局、戦略や兵站もっと一般的に言えば戦争の戦い方そのものを根本的に変えたのである。見落とされていることが多いが、革新の筆頭に挙げるべきは、蒸気機関が海上輸送の分野で利用されたことである。これによって、西ヨーロッパ諸国と北米大陸にあるその分家とも言うべき国々、そして一九世紀後半には日本が、それまで人が近づけなかったような地域に軍事力を投入できるようになった。これは特にイギリスについて当てはまる。イギリスは最強の海軍に加えて大規模な商船隊を擁していた。蒸気機関への移行によりイギリスの海軍力は強まり、イギリスが自国を陸軍国ではなく海軍国と見る考え方は確固たるものになった。だから、イギリスは海上交通上の要点をイギリス帝国のなかに含める必要性があった。すなわち、蒸気機関には石炭が必要であり、インドへの戦略的に重要な航路上にあったアデンをはじめとして各地に給炭港が設けられた。蒸気船がもたらす西洋の海運国への利益は、イギリスの一二隻の砲艦隊が、帆船に頼る最後の大帝国清を散々に破った第一次アヘン戦争（一八四〇〜四二年）のなかで明らかになった。それから一〇年後、ペリー提督率いるアメリカの日本遠征艦隊は、砲艦外交の典型例となった。一発の砲弾を撃つこともなく、西洋の軍事技術の優位は厳しい鎖国政策をとる徳川幕府に日本を開国させた。言い換えれば、蒸気船は遠く離れたところまで軍隊を迅速に決定的な規模で輸送することを可能にした。標的とされた側にとっては、蒸気船のせいで、強国の軍事的脅しはこれまでよりも身近に拡大されたものとなり、現実的で説得力のあるものとなった。

革新の二番手に挙げるべきことは、もちろん、蒸気機関の陸上輸送への応用である。鉄道網は戦争の戦い方を根底から変えた。一八二五年から一九〇〇年までのあいだにヨーロッパ域内の線路の長さはほぼゼロの状態から三〇万キロ近くに延び、ライン川やドナウ川、アルプス山脈やピレネー山脈をはじめとしてヨーロッパ大陸の天然の障害は切り開かれた。これは工業技術の力を利用してトンネルを掘り川に橋を架けることによって達成されたものである。イギリスにおいては、鉄道網拡大の初期段階は各地の工場と港を結ぶことに重点がおかれた。ベルギーがすぐこれに続き、フランスとプロイセンも間もなく両国に倣った。ヨーロッパ大陸の鉄道網はその後オーストリア＝ハンガリーとロシアという広大な農業地帯を共通の経済圏に包含するべく東方に向かって拡大し始めた。二〇世紀初頭にはヨーロッパ大陸の主要工業国の首都は、大陸内のすべての国の首都と二四時間以内に行き来できるようになっていた。これはヨーロッパ大陸のあらゆる場所が戦場になり得ることを意味していた。

時間と距離は戦争計画を立案するうえでの考慮すべき要素のなかで特に重要なものであるが、

この二つが徒歩行進していた時代に比べてはるかに短くなったのだ。ナポレオンは、すでに見たように、敵を驚かせるべく数週間かかる距離を数日程度の強行軍で踏破することがあった。この新しい輸送手段を用いることによりそのようなすばやい動きは当たり前のことになった。今や大規模な徴集兵軍隊を迅速に前線に輸送し、彼らに対して食糧や弾薬を常続的に供給することが可能になった。

蒸気機関車の発達によって、個人レベルでも国家レベルでも同じように、世界中の多くの場所が容易に接近できるものとなり、相手にする世界が概念的に拡大された。アメリカやロシア帝国のような国土の広い国々は、領有権を主張する広大な土地を、今や実際に政治的・経済的・軍事的に管理することができるようになった。帝国の拡大と植民地戦争も鉄道の導入により一変したし、それが可能になる場合も生じた。というのも、西ヨーロッパ諸国、特にイギリスとフランスは、すでに領有していた海岸沿いの交易所を根拠地として、鉄道によりアフリカ内陸部に対する支配を確立することができたからだ。鉄道の導入以前には植民地獲得のための主要な軍事遠征は、水路に頼るかあるいは補給所をあらかじめ設けておくかしなければならなかった。動物も人もわずかな量の荷しか運べず、しばらくすると携行していた食糧を食べ尽くして――例えば、八日で牛一頭――しまった。鉄道はこの状況を変えた。鉄道は軍隊に連携できるように発展し、逆に軍隊は常に鉄道との連絡を保つことになり、その関係が保たれるかぎり、軍は本国政府からの大量の補給を受けることができた。

輸送上のこうした新機軸には電信という発明が伴っていた。電信のおかげで、帝国本土と、遠く離れた辺地の植民地とのあいだで指示や情報提供要請のやり取りができるようになった。軍のなかでは、参謀本部と海外に展開している部隊が常時連絡を取り合えるようになった。通信技術

における この革命のおかげで、現地の特命全権大使あるいは軍司令官が、戦役あるいは紛争全体の結果を左右しかねない決断を即答するよう要求された時に、数日間の猶予という弁明が許されぬほどまでに本国政府との結びつきは強くなった。すでに見たように、ナポレオンは遠く離れた戦域で起きている事態を制御できなかった。自分が作戦行動を取っている戦域内でのみ、全体の計画の枠内で配下の軍団司令官たちに決断を委譲できた。また、副官（ＡＤＣ）と伝令で構成される組織を使って離れた戦域の指揮もとれたのであるが、この方式は何をするにも時間がかかりまた手続きが面倒なため、自分がいる戦域しか統制できなかった。電信は真の集中管理時代の到来を告げるものであった。やがて、電信は情報を集めたり命令を発したりするための手段となり、鉄道のおかげで兵員や資材をいくつもの戦線に運ぶことが可能となり、どの戦線を優先するかということを再検討できるようになり、兵士や資源をそれに応じて再配分できるようになった。これにより戦争の作戦レベルあるいは戦域レベルが誕生した。

ヨーロッパの主要国のいずれにおいても、参謀本部は戦争の組み立て方が変わったことをすぐに認識した。外国からの旅客列車が自国の首都に一日で到着できるのであれば、軍隊も一日で来る。ドイツ陸軍は戦時に鉄道輸送を極限まで活用するべく軍独自の部門を設けた。他国もこれに続き、フランス、オーストリア、ロシア、ドイツ帝国の国境地帯には、有事の際に国内全土から集められる大量の兵士を受け入れるのに必要な基本設備が整備された。ドイツの国境地帯にはいくつもの軍隊輸送列車を一度に受け入れられるようにということで、全長が一キロを越えるプラットホームが小さな田舎の駅に突然出現した。砲や種々の兵器、弾薬も同じように鉄道を利用して大量に輸送されることになった。距離に対するこの新しい関係は、戦略的に相手にすることができる範囲を広大なものにする結果となり、そのことは二〇世紀初頭に遂行されたいくつもの軍事作戦のなかで劇的に明らかになった。蒸気機関車と蒸気船は軍隊をこれまで以上に大規模で機動力のあるものにした。戦場に到着するよりもずっと前に兵士たちの戦闘力を消耗させてしまう長距離行軍や危険な航海は過去のものとなった。

ボーア戦争はこの新しい現実の一例である。一八九九年から一九〇二年にかけて、イギリスはボーア共和国軍を討伐するべくイギリスから一万キロ彼方のアフリカ大陸南端に二五万の兵士を輸送しこれを維持するという大海原を越えての前例のない軍事力投入を行った。一九〇四年、ロシアは、ロシアにとってあまりよくない結果になったのだが、満州における日本軍との交戦のため、シベリアの荒地を横断する鉄道で二五万人規模の軍隊を六五〇〇キロ先まで輸送した。このような大規模の戦略的輸送が実際に可能であることが示されたことにより、世界の各大陸はお互いに切り離された状態にあるのだという時間と空間に対する従来の壁は消え去ってしまった。二〇世紀に入ると地球全体が一つになっていた。鉄道と汽船と電信に象徴される輸送網と通信網により地球全体が密接に結びついた。その枠内で各国の非軍事的組織と軍事組織は複雑に関わり合うようになっていた。戦争になれば鉄道は徴発され、国民は軍隊の規模を拡大するべく召集されることになる――すなわち、鉄道も国民も軍事目的に注ぎ込まれることになる。そうなれば経済活動は停止することになる。世界各国は世界戦争に対する準備を整えつつあった。

数十年に及ぶ準備ののち、一九一四年に戦争が勃発すると、主要な交戦国は難しい兵站問題に大胆に立ち向かった。フランスの六二個歩兵師団――兵力は各師団およそ一万五〇〇〇――、さらにドイツの八七個歩兵師団、オーストリアの四九個歩兵師団、ロシアの一四四個歩兵師団は開戦から一カ月以内にそれぞれの国境地帯付近に集結した。数百万頭の馬もこの前例のない兵士たちの展開につき従っていた。ドイツだけで八月一日から一七日にかけて一五〇万の兵士とその装備をベルギー＝フランス国境地帯に輸送した。三国協商国（イギリス、フランス、ロシア）も、前線の向こう側で同じようなことをやってのけた。東部ではロシア軍がドイツ軍の動きに迅速に対応し、八月中に東プロイセンとガリシアに攻撃を加えてドイツ軍参謀本部を――少なくともはじめのうちは――驚かせた。

しかし、輸送における革新によってもたらされた急激な変化は鉄道駅で止まっていた。蒸気機関と電信は戦略レベルと戦域レベルでの機動を改善したが、戦術レベルにおけるその効果は工業化した国の大規模な軍隊を然るべき場所に集結させ維持するところまでであった。いったん兵站駅から離れると、兵士たちは昔のように重い荷物を背負って行軍することになり、補給品は荷馬車で運ばれた。このスタイルはアメリカ南北戦争でもそうだったし、第一次世界大戦でも変わらなかった。

鉄道により兵士を戦場に大量輸送できるようになったが、戦闘の様相を一変させたのは大量生産された新形態の兵器だった。というのも、線路が軍隊を前線に運んでも、彼らが求める決定的勝利をもたらすのは彼らが使用する兵器が示す破壊力であった。しかし、鉄道が急速に発展したのとは異なり、兵器の発展は比較的ゆっくりしていた。一八一五年のウィーン会議以降、ヨーロッパ大陸において平和な時期が比較的長く続いたおかげで各国の軍隊は立ち直り、改革に必要な充分の時間をもつことができたが、その一方でこの平和は、技術の進歩を軍事分野に適用することを無意味に思わせる効果ももっていた。ヨーロッパ全土を巻き込む大規模な戦争が起きるのはまだ先のように思えたので、政府の開発資金は枯渇していた。その結果、兵器に利用されていたかもしれないさまざまな発明や新機軸の大部分は民生用にしか利用されないままであったし、また軍当局も一九世紀半ばまでそうした進展にはほとんど注意を払わなかった。

一九世紀に入るまで、小火器の最大の欠点は弾丸込めに時間を要することと雨に弱いことであった。前装式マスケット銃の場合、兵士たちは敵の攻撃にさらされている戦闘のさなか、貴重な時間を使って火薬と弾丸を詰め込まねばならず、そのうえフリントロック式燧火式。火打ち石を使う発火方式で火縄式の後に出現したの場合は湿気が多いと点火するのが難しい構造で、天気が急に崩れるとお手上げだった。銃身に施条《ライフリング》を施すこと——その内面に螺旋状の溝を刻むこと——の利点はよく知られていたが、このライフル溝の効果が発揮されるためには弾丸は銃身内面にぴったりはまっていることが必要であった。したがって、ライフル銃に弾丸を詰め込むためにはマスケット銃の場合よりも大きな力をラムロッドにかける必要があった。このため、弾丸を再装塡するのに要する時間はライフル銃の方がマスケット銃よりも長くなり、結局ライフル銃の発射レートはマスケット銃よりも低いものとなった。そのうえ、兵士の装備の国庫負担はつねに存在する考慮すべきことなのであるが、ライフル銃はマスケット銃よりもはるかに高価だった。

改良に向けての第一歩は一七九九年にエドワード・C・ハワードが、衝撃を受けると爆発あるいは発火する「爆発性」の物質を発見したところから始まった。それから数年後に聖職者で狩猟好きのアレグザンダー・フォーサイスが衝撃式発火方式を開発して一八〇七年に特許を取得し、一八一四年には雷管が出現した。雷管は弾丸と発射薬が一緒になった一体型薬包の発明につながり、それによって後装銃が発明された。最初の実用的な後装猟銃は一八一二年に、パリを拠点に仕事をしていたスイス生まれの鉄砲鍛冶サミュエル・ポーリーが開発した。一体型薬包を使用する元折れ銃身で、ポーリーは現代のスポーツ用散弾銃のような性能の兵器を開発した。しかし後装銃というアイデアを売り込む軍事市場を見つけるまでに五〇年近くかかった。

この間に発射体の形状が進歩した。フランスのミニエー大尉が細長い形状の銃弾を開発した。この銃弾は、発射火薬の力で銃身を上りながら膨張する特徴をもっていた。このため内側に施条が施された銃身と銃弾のあいだに銃口から押し込める際には隙間があるが、発射時には銃身内側の施条に銃弾は食い込むことが可能となった。発射レートはそれまでと変わらないままで命中精度が向上し、またこのミニエー弾はそれまでの形状のものに比べて有効射程が大きく伸びた。この結果、砲兵隊や騎兵隊に対して歩兵隊の威力は増すことになった。砲兵隊はこれまでよりもずっと離れた場所に陣取ることを余儀なくされ、それゆえ砲撃の威力は低下した。騎兵隊は槍と剣を手に近づく際にこれまでよりも正確な銃弾をより多く受けた。

しかし、後装方式の信頼性が高くなってくると、施条した銃身や金属製薬包が当たり前になり精度と射程はさらに向上した。ニードル・ガン（ここではドライゼ銃のこと）はヨハン・ニコラス・フォン・ドライゼによって発明され、一八四一年にプロイセン軍に採用された。ボルトアクション・ライフルの始祖であるこの小銃の名前は長い撃針に由来している。長い撃針が紙製薬莢を貫いて弾底の雷管を撃発させた。ボルトを手で前後に動かして薬室を開閉し、迅速に再装填できた。プロイセンのドライゼ銃の性能を知って愕然としたフランス軍は、これを参考にして独自のボルトアクション・ライフルであるシャスポー銃を製造した。一八七〇年の普仏戦争で使用されたこの二つの銃は、全軍に配備され使用された後装銃の最初のものであった。

撃発点火は近代リボルバー（回転式連発拳銃）の発展にもつながった。手動回転方式フリントロック・リボルバーは一八一八年にアメリカで特許になった。スプリングによる弾倉の機械的回転は重要な新機軸だった。また、弾倉をつねに銃身に密着させてガス漏れを避ける手段としてもスプリングを利用していた。一八三六年にはサミュエル・コルトがこれらの新機軸を利用した頑丈な設計に到達した。さらに重要なことは、コルトの設計が規格化された部品で構成されるものとなっており工場での大量製造を可能にしたことであった。それまでは、銃は腕のいい職人により一丁ずつつくられており、個々の部品はそれぞれの銃に合わせて細工されていた。部品を規格化することにより、流れ作業生産と、互換性のある部品を使って戦場での修理が可能となった。戦争の手段が本当に工業化《インダストリアライズド》されてきたのだ。一八四六年にアメリカがメキシコと戦争を始めると、このコルト式リボルバーの能力はすぐに明らかになった。その一〇年後の一八五七年にはスミス・アンド・ウェッソン社がリムファイアー式薬莢を使い、オープンフレームと単純で頑丈な回転式シリンダーを採用したリボルバーをつくった。こうした銃から派生したさまざまな銃はすぐに世界の主要な軍隊で採用された。

雷管および後装式という発明のあと、発射レートをあげる必要性は二通りのやり方で取り組まれた。まず一つ目の方法は、予備の薬包を入れる弾倉を開発し、手動で遊底を動かすか、レバーあるいは回転機構でボルトを動かすかして、薬包が一つずつ銃尾の薬室に装塡されるようにするものであった。二つ目の方法は、銃身の数を増やすというものであった。アメリカ南北戦争は革新的な発明を促進した。一八六二年にはリチャード・ジョーダン・ガトリングがこの種の銃を考案し特許をとった。これは一八六五年にアメリカ軍に採用され世界中で販売された。ガトリング・ガンの六本の銃身は、中心軸の周りを回転するフレームに取りつけられていた。薬莢の装塡装置と発射装置は、この回転する銃身のうしろにあった。手動クランクを操作するだけですべてが機械的に動作するようになっていた。ヨーロッパではフランス軍が一八六九年にもともとベルギーで開発されたミトライユーズ砲を採用した。これはシリンダー・ケースの周囲に二五本のライフル銃銃身を据えつけたものである。遊底をうしろに滑らせることにより二五発の薬莢の実包を収容した板が装塡されるようになっていた。これも手動クランクで操作された。それから一〇年後の一八七九年、イギリス軍はガードナー機関銃を採用した。クランクで操作される二銃身の小火器で、二七分間に一万発の弾丸を発射できた。これは兵士一〇〇人が当時の後装銃を速射する威力に匹敵するものであった。

フランスはプロイセンと戦った一八七〇年にミトライユーズ砲を配備していた。彼らがこの武器の使用によって有利な状況を得ることがほとんどなかったことは興味深い。当時は無線もない時代で、軍隊を指揮官の統率下に保つためには、軍隊は密集隊形で動く必要があったからミトライユーズ砲の格好の標的だったろうと思うと、特に興味深い。この武器は小形の大砲という形状をしており砲兵がこの武器の整備に必要な技術的知識をもっていたので、フランス軍はこの武器を大砲の仲間と考えてしまいその特徴――すなわち、ある一定の位置から狙いを定めたライフル集中射撃を攻めてくる敵の側面に高い発射レートで加えること――を生かしそこなったのだろう。優れた点を生かして使うのでなければ、技術を獲得しても価値がない。そのためには、新しい技術の優れた点に応じて自軍の編成や戦術を改造していくことが要求される。あるいは、新しい技術にそれほどの価値はないと思うのであればその新しい技術で苦しむ必要があるのかどうかよく考えるべきである。イギリスをはじめとして、多くの国の軍部がこの教訓を学びそこなってきている――特に現代の情報通信分野でそうである。

こうした初期の手動クランクの機関銃と踵を接して薬莢内の発射薬の力を利用して再装塡を行う機構の機関銃があらわれた。これは発射薬の改良によって可能になったことである。硝化綿を主成分とする無煙火薬は、それまで使用されていた火薬より優れていた。発射時に白煙が出ないので、射手から標的がよく見えることや射手の位置を敵に知らせないだけでなく、従来の火薬に比べて強力で安定していた。フォーサイスが雷管を完成させてから八〇年たたないうちにハイラム・マキシムが自動式の機関銃をつくった。それまでの四〇〇年間の小火器分野における緩やかな進歩に比べて、これは信じられないような進歩の速さだった。マキシムは弾薬が発射される時に解放されるエネルギーを利用することを思いついたのだ。彼はこの着想を推し進め、弾丸発射時に銃に生ずる弾丸の運動とは逆方向の動き、すなわち反動《リコイル》を利用して、弾薬帯から弾薬を引き抜き薬室に装填するという設計に到達した。数年後、アメリカで、コルト社は弾丸の背後のガス圧を利用した機関銃を開発し、アメリカ陸軍はこれを採用した。一方、ヨーロッパでは、スコダが最初のブローバック作動方式を開発した。この方式では、薬室から薬莢を後方へ押し出す燃焼ガスの圧力を使って遊底を強力なばねに押しつけて後退させるようになっている。リコイル、燃焼ガス、ブローバックの三つは、それ以降機関銃の製造を支配する要素となっており、発射薬がより安定したものになるにつれて、動作はより正確になった。同じ頃に大砲の分野でも目覚ましい躍進があった。ライフリングが施された砲身と結びついた信頼性の高い後装式の開発、すなわち一八五四年から五六年のクリミア戦争により促進された開発は、アメリカにおけるアームストロング砲の製造やイギリスのホイットワースが開発した六角形の砲身を使用する砲の製造につながった。ドイツではクルップが一八六七年のパリ博覧会に出品するため一〇〇〇ポンド砲をつくった。この巨砲は一八七〇年にパリを砲撃するべく戻ってきた。

　重砲を装備した甲鉄戦艦の出現に伴って、港や海軍基地防衛に大金を投じる必要が出てきた。イギリス南部沿岸のあちこちに、多額の金を出費した形跡が今も残っている。特にポーツマスやプリマス近辺の複数の砦は、フランスとふたたび干戈を交えることになった場合に備えて一八六〇年代に築かれたもので、しかし実際にはそうした危機は訪れなかったため「パーマストン（イギリスの政治家。一八五五～五八年、一八五九～一八六五年に首相）の愚行」として知られている。同じような砦はアメリカ東部の海岸にもあるが、こちらはフランスあるいはイギリスとの不測の事態に備えて築かれたものだ。その結果、砲や機雷や初期の魚雷が防御のための重要な手段となった。機雷や魚雷の攻撃用兵器としての潜在能力が明らかになったのはあとになってからだった。船舶用の速射砲の開発は、高速の水雷艇に対する防御手段として機関銃を改良する必要を受けてのものだった。これらの高速艇が大型化し強度が増すにつれて、それらを破壊するために大口径の速射兵器が必要になったのだ。そうした兵器は、機械装置と弾薬が重くなりすぎたので、機関銃とまったく同じ具合に操作できるようにつくることはできなかった。しかし、高い発射レートを実現するために発射薬《プロペラント》の力を利用するアイデアは採用された。一八八〇年代末にアメリカ出身のホチキスがフランスで四七ミリ砲を、スウェーデンのノルデンフェルトが五七ミリ砲をつくった。それぞれ一分間に三〇発、二七発を発射した。

やがてこの方式が改良され、野砲に適用された。野砲のなかでも特に有名なのは一八九七年に出現したフランス軍の七五ミリ砲で、砲の反動《リコイル》を制御するのに油圧を利用していた。砲架の安定性が増すにつれ精度も向上した。しかし、砲兵指揮官が標的をしっかり見て砲火を向けられるよう、砲はこれまでどおり戦場のかなり前方に配置されていた。このため砲手は敵のライフル射撃や対砲兵射撃の的となったが、砲架の安定性が増したことで防御盾を取りつけられるようになった。二〇世紀初頭には大砲の現在の特徴――後装式、反動利用式、砲手保護――が固まった。

一九世紀末には工業国ならばこうした兵器を大量に利用できるようになった。強力な長距離砲を装備した蒸気力戦艦、海軍砲術を活用した港や国境地帯の要塞化、八〇〇メートル以上の有効射程で照準射撃発射速度を維持できるライフル銃、一丁で多数の兵士が射撃するのと同じだけの効果を生み出せる機関銃、正確な速射野戦砲等である。こうした兵器の運用構想や運用原理は基本的に今日も変わっていないし、これらの兵器を反映した軍事力の視覚に訴える形態は我々が相変わらず戦場を思い浮かべるような様式のままである。象徴化されてしまっているのだ。しかし多くの場合、そのような兵器もそのような戦場ももはや存在していない。個人用武器を例にとってみたい。兵士は必ず個人用武器を携帯していた——携帯している武器により識別されてきていることが多い。例えば、「弓射手」、「槍騎兵」、「擲弾兵」、「ライフル銃兵」といった具合だ。砲やのちの装甲車は当初、歩兵隊や騎兵隊を支援するための兵器だった。戦場を支配していたのは歩兵隊や騎兵隊の活動だった。しかし、工業化と通信手段の向上のおかげでこうした支援兵器が戦場や我々の戦場認識を支配するようになった。我々は今や陸軍が持つライフル銃の数ではなく武装した兵士の数、あるいは「戦闘力」——戦争を遂行するのに必要な装備やシステムの総量——でその陸軍の力を評価する。多くの人にとってこういったことが実際の戦争に必要なものなのだ。そうは言っても、AK―47やマチェーテ（中南米諸国で用いられている長刃のなた）は何百万単位で人を殺し続けている。それらは後に述べるが、《人間《じんかん》戦争》に必要なものだ。そして、これらは、システムとして運用される兵器ではない。凶器かもしれないが、《国家間戦争》を象徴するような武器でもないし、《国家間戦争》の理解につながるものでもない。

　次に弾薬を取り上げよう。人を殺すのは何と言っても弾丸なのだから。もちろん、弾丸を効果的に飛ばすのに技術は不可欠な要素である。しかし人を殺すのは弾丸であり爆弾でありミサイルだ。下位の戦術レベルの指揮においては、弾丸は絶えず供給されると仮定して行われているが、それは単なる仮定にすぎないことを誰もが自覚している。ライフル銃兵は携行できる全弾薬を数分間で撃ち尽くすことができる。そうすれば指揮官はそのライフル銃兵を後退させるか新たな弾薬を供給しなければならない。それゆえ、ライフル銃兵が携帯する弾薬にしたがって彼の任務を厳密に定義するか限定するか、そうでなければ、ライフル銃兵を確実に後退させるか弾薬が再供給されるようにするか、この決断をするのは指揮官の務めである。司令部内で地位が上がるにつれて、ライフル銃やその他のどんな武器よりも弾丸のことが気になるようになる。なぜなら、弾丸こそが推進され適用される軍事力だからだ。例えば、一九八〇年にジンバブエで、ムガベ首相に対するイギリス軍事助言訓練チーム（ＢＭＡＴＴ）の一員として、我々は新国家一翼を担った二つの部族のゲリラ軍を主体として大隊を編成する作業をしていた。これはかつてのローデシア軍の基本装備を使ってなされた。私は旧ローデシア軍の兵士たちに対して、この新しい大隊に彼らのライフル銃を渡して装備させるよう強く勧めた。この銃はＮＡＴＯ規格の弾丸を発射するもので、この弾薬は旧ローデシア軍だけが保有していた。そして、このゲリラ兵たちが森林の中で手に入れたＡＫ―47をそのままにしておかぬよう説得した。というのもこのＡＫ―47に対しては彼らが申告しているもの申告していないものを含めて大量の弾薬が存在していたからである。このローデシア軍の兵士たちは「テラ（テロリストの省略形）（旧ローデシアの黒人解放ゲリラ）に自分たちの武器」を持たせるなど思いもよらなかった。その結果、新しくつくられた大隊のうちの七個が反乱を起こして部族間で殺し合いを始めると、我々は鎮圧するのに苦労した。弾薬がいつでも手に入るので、暴動が勢いづいてしまったのだ。

《国家間戦争》に関する重要な点であり今日にも関連する数少ないことの一つは、産業・工業《インダストリー》それ自身の核心に触れるものである。《国家間戦争》についての議論のほとんどは、《国家間戦争》を論ずる時の既定事項としてあるいは単にこれを無視するとして、この問題には触れないでおくという傾向を示している。しかしながら、産業・工業《インダストリー》は、単に産業革命《インダストリアル・レボリューション》が《国家間戦争》を可能にしたという意味だけではなく、利益を追求する事業として産業・工業《インダストリー》は存在しているのだという意味で、《国家間戦争》には絶対欠かせないのである。いつも戦争からいろいろなやり方で利益が生じている。たいていの場合は、戦争を取り巻くいろいろな活動のなかにおいて利益が生まれている——金融業者あるいは銀行は戦争当事国の君主たちに資金を融資し、商人は行軍する軍隊に商品を売り、鍛冶屋は騎兵隊の馬に蹄鉄を打ち、兵器製造業者は兵器を製造して利益を得ている。ゴリアテは鎧を自分で作らずにペリシテ人の兵器工場《こうば》から購入したようだが、そこが問題だ。その昔、企業体は戦争の役に立ってはいたが、戦争に不可欠なものではなかった。しかし、《国家間戦争》は産業・工業《インダストリー》がなければ不可能である。なぜなら、《国家間戦争》は国産や輸入による産業・工業《インダストリー》の生産物を必要としているからである。一九世紀末には産業・工業《インダストリー》の競争は戦争を煽りたてるまでになっており、その一方で防衛産業は戦争そのものを可能にしていた。ある企業を国有化すれば、その会社の株主の利益は減少するかあるいはまったく考慮されなくなる。これはたしかなことであり、全体主義国家が示してきているとおりであり、また、大部分の民主主義国家においても戦時にはそうであった。つまり、自国の軍隊を装備するべく国家が防衛産業を設立する、すなわち、国家がその事業の所有者となったのである。しかしながら、どんな体制においても雇用という要素を削除することは絶対にできない。防衛産業は雇用を生み出し、雇用は経済を活気づける。そして平時には、戦時に自分たちを守る手段をつくっている。《国家間戦争》においては、国家の組織・富としての経済は軍隊と同じように互いに戦っているのだ。《国家間戦争》と産業・工業《インダストリー》とのあいだには真に共生関係がある。実際、非常に重要な企業のいくつかは《国家間戦争》というパラダイムのそもそもの始まりの時点から《国家間戦争》には不可欠なものとして認められていた。エリファレット・レミントンは一八一六年に父親の鉄工所で最初の自分のライフル銃をつくり、やがて銃器産業界に進出した。この会社は徐々に発展し、各地で起きる紛争を通じて、特にアメリカ南北戦争中に大きく成長し、現在も銃や弾薬を手広く製造しアメリカ軍に納入している。モーゼル社も元をたどれば一八一一年にシュヴァルツヴァルトに設立された小さな工場だった。ドイツの軍備拡張とドイツが関わったさまざまな戦争と一緒に成長した。同社は現在も存続しており――ラインメタル社の子会社として――、ユーロファイター・ジェットに搭載されているモーゼルBK－27機関砲などの兵器を製造している。ドイツの大手兵器製造会社クルップも一八一一年、ナポレオン戦争のさなかにフリードリヒ・クルップがエッセンに鉄鋼工場を構えたのが始まりである。一八二六年にフリードリヒが亡くなると息子のアルフレートが一四歳で経営状況の思わしくない工場を引き継いだ。アルフレートは鉄道に欠かせない鉄鋼を供給し、また大砲を製造してたちまち財をなした。一八七〇年から七一年の普仏戦争でクルップ社製の砲はすばらしい性能を実証し、同社はドイツ帝国に対する筆頭兵器供給業者となる一方、世界各国からも広く注文を受けるようになった。フリードリヒ・アルフレート・クルップの指揮のもと、クルップ社の次の世代はドイツ海軍が創設されたのに伴い装甲板の製造を開始してさらに財を増やした。一九〇二年にアルフレートから長女のベルタが同社の経営を相続した頃には、従業員の数は四万を超えていた。ベルタと結婚したグスタフ・フォン・ボーレンは、グスタフ・クルップ・フォン・ボーレンとクルップ姓を添え、それから間もなく同社の経営を引き継いだ。第一次世界大戦が勃発する頃には、彼がドイツの兵器製造分野を支配していた。グスタフの会社はUボートの他有名なディッケ・ベルタと呼ばれる大口径の榴弾砲も製造した。この巨砲はベルギーのリュージュ要塞砲撃に使われた。グスタフは砲弾を一二〇キロ先まで飛ばす長砲身砲のパリ砲も製造した。

ヴェルサイユ条約の規定するところによりクルップは、一九二〇年代には農業機材の製造に経営の軸足を移さざるを得なくなった。一九三三年五月、ヒトラーはクルップをアドルフ・ヒトラー基金の議長に指名した。これは産業界がヒトラーに献金を行うためにつくったもので、マルティン・ボルマンが管理していた。同年、クルップは表向きは農耕用トラクターの部品として戦車の製造を開始した。やがてオランダで潜水艦の製造を開始し、その他の新兵器についてはスウェーデンで開発、実地試験を行った。数年のうちにクルップ社はドイツ戦争機構の主要な部分となり、ドイツ各地の工場で製造する兵器をドイツ軍に納めていた。第二次世界大戦勃発後はドイツの占領下にある国々に工場を建設し、また強制収容所に収容されていた人々に強制労働をさせた。アウシュヴィッツ内の起爆装置工場やシレジアの榴弾砲工場などがそうだ。一九四三年にグスタフはクルップ社の経営を息子のアルフレートに譲った。アルフレートはのちにニュルンベルクにおいて戦争犯罪で有罪判決を受けた。連合国軍はクルップ社解体命令を出したが、買い手が見つからないとの理由でこの命令は一九五三年に棚上げされた。アルフレートはやっとのことで一族の財産を取り戻したが、一九六七年に死去し、クルップ家は絶えた。その後クルップ社はティッセン社と合併し、現在にいたっている。ティッセン社は一九世紀を通じて発展したドイツを代表するもう一つの鉄鋼製造企業で、兵器製造業者に鉄鋼を供給していたが自社内には兵器製造部門を有していなかった。

イギリスのヴィッカース社も産業・工業《インダストリー》と戦争の共生関係を示す絶好の例である。設立されたのは一八六七年だが元をただせば一八二八年まで遡ることができる。設立当初はシェフィールドに本拠をおき、本社家屋はドン川近くの製鋼所に付属していた。ロンドンに進出したのは一八九七年にマキシム・ノルデンフェルト銃器弾薬会社を買収してからである。一九一一年、ホワイトホール近くで存在感を強力に示す必要があると考えた同社は、本社をシェフィールドからウェストミンスターに移した。イギリス政府は同社の大口顧客になっていた。当初、ヴィッカースは高品質の鉄鋼製品の製造に力を入れていたが、二〇世紀初頭には軍装備品を幅広く生産していた。他分野にも進出し、一九〇一年にはウーズレー・ツール・アンド・モーターカー・カンパニーを買収し、イギリス初の潜水艦を建造した。一九〇五年までに五六隻を建造している。同社はヴィッカース303機関銃も製造した。この機関銃は一九一二年から六八年までイギリス陸軍に供給された。第一次世界大戦中、イギリスの列車砲はほぼすべてアームストロング社とヴィッカース社の工場で開発された。イギリス陸軍は重砲の仕様を定め、この二社は工場で余っている艦艇用砲身を利用した。ヨーロッパ大陸におけるクルップ社に対抗してヴィッカース社は一二インチ列車榴弾砲を開発した。この頃同社はさまざまな軍用機を開発しており、FB‐5ヴィッカース・ガンバスは機関銃を搭載するように設計された軍用機の初期のものの一つであった。一九一九年に最初の無着陸大西洋横断飛行を成し遂げたのは、同社が製造したヴィッカース・ヴィミーであった。一九二七年にヴィッカース社はニューカッスルのアームストロング・ホイットワース社と合併し、ヴィッカース・アームストロング社となった。アームストロング社はヴィッカース社と似たような方針で発展してきていた会社であり、さまざまな砲の製造から始まり艦船の建造や自動車、トラックの製造へと事業を拡大していた。第二次世界大戦の準備段階においてヴィッカース・アームストロング社はイギリス陸軍に最新式の軍備をもたせるうえで大いに貢献した。同社の設計で特に有名なヴァレンタイン歩兵戦車は第二次世界大戦中、イギリスの他のどの戦車よりも大量に生産された。第二次世界大戦終結後、同社はイギリス初の原子力潜水艦を建造し、また最初のV爆撃機を製造した。一九九九年にヴィッカース社はこれもまた防衛産業を通じて成長したロールス＝ロイス社を合併した。ロールス＝ロイス社は高級車で有名だったが、同社の売り上げを押し上げたのは両世界大戦中に製造した戦闘機用のエンジンだった。軍用機用エンジンは今でも同社の稼ぎ頭である。

これらは西側諸国における氷山の一角にすぎない。しかし、産業化・工業化《インダストリアリゼーション》が世界中に広がるにつれて防衛産業はいたるところで登場し、《国家間戦争》のもっとも重要な陰の助力者となった。産業化・工業化《インダストリアリゼーション》が《国家間戦争》を可能にし、次に《国家間戦争》を勝ち抜くためには強い工業力・産業力を必要とした。産業・工業《インダストリー》は生き残るために《国家間戦争》を必要とするようになったのだ。実際、上述のようにクルップは兵器を製造し、ドイツだけでなく軍備強化に励む世界各国に売り渡した。その特徴は今日まですべての防衛産業に残っている。防衛産業は利益を追求する企業体であり、戦争にとって不可欠なものではあるが、金銭的には株主に対して責任を負っている。現在では、兵器を、自国に対してあるいは民間人に対して使用する可能性のある国に対して売却することを予防する手段を設けている国が多いが、そのような法律がつねに守られているとはかぎらない。そのうえ、多くの兵器体系はメジャー企業により国家間で公然と売却されている。これらの企業の大部分はもはや国有ではない。利益を追求する企業体として、株主に利益を提供しなければならない。だから戦争と産業・工業《インダストリー》の共生関係は今も変わらない。利益を追求しようとする投機筋は戦争の準備をする政治的意向を食いものにし、戦争を遂行する能力は産業・工業《インダストリー》の生産能力にかかっている。今のところ、戦争の準備をする政治的意志は衰えてきておりもはやそのような政治的意志が存在していない国家もあるが、産業・工業《インダストリー》は相変わらず大きな経済的影響力をもち続けており、職を提供するものであり、利益を生み出すものである。

産業《インダストリー》・工業が生き延びるためには、戦争に対する準備が続く必要があるが、アメリカの外では——アメリカは相変わらず防衛産業に多額の資金を提供している——この共生関係はまさに危機に瀕しているのだ。

一八六一年に勃発したアメリカ南北戦争は、輸送、通信手段、兵器における新しい動きを結合した最初の大がかりな紛争であったし、新しいパラダイムの枠内で存分に戦われた最初の紛争であった。南北戦争は政治的構想を軍事力により確定するために遂行されたものであり、敵を決定的に打ち負かしてそれを勝ち取ったのだ。これは、意志の不一致を大がかりな力くらべにより戦争の中で決着をつけようとするものであった。北部諸州は、戦争を自分たちに有利な形にしようとする南部連邦の能力を破壊して、その戦闘継続意志を打ち砕いた。それは最初の《国家間戦争》だった。どちらの側も同じアメリカという国に属していたのであるが、政治的にも軍事的にも別個の統一体をそれぞれに形成し、それぞれが国民、国家、軍隊という非常に重要な三位一体を構成していた。彼らが戦った戦争は、《国家間戦争》の発展における重要な出来事であった。それはアメリカのその後の戦争のやり方に影響を与えただけではなく、ヨーロッパ各国から多くの観戦武官が派遣されていたことからもわかるように、ヨーロッパにおけるその後の戦争のやり方にも影響を与えたのである。彼らが各地の戦場を見て受けた強烈な印象から引き出し母国に持ち帰った結論は、必ずしもすべてが正しいものではなかったかもしれないが、それでもなおヨーロッパにおける総力戦の発展に大きな影響を与えたのである。

北部諸州にとって、とりわけリンカーン大統領にとって、この戦争の政治的目標ははっきりしていた。それはアメリカ合衆国を維持し、選挙で選ばれた政府の力を維持するというものであった。妥協の余地はなかった。それゆえ戦略的軍事的目標は、南部が独自に行動する力をあまねく破壊すること、とりわけリッチモンドにある連邦政府の力を破壊することであった。独立した連邦であると宣言し、事実上それを実現していた南部としては、その政治的目的を達成するためには南部連邦の存在を保ちさえすればよかった。それゆえ、その戦略的政治的目標は、北軍を破ることによって北軍を南部に寄せつけないようにすることであった。当初南部連邦が優位に立ち次々に戦術的勝利を収めたが、彼らにとって不幸だったことは、リンカーンが総力戦とはどういうものかを理解していたことである。広範な鉄道網、工業生産力、徴兵制度を通じて北部諸州の産業・工業上、兵站上の優位をその大義に結びつけ、南部連邦の敵対意志を打ち砕くような決定的勝利を彼は求めていた。そのなかで、軍事分野における自分のすばらしい相棒ユリシーズ・S・グラント将軍を最終的に見出した。グラントは、リンカーンがその政治的目標を達成するために軍事力を使用するのだという考えを理解して、決定的な勝利を目指して軍を動かした。

最初から北部諸州は大都市をすべて押さえていた。北部諸州の人口は、南部連邦の人口の二倍あった。ニューオーリンズだけは別だが、一〇万以上の住民を抱える都市はすべて北部諸州のなかにあった。その産業・工業は強力で活力に満ちており、その規模は南部連邦の一〇倍近くに達し、財政的にも余裕があった。合衆国海軍が保有していた艦船の大部分は北軍が押さえていた。また、半潜水型甲鉄艦船モニター――現代の潜水艦の先駆けとなるものである――を建造し、南軍の甲鉄戦艦ヴァージニアによる脅威に対抗する能力を急速に伸ばした。これ以降、北軍の海軍力の優位は揺るがぬものとなった。南部連邦の工業は萌芽期の段階であり、一八六一年の時点でその鉄道網は距離に換算して北部諸州の半分以下であった。保有する銃の数においても南軍は北軍の三分の一以下だった。その一方で、開戦直後は、軍事面、イデオロギー面で南軍が圧倒的に強かった。高級将校や訓練を積んだ兵士の多くは南軍で戦う決断をくだし、南部連邦の生き方を守ろうとする意志は南部連邦の人々に愛国的な情熱をもたせ、何万人もの人が志願兵として南軍に参加した。北部諸州ではそのような動きはなかった。北部諸州では戦争は嫌がられ、一八六二年にアメリカ陸軍は初めて徴兵制度を実施せざるを得なくなった。南部連邦は、綿の供給源を守りたいイギリス、フランスから目立たぬ外交的支援も受けていた。しかし、制海権を失っていたのでこれはあまり役に立たなかった。

一八六一年四月、南軍がサムター要塞——サウスカロライナ州チャールストンの港の入口を押さえる石造りの要塞——を攻略して戦端を開いた。当時、南軍、北軍双方とも紛争は短期間で決着がつくと考えていたが、そうはならなかった。ロバート・E・リー将軍率いる南軍は強敵だった。三年もの長いあいだ北軍は有能な司令官を見つけよう、頼りになる軍隊を編成して戦いに勝つ手段を見つけようと躍起になっていた。だが、南軍は勝利を重ね続けた。この経験を通して、北部諸州は国力においては戦略的優位にあり、リーの戦術的勝利をリーが活用できないようにすれば、戦術レベルでの損耗作用により、戦場で打ち破れる程度まで南軍を消耗させられることが明らかになった。しかし、これは時間がかかると予想され、またこの戦争を国民が歓迎していないことから、リンカーンと司令官たちは、南部連邦の崩壊を早めるような方策を探すことに努めた。その一つが敵の産業力・工業力を破壊するというものだった。水道・電気・鉄道等の基本設備、仕事場、農場等をはじめとして敵の戦争努力を支援するものすべてを破壊することによって、戦争を民間の領域にまで持ち込む総力戦の一形式であった。

一八六四年三月、ユリシーズ・S・グラントは当時のアメリカ陸軍の最高位である中将に昇進し、エイブラハム・リンカーン大統領はグラントを事実上北軍の戦略司令官とした。グラントは、ただちに、できるだけ多くの前線に同時に圧力をかけるような攻撃を行うことにより南部連邦を決定的に撃ち破る計画を立てた。兵力の少ない南部連邦の軍隊がどこか一つの戦場に集結するのを防ぐべく、四つの作戦行動が並行して計画された。その目的は四つすべての戦線で南軍を戦闘に引き込み一斉に撃ち破ることであり、そこまでできないとしても少なくとも南軍を物資不足に追い込むことであった。ウィリアム・T・シャーマン少将は、南部奥深くまで攻め入る五番目の作戦行動を指揮した。当初シャーマンはジョセフ・ジョンストン将軍率いるテネシー軍をダルトン付近で打ち負かすつもりでいた。やがて、自軍は数のうえではジョンストン軍をほぼ二対一の割合でまさっているが、ジョンストン軍の塹壕陣地は強固なのでこれを攻略するには時間がかかるだろうと気づいた。そこでダルトン攻撃を中止しこれを強固に見張るだけにして、近郊のアトランタに兵を集結し、鉄道を寸断し町を孤立させた。アトランタに延びる最後の鉄道線路が破壊されて間もなく、南軍主力はアトランタから撤退を開始し、持っていけないものを破壊した。そのあとで、フッド将軍率いる殿《しんがり》が逃げ出した。

シャーマンは敵軍を追撃して時間を無駄にするよりも、ジョージア州を突っ切って海岸に出る決断をした。そこでならば海軍の支援も受けられるし補給品も期待できるだろうと考えたのだ。シャーマンはジョージア州内の資源を破壊し、それによって人々の戦意を打ち砕くつもりであった。シャーマンとグラントは、鉄道網から外れ兵站線からも外れている広大な南部の領域を略奪しながら進軍することは、単にそれが可能だから行うというのではなく、南軍の戦争努力を国内的観点からも国際的観点からも壊滅させてしまうことにつながると考えていた。一八六四年一一月、頑健で戦い慣れた六万の兵士が炎上するアトランタから進撃を開始した。シャーマン軍の残りの部隊は北方に向け進軍した。市内のあちこちで煙がくすぶる廃墟と化したアトランタを背にして、シャーマン軍と大西洋のあいだにいたのはほんの数千人の予備軍、民兵、少数の南部騎兵隊だけだったので、シャーマン軍は二翼にわかれ、側面を騎兵に守らせながらジョージア州を進んだ。ナポレオンの軍団《コール・ダルメ》のように、この二翼はさらにそれぞれ二手に分かれ、幅三〇から一〇〇キロの前線を形成する四列並行の軍団縦列隊形で進んだ。この隊形によりシャーマン軍は幅広い前線を確保しつつ進軍速度を速めることができた。やがて鉄道、農場、工場、その他南軍が戦争努力に活用できそうなものすべてを破壊し、ジョージア州中心部を荒廃させた。大農園、商店、農作物も焼き払った。幅一〇〇キロにわたって破壊の爪痕を残しながら、四五〇キロ先の海まで進んだ。海軍と接触したのちシャーマンは港市サヴァナを強襲した。その後、サヴァナとサヴァナにあった兵器や綿数千梱を贈り物とするとの有名な電報をリンカーンに宛てて打った。

　シャーマンの海への進軍は南北戦争における重要な出来事の一つであり、北軍が最終的に勝利するうえで大きな力となった。というのもシャーマンが指揮したのは、敵軍と交戦するありきたりの戦線でもなければ、怒りに任せて暴れまわる行為でもなかったからだ。彼が指揮したのは、南軍の物的基盤を破壊するための戦略的決断に由来する、非常に計画的な行為だった。シャーマンの行進は《国家間戦争》が将来向かう方向を示したものである。すなわち、敵の産業基盤や経済基盤を標的とし、自分たちの産業基盤の発展を目指すというものであった。南北戦争が終結する直前まで南軍は各地で北軍に損害を与えるべく必死であった——皮肉なことに、最後の戦闘はテキサス州で行われたもので、孤立した南軍が勝利している——しかし、産業基盤の不備が南軍の運命を決めた。また、南部連邦の不備な点は南北戦争時の鉄道能力が北部諸州に比べて劣っていたことにも示されている。南北戦争では多くの点で鉄道が勝敗を決した。南北戦争勃発直前の一八六〇年、アメリカの鉄道網の総延長は五万キロに達しており、この時点ですでに世界中の鉄道網の延長距離を合わせたよりも長かった。しかし、戦争開始直後から北軍は南軍に比べて二倍の規模の線路網を支配下においていた。これにより北軍は北部諸州すべての資源を利用できるようになり、装備、兵器、弾薬、果てはシカゴの食肉処理場からの牛肉までを前線に輸送した。兵站の面で南軍は不利な立場にあり、このため北軍の最高司令部は南軍の兵站線を破壊することを戦略の枢要とすべきと考えたが、その読みは当たっていた。北軍の兵士たちは、南軍が使用する線路を見つけたら片っ端から引きはがすよう指示された。一八六三年には北軍の軍用鉄道網を管理するハーマン・ハウプト准将は、敵前線の背後にある鉄道線路をいかにすばやく徹底的に科学的に破壊するか、を北軍の騎兵隊に教えるべく詳しい手引書を作成した。鉄道線路を破壊されても南部連邦には復旧する工業力がないため鉄道網破壊による悪影響はさらに大きくなった。南軍の奇襲隊もやはり北軍陣地の背後にまわって鉄道線路を巧みに破壊したが、活気づく北部諸州の鉄道産業はこれを迅速に復旧させた。それどころか北部諸州は南北戦争中に鉄道網を拡張している。

しかし、産業・工業は南北戦争のありとあらゆる面に影響を及ぼした。すでに見たように、南北戦争は兵器開発を大いに促進している——後装銃が導入され、砲弾が改良され、ライフル銃や弾薬の大量生産用組み立てラインが開発され、戦艦が装甲された。軽砲とライフル銃兵を積み込んだ装甲車両を牽引する装甲列車も登場した。そのような大量の兵器をもっていなかった南部連邦は、その港や河口域を、地元の工場で開発された機雷や魚雷で防衛することに努めた。また、南北戦争は軍隊の全体としての管理という面からも作戦の指揮・統括という点においても電信の必要性をはっきりと示した。電信線は開戦時にすでに敷かれていた商業用に加えて二万四〇〇〇キロ以上が軍用に敷設された。リンカーン大統領は毎日のように戦争省内の電信室を訪れた——

将来を予兆するものであった。だが、鉄道と同様電信も依然として軍事行動を効率的に行うための戦略レベル、作戦レベルでの手段だった。電信は軍事作戦行動の戦術レベルには浸透しなかった。こうした下級レベルでの指揮官たちは相変わらず顔を合わせてのコミュニケーションに頼り、騎馬や徒歩の伝令、信号旗、軍隊ラッパによって通信を維持した。部隊はいったん列車を下りると重い荷物を背負った兵士の速度にあわせて移動した。また、連絡を取ったり采配に従うためには、兵士たちはお互いにすぐ近くにいる必要があった。戦術面から見ると、こうした状況は防御に向いており、やがて塹壕と胸牆《きょうしょう》が戦場の特色となった。

この南北戦争は戦争というものに大きな影響を与えた。というのも、それが戦場の外における軍事力の新しい使い方とその効用をまざまざと見せつけたからである。産業・工業の発展により兵器の新しい形態と輸送の新しい方法が生まれた。これらの新機軸は疑いもなく大事なことであった。しかし、勝利をもたらしたものはこうした新機軸を兵士たちに対して直接用いるのではなく南部連邦の戦争遂行機構に対して使用するというリンカーンとグラントの戦略であった。軍事力には新しい効用があることが示されたのだ。だが、それだけではなかった。もし我々がクラウゼヴィッツの三位一体を受け入れ、それを南北戦争に当てはめれば、南部連邦が敗北した理由がわかる――産業力・工業力で優位にある北部諸州は、戦場において北軍と南軍が同じ程度に武器・弾薬を消耗したとしても、南軍の力は北軍に比べて大きく損なわれることを知っていたし、また、シャーマンの進軍はこの戦争を遂行し支えようとする南部連邦の人たちの気力とその産業・工業基盤を弱体化させたのである。この二つが相俟って南部連邦は戦いを継続する意志を失い、講和を求めた。これに対して、北部諸州はリンカーンの指導力と決意のもと、産業・工業の場と徴兵制度を通して人々を軍に結びつけた。北部諸州によるこの三位一体は勝利を得るための枠組みをもたらし、また《国家間戦争》に関する基本的な考え方、すなわちその手順を確立した。というのも、北部諸州に有利な立場でこの三位一体を実現するためには、すべての州を動員できる強力な連邦政府機構をもつことが必要となったからだ。南北戦争が終結する頃には、北部諸州はそのような機構をつくりだしていた。それは、国家の政策に基づいて軍事戦略を生み出すことから始まる手順のなかで戦争に対処するという機構である。すなわち、その戦略から生ずる動員計画を練り、時間の経過にしたがってその戦略とその計画を調整・維持し、政府の他の省、特に財務省——戦略に資金を提供する——と協調を図る機構である。南北戦争後、すでに自国独自の三位一体を整備するだけの潜在能力を有していた国々は、北部諸州が示したような勝利へいたる過程が可能となるためには、そのような過程を統括する平時・戦時を問わぬ常設の官僚機構をつくることが絶対に必要であるという明確な理解に達していた。この機構はたちまちのうちに新しい組織としての足場を確立し、政府内の省として発展した。これは、有事に備え、また、有事の際にも、総力戦の国家経済に及ぼす混乱に優先してその戦略を実行する能力をもつものであった。この組織は、時がたつにつれて国防省として知られるようになった。現在では、このような組織は国際的なレベルでの類似組織にまで発展している。例えば、NATOがそうだ。NATOはいつもある手順を踏んで機能しているが最近では、創設初期に比較してまったく駄目だというわけではないとしても、その有効性を大きく失いつつある。その理由は、第三部で見ていくことになるのだが、NATOは戦略を立てる際の中心的要素となる敵の主体を特定できないからだ。戦略がなければ、軍事力を行使する計画を立てることは不可能である。だから、NATOにおいては、北軍が実現したような勝利を目指した手順は立ち往生している。

南北戦争はアメリカの戦争の戦い方をも確立した。産業力・工業力が、個々の戦闘はともかく戦争全体を見ればその勝敗を決定するという明確な理解がアメリカという国の戦争のやり方に埋め込まれた——すなわち、敵の戦争遂行手段を破壊することによって、敵を決定的に撃ち破るということは、戦場で決定的な勝利を収めるのと同じであるという考え方がアメリカの戦争のやり方に定着したのである。というのも結局のところ、講和を求めたのは戦争継続努力がもはや維持できないと理解した南部連邦だったからである。そのように考えれば、特にこの南北戦争において実地に示されたものとしての《国家間戦争》は、単なる戦争術ではなくて、戦争の決着を工業技術的なものに求めるということであり、それを実現する過程だった。これは今日までアメリカの戦争のやり方にしばしば見られることである。

これらの事柄についての理解、特に北部諸州の戦略的進化を理解していたことは、長年にわたって協力してきたアメリカ軍を理解するうえで私には大変役に立った。同盟軍に対する理解というものは全般的な理解なのであって、何も特別なやり方によるものではない。そのいい例が私の全欧連合軍副司令官としてアメリカ人の最高司令官（ＳＡＣＥＵＲ）ウエズリー・クラーク将軍と一緒に仕事をしていた期間だった。一九九九年にＮＡＴＯ軍がコソヴォで爆撃を開始するおよそ三カ月前に赴任した私は、ボスニアにおいて適用された一九九五年のデイトン合意——現在履行途中——につながった手順とそっくり同じものを、まったく異なる状況のなかで目にした。アメリカ軍が外交的戦闘を指揮しており、ＮＡＴＯ空軍——ほとんどアメリカ空軍だった——は外交を支えるための脅しとして使われており、ミロシェヴィッチ大統領が署名することになっている協定書は、段落番号や使用されている語句までデイトン合意の軍事付属文書に酷似していた。一九九五年にボスニアで国連軍の司令官を務めていた私は、技術的手段である空軍力と同様に、この過程をよく知っていた。しかし、同時に私はアメリカ軍がこれを今や成功するまでやり通すおきまりの手順として考えていること——たとえ状況に必ずしも適切でなくとも——を理解した。これがアメリカの戦争のやり方だった。基本的に私は、全欧州連合軍副司令官としての自分の役目は、同盟国、特にヨーロッパの同盟国のために、一九九五年にはこの手順が正しいものであったという前提のどこが四年後の別の状況のなかでは当てはまらないかを理解し、またそこのところをアメリカ人同僚らに強調すると同時に適切な解決策を見つけることだと考えていた。ウエズリー・クラークはこの手順を現実に合わせるという難しい任務を苦い経験をしながら見事にやってのけた。私はといえば、支援措置——マケドニア、アルバニア両国での軍事作戦、コソヴォに入るための部隊の編制、副司令官としての助言——を組み合わせて、連合国内の見解の相違と、（標準化された）手順と現実とのあいだの隔たりをすり合わせることに力を注いだ。実際には、私はこの過程がなかなか進展しないこと——ボスニアでは爆撃と継続的な軍事的圧力が数日のうちに効果を出したが、コソヴォでの爆撃は七八日間にわたった——を一部の同盟国に受け入れさせることに主眼をおいた。アメリカの戦争のやり方とそのやり方の枠内での手順の意味をめぐって強い不快感があったし、これに関連して私は「どんな場合でもアメリカ軍が要であることは明らかで、アメリカ軍司令官たちの地位は確立されている。我々はアメリカ軍司令官たちを支えなければならない。彼らを免職できるのはアメリカだけである。あら探しをすれば部隊の統率を癌のようにむしばんでしまう」と書いたことを思い出す。

南部連邦が身に染みて実感したように、アメリカ南北戦争中に各地の戦場を視察したヨーロッパの多くの観戦武官も、《国家間戦争》についての基本的な教訓を得た。戦術レベルでの軍事的手腕が重要であるのは間違いないが、産業力・工業力も戦略的な成功に欠かせない要素であるとの認識をもって彼らは帰国した。彼らは後装式武器やその他の技術の発展の価値を目の当たりにしたのだ――特にフランス軍やドイツ軍はすでに独自の後装式武器の開発に取り組んでいたこともあり、そうした新機軸が実際に使用されているところを見る機会は有益であった。また、彼らは優れた「鉄道戦略」が必要であるとの強い印象を受けた。すでに見たように、鉄道戦略は北軍の最終的な勝利に大きく貢献している。アメリカを手本とするヨーロッパ各国の政府は、総力戦を可能にする手順と機構にこれまで以上に深く関わるようになり、また鉄道の戦略的重要性をますます重視した。一八六〇年にはプロイセン国内の鉄道の半分は国家が運営していた。それから二〇年後には鉄道分野は国防上不可欠な部分であると認識されたため、ドイツ帝国は国内の鉄道をすべて国有化した。これは気まぐれや偶然ではなかった。ドイツ統一戦争は、大規模な軍事行動を実行する場合には行軍よりも列車を利用しての移動が優れていることを示した。一八六六年、ベルリンに本拠をおくプロイセン軍の近衛軍団を対オーストリア戦線に動員するのに一二本の列車を利用してわずか一週間しかかからなかった。列車輸送によりプロイセン軍は強大な軍勢を集結させ、敵を制圧できた。また、一八七〇年にはフランス軍がプロイセン軍に敗北したが、これは一つには兵站がお粗末だったためである。それ以降たとえどんな国であれ動員方法と輸送手段を結合していない国は、この二つを結びつけている国に侵略される危険にさらされることになった。

一八六四年から七一年のあいだに行われたドイツ統一戦争は、鉄道を巧みにそして大規模に利用することの重要性を見せつけたが、それをはるかに越えた重大なことをこの戦争は示していた。すなわち、戦争とは政治的目的を達成するための決定的な行為であり、国民、国家、軍隊の三位一体によって支配される活動であるという認識を反映することによって、軍事力の行使についての考え方を軍事的にも政治的にもさらに発展させたのがこの戦争である。すでに見てきたように、この三者の関係は不変ではない。ドイツの場合は軍隊が支配的要素だった。軍隊は国家をつくるために国民を活用した。というのも徴兵制は国家樹立の手段であると同時に軍に兵士を確保する手段であったからだ。はっきり言うと、すべての国民は軍隊のなかで国家に奉仕する義務を負うという考えは、三位一体という考えの初期の形態とは異なるものであった。すなわち、初期の形態であるフランス革命においては自由市民は志願兵となって国家に奉仕したのであり、その後、徴兵制が施行された。これに対して一九世紀後半のドイツにおいては兵役に服することによって、個々人は自分たちがその国民となる国家をつくりあげた。そのうえ、国民であるという資格は徴兵制により維持された。兵役期間が終了すると予備役に編入され、いつでも国家に奉仕できる状態になる。これにより国家は戦時あるいは他国から攻撃された時に、迅速に軍隊の規模を拡大する能力も得た。

ドイツ国家を築きあげるにあたっての軍の優位性は、軍事力を行使するという明確な政治的決断と事実上再構築に近い参謀本部の拡張による軍の権限強化との結果だった。これを可能にしたのは、軍事力とその効用を明確に理解していた二人の人物、すなわちオットー・フォン・ビスマルクとヘルムート・フォン・モルトケ将軍（大モルトケ）だった。二人は筋金入りの保守主義者でプロイセン隆盛を夢見て奮闘した。いずれも自分の活動領域において先見の明のある戦略家であった。また、偉大な戦略家はすべてそうだが、二人とも自分の理想とその理想を実行に移すだけの能力とを一致させていた。何よりも二人は、決定的な勝利を達成するためには軍事力を行使する必要があるという点で一致していた。しかし、これから見ていくように、戦時における軍事的指導者と政治的指導者の役割については、考え方が異なっており、このことは世間によく知られていた。ビスマルクは、このドイツ統一という試みに必要な政治的状況をつくりだすことを受けもったのだが、それは主として、ドイツ統一のための三つの戦争（一八六四年デンマーク戦争、一八六六年普墺戦争、一八七〇～七一年普仏戦争）に関する理由付けを巧みに工作すること、そして、この戦争の期間を通じてプロイセンの指導的立場と国家全体の安定を維持すること、によってなされた。これに対してモルトケは、この三つの戦争すべてにおいて軍を指導し、三つの決定的完全な勝利をもたらした。

ビスマルクはプロイセンのユンカー階級出身で、オーストリア、プロイセン、ロシアのあいだで結ばれていた神聖同盟とドイツ問題におけるオーストリアの支配的立場を強く支持する立場で政治家としての第一歩を踏み出した。この立場のおかげで、一八五一年にはフランクフルトにおける連邦議会――オーストリアが主導権を握っていた――の議員に選出された。だが結局、フランクフルト入りしてから二週間たたないうちに、オーストリア主導の実態を知り、これから先はプロイセン主導によるドイツ統一しかないとの結論を出すにいたった。そのうえ、プロイセンが覇権を握るにはヨーロッパの地図を全面的に塗り替える以外にないというのが彼の考えであり、ドイツを統率するには軍事的解決策が必要であると確信していた。言い換えれば、プロイセンを大国にするためには、主要な大国であるオーストリアとフランスの力を削ぐ必要があった。ビスマルクの考えは、プロイセン国王フリードリヒ・ヴィルヘルム四世統治下の世論とは合致せず、ビスマルクが宰相になったのは、一八六一年に王弟がヴィルヘルム一世として即位したあとである。これは一八六二年のことで、軍制改革をめぐり国王とプロイセン議会とのあいだで激しい議論が戦わされている真っ只中のことであった。改革派と保守派とのあいだ、軍の上層部と文民指導部とのあいだの長年にわたる緊張は、前章で取り上げたイエナの戦いののちに始まった軍制改革が発端であり、それがついに頂点に達していたのである。自由主義者が牛耳る議会は、国民皆兵制に実質的に匹敵する規模まで軍を拡大するとともに軍機構を改革することを狙った予算案を拒否する姿勢をとっていた。この案はイエナでの敗北の直後に行われた軍制改革――短期間の兵役と予備役を次々と課していくというもの――に取って代わるものであった。ビスマルクは議会の同意なしでこの方針を実行する強硬手段に出た。そして、議会両院の賛成は得られなくとも国家は独立して機能し続ける義務があるのだと論じた。これによってビスマルクはプロイセン政府の忠誠心に賭け、成功した。一八六二年九月三〇日、国民皆兵制が法律となった。そしてビスマルクの大局観が捉えていたものは、彼の予算委員会における演説が明示している、「目下の大問題は演説や多数決によって解決できるものではない……鉄と血によってのみ解決される」。この新任のプロイセン宰相が軍事力を政治的解決の最善の方法とみなしていたのは間違いない。

　軍事法案が成立するとビスマルクはドイツとヨーロッパの地図を塗り替える作業に取りかかった。作業にあたっては、軍事力の効用を自分と同じように理解している相棒を軍部に必要とした。そして見つけたのが現職の参謀総長ヘルムート・フォン・モルトケ陸軍元帥だった（いわゆる大モルトケである。小モルトケと呼ばれるモルトケは彼の甥で、一九一四年の第一次世界大戦開戦時のドイツ軍参謀総長）。偉大な称号を数多く与えられていたが、当然のものばかりであった。モルトケは本質的に軍を組織・統率する才に恵まれており、この点に関してはナポレオン以降一九世紀における最高の人物であった。彼は陸軍大学《クリークス・アカデミー》の卒業生であるという点でイエナの戦い後のプロイセンにおける軍制改革が生んだ人材である。当時の成績優秀者のなかの一人であり、彼の在学時の校長はクラウゼヴィッツであった。実際モルトケは、晩年、ドイツ統一戦争で自分が圧倒的な勝利を収めることができたのは『戦争論』から得た教えのおかげであったと述べている。また、彼の実地における軍事活動と軍事理論に関する明快な議論は、いずれも、モルトケのものの考え方がクラウゼヴィッツの著作のなかにある考え方に全面的に準拠していることを示している。もちろん、クラウゼヴィッツの場合の抽象的概念をそのまま踏襲するのではなく、ずっと具体的に軍組織に関することに焦点を絞っている。そして、それにはもっともな理由があった。一八五七年に参謀総長に就任すると、影響力を失っていた参謀本部の指揮をとった。第一章で述べたように、参謀本部は改革者たちの尽力で設置された当初こそ勢いがあったが、その後は組織としての存在意義を失い軍の保守派に疎まれていた。この参謀本部をよみがえらせ実際的な価値をもつ組織にするのがモルトケの仕事であった。そのような参謀本部なしには、軍事力によってドイツという統一国家を創造するというビスマルクの野望に釣り合うだけの知性と専門的知識をプロイセン軍が——そして結果として生ずるドイツ軍が——もつことはあり得ないとモルトケははっきり理解していたのである。

この企てを成功させるためのモルトケの手法は、古くからある格言にのっとって組み立てられた。「戦いと芸術に原則はない。このどちらにおいても、才能が規範に取って代わることはない」というものだ。そしてモルトケは優秀な参謀将校に必要な特質——勤勉、骨身を惜しまない、厳格——をすべて備え、さらに加えて些細なことにとらわれることなく全体を見渡せる知的資質をもつ人材を探した。この高度な訓練を受けた将校団のなかにモルトケは将来の指揮官たちを探し求め、それを軍の各所に配置した。こうすることによって、全軍がただ一つの目的をもち最高司令官によって——たとえ彼がその場にいなくとも——指揮されるように行動することをモルトケは狙ったのである。この取り組みによりもたらされた根本的変化は今日まで存続しており、世界中の優秀な軍事組織のなかに見てとれる。このようなやり方を成功させる基盤は、あらゆるレベルの指揮官たちが同じ原則に従って作戦すること、そして、すべての参謀たち共通の手続きと方法に従って活動することを確実にしておくことである。

この目的を達成するには二つのやり方がある。一つのやり方は、参謀が指揮官の指示を実行に移すというものである。この場合、指揮官は、次に続く決定をくだすために自分が必要とする情報についてだけでも、早いうちに何が必要かを決めておかねばならない。そして、下位の指揮官たちは、何をなすべきか——深夜までにどこそこに橋をかける——よりもどのような結果——夜明けまでに部隊を渡河させる——が求められているのかを知らされていなければならない。というのは、橋をかけるというような場合には、上級司令部においてかなり綿密な作業をしなければならないからだ。この第一の場合においては、参謀は少人数でよく、担当の参謀将校がその指揮官と直接やりとりすることになる。もう一つのやり方は、指揮官を決定に導くというものである。ある程度きちんとした手順を踏んで指揮官の指針を得た参謀部が、指揮官を決定に導くためにいくつかの選択肢を提案する、というわけだ。このやり方の場合、なすべき仕事は多くなり参謀部は大規模になり部局の数も増えることになる。こうした仕事はすべて参謀長が指図し監督することになり、彼は指揮官と参謀たちとの仲介役となる。最初に述べたやり方は形式張らずに行われやすく、二番目に述べたやり方は形式張ったものとなりやすい。よく理解された唯一つの原則に従って機能するように軍の中核がなっていれば、確信をもって実行責任を委譲できるので、形式張らないやり方を使うことができる。

実際には、司令部で働く参謀たちは自分たちが仕える指揮官の性向と自分たちが取り組んでいる活動を反映して動いている。そうではあるのだが、彼らの活動は先述の二つのやり方のいずれかに基づいている。例えば、イギリス軍の制度は第一のやり方に基づいており、アメリカ軍や欧州連合軍が使っている制度は第二のやり方に基づいている。私は、どちらのやり方でも指揮をとったことがあるし、どちらのやり方をとる司令部にも仕えたことがある。指揮官として重要なことは、その司令部がどちらのやり方を想定してつくられているのかを理解し、それに応じた行動をとらぬ場合にはどういう結果になるかを認識しておくことが大事である。自分の考えでは、戦術レベルにとっては形式張らぬ第一のやり方が適している。その方が司令部はより小規模になり、より身軽ですばやい決定ができる。ただし、指揮官がよく先を見越しており決断力があれば、の話だ。第二の、より形式張ったやり方は戦域、戦略レベルに向いている。これはより徹底的であり、さまざまな問題を同時に扱うことが可能であり、有能な参謀長がいれば先手を打ってあらかじめ計画を立てることができる。一九九〇年から九一年の湾岸戦争において私が指揮した装甲師団の司令部は、イギリス式の第一のやり方で組織され、アメリカ師団の司令部よりもはるかに規模が小さかった。これはそれぞれの国の人たちの好みと考え方で決まっているものだ。私の師団が属した上位のアメリカ軍軍団司令部や側面守備を担当していたアメリカ軍師団司令部から出る計画の多くが万一の場合の代替計画にすぎないことだとわかるまでにはかなり時間がかかった。実際、アメリカ人はしばしばそうした計画を「プレイ」と表現する。アメリカンフットボールのプレイのように。というのもそうした計画は「計画」でも具体的な命令でもないからだ。私のところにはこの「プレイ」に関する文書を処理するための参謀将校が一人いたが、アメリカ軍の機甲師団司令部はそのために五人の将校からなる部門をもっていた。この二つのシステムにはこれ以外にもいくつか違いがあった。異なるレベルで異なる問題について決定がなされたが、概して責任および権限はイギリス軍司令部の方が下位の将校へ委譲されていた。参謀に関して言えば、イギリス軍の大尉にはしばしばアメリカ軍の大佐並みの権限があった。軍隊用語も違っていた。

イギリス軍師団においてＡＤＣは副官で師団長――専属の個人的スタッフで、通常は尉官クラスであったのに対し、同盟国アメリカ軍においてはＡＤＣは准将クラスの副師団長であり、専用のヘリコプターを頼む権利があった。私の副官（ＡＤＣ）はこのことを知ると、時々この違いを活用していた。彼には専用のヘリを頼む権利はなかったのだが、そんなことにはお構いなくアメリカ軍司令部に電話してヘリを要求し、その要求はかなえられた。現実には、こういった事柄は表面的な違いのように見えるかもしれないが、明確に受け止めねばならないことなのだ。全般的に私はこの問題は電気機器のようなものだと考えていた。プラグが異なり異なる電圧で機能する機器をもっているのだが、我々はすべての機器をいっせいに動作させる必要があるということだ。我々が完全に展開した頃には私のもとにはアメリカ軍司令部のさまざまな部署――私の側面を支援してくれる司令部からアルジュベールの港にある兵站司令部まで――と連絡を取り合える「変圧器」や「アダプター」としての将校が七〇人ほどいた。これでこの軍事行動は円滑に進められたが、イギリス軍の他の部隊に犠牲を払わせていた。彼らはすべてイギリス本国やドイツ駐留の他の部隊から呼び集められていたので、これらの部隊は放出した人的資源や装備なしで機能し続けることを期待されていた。徴兵制度あるいは何か他の人的資源を安定的に集める方法がなければ、軍事行動を維持することは、指揮や専門的能力にかぎらずどこかを犠牲にしてどこかの利益を図るという事態になる。

　モルトケは、プロイセン軍の参謀本部を立て直すにあたり、第一のやり方、つまり形式張らない組織の方向へ向かった。すなわち、参謀将校は作戦行動を実施し、戦術的統一性を確実にする役目をもつものと考えていた。しかし、モルトケはまず参謀将校を育てなければならなかった。そのため陸軍大学《クリークス・アカデミー》に目を向け、毎年プロイセン軍の将校全員を競わせて一二〇名を選抜し、陸軍大学《クリークス・アカデミー》に送るようにした。陸軍大学《クリークス・アカデミー》ではさらに活気ある研修が行われ、課程すべてを修了できるのはわずか四〇人前後であった。モルトケはさらなる訓練を施したのち、そこから参謀本部勤務者として一二名を選んだ。できるだけ実際的なことを身につけさせるその訓練には、仮想戦闘に対する計画の立案や過去の戦役の分析等が含まれていた。いずれも現在では世界中の軍学校で普通に行われているが、当時は一大革新であった。こうした理論的学習を終えたのちに選ばれた将校たちは、数年間をモルトケの下で参謀本部において勤務し、また軍隊とともに演習を行い、そののちに連隊に勤務した。これで高級参謀将校養成研修はすべて終わり、将校たちは退役するまで参謀本部勤務と連隊勤務を交互にこなした。

一つの戦役が終わると参謀は次の戦争に備えて、演習を行い計画——詳細にいたる場合もしばしばであった——を立案した。軍の活動性のあらゆる要素が検討され、個々の計画や不測の事態への備えは絶えず分析され修正された。軍隊のあらゆる階層における評価は組織として編成され、また些細な事柄に関してまで標準化された。これは、訓練が終了した兵士たち、特に訓練を終えた将校たちがどこの部隊へ配属されても違和感なく一体として能力を発揮できるようにするためであった。この徹底的で綿密な教化課程を通じて、モルトケは自分と同じように、またお互い同じように考え理解する参謀将校や指揮官の集団をつくりあげた。その結果、彼らは、それぞれ連隊に配属された時そして戦闘において、上位の指揮官からの詳しい指示がなくても、プロイセン軍が一体として機能できるようにする結合力——神経系統——を確実につくりだしたのである。さらに、上級指揮官たちは、下位の指揮官たちに対して任務を割り当てることができるようになった。しかも、その任務を完成させるやり方については、下位の指揮官たちの裁量に任せるというものであった。これは、自分たちが同一の中核的精神の枠内にいるのだという気持ちがあればこそであった。時間がたつにつれてこうしたさまざまな活動の結果が相俟って、モルトケのもう一つの新機軸になった——一貫性のある軍事原則である。これは一八六九年に出された『高級指揮官に与える教令』によく反映されている。少なくとも考え方の点では、今日まで西側諸国の軍隊の作戦教範に大いに影響を与えている。

モルトケは多くの点でナポレオンの編制による機動性と作戦上の柔軟性という思想をさらに発展させ、そして最終的には軍事力についての考え方と軍事力の行使に対するナポレオンのやり方をさらに進化させた。というのも、モルトケの参謀本部再編成の背後にあった中核的な考え方は指揮権の分散と集中という二分観に基づく真に力強い組織を創造するということだったからである。すなわち、迅速で状況に即した意思決定を行うという目的を達成するには、中央集権的な共通の原則および作戦の方針を示し、指揮権を分散させることが必要だったのである。すでに見たように、ナポレオンは交戦に際して、決定とそれに基づく行動を敵よりも早く行い、それによって敵は不正確な情報に基づいて行動する、すなわち不適切な行動をとらされることになるのであった。速さと状況に対する適切な行動を達成する最善の方法は情報を確実なものにすることである。そして命令は物理的にも階層序列的にも最短距離で伝わらねばならない。というのも、決定をくだす人が目下の問題の近くにいれば、情報が正確であるという可能性はもっとも大きいからである。言い換えれば、中央司令部よりも現場の指揮官の方が正確な情報を得る可能性が大きいということであり、指揮権を分散すべきゆえんである。しかし、成功するために、また軍隊の努力を集中するためには、すでに述べたようにあらゆる決定は同じ原則の枠内で、また同じ目的に向かってなされなければならない。ナポレオンは配下の上級指揮官たちに権限を与え相当の権威をもたせたが、方針と原則の源は自分のみとしていた。モルトケが創出した制度においては、中核となる原則があり、指揮権を分散させるという考え方が動員から戦闘にいたるまでのあらゆる要素を包み込んでおり、モルトケ配下の参謀たちが中心となる計画を的を絞り細心の注意をもって立案する能力を有していたおかげで、この指揮権分散の考え方には拍車がかかっていた。実際、動員という厄介な仕事でさえもモルトケは重大局面に、数週間程度で大量の部隊を集結させられる態勢をつくった。それ以前に比べて格段に速い方法であった。プロイセンの各軍団司令官は、管轄区の行政当局の協力のもと、自分が指揮する軍団編制のための動員を行う責任をもたされていた。この動員執行権の分散は、参謀本部が動員目的を中央集権的に管轄することと調和して行われた。戦争になれば、まず野戦軍を構成する兵士と馬を動員することになる。それと同時に兵站部隊も集結し始める。歩兵連隊や砲兵連隊はそれぞれに兵站大隊を編成し、騎兵連隊はそれぞれに兵站中隊を編成する——言うなれば、さらなる指揮権の分散である。予備隊と守備隊の動員は野戦軍の動員完了後にすみやかに行われた。法律に基づく国民皆兵制度があるのであらかじめ大まかな動員計画を立て、それを毎年参謀本部が修正していた。これらの作業は軍隊および補給品を予想される戦域へ輸送するべく電信と鉄道の体系的利用を組み込みながら行われていた。先に述べたように軍部は、東西を結ぶルートを複数つくること、大量の兵士が迅速に乗降できるようプラットホームを長くすること等を要求して、鉄道の発展に多大な影響を及ぼした。戦略レベルで利用される適切な組織に適合したこのような指揮体系により、モルトケはプロイセンを敵よりも早く平時態勢から戦時態勢へ移行させることができたのである。これは編制による機動性のもう一つの形態であった。

イエナの戦いのあとに始まった改革に端を発した創意に富む考え方に基づいて、モルトケはプロイセンの参謀本部を実体のあるものにした。そして、戦術レベルおよび戦略レベルでの決定の速さという原則と決定的な攻撃のための軍事力の集中とを主眼としてモルトケが創出したこの洗練された機関こそが、戦力の行使を通してプロイセンの主導のもとにドイツ統一を達成するというビスマルクの戦略を支えたのであった。この二人が共有する未来像は、デンマークの支配下にあったシュレースヴィヒ＝ホルシュタイン公国をプロイセンとオーストリアのあいだで分割することを目的として、両国が協力してデンマークを相手に行った一八六四年の戦争を皮切りとする三度の戦役において明らかになっていった。ビスマルクにとってこの戦争は、この目的を達成することとは別に、プロイセン国内での自分の足場を強化し、また自分のプロイセン領土拡張計画と自分が唱える鉄と血の道筋こそがプロイセンにとって発展の可能性をもつ唯一のものだということを示すためのものだった。モルトケは中央の参謀本部が計画を立案し、指揮権は分散させるという自分の原則を土台とする計画を案出した。この計画は決定的な勝利をもたらした——それは必ずしもモルトケが望んでいた形どおりのものではなかったのだが。というのも彼は参謀将校や一部の政治家からは「神格化された英雄」のように見られていたが、プロイセン軍内部の保守派は彼に腹を立て、これまでどおり参謀本部を知的な成り上がり者と馬鹿にしていたからである。このためモルトケの意見や指示の多くは一部の指揮官たちに変更されたり無視されることさえあった。しかし、それにもかかわらず対デンマーク戦争において決定的な勝利がプロイセンにもたらされたのであった。一八六五年八月にプロイセン、オーストリアとデンマークのあいだでガスタイン協定が結ばれ、オーストリアはホルシュタイン公国を、プロイセンはシュレースヴィヒ公国とラウエンブルク公国をそれぞれ統治することになった。次の段階はオーストリアに対する処置であった。オーストリアは一八五〇年代におけるプロイセン主導のドイツ諸邦統一の動きを妨害していた。ビスマルクはドイツ統一の場面からオーストリアを追い出し、その威信を傷つけるには戦争が必要であると見ていた。一八六六年に外交的論争を使ってオーストリアを挑発し、プロイセンに対して宣戦布告させた。開戦当初から各地の戦いでプロイセン軍が勝利を収めたのに加え、今回はモルトケが計画を立案して自ら交戦を指揮したため、全軍の司令官をしっかりと掌握していた。プロイセンはオーストリアおよびオーストリア側についた南ドイツ諸邦に対してすばやく軍を動員し、幅広い前線に二個から三個の大規模な縦隊に分散してオーストリアに侵入した。これによりプロイセン軍は多数の軍隊を迅速に集結させ、動員速度がプロイセンに比べてはるかに遅い敵を圧倒できた。先にも述べたが、一二本の列車を使ってわずか一週間でベルリンに本拠をおくプロイセン軍近衛軍団をオーストリアの戦線に展開させたのである。ボヘミアのケーニヒグレーツでプロイセン軍は勝負の流れを決める戦いに臨んだ。組織的に優れ、ドライゼ銃を使用したプロイセン軍は、多少の運もあって——戦争とはそうしたものである——勝利した。この七週間戦争——のちに普墺戦争として知られるようになる——はビスマルクとモルトケの参謀本部との勝利だった。

ビスマルクが目指していた第一のものは達成された。すなわち、ドイツ統一という民族的事業の指導的地位からオーストリアは永久に消去されたのである。今やプロイセンの威が及ばぬところはドイツ南部と紛争の的になっているアルザス＝ロレーヌ地方だけとなった。一八七〇年、ビスマルクは今度はフランスに戦争を仕掛けた——宿敵に対してドイツの人々を結束させようとしたのだ。一七世紀まで神聖ローマ帝国領だったアルザス＝ロレーヌ地方が民族的感情をかき立てるために利用された。南ドイツ諸邦はビスマルクの誘いに乗り、ビスマルクのフランスに対する聖戦に参加した。フランスはビスマルクの策略にはまってプロイセンに宣戦布告した。先の二つの戦争でプロイセンを勝利に導き名声を確立したモルトケの地位は今や揺るぎないものとなっていた。モルトケが立案する作戦計画に異を唱えるような者はいなかった。今回モルトケは普墺戦争でうまくいった攻撃の逆を行く攻撃方法を取り、プロイセン軍を狭い前線に集中させて、フランスに侵入した。こうすることによって参謀本部の能力のすべてを反映させたのである。フランス東部の鉄道整備状況調査から、フランス軍はメスとストラスブールの二地域にしか軍を集結できないとの結論が出ていた。このためプロイセンとしては二カ所の敵が合流したり一方がもう一方を支援したりできないような方法で接近し、二カ所に集結しているフランス軍を全軍で一つずつ攻撃するのが最善の選択だった。プロイセン参謀本部はこの作戦機動を実行するための綿密な計画を立てた。この計画は動員が下令された七月一六日、すなわち開戦三日前から逐次発動されていく。発動から九日目の七月二四日には、すでに五〇万の兵力が動員されていた。これはプロイセンの平時兵力三〇万の二倍近い規模だった。野戦軍の国境地帯への集結は動員令発令の日から始まっていた。発令から一九日目となる八月三日までには約四四万強の全野戦軍を装備とともに集結させていた。兵力を動員するにあたり九本の鉄道線路がすべて軍隊の移動にあてられた。内訳は三本がドイツ南部からの軍隊用、六本はドイツ北部からの軍隊用であった。この兵力集結段階での兵士一人当たりの平均移動距離は約四〇〇キロであった。

モルトケと参謀本部が予想したとおり、フランス軍はプロイセン軍の動員速度すなわち動員機構に対抗できず、予備兵力と完全な装備が前線にいる現役部隊のもとに到着する前に作戦を開始する破目になった。その結果、フランスの動員努力はいつになっても完結しなかった。フランス軍の第一陣はすぐにメス周辺で身動きが取れなくなり、二つの大規模な戦闘を戦うことになった。八月一六日のヴィオンヴィル＝マーズ＝ラ＝トゥールの戦いと八月一八日のグラヴィエレット＝サン＝プリヴァの戦いである。この二つの戦いでプロイセン軍の勝利は明らかなものとなった。この時点でモルトケの体力・精神力は文字どおり輝きを放っていた。すでに七〇歳になっていたが、この戦闘の終わりには終日馬上に身をおき、敵をものともせず二度剣を抜き——これは危機が差し迫っていることを示すもので、最高指揮官が取るには思い切った行動であった——プロイセン軍を二手に分割する命令を出した。一方はセダンを根拠地としてナポレオン三世が指揮をとるフランス軍を攻撃するべく国境地帯のセダン要塞に向かって北西に進むよう、もう一方は過去数日の勝利を活用するべく猛スピードでパリに向かって西に進むよう命じられた。そして、モルトケ自身はストラスブールに集結しているフランス軍を自分たちの東側に封じ込める作戦を続けた。パリへ向かって進撃するプロイセン軍により援軍から切り離されてしまったセダンのフランス軍は、大いに善戦したが敗れた。プロイセン軍の勝利は圧倒的なものであった。ナポレオン三世は退位してイギリスに亡命し、フランスは対立する政治的、社会的党派によって引き裂かれ、パリ・コミューン支持者たちがパリで起こした暴動を中心とする内戦状態に陥った。この勝利で愛国的精神をかき立てられたドイツ諸邦は、プロイセンに対するこれまでの恨みを忘れた。また南ドイツ諸邦はプロイセン主導の新しい統一ドイツ国家に自ら望んで参入した。一八七一年五月、ドイツ帝国——第二帝国——の成立が宣言され、ヴィルヘルム一世はルイ一四世が建設したヴェルサイユ宮殿の鏡の間でドイツ皇帝に即位した。ドイツ統一という政治目的はビスマルク——今やドイツ帝国宰相だった——がまさに予想し意図したとおりに、武力によって達成された。

軍事的な観点から言えば、これらの三つの戦争のいずれにおいても本当に勝利を得たのは、モルトケであり、モルトケが立てた戦略と軍事作戦であり、そしてモルトケの参謀本部だった。動員兵力の迅速な集結によりプロイセン軍の戦域指揮官は主導権を握って戦闘の流れを決め、敵がこちらの計画の枠内で反応するよう仕向けることができた。その結果、プロイセン軍は早い段階で決定的な勝利を収め、これが政治的目的――プロイセン君主の統治権の枠内にドイツ諸邦の領土とドイツ語圏の人々を包含すること――の達成に直接つながった。この達成を可能としたものは、戦争に対する工業・産業上の成果を活用した取り組みであった。すなわち、国民皆兵制によってつくりだされた大規模な部隊を輸送し、兵士と物資を戦場に集結させることができたからである。そして陸軍大学《クリークス・アカデミー》で学び、モルトケの細部まで目を配った訓練を受けた参謀将校たちは、「工業」のような動員――大規模な兵士と物資の戦場への輸送・供給――と自軍に対する調和のとれた巧みな戦術的運用との両方において見事な手腕を示した。同じ陸軍大学《クリークス・アカデミー》で訓練を受け、同じ参謀将校に補佐された上級指揮官たちは、フランス軍の指揮官たちに比べて迅速に決定をくだすことができた。その決定は目的を一つに絞ったものであり、共通した基本原則の枠内に収まっていた。フランス軍も戦術レベルではプロイセン軍兵士や指揮官と同じように優秀で――プロイセン側よりも優れている場合もあった――、また装備についても同等かそれ以上の場合も多かった。しかし、それだけでは、自分たちの軍隊を統制し調整するべくプロイセン参謀本部が培った優れた作戦行動のやり方には対抗できなかった。

　これらの三つの戦争における戦いはいずれも、古い面と新しい面の両方を示していた。いずれもナポレオン時代の戦争の多くの特徴を残しており、特に大規模な密集隊形での機動がそうであった。電信装置は動かせないので戦場での連絡手段には使えなかった。したがって、火力を制御し集中させるためには密集隊形をとる必要があった。その一方で、新しい兵器が登場し、また電信が幅広く使われるようになったことが明らかに示しているように戦闘は大きな進化も遂げていた。電信によりベルリンにいる政治レベル・戦略レベルの人々と前線の司令官たちとのあいだでの迅速な連絡が可能となった。ただし、対オーストリア戦争の際にやったように、前進中の縦隊がうっかり電信線を破壊したりしなければの話だ。政治レベルや戦略レベルでの重要な連絡の速度は速くなったが、その一方で戦場でのテンポは重荷を背負った兵士が行進できる速度と、補給品が荷馬車で運ばれる速度で決まっており、これは昔のままであった。言い換えれば、鉄道は大規模な軍隊と大量の兵器を戦場まで運ぶが、鉄道の最末端駅から先は以前の輸送形式に戻ってしまうのであった。また、戦場にはこれまでと変わりなく騎兵隊の姿があったが彼らには火力がなく、速射力のある後装ライフル銃からの狙い撃ちの的になってしまった。騎兵隊は偵察隊として使われることが多くなり、ナポレオン時代のような決定力のある突撃隊としての役割は次第に失われていた。このように、戦場は移行期にあったのである。

プロイセン軍の圧倒的勝利は、参謀本部がもつ軍事的価値と軍事的優越性を反映したものであった。特に軍隊の動員と軍事力の行使の入念な計画策定においてそうであった。そしてこれ以降、多くのヨーロッパ諸国の軍隊は、国民皆兵制度に支えられて軍事計画策定を担当する参謀組織というこのプロイセンの方式を採用した。新生ドイツ帝国では参謀本部の威信と軍隊に対する称賛は絶大なものとなり、戦争中にモルトケとビスマルクのあいだで表面化した戦時の指導的地位をめぐる論争に事実上の決着がついた。モルトケは政治と戦略をはっきりと区別し、戦争が始まるまでは外交がもっとも重要だが戦争が始まれば軍事的必要性が支配的な力をもつと主張していたのである。モルトケとその配下の将官たちは、軍事作戦に干渉するビスマルクに腹を立て、ビスマルクを本質的に失礼で粗野な人間だと考え、彼の忠告を馬鹿げたものとみなして嘲笑していた。一方ビスマルクは、戦争は政治的目的を達成するための効果的な手段であるとの視点から、どんな時にも国家的戦略が優先すると主張した。彼は軍の高官たちを視野の狭い職業軍人で、外交や政治については理解していないし関心ももっていないとみなしていた。この三つの戦争中ずっとこの問題をめぐり両者は激しく衝突していた。しかし、長い時間がたってみると――はっきり言えば、二つの世界大戦のあと――ビスマルクの正しいことが判明した。モルトケが退いたのち参謀本部は戦略的問題、政治的問題を顧みずに、戦術的問題、作戦的問題に専念する機関になってしまった。のちにこの参謀本部を掌握したヴィルヘルム二世（第一次世界大戦時のドイツ皇帝）は参謀本部を称えて、参謀本部は事実上ドイツの政策立案の中枢になったという意味の言葉を述べたが、その頃にはそのような仕事をこなす基本的な能力を失っていた。第一次世界大戦はドイツにとってもヨーロッパにとっても災いとなった。そして、この災いをもたらすうえで参謀本部が果たした役割は、一九一九年に結ばれたヴェルサイユ条約のなかで強調された。同条約は参謀本部の解体を命じ、その再形成を禁じた――おそらく参謀本部を脅威と位置づけた唯一の講和条約だろう。

普仏戦争が終わる頃には《国家間戦争》というパラダイムはほぼ完成していた。その後の長いあいだに何度も戦争が行われるなかで、このパラダイムは洗練され、また産業・工業と科学技術はこのパラダイムに一層破壊力のある兵器を提供することになる。しかし、中核となる構造はすべて整っていた。ナポレオンの台頭からちょうど七五年間で――これは歴史的な面から考えると、特に戦争に関しては、微々たる期間だ――戦争の多くの面がすっかり変わっていた。戦争の本質においてナポレオンが取り入れた衝撃的な新機軸は、本人が生きているうちに一般に受け入れられていた。ナポレオンが各国との戦いで相次いで決定的な勝利を収めたことに対応する措置としての、一八〇八年のプロイセン参謀本部創設は、この根本的変化を反映していた。それから二〇年足らずでクラウゼヴィッツはそうした新機軸を戦争に関する新しい理論にまとめた。それから三〇年後、アメリカ南北戦争の主導者たちは、モルトケが軍隊の編成のなかで遂行したように、こうした変化を工業化・産業化がますます進んだ戦場で実行に移していた。モルトケがその後のドイツ統一戦争で自分の手法と組織を実際に使用したことで、戦争と軍隊の指揮・管理は非常に効率的になった。そして、このモルトケの手法と組織は各国が模倣する――今日でさえも――手本となった。そうしたすべての発展のなかで、軍事力の使用は進化し、より強くより破壊的になり、さまざまな目的のために新しい方法で用いられた。主に《国家間戦争》は国をつくり維持するための手段であった――このため《国家間戦争》では決定的な勝利を収めなければならなかった。これ以上根本的な目標は必要ないし、この背景のなかでは軍事力の効用は完全に明らかであった。ドイツ統一戦争はそれを示している。

統一されたドイツは新しい実体であった。軍事的な経験を共有し、予備能力の高い大規模な軍隊を有する存在であった。それはまた新たな問題も抱えていた。復讐に燃え、領土奪還を狙う西のフランスと、ドイツ＝オーストリア＝ハンガリー同盟のさらなる膨張を阻止するべくどこの国とでも同盟を結ぶつもりの東のロシアに挟まれていた。将来戦争が起きるとすれば、それは同時にこの二つの前線で戦うものにならざるを得ないという可能性があった。次章で見ていくが、この戦略的難問題のためにドイツ参謀本部は、短期間のうちに一方の敵を倒し次いでもう一方の敵にすばやく軍隊を向ける必要性という戦域レベルあるいは作戦レベルの問題に関心を寄せた。彼らは自分たちの東・西両方の敵に同時に対処することは不可能だと知っていたのである。この戦略的難問はドイツ帝国を創造した直接の結果であった。それはまた、軍事力がその効用を越えて使用されたことの反映でもあったのだ。すでに見たようにビスマルクとモルトケは、それぞれの立場で、それぞれの目的のために、政治的目的を達成するにあたっての軍事力の効用を深く理解していた。この文脈のなかで行われた対デンマーク戦争、対オーストリア戦争は政治的背景のなかにうまく組み込まれた巧妙なわずかばかりの土地強奪であった——結果は戦闘が実際に始まる前からわかりきっていた。一八七〇年の普仏戦争はまた別の問題だった。この戦争の目的は、プロイセン主導のドイツ統一であった。その目的へ向けてフランス軍を撃ち破ったことにより、アルザス＝ロレーヌ地方を併合し、ドイツ統一もなった。しかし、パリに進撃してフランス第二帝政の崩壊を確実なものにした上、ヴェルサイユ宮殿の鏡の間でドイツ皇帝即位式というまったく政治的行為を行いフランス人に駄目押しの屈辱を与えた——これは対フランス戦争の政治的な文脈を超えていたのである。

ビスマルクもモルトケも、フランスに屈辱を与えた——これは軍事力の効用の範囲をはるかに越えたものであった——ことから生ずる結果を見ることなく亡くなったが、皮肉なことに、二人はともにその晩年において軍事力と強力な軍部には限界があることをはっきりと理解するようになっており、これに警告を発している。一八九六年、病床にあるビスマルクは、見舞いに訪れたヴィルヘルム二世との最後の会見を終えてから側近たちに、「国がよく治められていれば来たるべき戦争は回避できるだろう。よく治められていなければ、その戦争は七年戦争のようなものとなるだろう」と語った。また、一八八八年にようやく参謀総長を辞したモルトケは一八九〇年、自分も議席をもつ帝国議会に対して、「皇帝の周囲にいる将官たち、軍国主義者たちは戦争を求めているが、その戦いは始まれば途方もなく長引き結末は予想できない……ヨーロッパに最初に火を放つ者、火薬樽に最初に火をつけるものに災いあれ！」と警告した。

一九一四年に勃発した戦争は二人の言葉の正しさを証明した。

第三章　頂点　両世界大戦

一九世紀末には《国家間戦争》というパラダイムは完成していた。大規模な工業・産業《インダストリアル》、軍事力という中核となる要素は、(標準化された)手順と(工業のように軍事力を造成し行使する)機構という中心概念と同様に整っていた。ナポレオンやモルトケのやり方は軍事力の利用についてこれまでよりも幅広い考え方をもたらした。そのうえ、《国家間戦争》はその効用を立証してみせたのだ。すなわち、国をつくりヨーロッパの地図を塗り替えたのである。この新しいヨーロッパの列強が覇を競い合えば、いずれまた別の《国家間戦争》が起きるのは明らかであった。ヨーロッパ各国の軍司令官や参謀本部は主としてこれまでの戦争、特にドイツ統一戦争から得た見解に基づき、それぞれ計画の立案に着手した。だが、いざ始まってみるとその戦争は想像以上に激しいものであった。もはや国家間のではなく、世界規模における《国家間戦争》だった。両世界大戦においてこのパラダイムは完全に実行され頂点に達した。

起点は普仏戦争終結後の一八七一年である。一八九〇年代に列強間で軍備拡張競争が始まってからというもの、あまり遠くない将来——これに言及した多くの人たちにとっては将来確実に——戦争が起きるのは明らかであった。すなわち、ドイツに報復しようとするフランスがあり、これを受けて防衛策を講じるドイツがあった。また、列強はいずれも覇権を握ろうと動いていたし、列強間の戦争を不可避なものにしようと挑発行為を行う国が列強の内にも外にもいた。いずれ戦争が起きるとの見通しが高まるにつれて、各国間の協定網、それに対抗する協定網も大きくなり、また網の目はより細かく複雑になり、列強とその関係者たち――政治家、将軍、君主、外交官――の相互不信もそれまでになく強まり、戦争は不可避であるとの論考がすべてを圧倒していた。このお互いに受け入れ合っている議論の道筋においては、この起こるべき戦争がどのようなものかという点についてのお互いの理解も一致しており、それは次のようなものであった――少なくともヨーロッパ大陸においては、決定的な勝利を目指して大規模な軍事力と大規模な軍事力とが戦う非常に大がかりな出来事になるだろう。そして、モルトケその他少数の賢明な人々が発した将来を暗示する言葉にもかかわらず、この戦争はドイツ統一戦争のように短期間で決着がつくだろうとも信じ込まれていた。集結した各国の軍隊――各国の兵士と物資――が、最終的に戦場において力強く対決し、双方のいずれが正でいずれが邪であるのかを一挙に決するだろう、と思われていたのだ。この戦争は、すべての戦争にけりをつける戦争だと考えられていた。というのも、この戦争が終結したのちは、どちらか一方の国家、あるいはたぶんどちらか一方の国家連合とその産業力・工業力が他方を明確に超越したものになるだろうと思われていたからである。すなわち、この戦争において、《国家間戦争》というパラダイムは頂点に達するだろう――そして、そのあとその結果として消えていくだろう――と考えられていた。

すべての戦争にけりをつけるための戦争という論理は単純だった。すなわち、プロイセンが主導した《国家間戦争》は工業力・産業力によってヨーロッパの地図を首尾よく塗り替えたのだから、《国家間戦争》はその絶対的な力を明確に示すこともできるはずだ、というのであった。残念ながら、この単純さは、その論理の致命的な欠陥でもあった。すなわち、《国家間戦争》がヨーロッパを完全な破壊に導く可能性は多くの人々には――特に多くの国が繁栄を謳歌しているなかでは――思いもよらぬことのようであった。新しい世紀に入る頃には、将来の戦争を煽りたてることになるヨーロッパの驚異的な産業・工業は発展を続け、主に自国の石炭と農業に支えられて、自国の資源とその植民地の資源から製品をつくり自国とその植民地の市場で販売していた。人々の寿命と富が増加するにつれて、人口は増加した。そして、特にハプスブルク帝国内において、有力な統治単位、あるいは独立国家を熱望する民族が増えた。それとともに愛国心が高まり、愛国心は民族主義に結びつく場合が多かった。クラウゼヴィッツが唱える三位一体を構成する国民と国家と軍隊の三者の力関係は、ここではほぼ均衡しているようだった。これは、理想的な人物、あるいは皇帝が他の二つを引っ張っていくというナポレオン的な三位一体ではなかったし、また、軍隊が他の二つより優位にあったプロイセン的三位一体でもなかった。戦争の可能性が増すなか、ヨーロッパ各地でこの三つは協力し合っていた。民族の誇りと軍事的熱狂が入り混じり、戦争は、この時代に必然の無上の栄光であるという考えが、政治家たち、兵士たち、市民たちによってまき散らされた。自国の産業・工業に対する誇りも、艦船、砲、弾丸を問わずその国の軍事力に対する証だった。かつて、線路の長さや列車・艦隊の速度がその国の工業力・産業力を証明したように、その国の人口増加は、人々を産業・工業の場で受け入れているという、その国の産業力・工業力を証明するものであった。この時代の途方もない繁栄は、戦争へ向けた準備が進んでいることの証であった。それは必然的な均衡の場面、すなわち、「列強の勢力均衡」によって保たれている微妙な平衡状態であった。一九一四年にこの均衡は崩れ、ヨーロッパは戦争に突入した。

第一次世界大戦が示した何よりも重要で劇的な状況と恐怖は、人々の想像を越えるものであり、この事実は比較的早い時期――実際、開戦後一年足らず――に認識された。この戦争はすみやかに進展しすみやかに終結するとしていた予言はすべてフランドル地帯に掘られた塹壕の泥の下深くに、初陣を務めたヨーロッパの多くの若者たちとともに、葬られた。軍隊の機動性や柔軟な作戦行動といったものはすべて、一九一四年に動員された大量の徴集兵士たちとともに、塹壕の中に隠れてしまった。迅速で決定的な勝利は存在せず、大規模な軍事力の行使は効用を失っていた。戦線は膠着状態となり、国家の経済と人民はすべてこの残酷な戦争に駆り出されていた。すなわち、戦っている国々の国民にとって、《国家間戦争》は総力戦となってしまったのである。両陣営がそれぞれに有する大経済圏の工業力は、西部戦線における塹壕戦の状況を過酷なものにする諸々のものをつくりだし、また種々の装備を開発した。それらの装備は今日の指揮官も利用できるものである。戦争の様相をまったく変えてしまったこの戦争の歴史について詳述するつもりはないし、その軍事的な観点からの歴史についても立ち入るつもりはない。そのようなことについては、優れた報告書がたくさん存在している。しかしながら、本書においてここまでたどってきた大きな流れのなかで軍事力とその効用がどのように展開してきたのかを説明するために一般的な歴史と軍事的歴史の両方に触れることにする。シュリーフェン・プランとそのプランの背景から始めよう。

プロイセン主導下でのドイツ統一に続いてビスマルクは、ヨーロッパ各国の指導者たちに、この新しく生まれた強国が平和志向であることを納得させようとした。新生ドイツの地政学的戦略的脅威を理解している彼はドイツの孤立と二正面戦争を何よりも恐れ、そのような事態を避けるべく二つの鉄則に基づいて行動した。それは、中央ヨーロッパの大国のあいだで紛争が起きないようにすること、そして、ドイツの安全を確保する手段として「部分的覇権」で我慢しておくというものだった。彼は、戦略的同盟という仕組みを利用して、自分の安全保障政策に関するこれらの目的を達成しようとした。アルザス＝ロレーヌ地方をドイツに奪われたフランスは報復に燃えているはずなので、ビスマルクはフランス以外の隣国に目を向け、一八七九年にオーストリア＝ハンガリーと、一八八二年にはイタリアと同盟を結んだ。しかし、ビスマルク外交の最大の成果は、一八九七年にロシアとのあいだで密かに締結した再保障条約だった。これはオーストリア＝ハンガリーとのあいだで結んだ条約の精神をないがしろにするものだったが、これによってビスマルクは自分が意図している全保障政策の枠内で、二正面戦争を避けることができた。

一八九〇年のビスマルクの失脚は、慎重なドイツ外交の時代の終わりを告げるものであった。それから間もなく、ドイツは他の列強との関係においてそれまでよりも攻撃的な態度をとるようになった。これは陸軍、海軍へのかなりの投資に支えられていた。最初に犠牲となったのは、もろい独露再保障条約であった。一八九三年、経済的な動機もあってロシアは同条約の更新を拒絶し、財政援助と軍事安全保障を求めてフランスに接近した。ヨーロッパ各国の軍備拡張競争は海にも広がり、イギリスはドイツ皇帝ヴィルヘルム二世が推し進める海軍の増強にいよいよ警戒感を募らせていた。英独関係はすでに緊迫していたが、一八九八年にドイツで帝国議会が第一次艦隊法案を可決するとさらに悪化した。この法案はドイツ海軍に対して、戦艦七隻、重巡洋艦二隻、軽巡洋艦七隻の増強を認めるものであった。一九〇〇年に第二次艦隊法が成立して、ドイツ海軍は、戦艦、重巡洋艦、軽巡洋艦についてそれぞれ倍増できるようになり、両国の関係はさらに冷え込んだ。また、モロッコに関するドイツの介入は大幅に強まった（フランスに対抗してモロッコに介入した第一次モロッコ危機）。一九〇四年にイギリスとフランスは英仏協商を結んだ。これは両国間の植民地の領土的紛争解決を目指した拘束力のない協定にすぎなかったが、それでも、イギリスがフランス寄りに政策を転換させたことを明確に示していた。一九〇七年にイギリスが露仏同盟に加わると、イギリスがドイツから離れフランス寄りになった事実がいよいよはっきりした。ビスマルクが何としても成立させたくないと考えていた三国協商（英仏協商、英露協商により成立した対独包囲網）が出現したのである。

ドイツに敵意をもつ国々に包囲され、ドイツは二正面戦争だけでなく海戦の可能性も考えねばならなくなった。これはドイツ軍参謀本部にとって新たな戦略的課題であった。ロシア帝国の予備兵力が膨大であり、またイギリス、フランスも、イギリスが制海権を握っているかぎりそれぞれの植民地を活用できる当てもあったので、三国協商国側の数のうえでの優位は明らかであった。しかし、ドイツ参謀本部はロシアの弱点はその規模の大きさにあると見ていた。ロシア帝国の領土は広大で、しかもロシア国内の鉄道網は中央ヨーロッパ、西ヨーロッパほど発達していないから、動員は非常に手間取ることになるだろう。これに対して、プロイセン軍の時代も含めて、ドイツ軍は迅速に動員を行い、集結後ただちに敵を攻撃する能力があることを二度の戦役で証明していた。ドイツ国内の鉄道網をうまく活用すれば、まず一方の敵を迅速かつ決定的に打ち破り、その後もう一方の敵に自分たちの全力を集中できると考えていた。一八九一年から一九〇六年までドイツ軍参謀総長を務めたアルフレート・フォン・シュリーフェン伯爵は、就任して間もなくこの目的をすみやかに果たせる攻撃的戦略を考案した。彼はドイツとフランスは動員を二週間以内に完了させられるだろうが、ロシアの場合は領土が広大である上に鉄道網が貧弱なため六週間はかかると踏んでいた。その戦略では、ドイツ軍はフランス軍を叩いたら即反転して東部戦線に兵を向けなければならなかった。シュリーフェンは、フランスがドイツ領となったアルザス＝ロレーヌとの新しい国境を防衛するため一八七〇年以降に築いたいくつもの要塞をどうするかという問題に直面した。これらはドイツの攻撃速度を落とすか食い止めるだろう。彼は一八三九年以来の中立国であるベルギーを通過してフランスを攻撃することで、この問題を解決しようとした。これならばドイツ軍の北翼はフランス要塞を攻撃せずにすむだろう。そのためには、大規模な軍隊を北海沿岸低地帯の運河群を越えて機動させ、ベルギーの防御線をすみやかに打ち破り、フランスの国境地帯に必要な兵力を集結させる必要があった。この作戦機動が成功すれば、ドイツ軍はパリを周回し、北フランス一帯を取り囲む形に機動することになり、フランス国内の奥深くに入り込んでフランス軍を打倒することになるだろう。この計画によれば、野戦軍のおよそ八五パーセントが開戦後最初の六週間のあいだ西部戦線に割り当てられ、残りの一五パーセントがロシア軍の到着を待つ東部戦線を持ちこたえることになっていた。

一九一四年八月四日に第一次世界大戦が勃発すると、部分的に修正されたシュリーフェン・プランが実施されたが、結局は失敗した。最初に大量の兵士と物資を比較的狭い空間に集結させることから始まる、というのが《国家間戦争》の基本的特性であるのだが、この現実がこの計画を台無しにしたのだ。戦争が正式に始まる前からヨーロッパの大国はいずれもこれまでにない大規模な動員努力を開始していた。開戦に先立つ数十年間に入念に準備された結果、社会を戦争へ向かって連動させようとする計画は、一般市民の生活の多くの領域に及んでおり、特にドイツ、フランス両国ではそうだった。《国家間戦争》の核となる「プロセス」、すなわちアメリカ南北戦争において示された（工業のような戦争の）手順が猛烈な勢いで実行された。直接的あるいは間接的に国の管理下にある鉄道は、兵員や馬や物資を前線に輸送し始めた。平時には兵力八〇万のドイツ帝国陸軍は、予備役兵の動員により八月一七日までに六倍の規模に膨れ上がっていた。その頃には一四八万五〇〇〇人がすでにベルギーおよびフランスとの国境に輸送され、武装して戦闘開始を待つばかりになっていた。対戦国も負けてはいなかった。実際、フランスの兵員輸送計画は非常に優れていることが示された。オーストリアも同じように効果的に動員を進めた。ロシアまでもが、第一軍、第二軍を迅速にポーランドに集結しドイツを驚かせた。こうして数週間のうちに莫大な兵力が戦場に到着していた。八月末にはフランス軍はそれぞれ一万五〇〇〇人からなる歩兵師団六二個を擁する規模になっていた。ドイツ帝国軍は八七個師団、その同盟国オーストリア軍は四九個師団であった。一方東部では、ロシア軍が実に一一四個師団を集結させていた。シュリーフェンとその配下の参謀たちがプランを立案した時点で考えていたよりもはるかに多くの兵員が、何百万頭の馬、大量の装備とともに、予想よりもはるかに早く戦場に押し寄せたのである。交戦国双方が迅速な動員の重要性を学んでいた――少なくとも軍を集結させるだけでは充分ではないと理解する程度には。すなわち、集めた軍隊を使って軍事力を行使するためには、この軍隊を適切な位置に、適切な構成で配備する必要があることを知っていた。

フランス軍がドイツ軍の攻勢を頓挫させたというきわめて単純な理由で、シュリーフェン・プランは失敗した。これが計画というものの厄介なところだ。敵は概して計画を立てる側の想定どおりには行動しない。さらに問題だったことは、この計画が不測の事態に備えて立案されたのは第一次世界大戦勃発のかなり前のこと――シュリーフェンは第一次世界大戦が勃発する八年前に退役していた――であり、この立案に関与していない人たち、必ずしもプランが想定する条件を知っているわけではない人たちによりこの計画が実施されたことだ。これが当時のドイツにおける状況であった。一九〇六年にシュリーフェンの後任として参謀総長となったのは、一九世紀の軍事的天才大モルトケの甥ヘルムート・フォン・モルトケ（小モルトケ）であった。前任者やおじとは違い「この甥」は非常に大胆な性格というわけではなかった――そのような性格はシュリーフェン・プランを実行するドイツ軍にとってまったく無用のものであった。大胆な計画はその実行において大胆さを要求するものであって、状況の進展につれて少しずつじくり回しては駄目なのである。戦いの先行きがはっきりしてくると、モルトケは北翼から兵力を抽出してこれを東部戦線に展開した。いずれにしても東部戦線では、ロシア軍が予想を上回る速度で動員したので、ともかくドイツ軍の兵力は不足していた。西部戦線では、ベルギー、イギリス、フランス軍が予想外のしぶとさを見せ、またドイツ軍は大量の兵士、物資の輸送に予想以上に手間取った。最初の攻勢を終えたドイツ軍は、自軍の輸送力と重砲の火力——これは初期の戦闘で圧倒的な強みだった——が及ぶ範囲を越えたところまで進んでいた。そこでジョッフルとフランスの参謀本部は、ドイツ軍の戦列が伸びきったのに乗じて作戦上の主導権を奪った。これは再検討が必要な重要課題の一つだったのだろうが、シュリーフェンの時代以降誰もやっていなかった。フランス軍はもはや脆くはなく、一八七〇年の普仏戦争敗北で受けた傷をいまだになめているという状態でもなかった。強力で効率的な戦闘機構になっていた。ジョッフル元帥の総合的で優れた指揮のもと、フランス軍は危険な状況でも冷静だった。フォッシュ将軍はマルヌで、「我が軍の中央は崩れかけている。右翼は押されている。状況は最高だ。これより攻撃する」と叫んで——この言葉は有名になった——陣頭に立ち、反撃を成功させた。一方、ドイツ軍はいつの間にか一時的に勢いが衰えていた。モルトケ——その指揮の手法は、団員がその指揮棒を無視しているオーケストラの指揮者にたとえられてきている——はドイツ軍指揮官たちを統率できなくなっていた。その後、マルヌの戦いでドイツ軍が敗れた責任を負って一九一五年九月一四日に辞任し、新たにエーリッヒ・フォン・ファルケンハインが参謀総長となった。

開戦直後の迅速な動きのなかで、両陣営とも決定的な勝利を勝ち取ることはできなかった。その代わりに、力が拮抗している両者は膠着状態に陥った。双方の戦力は互角で、双方とも意志の衝突で勝利するまで勝ち抜く決意を持っていた。そのような次第で、この戦争の結末は、たとえそれがどのようにして達成されようとも、これまでとはまったく異なる形のものになるだろうと思われた。この戦争は戦場における軍事力の破壊以上のものを巻き込むだろうから、決定的な勝敗の決着がすみやかになされることはないだろうし、ドイツ統一戦争の場合のように明確な形でなされることもないだろう、と予想された。この戦争はもはや単なる軍事力の衝突ではなく、両陣営の経済と人民を巻き込んだもっと広範囲の戦いになるだろうと考えられたのである。

一九一四年一〇月末には、西部戦線は、ドイツがベルギーの大部分とフランスの国土の二割を占領した状態で、北海からスイスにいたる前線上で程度の差はあれ固定されてしまった。この二割の地域にはフランスの産業力・工業力のおよそ八割が含まれていた。この戦線は、大規模な戦争が行われても変化は微々たるもので、その後四年間ほぼ変わらなかった。これもこの戦争が続いた根本的な理由の一つであり、無駄に「長引いた」とか無意味な戦闘が次々に行われたから長引いたのだという広くいきわたっている認識が間違っていることを示すものである。すなわち、フランスとベルギーは占領されていたのであり、中央同盟国側へ降伏するつもりがないとなれば、戦い続ける以外なかった。だから、この西部戦線における戦闘は無駄でも無意味なものでもなかったが、決定的なものでもなかった――そこにはちゃんとした技術的な理由があった。

両陣営が抱えていた戦略的戦域レベルでの問題は、規模こそ違うものの多くの点で中世の城塞包囲における技術的問題に類似していた。攻囲軍は敵の砲火から身を守るために塹壕を掘り、次に突撃隊を敵の火力から身を守りながら防御側にできるだけ接近させるために対壕を掘り進める。同時に攻囲軍は砲火や地雷で敵の防御壁を粉砕あるいは突破しようと手を尽くす。指揮官は突破口がある、すなわち防御壁を突破できると確信し、さらに敵の砲火によって妨げられたり混乱させられたりすることなく充分な攻撃戦力を突破口近くに集中できると確信した場合に、その城塞を奪取しようとする。これは「塹壕網」を攻撃的に使用する例だが、塹壕は防御的にも用いられる。一九世紀に出現した後装ライフル銃の殺傷力はすさまじく、有効射程も長いため、歩兵は塹壕を盾として使うようになった。そして、戦場での通信手段が欠如していたので塹壕をつながなければならなかった。しかし、盾と違い塹壕は動かせないから、塹壕を占拠している歩兵は自分がいる塹壕の防御者となる——そして塹壕で囲まれた地帯が大きくなればなるほど、防御された地帯が大きくなり、塹壕網は大規模になった。ほとんどの状況において、中世の城塞戦の場合と同様、攻める側は城塞の側面にまわり込み、これを包囲し、城塞を征服する。しかし、城塞の場合とは違い塹壕による防御者は、砲兵の支援を受けた優勢な敵による激しい突撃に長時間もちこたえるために、高度の防御をもたらす城壁を利用したりその中に補給品を備蓄したりすることはできそうもなかった。第一次世界大戦では、両陣営が塹壕を掘った。ドイツ軍は主として防御用陣地として塹壕を掘った。すなわち包囲される城塞側であった。そして連合国軍は主として攻撃用陣地として塹壕を掘った。すなわち城を攻囲攻撃する側であった。そのうえ、中央同盟国側と連合国側の軍隊の規模および産業力・工業力の規模は前線の全域をそのまま兵で埋め尽くしこれを維持できるほどのものだった。彼らはこれを充分な数の兵士と充分な厚味——あるいは非常に高い密度——でやることができたので、まわり込むべき側面はなくなり前線の両端は北海とスイス国境にしっかり固定されてしまったのだ。活用すべき側面がないため、攻撃側は防御線を破る、すなわち突破する方法を見つけなければならなかった。一九一八年春、ルーデンドルフ将軍率いるドイツ軍は攻勢に出て、連合国軍の防御線を破った。しかしこの戦果を充分に拡充する力に欠けていた。最終的に相手側の防御線を突破することに成功し、戦争を終結させたのは連合国軍だった。しかし、ドイツ軍の防御線を後退させるべく軍事力をうまく行使できるよう軍隊、戦術、装備を進化させるのには三年を越す苦労に満ちた経験が必要であった。

一九一四年に戦線が固定すると、戦闘の性格と軍事力の使い方が急速に進化した。そうさせたものは、これもまた《国家間の工業化された総力戦争》の途方もない規模の大きさが直接的原因であるが、輸送と通信手段の当時の発達段階の程度の影響もあった。なぜなら、西部戦線――これは全体として第一次世界大戦を象徴するイメージになってしまっている――についての話は、またしても、鉄道による戦略的戦域的移動の速度がひとたび軍隊が兵站駅を離れると重い荷物を背負った兵士の行軍速度に落ちてしまうこと、そして連絡が電信や電話あるいは当時まだ残っていた伝令や急使、個人的接触に基づくものであったこととの結果であった。作戦レベルでの問題は、敵の防御線の奥深くを攻撃するべくこの前線に充分な幅のある突破口をつくる方法を見つけることだった。鉄道はこの問題をさらに厄介なものにしていた。というのも、防御している側は自分たちの兵站駅まで撤退すれば、いつでも鉄道により兵力・補給品を集結できたからだ。これは攻撃が進展するにつれて、自分たちの兵站駅から遠く離れていく攻撃側が最初に突破口をつくって得た戦果を徒歩進軍で(突破口を拡げたり、より深く突破・侵入して)活用するよりもずっと迅速に行えた。このような産業的・工業的進展に由来する現実の結果として、西部戦線での戦いは全面的に消耗戦の性格を帯びるようになった。動きはあったが、お互いに機動戦に持ちこむ余地はなかった。兵士と物資は鉄道を利用して機械的に前線に送られ、そこで同じような大軍と対峙した。膨大な兵力が集中しており、一方が攻撃を行うと、その攻撃は防御側の背後に押し寄せてこれを殲滅できるほどにまでその防御線を幅広く破ろうとするのがつねだった。何週間にもわたり、攻撃と反撃がお互いの損耗と機械的な補充のなかで行われることによって、前線は一進一退を繰り返した。それはまるである計画に沿って行われているかのようであった。その他にニュースとして入ってくるものは何もなかった。この結果は、どちらか一方の迅速な攻撃が決定的な勝利をすみやかに獲得すること――これが《国家間戦争》の目指すところである――が不可能になっていることを示していた。そのような状況においては、塹壕を掘り合った前線での損耗的膠着状態は不可避だった。

寸土を得るために行う塹壕から塹壕への攻撃は、大規模な砲撃に支援されていた。実際、第一次世界大戦は主として砲撃戦であり、両陣営に配置されていた多数の大口径砲が死傷者を生み出した主要因だった。このような前線における戦闘形態の新しい進展に対して、科学技術はすみやかに追随した。すなわち、遮るもののない広野に展開する部隊に対する砲撃に適している榴散弾は塹壕や土塁の破壊により有効な高性能爆薬砲弾に取って代わられた。この砲撃は、防御全般の構成を破壊すべく、いくつかの目標をもって行われていた。第一の目標は塹壕に陣取る兵士たちそのものだった。殺し損ねても砲撃の衝撃は兵士たちの闘争心を萎えさせた。第二の目標は防御陣地の環境だった。塹壕網を破壊し、電話通信網を切断し、鉄条網を破り、塹壕そのものを破壊するというものだ。第三の目標は敵砲兵の撃破だった。味方の歩兵部隊が攻撃をかけている最中、砲兵隊は、歩兵部隊が敵の砲に接近するまで敵陣地を射撃して制圧し、また敵の予備隊が射撃や逆襲のために出てきたらこれを制圧しなければならなかった。このため時として、ソンムの戦いでの準備として行われたように激しい弾幕射撃を行う場合もあり、ドイツ軍はそのような戦いを物量戦《ディ・マテリアールシュラハト》と呼んだ。このような塹壕戦は兵士、弾薬、補給品を限りなく必要としたが、目に見える成果、あるいは勝利はほとんど得られなかった。歩兵による攻撃は非常に高くつき、攻める側も守る側もともに莫大な損害を被った。例えば、一九一六年のソンムの戦い（一九一六年七月一日〜同年一一月一九日まで）では、戦闘初日にイギリス軍兵士約六万人が死傷したが、そのうちの二万人が死んでいる。同じ年に行われたヴェルダンの戦い――第一次世界大戦における最長の戦い――でフランス軍は約五五万人、ドイツ軍は四三万四〇〇〇人を失っている。《国家間の工業化された総力戦争》は決定的勝利をすみやかに生み出すことはできなかったが、死傷者は大量生産的であった。兵士たちが直接交戦する期間が長くなればなるほど死傷者の数は増え、また、交戦する兵士の数が多くなればなるほど死傷者の数は増える。これはおそらく明白な真実だろう。だから一般的原則として、自軍の大部分をできるだけ長く敵と接触させないようにすべきであり、また小戦闘を迅速に数多く行うべきだ。こうすれば、たとえ紛争が長引いても戦闘は長引かない。しかし、そのためには空間と時間が必要だが、西部戦線ではどちらも手に入らなかった。作戦上の柔軟性を発揮する余地はなかった。

　イギリスはこの戦争を通じて特定の役割を果たすようになったが、これと並行してヨーロッパ諸国が一九世紀を通じてやったように、《国家間戦争》遂行のための機構を築きあげた。以前からイギリス諸島および貿易を守るため、また自国の軍事力と影響力を投射することを目的として海軍《ロイヤル・ネイヴィー》を維持していた。そして一九世紀末には、その規模は世界第二位、第三位の海軍を合わせたよりも大きくなければならないという方針を反映したものになっていた。制海権を奪われる懸念はイギリスを一八八〇年代にドイツとの軍拡競争に駆り立てた。しかし、イギリス陸軍は志願兵で構成される小規模な軍隊のままであった。イギリス陸軍の役割は、約言すれば「大英帝国保安軍《ジャンダリマリ》」（欧州では保安任務に当たる準軍隊にあたる）のそれとなる。このイギリス陸軍は植民地における現地人軍隊との「小さな戦争」の経験が豊富で、また現地人軍隊の育成、指揮、協力の経験もかなりあった。一八七九年のイサンドルワナの戦いのようによく知られる負け戦も何度かしているが、詩人のヒレヤ・ベロックも述べているようにイギリス陸軍には「マキシム機関銃があったが、彼らは持っていなかった」。言い換えれば、イギリス陸軍は産業・工業的に、また技術的に優位にあり、植民地での戦いに勝利したのだ。このように一九世紀を通じてイギリスは、徴集兵軍隊をつくりあげることに焦点を合わせたヨーロッパ諸国とは異なり、トラファルガーのような大規模な艦隊決戦を再度行えるよう海軍を進展させるべく自国の産業力・工業力を用いた。イギリスは、この海軍がイギリス王国と大英帝国を守るだろうと考えたのだ。そして、そのような海軍を手に入れ監督・管理するべく小規模な陸軍を装備するのに自国の産業力・工業力を用いた。

　一八九九年、イギリスは、キプリングが「The Lesson」のなかで書いているように、ボーア共和国（トランスヴァール共和国とオレンジ自由国）の軍隊から「たくさんの教訓」を得た。イギリスは最終的に勝利したが、初期の敗北は一九〇八年のホールデン報告と徹底的な陸軍の改革につながった。一九一四年にはイギリス陸軍は専門職業的で洗練されていたが、兵員はそれまでどおり志願制で確保していた。このためイギリス陸軍は規模が小さく――二五万に少し欠ける――、どうにか予備軍と言える程度の予備軍もその大部分は国民義勇軍と同規模だった。数百万規模のフランス陸軍、ドイツ陸軍と比べて規模が小さいため、イギリス陸軍はシュリーフェン・プランにも登場していなかった。数字のうえでは脅威とはみなされていなかったのだ。実際、一九一四年の第一次世界大戦勃発時にドイツ皇帝ヴィルヘルム二世はイギリス陸軍について「しみったれたちっぽけな軍隊」と悪意のある言い方をしている。それでもドイツ参謀本部はいちおうリスクを慎重に計算し、フランスに迅速に勝利した場合に得られるものに比べて、イギリス陸軍の潜在的脅威は小さいとみなした。純粋に陸軍の規模だけの比較のうえでの話であれば、一九世紀末にこのプランが立案された時点では、彼らは正しかったのだろうが、その評価が一九一四年の時点でも正しかったかどうかはそれほど定かではない――イギリスがその陸軍の規模を著しく拡大していたという意味でそう言っているのではなくて、ドイツ参謀本部が必ずしもシュリーフェンの当時と同じ基盤のうえで一九一四年の状況を評価していたとはかぎらないという意味で言っている。戦争が勃発した時点で、ヨーロッパにおける主導権を握るというドイツの政治的な考慮が、ドイツ軍部の、フランス軍を破ってからロシア軍を相手にするという軍事的な戦略目標達成という命題の下位におかれていた可能性は充分にありそうなことだ。つまり、軍事的目標が政治的目的に優先していたという可能性である。しかしながら、ベルリンにおけるドイツ軍事機構が政治的実権も握っていた――当時のイギリス側の宣伝もそうほのめかしていた――とすれば、政治的目的と軍事的目的が実際には一致することはあったかもしれない。というのも実際のところ、ベルギーとイギリスを新たに敵にまわしても、この両国による軍事的脅威を無視するというシュリーフェン・プランの前提は、軍事的な考慮が政治的な考慮の上におかれていたことを反映しているからである。この点は興味深い。というのも――私はイギリスが三国協商に基づいてこの戦争に参戦したのではないと示唆しているわけではないが――ドイツの行動は新しい状況をつくりだしたからだ。すなわち、ベルギーの中立性が侵されたのだ（ベルギーの永世中立国宣言はオランダとベルギーとの平和条約（ロンドン条約一八三九年）のなかで述べられている）。この中立の保証人としてのイギリスは介入せざるを得なかった。イギリスの介入は倫理的に正当なものであり、この戦争への関わりの程度が拡大するのをものともせず国民の賛同は強くなっていった。

英陸軍は職業専門的に洗練されたものであり、、また三国協商の一角を占めていたにもかかわらず、基本的に第一次世界大戦前のイギリスの軍事的政治的戦略は、相変わらず自国の海軍力、経済力で連合国側を支援する――中央同盟国側に対して封鎖を実施し、連合国側に物資を提供する――というものであった。一九世紀半ばのクリミア戦争を最後にヨーロッパ大陸での戦争に参加していなかったので――クリミア戦争は植民地戦争と同様、それほど多くの人を巻き込んではいなかった――、気がつくといつの間にか総力戦をしていたという衝撃は、国民の精神面だけでなく経済面にとっても計り知れなかった。児童文学作家のノエル・ストリートフィールドは一八九五年生まれだが、一九一四年の戦争勃発についてこう述べている――「一般市民は男も女も戦争については何も知らなかった。戦争が起きていることを知らされた時、すぐに全部終わるだろうというのが最初の反応だった。とにかく一般市民の生活に影響が出るとは誰も思っていなかった。当初は陸・海の軍人が戦っていた。休暇をとってやってきた彼らはちやほやされていた」。それでもイギリスは衝撃に耐えた。ドイツ皇帝から軽蔑された小規模の軍隊は一九一四年の戦いでずたずたにされたが、生き残った兵士たちが土台となって戦争に勝てる軍隊がつくられた――兵力五〇〇万強というかつてない規模の軍隊をイギリスは戦場に送り込んだ。そして、イギリス軍はその後の敵の主力との接戦で勝利した。

一九一七年に入ってようやくイギリスは《国家間戦争》を戦う能力が全開となった。戦略を立て（これに基づき戦争を遂行するための）「プロセス」がとどこおりなく動き続けるのに必要なすべての機構を築きあげたのである。国家の産業基盤は戦争努力を支援するべく変貌し、一九一六年一月には徴兵制度が設けられ、科学技術は適切な戦術に結びつけられた。実際、第一次世界大戦に参加した国々はすべて科学技術に大きく依存し、戦争努力のための社会および生産力の徹底的で空前の動員を通じて、非戦闘員を巻き込む戦争の形式の基礎を敷いた。兵士は戦場で戦い、市民――ここに多くの女性が初めて含まれることになる――、産業・工業、資本は大規模な国家的努力に加わって資金を提供し、軍需品の生産ラインを拡大し、生産に従事した。戦争に欠かせない市民の活動は、「国内戦線（銃後）」と定義された。これは、この戦争が単に軍隊間の争いではなく、当事国の国民間、経済間の争いであるという明確なしるしだった。クラウゼヴィッツの三位一体のなかの国民がはっきりと戦争に組み込まれた。

大規模な産業・工業による生産活動もまたこの戦争の戦線であった。というのも、高い水準に動員された科学技術、産業・工業、通信は、国家が自らの軍隊を支援するべく一体となって働いた結果、生じていたからだ。このことがまた戦域レベルや作戦レベルという、戦争の中間的レベルをつくりだしていたのであった。これは戦争の遂行において重要なレベルである。イタリア戦線、東部戦線、中東戦線はいずれもお互いにかなりの程度まで独立した戦線であった。各戦線には、多くの国の軍隊と兵器が混在していた。連合国側の場合、それぞれの戦線は一人の上級将官たる戦域司令官に率いられ、イギリス、フランス、イタリア、ロシア各国軍の司令部と参謀本部から派遣された将校たちから構成される戦略司令部がこれを補佐していた。しかしながら、西部戦線は開戦後最初の三年間については、作戦的には二つの戦線と見なければならない。なぜなら、フランスとイギリスはどちらもこの戦線の自軍が戦っている部分は自国だけの戦域だとみなしていたからだ。一九一八年にフォッシュ陸軍元帥が西部戦線における連合国軍総司令官に就任してからある程度指揮の一元的化が始まり、一つのまとまりのある戦線となった。その結果として、西部戦線はイギリス対ドイツ、フランス対ドイツという国レベルの軍事行動が行われている戦域というよりも、二つの作戦正面を擁する一つの戦域となった。もっとも、この同じ戦域のなかにパーシングの指揮するアメリカ軍が第三の戦線を急速に展開しつつあった。多国籍軍を組織としてまとめる仕組みを発展させることは、《国家間戦争》に参加する大規模な軍隊を指揮するうえで重要なことであった。第二次世界大戦においては、第一次世界大戦でのこの経験に基づき、一九四〇年にアメリカが参戦すると、連合国側はただちに統合された指揮組織の立ち上げに取りかかった。

《国家間戦争》の本質――特に工業的基盤の上につくりだされた科学技術の発展――が西部戦線の状況をつくりだした。このような状況が長期にわたって持続したのは、少なからず、両陣営の大規模な軍隊が夢中になって撃ち合った空前の量の砲弾や銃弾のためだ。一八七〇年のセダンの戦いでは、プロイセン軍が三万三一三四発――この数字はその後四〇年間にわたり軍事計画立案者の規準となったものである――を撃ったのに対して、一八一六年のソンムの戦いが始まる前の週にイギリス軍砲兵隊は一〇〇〇万発を発射している。軍隊がこれだけ大量の弾薬を使用する必要性は、一九一五年、連合国軍に一時的な砲弾危機を引き起こした。しかしながら、イギリス国内での緊急工業化プログラムと産業界の急速な改変、そして海外の余力のある工場への生産委託、のおかげでこの問題は解決した。開戦前は七五ミリ砲弾を一日に一万発使用すると予想していた(戦争は三カ月から四カ月で終わる予定だった)フランスは、一九一五年には一日二万発を生産した。一九一七年から一八年にかけてフランスはアメリカ海外派遣軍に、同軍が使うフランス製大砲用の砲弾一〇〇〇万発を供給し、さらに同軍の航空勢力が使う戦闘機の三分の二以上を提供していた。一方、中央同盟国側も、イギリス艦隊に海上封鎖されていたにもかかわらず何とか弾薬生産量を増やすことができた。ドイツは自国の先進化学産業を活用して代用品を開発したのだ。二〇年後に出現した第三帝国(ナチス政権下のドイツ。一九三三~四五年)もこの解決策を非常に好んだ。これによって、一九一四年には一月当たり一〇〇〇トンだった爆薬の生産量は一九一五年には六〇〇〇トンに増えた。

工業現場がもっていた潜在能力も新兵器の開発に拍車をかけた。迫撃砲や手榴弾が見直され殺傷力の高いものがつくられた。その一方で、短命に終わったが列車砲は最盛期に達した。死傷者数を見るかぎりでは一般に思われているよりも殺傷力はずっと小さかったが、毒ガスは一九一五年四月の第二次イーペル会戦において、ドイツ軍がイギリス軍側面のフランス軍に対して塩素ガスを使用するという衝撃的な形で登場した。毒ガスを浴びた兵士の肉体に及ぼす影響と、他の兵士に与える心理的影響――その時以降、毒ガスのよく知らない影響を心配して生きることになった――のために毒ガスの悪名は高かった。当初、兵士たちはガスマスクを装備していなかったし、急造されたものは装着すると呼吸できる空気の量が制限され視野が狭くなってしまうものだった。やがて戦闘で毒ガスの使用は当たり前となった。これから見ていくが、機関銃や飛行機や戦車も第一次世界大戦の重要な特色だった。やがてこれらが対戦車小銃や対戦車砲、高射砲の開発へとつながった。

大量の砲弾を撃ち合い、さまざまな兵器が登場することは、大規模な《国家間戦争》の当然の結果であり、またそこから抜け出そうとするあがきでもあった。相手陣営よりも優れたものをつくりだし、相手陣営を生産量でしのいだ側が勝利を約束されるのであった。技術的な解決策を模索したイギリス軍は、戦車にその答を見出した。戦車は一九一六年に初めて戦場に出た。この装甲車両は歩兵支援を目的として、歩兵隊とともに前進し、攻撃の妨げになる障害物を押しつぶす一方で、搭載する機関銃で支援射撃を行った。戦車は機械的信頼性が低かったので、効果的に使用されるほどの充分な数が生産され、維持されるようになったのは一九一七年に入ってからだった。一九一七年末にはイギリス軍は戦車の効果的な運用方法を見つけており、迫撃砲や歩兵、弾薬や死傷者など荷物を搭載するための改良型も生産されていた。

両陣営とも軍事的手段で、相手の戦争維持能力や戦争を継続しようという政治的意志を攻撃しようとした。連合国側の海軍は海上封鎖を実行していたが、ドイツおよびその同盟国はヨーロッパ中心部やオスマン・トルコの備蓄に頼ることができたので、封鎖の効果が出るまでには時間がかかった。ドイツは海と空からイギリスを攻撃した。イギリス海軍の規模と艦船と海外への展開態勢は、大英帝国の産業力・工業力と経済的利権を象徴していた。この海軍が歴代イギリスの輸送路を守っていたのである。イギリス海軍は歴史的に見てそうだったように、敵の艦隊を壊滅させるのが任務であった。一九一四年、イギリス海軍はバルト海や北海の港の出口を監視する計画に沿って展開していた。一九一六年五月、ドイツ艦隊は出航した。その後、北海で起きたユトランド沖海戦は、第一次世界大戦中唯一の大規模な艦隊戦であった。これは決定的な結果をもたらすものではなかったが、以降ドイツの艦隊（大洋艦隊）はドイツの北海沿岸に帰港したまま港に留まり、一団となって出撃することはなかった。一方、ドイツは潜水艦を保有していた。当時の潜水艦は魚雷が開発初期段階であったため標的を砲で攻撃するのが普通で浮上してこれを行っていた。したがって、戦艦よりも商船を攻撃するのに向いていた。ドイツは潜水艦使用を連合国側特にイギリスの封鎖に対抗する手段と考えていた。一九一七年までにドイツの潜水艦による商船攻撃は大変な成果をあげ、イギリスは深刻な食糧不足に陥っていた。護送船団方式など潜水艦に対抗する手段が導入されると、その脅威は徐々に容認できる水準まで下がった。イギリス海軍も潜水艦を保有していた――すでに述べたようにヴィッカースが開戦前に五六隻建造していた――が、敵艦隊を壊滅させるというのがイギリス海軍の目標であることを考えて、まだ発展の初期段階にある潜水艦を攻撃部隊としてはあまり使わなかった。ドイツに対して海上封鎖を実施する必要はあったが、ドイツは物資輸送を海運よりも陸上に依存しており、このためイギリス海軍の潜水艦が攻撃するような海上貿易はほとんどなかったのだ。

科学技術の進歩や西部戦線における戦術とともに発展した二つ目の手法は、空からのものだった。両陣営ともに、相手国国民の士気と戦争を継続するという政治的意志とを攻撃目標にしていた。一九一四年以前、航空機の役割は偵察に限定されていた。第一次世界大戦勃発時、軍事使用目的で製造された航空機はほとんどなかったし、武装もしていなかった。例えば、フランス軍とドイツ軍は開戦当初、徴発された民間の航空機を利用していた。戦闘が始まって間もなくイギリス海軍航空隊（ＲＮＡＳ）はドイツ各地の飛行場に対して作戦行動を開始した。一方、ドイツ軍はリエージュ付近の要塞にツェッペリン飛行船を利用して爆弾を投下した。大都市に対する最初の爆撃は、マルヌからパリに飛んできたドイツ軍の飛行機が手榴弾を数発投下して発生した。これを受けてフランス軍も敵陣の背後にある攻撃目標に対して爆撃を開始すると、ドイツ軍は機関銃を搭載した武装偵察機で応じた。航空機の設計が改良されるなかで戦闘機が誕生し、一九一五年半ばには空中戦が始まっていた。両陣営とも、陸軍は敵の砲兵と兵員の位置を突き止めるべくより多くの航空偵察を要求したが、敵は飛ばす戦闘機の数を増やして防御した。「プロペラ同期歯車」のような技術の進歩により機関銃がドイツ軍の航空機に搭載され、回転するプロペラ越しに射撃できるようになった。すなわち、単座戦闘機が誕生したのだ。一九一六年頃には、飛行機は編隊を組むようになっていた。これは連携により防御力を高めようというものであり、また、目標地区や敵編隊に対する充分な攻撃力を達成するためであった。第一次世界大戦に参加した各国は空軍を編成した。空軍は陸上戦闘や海上戦闘を支援する兵器とみなされており、両陣営の航空機は偵察に利用され、砲兵射撃を誘導し、兵站線を攻撃した。イギリス軍の場合は海軍航空隊（ＲＮＡＳ）と陸軍航空隊（ＲＦＣ）であった。一九一七年末には連合国軍は戦闘に適した充分な数の航空機と、前線上空の空域を支配するべく――制空権として知られる――航空機を用いるために立てられた戦術をたいていの場合もっていた。

当初、ツェッペリン飛行船を保有するドイツ軍のみが長距離爆撃作戦を実行できた。彼らがロンドンを空爆できたのは、ベルギーを占領していたからこそである。このため敵の首都までの距離という意味では、ドイツ軍はイギリス軍よりも地理的に有利であった。飛行船によるこの攻撃は散発的なものであり、狙いも不正確で投下する爆弾の量もたいしたものではなかった。したがって、その物理的な破壊効果よりも市民に与える直接の心理的効果をもっていた。戦闘機と焼夷弾は、こういった水素ガスの浮力を活用した魚雷形の気球に負けていなかった。その後、爆撃は飛行機で行われるようになった。ドイツ軍は一九一七年の五月、六月に、一機あたり四〇〇キロの爆弾を搭載できるゴーダ爆撃機で小さな編隊を組みイギリス本土に対する爆撃を開始した。イギリスは爆撃で応酬することはできなかった。イギリス海軍や陸軍の航空隊は反撃しようとしたが、国内戦線の防衛および国民の士気に責任を負っている指揮官にそのための兵力はなかった。陸軍はヨーロッパその他で敵の主力を打ち破るべく戦っており、海軍は海上封鎖を実施し海上で敵を打ち破るべく戦っていた。元ボーア義勇軍のヤン・スマッツの指揮のもとで調査がなされ、その結果、新たに戦略軍を編成することになった。イギリス空軍（ＲＡＦ）はこの戦略軍組織の最初のものであった。陸海軍の航空隊は、この大戦中にこの空軍に再編成され、陸海軍と同格の参謀本部を持ち、空軍省の管轄下に置かれた。イギリスを空襲から守り、敵国に対して空爆を行い、陸軍や海軍を支援するのがイギリス空軍の任務であった。その後ただちにフランスから複数の飛行中隊が移され、イギリス南東部の防空態勢が整然とした形に組織された。それと同時にイギリスの航空機製造業は大変な勢いで――特にドイツと比べて――発展した。一万三〇〇〇機を超える航空機が製造された。イギリス軍、そして連合国軍が制空権を得たのは、主にこのためであった。ある評論家は最近次のように述べている。

イギリス空軍はドイツ空軍を打ち負かしはしなかったが圧倒した。空を航空機で埋め尽くし、敵に修理や戦術的再編成の暇を与えなかった……［戦争が終わる頃には］ドイツ空軍は自国の航空機製造基準が低下するまま放置されていたことを知り恐怖と絶望を覚えた。ドイツ空軍の非常に優れた新しい設計は貧弱な材料とぞんざいな組み立てによって著しく損なわれてしまっていた。これこそがイギリスのこの新しい航空産業界がついに達成したことだった。すなわち、ヨーロッパにおけるもっとも偉大な工業国ドイツを追い越しただけでなく、ドイツが生産するものをドイツがもはや信頼しなくなるほどまでに退廃させてしまったのである。

この大々的な再編成は、フランスの戦闘能力やアメリカの支援とうまく噛み合って第一次世界大戦最後の一年は、連合国側は長距離爆撃戦に突入し、ドイツに対して繰り返し空爆を行っていた。これまで人々の頭のなかにあった戦場の概念が拡張されていたのであった。

第一次世界大戦は一九一八年に終結した。革新的で大規模な攻撃をかけたドイツだったが、最後は自国の兵站能力を超えてしまい、連合国側の盛大な攻撃により阻止されてしまったのだ。イギリスと違い敵の防御を突破する方法を見つけようとするドイツは、科学技術を進展させる手段を取るのではなくむしろ戦術変更に解決策を求めた——これは「機動戦」と呼ばれるようになった。そのためにドイツは歩兵隊を選抜し、エリート突撃隊《シュトゥルムトラッペン》として訓練した。これは、浸透を専門とし、すばやく強力な攻撃を実施してから次の標的に進む兵士たちの部隊であった。彼らは短時間の「ハリケーン」砲撃後に奇襲攻撃をかけできるだけすばやく敵陣地に入り込む。自動小銃や軽機関銃、火炎放射器といった最新の武器で武装した突撃兵は、これらの火力を必要に応じて巧みに使いこなし、敵の防御陣地をすばやく征服した。これらの部隊の指揮官たちには、行動の自由がかなり認められていた。彼らは抵抗点を迂回し、イギリス軍陣地の奥深くまで進み、守備の結束性を破壊し、後方陣地に不安を抱かせるのが任務であった。第二段階として、他の部隊がこのあとに続き残っている守備兵を完全に撲滅した。これは「編制による機動性」の明白な例だった。機動戦の戦術的概念を実行に移せるように権限と責任の設定、部隊と資源の配置、任務の割り当てがすべて変更された。そして、この機動性により、これまでとは違うやり方で軍事力を行使できるようになった。この戦法が確立するまでに三年以上の歳月がかかっており、これは戦域レベル、戦略レベルというよりも戦術レベルではあったが、西部戦線の膠着状態の打開策となった。

一九一八年三月、エーリヒ・フォン・ルーデンドルフ将軍は、西部戦線で大規模攻勢をかけ、「機動戦」戦術の大々的な行使に着手した。ルーデンドルフのいとこであるオスカー・フォン・フーチェル将軍は浸透戦術を生み出し、その有効性は一九一七年九月のリガ攻略で実証されていた。このフーチェルが新たに創設された第一八軍の指揮を任された。これはドイツ軍の攻撃の先頭に立つことを託されたものであり、三月二一日にこの攻撃は開始された。短時間ながら大規模な砲撃を行ったのち、突撃隊が攻撃をかけた。初日の攻撃が終わる頃にはイギリス軍兵士二万一〇〇〇人を捕虜とし、ドイツ軍はイギリス第五軍の戦線を突破し大きく前進していた。華々しい成功を収めた第一八軍は算を乱して退却するイギリス軍を追撃し、アミアンに向かって進んでいった。しかしながら、ルーデンドルフの攻撃法が西部戦線にこの三年間で最大の前進を達成したにもかかわらず、ドイツ軍は他の誰もと同じ問題に直面していた。すなわち、塹壕を一つ突破しても、すぐまた次の奪取すべき塹壕が出てきて、前進するにつれて突撃隊の成功を生かすのが難しくなったのだ。イギリス軍が自分たちの兵站駅の方へ後退しつつあったのに対して、ドイツ軍は自分たちの兵站駅から絶えず離れる方向へ進んでいた。数日後、ドイツ第一八軍は前進するうちに補給品を使い果たしたことに気づいた。その前進速度がその補給線に莫大な負担をかけていた。補給部隊は突撃隊にまったくついていけなくなっていた。突撃隊がアミアンへ進撃するにつれ状況は悪化した。肉をとるため馬が殺されると、第一八軍の機動性はさらに落ちた。アルベールの町に入る頃には秩序は崩壊し、兵士たちは食物を求めて商店を荒らし暴れまわった。ドイツ軍の進軍はここで止まり、アミアンへの攻撃は勢いを失った。進撃は息切れしてしまい、急いでつくられた防御線により阻止されてしまった。

連合国軍は陣容を建て直し、一九一八年五月に反撃を開始した。その大部分はイギリス軍であった。一九一七年中にイギリス軍は戦車と、陸軍航空隊の航空機を利用するための戦術を練り上げていた。イギリス軍は、高次の戦術レベルでは、ただ一度の攻撃で敵の奥深いところに食い込もうとしないのが最善であると学んでいた。一連の「嚙みついてしがみつく」攻勢で敵の防御線を砕き、いろいろな方向からそれぞれ異なる攻撃を加える方がずっと好結果をもたらすと考えていた。それはちょうど、ドイツの予備軍が次々と受ける攻撃に反撃しようとして動きが取れなくなる状況をつくりだそうとするものであった。この作戦により、それぞれの攻撃は順次お互いに支援し合う形になり、防御する側は相次ぐ攻撃に動揺してしまうのであった。同じように重要なことは、前線の狭いところに突破口をつくるよりも幅広く攻撃をかけることによって前線へ向かうすべての道路が攻撃を維持するのに使えたことだ。作戦的に言えば、イギリス軍は前線を突破するよりもこれを後退させようとしたのであり、そのとおりになった。

この反撃はそのままドイツ軍の敗北、そして戦争の終結につながった。一一月一一日午前一一時、停戦協定が調印された。

ドイツとその軍隊は本当に手強い相手だった。ドイツ陸軍が祖国に撤退したとき、軍は国内において敗北主義であり社会主義系の革命家たちに裏切られたのだと心のなかで思っていた。この戦争は、明らかに、ドイツ軍部が政治的な動きを押さえ込むことで始まったのであるが、終結に際して、ドイツ軍部は、国民レベルで政治的な支持がなかったから負けたのだと責任を転嫁した。この戦争は大規模な力くらべであり、本来の連合国側が、部分的にアメリカ軍に助けられて、最終的に勝利した力くらべであった。アメリカ軍は西部戦線に登場し始めてから徐々にその数を増し、アメリカは資金、兵士、物資の支援を約束していた。しかし、戦争を継続する意志がドイツ母国で失われたのは、直接的な攻撃によってではなく長年にわたる損失兵員と物資不足と苦難が国民の心身をむしばんだからであった。一九一四年にイギリスが始めた海上封鎖は、一九一八年にはドイツ国内に栄養不良や政情不安をもたらしており、指導者たちの将来構想に対する国民の信頼を浸食していた。国民は何百万という数で国旗のもとに集められ死んでいった。予想されていた迅速な決定的勝利は得られず、彼らは国内で攻撃にさらされ、飢えていた。クラウゼヴィッツの三位一体の一角を占める国民という要素は、事実上、戦争から手を引いた。このため政府と軍部は戦争を維持できなくなり、講和を求めざるを得なくなった。決定的勝利は連合国側のものとなったが、それは多くの点で苦い勝利であった。連合国側の国民も飢えており、故国は攻撃され、愛する者を何百万と失っていた。連合国側のそれぞれの国民は三位一体の枠内で均衡を保っていたが、政治指導者や軍首脳は国民を次の戦争に引き出すのは大変難しいと考えるようになっていた。すべての参加国に対して工業化された総力戦は大規模な物的・人的犠牲を強いたのである。両陣営合わせて六五〇〇万人以上が戦場に送られた。内訳は連合国側が四二一八万八八一〇人、中央同盟国側が二二八五万人である。一五〇〇万人が命を落としたが、そのうち兵士は八五〇万人以上、およそ六五〇万人が一般市民であった。二一〇〇万を超える兵士が負傷し、七五〇万人が捕虜となるか行方不明となった。数値があまりにも大きいためぴんとこないが、まさにそこが核心である。人々は個々人として、信念や動員や工場労働を通して、この戦争に参加した。そして、全員が——勝利した側の人々でさえも——この総力《国家間戦争》に巻き込まれその規模と力によって最後には打ちのめされてしまった。

戦いが続いたこの四年のあいだに、空前の大規模な軍隊によって大量の軍事力が使用された。この戦争が終結する頃には、「決定的勝利」の意味が迅速に勝利することからゆっくりと相手を消耗させることに変わっていた。どちらの側の指揮官たちも、部隊編成や作戦に関する考え方の大部分はドイツ統一戦争から学んで戦場に入っているので、ゆっくりとした消耗戦という新しい考え方に慣れこれを発展させるのにかなりの時間を要した。イギリスが戦車と科学技術を用いたのに対して、ドイツ軍は機動戦で突破口を開いた。この二つにより塹壕戦で行き詰っていた作戦上の柔軟性が復活した。空軍力は戦場に必要不可欠なものとなり、またそれ自体で戦略部隊にもなった。電磁波に依存するシステムや兵器を除けば、現在の軍隊が保有する兵器は、基本的な形としてだけであるにせよ、ガス状の大量破壊兵器も含めてすべて第一次世界大戦中に出現している。一九一八年の部隊指揮官たちは、現在の通信・連絡システムについて修得するわずかの時間さえかければ、今日の陸軍部隊を効果的に活用する方法がわかるだろう。第一次世界大戦で見られたような軍隊の編成とその軍事力の適用との両方を可能ならしめた機構は、国家がもつ能力のすべてにわたって拡張され、一般市民の生活領域と軍の活動領域のいずれにおいても管理・統制する機関となった。第一次世界大戦後、それらは各国でおおむね解体されたが、それにもかかわらず有事の際には迅速に復活できるようになっていた。連合国側は戦略レベルでは、大規模な産業力・工業力を戦場へ運べば最終的な勝利につながるということを示した。しかし、これには、銃後への直接攻撃と社会的激動というこの上なく高い代価と社会に対する深い爪痕が伴われていた。軍事力に効用はあったが、この犠牲によって、人々はこのような戦争を二度と戦いたくないと思うようになった。ドイツ軍部は、次の戦争でも大規模な軍事力に効用をもたせるつもりであれば、その軍事力は一九世紀における大モルトケの原則の枠内でその目的を迅速に達成できるようなものでなければならない、と考えるようになった。敗れたドイツ軍の指揮官たちが戦場を去る際に必ずしも将来の戦争について考えていたとはかぎらないが、オーストリア軍所属の一人の伍長勤務上等兵（アドルフ・ヒトラーのこと）はこの問題についてゆっくりと考えをまとめ始めていたに違いない。《国家間戦争》というパラダイムは発展の最終的な段階、そして頂点に向かって動き出そうとしていた。

一九一九年にヴェルサイユ条約が調印されるとヨーロッパで《国家間戦争》がふたたび起きる恐れはなさそう――少なくともすぐには――と思われた。各国は疲弊し、どこの国の政府も国内問題に気をとられていた。第一次世界大戦に参加した国では革命や社会的動乱が起きそうな気配が漂い、経済はいずれも低迷していた。だがすべての戦争責任と巨額の財政負担をドイツに負わせたヴェルサイユ条約は、次の戦争の種を含んでいた。一九一八年にヴィルヘルム二世が退位してオランダに亡命したのち、敗北の屈辱と苦しみは第二帝国の跡を継いだワイマール共和国においていつでも表面化しそうであった。そしてこの新しい共和国が誕生した当初備えていた自由が、一九二〇年代に混乱と失業、超インフレーションに屈した際に、アドルフ・ヒトラーが利用したのが国民のこうした感情だった。ドイツの覇権と、それを実現する手段としての戦争の実現を約束したことで、政治的目標を達成するための軍事力の効用を信じるナポレオン的信念とでも定義できるものをヒトラーが抱いていることはすぐに明らかになった。ヒトラーが思い描いていた戦争は、一九世紀型の覇権や植民地をめぐる争い、あるいは報復のための戦いではなかった。ナポレオンのようにヒトラーは、軍事力を行使してヨーロッパ、ひいては世界の地図を塗り替えようと決意していた。一九三三年に権力を掌握すると、ヒトラーと特に配下の軍部首脳は、もう一度《国家間戦争》を戦う準備をした。そのための隠された計画はすでに用意されていた。一九一九年以降も密かに活動を続けていたドイツ軍参謀本部が概要を作成したものだ。というのも、ドイツ軍の規模を大幅に縮小することの他に、ヴェルサイユ条約はドイツ参謀本部が存続し、あるいは再生することを禁じていたからだ。おそらくそのような条項を含む条約は世界でもこのヴェルサイユ条約だけだろう。そしてこのことは、ドイツ参謀本部の並外れた組織機構の威力と能力に対する賛辞でもあった。この事実にもかかわらず、ドイツ軍の将校たちは兵務局《トラッペンアムト》のなかに隠された参謀本部と協力して次の戦争をいかに戦うかという計画を密かに練り始めていた。兵務局《トラッペンアムト》は、表向きは、軍の人的資源に関する事務局であった。一九三三年までには、彼らはその軍事機構を設立する計画と敵を攻撃するべくそれを用いる計画との両方をつくりあげており、のちにヒトラーとその支持者たちがこれに倣うことができたのである。

ドイツ軍部は、戦争における戦線膠着状況――戦術的均衡がある状況――は、規模が大きくより永続的な工業生産能力を有している側に最終的に利益を与えるという教訓をしっかりと自分のものにしていた。何よりもドイツ軍部は、犠牲の大きい消耗戦は国内経済を破綻させるだけでなく社会政治的な均衡を壊すことを自覚していた。というのも、一九一八年の停戦協定とその結果としてのドイツ社会・政治の激動は、いつも彼らに第一次世界大戦における消耗戦を苦々しく思い出させていたからである。この戦争を分析する過程において、彼らは、自分たちの戦術的新機軸の価値を認識した。それは、攻撃においても防御においても、小グループにかなりの主導権を与える、というものであった。攻撃時の突撃隊による浸透戦術についてはすでに見ているが、防御においてこれに同等のものは縦深防御として知られるものであり、本質的に動きのない防御戦闘において戦術的機動性を可能にした。ドイツ軍は指揮官たちに、一本の線としての陣地ではなく面としての防御地域を保持するように指示していた。そうすれば攻撃された場合、特に激しく爆撃された場合に前線から防御地内のあらゆる中間地点に撤退できる。こうすることによって、自分たちを敵の攻撃につねにさらすことを避け、不必要な死傷者を出さずにすんだ。ただし、機会があり次第、前線を再構築すべく反撃するのが自分たちの義務であることを明確に理解したうえでの行動である。これは柔軟性のある防御で、状況に応じて絶えず前進と後退を繰り返し、やがては元の位置に戻った――だから縦深防御と呼ばれた。基本的にドイツ軍の指揮官たちは一歩も退かないというのではなく連合国軍の砲兵攻撃を避けつつ自分たちの戦線を守るべく、連合国軍兵士たちをおびき寄せて攻撃し、撲滅しようとしていた。こうした攻勢戦術、防御戦術を実行するため、ドイツ軍は状況に応じて部隊を組み立て、下級士官たちにその状況のなかで行動する権限を与えた。例えば、縦深防御において前方防御地域を担当する部隊の指揮官は、その防御地域内に存在するすべての部隊を運用させる権限をもっていた。この権限は増援のために派遣された部隊の指揮官すべて――たとえ階級が上の指揮官に対しても及んだ。これは戦闘において、状況が重要な要素であるという考えを反映している。ここからもドイツ軍の考え方には柔軟性がないという通念が嘘だとわかる。なぜなら、こうした戦術と機構によりドイツ軍は攻撃に抵抗するべく編制による機動性を獲得し、それまでよりも死傷者数を減らし、ルーデンドルフ攻勢の戦術的成功を達成し発展させたのである。さらに戦争から復員した突撃隊員はこのような戦術を生みだした当人であり、後に経験豊かなプロフェッショナルからなる中核的な基幹要員となった。彼らのなかには、戦車と飛行機がこの概念の枠内で生かされ得ると正しく理解している人たちがいた。

戦車や突撃隊戦術が秘めている可能性を認識していたのはドイツ人だけではなかった。一九二〇年代、「フーチェル戦術」と呼んでいたものに強い印象を受けたイギリスのバジル・リデル＝ハート大尉（のちにナイト称号を授与されている）のような軍事思想家やより重要なことに赤軍の理論家たちは、機動戦のこうした概念をさらに発展させようとした。戦車は相変わらず速度が遅くさまざまな技術的問題を抱えていたが、第一次世界大戦中にその可能性をはっきりと示していた。戦車の信頼性が高まるにつれて理論家たちは、新しい戦争の戦い方の中心要素になる可能性があると主張するようになった。すばやく動ければ戦車集中により敵の戦線を突破して後方に食い込み、敵の抵抗意志を減らしつつ補給品や砲兵陣地を破壊できる。理論家たちは、戦車その他のこれに類する装甲車両は、歩兵が防御施設に突進するのを支援したり、接近戦において砲火を浴びせて歩兵を支援するための歩兵支援部隊としてだけでなく、それ自体で、行進する兵士の速度ではなく車両の速度で機動し戦闘を展開するのに使えると考えていた。この時点での各国の陸軍を比較してみるとその違いは、ドイツ陸軍はすでに新しい科学技術を使うのに好都合な指揮と編成についての考え方をつくりあげていたことである。これに対して他国は、この新しい科学技術を自分たちがすでに持っている指揮構造――それは行動する大量の兵士を統御するべく発展してきたものであった――を補強するものとして考察していた。言い換えれば、ドイツ軍が戦車をフーチェルが考案した機動戦をよりよく実行するための一つの装備とみなしていたのに対し、他国の軍は戦車をむしろ陸上艦隊として見ていたということだ。

次の段階は、戦車の活動を歩兵部隊、砲兵部隊、空軍力と同調させることだった――これは無線の導入により可能となった。ドイツ軍は支援されるべき部隊は戦車部隊であること、そして、そのためには他の部隊は戦車部隊と同じ速度で移動できなければならないこと、を理解していた。そこで生まれたのが機甲擲弾兵、機甲歩兵部隊その他の部隊であり、砲兵隊なども戦車部隊を直接支援して動けるようただちに装備された。ドイツ空軍はこの展開の早い戦闘において重要な役割を果たすと考えられていた。敵を攻撃し、機甲集団の露払いを務め、機甲集団を直接支援し、要所を押さえるために空挺部隊を機甲集団の進撃に先んじて降下させる等であった。ヒトラーはハインツ・グデーリアン将軍が著した小論文『戦車に注目せよ《アハトゥング・パンツァー》』のなかで略述されている機甲部隊（機械化部隊）というアイデアに感化されていた。このヒトラーから手厚い支援を受けたドイツ軍は、戦車部隊と支援諸部隊を組織して、自己完結型の機甲師団をつくった。

こうした組織的な新機軸を取り入れたにもかかわらず、第二次世界大戦でドイツ軍の大半は、相変わらず行進する兵士や馬、鉄道に依存していた。これは偶然ではない。ドイツ軍はモノ不足のなかで戦争を始めてしまったためだ。ナチスが政権を掌握した一九三三年には、参謀本部がヒトラーにドイツ陸軍の近代化が終了し戦う準備が整うのは一九四四年あるいは一九四五年以降であると告げた――しかしこの言葉は退けられた。その結果、一九三九年の第二次世界大戦勃発時にはドイツ軍の火砲のほとんどはこれまでどおり馬が引いており、また第二次世界大戦中一貫して装甲車両がかなり不足していた。その結果、これまでどおり歩兵や砲兵がドイツ軍のなかで大きな割合を占めていた。さらに第二次世界大戦を通じてドイツの産業・工業は携帯火器を充分に供給できず、軍は古い武器や鹵獲《ろかく》した武器、占領した国で生産された構造の古い武器を改造したものに大きく依存せざるを得なかった。こうした武器は規格化されておらず互換性がなかった。このためそれぞれが大量に必要となり、また予備部品が乏しかった。連合国側が戦争遂行機構の準備を始めたのはドイツに比べて遅かったが、連合国側はドイツに先んじて武器を規格化していた。このため戦場で連合国の工業生産品は戦場においてずっと使い勝手が良かった。

技術的、組織的な新機軸とさまざまな変化と並行してナチス国防軍は、その規模も非常に拡大した。序論で述べたがたいていの国の常備軍は、自国防衛のために利用されることを想定して編成されている。したがって、自国に対する攻撃ではない事態への対応が求められる場合、問題は、それとは異なって目標に対して自国防衛のために整備された軍事力をどのように行使するのが最善かということである。しかし、軍事力を始めから攻撃用に用いること――戦争を始めること、あるいは少なくとも先制行動を起こすこと――が政治的意図ならば、はじめからもっとも重要な目標に向けて行動するべく軍事力を設計できる。ヒトラーが権力の座について以降、この方針に基づいて機甲部隊やドイツ空軍が発展し、歩調を合わせるようにドイツ軍の規模も拡大した。この準備のすべてが臨界点に達すると、自分たちの軍事力を行使するためには、自分たちの新たな機構のなかにあるこの新しい軍隊をテストする必要があった。その機会を提供したのが一九三六年に始まり三八年に終結したスペイン内戦であった。ドイツ軍はフランコ率いるファシスト側支援にまわり、上述した指揮と編成に関する概念の有効性を調べる戦術的実験場としてこの内戦を利用した――そして実験は成功した。

こういったますます不気味なドイツの動きを見てイギリスとフランスは、それぞれ自国の軍事的産業機構の活性化に取りかかったが、迫力に欠けていた。両国ともまだ戦争を求めていなかった――例えば、チェンバレンの場合、時間を稼ぐだけのためにも積極的に戦争を避けていた。ヨーロッ各国で防衛計画立案に携わる軍人や文官たちは、新たな戦争が起きるのは避けられないとはっきり悟り始めていた。そして、第一次世界大戦終結後たちまち知られるようになっていたこの戦争の産業的・工業的特徴の多くが次の戦争でははっきりとあらわれるだろうと考えた。《国家間戦争》の「プロセス」は各国にしっかりと根付き、そして各国の状況を支配するようになり、その結果、戦争遂行に必要な機構がふたたび出現した。それは、総力戦を遂行するために、そして国家の戦争努力を産業化・工業化してそれを勝利というただ一つの責務に結びつけるために結成されたものであり、実際のところ準備期間は短かったが一九一四年から一八年の経験を踏まえて、これらの機構は以前よりもうまく組織されていた。各国政府は、防衛という名の下に国民に対してかつてないほど強力な支配力をもつことになった。そして、これは共産主義国家、ファシスト国家だけでなく民主主義国家についても当てはまった。政府は、国民、製造・生産、必需品、情報などを管理し統制しようとした。これが、《国家間戦争》を決定づける特徴として第一章で述べた経済と国民を混乱させる「ぎりぎりの安全な時間的余裕」だった。しかし、その規模は非常に大きくなっていた。その時が来ると、それは日常生活のあらゆる要素が変えられるという全面的な混乱をもたらし、政府は日常生活の大部分を完全に支配した。この新しい機構としての組織的能力と統制の影響は、イギリスでは始まりの時点から明らかだった。開戦に先立って多くの人――たいていは女性と子供だ――が週末を利用して都市部――たいていはロンドン――から疎開した。その数は三〇〇万を超えていた。鉄道はフル操業で輸送にあたり各地の駅は人であふれたが、この大量の疎開者はあらかじめ指定された人たちで、都市を離れてから七二時間後には新しい住まいを提供された。第一次世界大戦以前であれば数カ月はかかっただろうと思われる離れ業であった。

やがて戦端が開かれた。枢軸国側においては、国民、軍隊、政府という三位一体が元通りに均衡を保っているように見えたが、これは特に軍隊と政府が一つになりかけていたからであった。国民のために、ヒトラーは秩序と繁栄と偉大な国という未来を約束していた。もちろん、これらはすべてひどく歪められた形で、人間的にも道徳的にも政治的にもそして最終的には軍事的にも大変な犠牲を払ってやってきた。軍隊や国家と同じようにドイツ国民も恐ろしい総力戦遂行の一翼を担い、それは彼らの世界と彼らが征服した国の人々を人間らしい日常の生活からかけ離れたところへ追いやり、《国家間戦争》というパラダイムをその決定的な激しい結末へ向かわせたのである。連合国側においても三位一体の均衡があった。国民、軍隊、政府はゆっくり粛々と結集した。その戦いが来るのを恐れてはいたが、心の底では必ず来るだろうと思っていた。それも、前回と同じように長くて苦しいものになるだろうが、避けられないのだと。戦争を抑えていた鎖が解かれた時、連合国側のこのような思いは、一九三九年九月三日のジョージ六世の日記に簡潔かつ適切に要約されている。

一九一四年八月一四日の深夜から一五日未明にかけて戦争が勃発した時、私は海軍士官候補生だった。イギリス軍艦コリングウッドのブリッジで海を見つめていた。北海のどこかだった。一八歳だった。

大艦隊の誰もがついにその時が来たと喜んでいた。いつかドイツと戦火を交える日が来るだろうと信じて我々は訓練に励んできたのだ。そしてついにその日が来た時、自分たちは準備ができていると思っていた。戦争に突入してから我々は最新の戦争が実際はどういうものかを知ったが、我々にその実態に直面する準備はできていなかった。そしてこの世界大戦を戦い抜いた我々の仲間は、もう二度と戦いたくはないと思った。

今日、ふたたび戦端が開かれた。私はもはや海軍士官候補生ではない。

第三帝国はヨーロッパ各国に力ずくで押し入った。まずポーランド、続いてデンマーク、ノルウェー、北海沿岸地帯、そして最後はフランスだった。イギリス陸軍は大陸で打ち負かされた。一年もたたないうちにドイツ軍はかなり少ない費用で、何年も続いた消耗する塹壕戦が達成できなかったことを達成してしまった。機甲集団とドイツ空軍を土台としてドイツ軍が進めてきた準備は報われたのだ。ドイツ軍は軍事力を非常に有効に行使する方法を見つけたようだった。一九三九年九月にポーランドに侵入すると、機械化された地上部隊はドイツ空軍の近接支援を受けながら、ポーランド側の防御線を突破し、背後に深く入り込んだ。一九四〇年には、五月のノルウェー攻撃に際しても、また北海沿岸地帯やフランスへの侵攻においてもこの戦術を用いた。この時は防御側に衝撃を与え混乱させるべく、空挺部隊も降下した。こうした戦術は電撃戦《ブリッツクリーク》として知られていた。充分に武装した小グループが敵陣の奥深くに入り込んですばやく動くという戦術で、拠点を迂回し、防御の要所を破壊したり占領したりする前に、この防御の一体性を引き裂こうとするものであった。この攻撃は兵士の行進速度ではなく装甲車両の速度で実施され、その成功も同様であった。防御側はもっとゆっくりした歩行速度的戦闘を戦うよう編成されていたので、文字どおり不意打ちの連続で後手々々にまわっていた。その命令系統は事実上麻痺し、その兵站線には難民が押し寄せ、予備隊はドイツ空軍に攻撃され、すでに失陥した地点へ向かうという有様だった。疑念、混乱、風評、パニックの連続であった。

電撃戦《ブリッツクリーク》の遂行には兵站のリスクがつきもので、機甲部隊は鹵獲した燃料で燃料補給しなければならない場合もあった。しかし、唯一の基本原則、すなわち速度さえ維持されていればそのようなリスクは見かけほど大きなものではなかった。個々に行われている電撃戦が次々と迅速に終結していけば、補強すべき燃料の量は少なくなるし、捕獲した燃料に頼ることは戦争の本質としてあり得ることだった。予定した距離を走りとおすのに必要な燃料、糧食、飲料水、予備部品はある程度正確に計算できる。定量的に予測するのが難しいものは戦闘におけるこうした資源の消費量である。戦闘が長引けばより多くの資源が消費され、予測が妥当なものではないというリスクが大きくなる。したがって、もし選択された戦術が多数の小戦闘を必要としているもの、すなわち、大きな戦闘であっても分割されてその各々がすみやかに終わるようなものであれば、予測が妥当でないというリスクはずっと少なくなる。また、大きな時間のかかる戦いが必要になるかもしれない敵の強力な拠点を迂回するのであれば、同じことが言える。さらに、支援火力の一部として空軍を使うことによって兵站上の負担は軽減されるかもしれない。というのも、支援にあたる兵站輸送部隊は、前線の後方にある飛行場まで行ければよいのであって、そこは前線ほど敵の火力は激しくないだろうからである。空軍を支援火力に使う戦術が機能するためには、展開している戦闘にすみやかに勝利すること、制空権を確保していること、そして天候を考慮すること、が要求される。今日でさえ、空軍がどんな天候でも作戦機動を保証されているわけではない。ドイツの計画立案者たちが直面したその他の兵站上の困難は、機甲集団による攻撃成功後に、その成功を活用し強化できるよう、自分たちの軍隊を大規模かつ迅速に移動させることだった。すでに述べたように、ナチス国防軍の機械化はまだ完全ではなかったため、原則として歩兵師団は徒歩で移動し、大砲は馬が引いていた。機甲部隊への補給の流れを混乱させずに、これらの長い縦隊を前に進ませ、そして一戦を交えている指揮官を支援するための機動に優先順位をつけることも含めた交通整理は、作戦参謀の腕の見せ所であった。ドイツの参謀将校は実に手際がよかった。

西ヨーロッパを征服したヒトラーは、ナポレオンがぶつかったのと同じ戦略地政学上の現実に直面した。イギリス軍を打ち破るためには、まず彼らの島に上陸しなければならない。大戦間を通じてほぼずっとドイツ空軍によるイギリス本土空爆は続いてはいたが、イギリス本土航空決戦でのドイツ空軍の敗北は、トラファルガーにおけるフランス・スペイン連合海軍の敗北に類似していた。イギリスは侵攻の脅威から解き放たれた。レーダー、航空機、指令系統の科学技術的かつ工業・産業的発展というイギリス空軍のこの戦いに対する準備は、まさに一九一七年におけるイギリス空軍編制の結果であった。イギリス王国の防空に責任がある唯一の戦略指揮官をおくことによって、この目的へ向かっての科学技術的な発展に対する焦点を定めることができた。そして、一九三〇年代末に、再軍備のための資金が確保できるようになると防空が優先された。第二次世界大戦を通じて、特にイギリス空軍戦闘機部隊による見事な作戦の展開と継続は、そうした投資が無駄ではなかったことを示している。今日では「ネットワークを活用した戦争」の将来性が騒がれている。多くの情報源から情報——特に敵についての情報——を集め、検討評価することによって戦場をよく理解し、それに従って行動するという考えである。イギリス空軍が行ったドイツ空軍に対する予備調査とこの敵と交戦する自分たちの能力の分析を考えると、イギリス空軍戦闘機部隊は「ネットワークを活用した」最初の戦闘を戦ったのだ、と私は思っている。

イギリスはつねに攻撃されていたが、独立国家の地位を維持し続けた。一方ヨーロッパ大陸ではイベリア半島からバルカン半島まで枢軸国軍に直接支配される、あるいはフランコが権力を握るスペインのように枢軸国と友好関係にある国は間接的に支配されていた。拡張は東方に向かってのみ可能だった。このためナポレオン同様ヒトラーもドイツ軍をロシアに向けた。ロシアから土地を奪ってドイツ人に生活圏《レーベンスラウム》を与えるという計画は、開戦前に立てられていた。この計画が成功すれば、第三帝国は残りの世界すべてに立ち向かえるだけの領土を獲得することになるだろう。こうした計画は、ドイツのさまざまな原料や石油への通路を制限しているイギリス海軍の優位な状況を考慮していなかった。このことは長期戦においては決定的な欠陥であった。ヒトラーはこの要素を無視した。大々的な規模で電撃戦《ブリッツクリーク》を実施すれば、ロシアに勝てると考えていた。一九四一年六月、ドイツ軍は史上最大規模の兵力でロシアに侵攻した。当初、バルバロッサ作戦は順調に進み、一九四一年一二月にはモスクワ郊外に到達した。しかし、結局はロシアを征服しようというドイツのこの試みは失敗する。広大な草原地帯と厳しい天候のおかげでロシア軍は――莫大な犠牲を払ったものの――ドイツ軍の攻勢を停止させるのに充分な時間を得ることができた。ナポレオン軍同様、ドイツ軍はもう一つの戦略地政学上の現実にぶつかったのだ。ロシアを打ち破るためには、太平洋に向かって行軍することを覚悟しなければならないということだ。東方に進軍するにつれて前線はますます広がった。しかし、それを保持するに充分な兵力がなかった。その結果、切れ目ができ始めた。やがて雪が降り始めると赤軍は反撃を開始した。この反撃の成功はドイツの原料不足と石油不足により拡大した。バルバロッサ作戦はもはや電撃戦《ブリッツクリーク》ではなくなっていた。昔のスタイルに戻ってしまっていた。

連合国側は各国各様に電撃戦《ブリッツクリーク》への対処法を編み出し始めていた。イギリス軍は北アフリカ戦線を実験場とした。同戦線では一進一退の攻防が繰り返された末、モントゴメリーが指揮官に任命された。自身の戦争についての経験や戦争についての知識を、イギリス第八軍や砂漠空軍の経験や知識と融合させて、必勝の軍隊運用法を編み出した。それに基づいてモントゴメリーはイギリス軍を編成し、師団規模の作戦単位――ドイツの作戦単位よりも大きな編成であった――で機動し、空軍を最大限に活用して戦場を孤立させ、敵の戦闘力を縦深の地域で徹底的に削ぎ、敵部隊同士が相互に支援し合うことができないようにした。ロシアでは、ロシア軍の指揮官たちは一九三〇年代末の粛清でスターリンに殺された赤軍理論家たちの教訓――大規模な軍隊の構築と、戦場レベルあるいは作戦レベルでの軍事力の行使――を再学習し、独自の軍隊運用法を編み出した。一九四二年末のエル・アラメインの戦いとスターリングラードの戦いは手本となった。その一方、連合国第一軍によるモロッコおよびアルジェリアへの上陸（トーチ作戦）ではアメリカ軍は苦い経験をした。一九四三年五月には、アフリカでは第一軍と第八軍がシチリアに侵攻する準備を進めていた。シチリア島上陸作戦は七月に行われた。その同じ月に壮大なクルスクの戦いが行われ、赤軍は東部戦線におけるドイツ軍最後の戦域レベルの攻撃を撃退した。これは対ドイツ戦の真の転換点であったと私は思っている。

連合国軍はドイツ軍の戦法に直面して対抗策を編み出していた――そのいずれもが編制による機動性を獲得して自軍を展開し、軍事力の効用をより効率的に発揮するようそれを行使するというものであった。基本的にどれも同じような方法にたどり着き、どれも作戦的なレベルに焦点を絞っていた。彼らは前線に切れ目ができても仕方がないと考え、包括的な防御ができる防御陣地を敷いた。そのような強力な拠点は、最初の電撃的襲撃《ブリッツクリーク》を足掛かりにして徹底的に攻めてこようとする後続部隊に打撃を与えるためのものであり、その一方で砲撃や空からの攻撃がこうした拠点を支援し、この後続軍をさらに粉砕することになっていた。その間に、防御地域の奥深くに待機していた第二梯隊の部隊は、電撃的な攻撃を仕掛けてきた第一波のドイツ軍が支援を失って燃料や弾薬も乏しく脆弱になったところを攻撃して、壊滅させることになっていた。このような戦い方を可能にするためには、動く余地が充分にある場合には、制空権を獲得しておくことあるいはせめてそれに類するものが不可欠だった。攻撃の場合この手法は、モントゴメリーの言葉を借りれば敵の強点に「突破楔入し」敵の予備隊に接近戦闘を強要する――飛行機と火砲で攻撃して敵の動きを誘い出し、続いて敵の奥深くに攻撃をかける――ものだった。戦闘はその都度入念な準備をしたうえで実施された。戦闘員は技量に優れ勇敢だったが、こうした作戦行動はドイツ軍の政治的戦略的弱点を突いていた。彼らは自分たちがもっているものを保持しなければならなかったので、戦闘に巻き込まれれば被る損害は大きかった――人的にも領土の面でも。

陸戦とは対照的に、ドイツ軍の潜水艦攻撃を打ち負かすのは非常に難しく、連合国側、特にイギリスはおびただしい数の船員、積荷、船舶を失っていた。戦時中、イギリスの船舶は北大西洋だけで二二三二隻が失われた。ドイツ潜水艦との戦いは戦争終結まで続いたが、一九四三年五月に転換点が到来した。それ以降、だいたいにおいて、ドイツ潜水艦は連合国側の船舶よりも高い割合で沈められるようになった。このように甚大な被害を受けながらもこの戦争の全期間を通して見ると、全商船の九九パーセントは無事目的地の港に入っており、連合国側の海軍および護送船団方式の評価は大いに高まった。

連合国側も枢軸国側も短期間で決定的勝利を収められなかったため、双方は第一次世界大戦中に始められたものを復活させた。すなわち、敵の戦争遂行能力と敵国民の戦争意欲を破壊する目的で、空から直接、また海上封鎖によって間接的に敵国市民を攻撃したのだ。ドイツ空軍による電撃的空襲《ブリッツ》、イギリス空軍やアメリカ陸軍航空軍（ＵＳＡＡＦ、米空軍の前身）による戦略爆撃、ドイツ軍のV1巡航ミサイルやV2弾道ミサイルなどのV兵器による攻撃はいずれもこの目的のためのものだった。イギリスの産業・工業中心地および産業都市・工業都市に対するドイツ軍の空襲、電撃的空襲《ブリッツ》は、一九四〇年九月七日に始まり一九四一年五月まで続いた。これは基本的にイギリス本土航空決戦でのドイツ空軍の敗北を受けてのもので、民間人を攻撃対象としていた。一九四四年から四五年にかけてドイツ軍はVミサイルを利用して似たような作戦に出た。その一方で、連合国空軍によるドイツ、のちには日本の都市部への爆撃は、第二次世界大戦勃発直後から始まり、一九四三年以降その回数は増え重要性も増していた。これは戦略爆撃であった。すなわち、独立した戦線であり、しばらくのあいだ、イギリスがドイツの陸軍や艦隊ではなくドイツそのものを直接攻撃できる唯一の方法だった。その頃ドイツの陸軍や艦隊はドイツ国境から少し離れたところにいた。イギリス空軍はより大規模でより効果的な空襲を行うべく、時間をかけて能力を高め、戦術を確立した。長距離重爆撃機は大型爆弾同様、ますます大量に製造された。無線航法援助施設、レーダー爆撃照準器、電子対抗手段の開発は、長足の進歩を遂げた。連合国軍の空襲はドイツの産業基盤および国民の士気を破壊することを狙ったもので、ドイツ側のイギリス都市部に対する攻撃とほぼ同じやり方で実施された。だが、ドイツ各地の工場を正確に狙えないため、確実に破壊するには大量の高性能爆薬と焼夷弾を広範囲に投下しなければならなかった。

交戦国の市民を恐怖に陥れることを狙っての攻撃には、別の効果があった。この攻撃は市民たちを戦場にいる兵士たちに共感させた。今や総力戦はすべての人に共有されていた。その結果、政治的目標とそれを達成しようとする意志は、軍事的目標にきわめて近くなっていた。そして、それを達成しようとする意志はいかなる犠牲も厭わなくなってしまっていた。両陣営において、国民、国家、軍隊は一体だった。しかしながら、連合国側、枢軸国側、双方の爆撃により多くの人命が失われ多大な損害が出たにもかかわらず、結局のところ爆撃は相変わらず戦場や海上で行われる重要な戦いを支援するための活動にすぎなかった。爆撃は決定的な軍事力ではなかった。

一九四一年一二月、日本がアメリカを攻撃し、この戦争はまさに世界を巻き込んだ。ドイツ同様日本も、すばやく決定的な一撃を加えようと考え、大胆にもハワイ州真珠湾に停泊中のアメリカ太平洋艦隊に奇襲攻撃をかけた。太平洋艦隊は多大な損害を被り多くの人命と艦艇が失われたが、この攻撃は失敗であった。日本の奇襲攻撃を受けてアメリカはそれまでの孤立主義を捨てて参戦に踏み切った。必ず勝つと決めていた。日本軍の奇襲攻撃当日、アメリカ海軍のもっとも重要な航空母艦数隻は演習のために出港していたため、難を逃れた。日本の攻撃がもっとうまく目標を捉えていたならば、アメリカの実質的参戦はもっと遅れていただろう。それにもかかわらず、ナチスがヨーロッパで周辺国を次々に征服したように、日本はこのあとアジア各地で矢継ぎ早に勝利を収めた。しかし、やがては例の戦略地政学上の現実にぶつかった。アメリカを打ち破るためには、日本はまず北米大陸に入り込まなければならない。大英帝国を打ち負かすためには、まずインドに侵攻しなければならない。要するに、北米大陸とかインドというのはロシアの大草原やブリテン諸島のように、決定的勝利を求めるにあたりそこを攻撃すると決めた国にとって、非常に手に入れがたいものであった。それはおそらく将来も変わらないだろう。

方々の戦線で形勢が変わると、共産主義国ロシアの無尽蔵と言ってもよさそうな労働力と人命が、アメリカの資金や兵器と相俟って、ドイツ軍の戦争努力をたちまち凌駕し始めた。迅速な戦略的成功を戦略の土台として、科学技術や戦車、航空機、その他軍事的産業力が生み出すものを次々に利用していたドイツ軍は、気がつくと連合国の人的資源や物的資源をはじめとする大規模な生産能力を前にして、こういった科学技術の流れを維持できなくなっていた。一九四三年のクルスクの戦い以降、防御の姿勢をとることを余儀なくされたドイツ軍は、何としても避けたいと思っていた事態、すなわち消耗戦、に突入せざるを得なくなっていた。これまでと同様、産業・工業が決定的要素であることが最後に判明したのだ。兵員と物資の単なる量、そして技術革新が両陣営間の競争の中心となった。一九三〇年代の不況を乗り切ったアメリカ経済は、急速に成長を遂げていた。一九四〇年から四五年のあいだにアメリカ経済は五〇パーセント拡大した。兵器と軍装備品は規格化され、大量生産された。信頼性が高く整備が単純なM4シャーマン戦車は五万八〇〇〇両製造され、連合国軍やアメリカ軍に送られた。一九四〇年代半ばからアメリカ各地の造船所では、商船隊の規模を拡大しイギリスに援軍や必要な物資を提供するべくリバティ船（大型輸送船）が一日二隻の割合で建造されるようになった。イギリスの産業・工業もフル稼働して戦争終結までイギリス軍とイギリス国民に必要な物資を提供した。こうした協力はDデイの侵攻艦隊の他に比を見ない規模、その作戦の壮大さによって明らかになった。そうこうしているあいだにロシアも物量戦《マテリアールシュラハト》に入った。莫大な労働予備軍が動員され、兵器の大量生産が本格的に始まった。何よりも驚くのは、バルバロッサ作戦によるドイツ軍最後の攻撃を受けて、ロシアの産業基盤すべてがウラル山脈東部に移転させられ、それがただちにフル稼働し始めたことだ。四二カ所の戦車工場は、戦争中に、T34戦車を四万両、重戦車を一万八〇〇〇両製造した。ロシアは航空機もほぼ同じ数量製造し、この航空機は間断なくドイツ軍を攻撃して悩ませた。イリューシンIl2シュトゥルモヴィークは四万機製造され、この軍用機としての生産量はいまだに破られていない。これは赤軍がどこで戦おうと赤軍を戦場で支援するべく、軍隊、戦車、鉄道に対する攻撃に大編隊で利用された。その結果、赤軍はつねに自軍の上空の制空権を確保していた。シュトゥルモヴィークは単純で荒削りな形をしており、個々に比較すればメッサーシュミット109の相手ではなかったが、レーニンが言ったように――戦車についてスターリンと話し合っている最中に出た言葉らしい――、「質よりも量」ということだった。

ドイツにおける軍需物資の生産は、情け容赦なく他の物資生産よりも優先することにより、また被占領国、特に東欧諸国の市民の強制労働により維持された。そのうえ、ドイツの軍需物資生産能力は大戦間を通じて、特に戦争末期の数カ月には高まるほどであったが、これはだいたいにおいて連合国軍が狙うべき施設についての正確な情報をもたず、またそういった施設に正確に命中させる手段ももっていなかったからである。しかしながら一九四三年に入ってから、特にドイツの産業能力の破壊を狙った連合国軍の爆撃が功を奏し始めると、ドイツ国内の産業・工業のひずみ、経済のひずみが表面化してきた。ヒトラーはドイツ経済を総動員する必要があることを認めた。アルベルト・シュペーアがその任に当てられたが、戦争努力を立て直そうとする彼の思い切った試みは流れを変えるにはいたらなかった。逆説的に言えば、このシュペーアの戦争努力はナチスの政治体制に内在する欠陥により妨げられたのだ。ヒトラーの分割統治政策は必然的に協調関係の欠如という問題を引き起こし、生産努力の重複につながった。陸海空の三軍、党、ヒムラー率いる親衛隊、その他のナチスの権力基盤、のあいだでの労働力と資源の仁義なき奪い合いはこのことを例証していた。産業的な競争を余儀なくされ、不利な立場におかれたドイツは、敗北を回避するべく科学技術に解決策を見出す取り組みを強化した――もっとも、両陣営ともに科学技術による解決策を探していたことは言及しておく必要がある。ドイツにおけるこの取り組みは、ヴェルナー・フォン・ブラウンのロケット研究や（原子爆弾をはじめとする）驚異的な兵器の探求からうかがえる。これらは土壇場で事態を収拾できるかもしれなかった。しかし、そうした希望は幻に終わった。「驚異的な兵器《ミラクル》」として誕生したものもあったが、充分には活用されなかった。メッサーシュミットMe－262は世界初のジェット戦闘機である。一九四二年半ばに初飛行し、一九四四年半ばに生産が開始された。連合国側のどの軍用機よりも高速であったが、戦況に影響を与えるまでにはいたらなかった。生産された数が少なかったし、連合国側が制空権を確保していたので、連合国軍はメッサーシュミットの大半を地上で破壊できたからだ。

一九四三年以降、ドイツ軍と日本軍は後退を始めた。彼らに対する作戦行動は、入念に準備された大攻勢の形をとり、敵陣を突破しその戦果を最大限に拡張するというものであった。たいていは敵の兵站を枯渇させることおよびしっかりした防御態勢をとることが組み合わせられていた。接近戦では第一次世界大戦と同じ割合で死傷者を出したが、両大戦の違いは軍隊の本質にあった。第二次世界大戦における軍隊の構成は、相対的に歩兵部隊が減少し、装甲部隊、砲兵部隊、対空部隊、その他専門の支援戦闘部隊が増えていた。空軍も規模が大きくなり、激しい損耗を被っていた。イギリス空軍が失った航空機乗務員の数は、第一次世界大戦中にイギリス陸・海・空の三軍が失った士官の数と変わらなかった。終盤にはロシアを除いて両陣営ともに歩兵が足りなくなりそうだった。ドイツ軍は本来ならば召集しないような高齢者や少年を戦場に配置し、イギリス軍は防空連隊などの部隊を歩兵戦闘に回した。

一九四五年にはドイツ軍は東部、西部の両戦線で敵の大軍に押されて戦争前の国境線の内側にほぼ戻され、ドイツ各地の都市部や兵站線に対する計画的な爆撃に耐えていた。ヨーロッパ西部における被占領国はほとんど解放されていた。しかし、ヒトラーの軍隊が六週間で成し遂げたものを元通りに戻すのに、ノルマンディ侵攻から六カ月を要した。これはドイツ国防軍の戦闘能力の故であった。ドイツ兵は、最後まで高度に訓練されていて士気も高く、敗北するまで強力かつ懸命に善戦した。二年もの長いあいだにドイツ軍はすべての戦線で後退していたが、連合国軍に対しベルリンまでの道路の一歩ごとに多大な損害を被らせていた。ドイツ軍が仕えた大義そしてドイツ軍の道徳意識の欠如がいかに非難に値するものであろうと、ドイツ軍の士気と規律については疑いをさしはさむべきではない。そのうえ、連合国軍は、すべての兵士と装備を大西洋とイギリス海峡を越えてヨーロッパまで輸送しなければならないという壮大な兵站活動に立ち向かっていた。それでも決定的な勝利だった。連合国側は非常に効用のある軍事力を生み出していた。連合国は力くらべに勝ち、ドイツの意志を打ち砕いた。今回崩壊したのは国民ではなく政府と軍隊だった。その体制全体が消滅した。

一九四五年末には主だった戦争犯罪人——敗れた枢軸国側の主要な指導者、指揮官たち——についての裁判がニュルンベルクで始まっていた。被告人のほとんどは有罪判決——市民、無辜の民間人に対して軍事力を過度に行使した罪——を受け、処刑された。それは重大な転換点だった。戦争裁判の場と司法手続きを確立したことは、こうした戦争行為の不道徳性に判決をくだすための方法となり、今日まで引き継がれている。このように、軍事力行使の道徳性は、その適法性によって明らかにされるようになった。

第二次世界大戦では決定的勝利を勝ち取るまでに第一次世界大戦よりも長い時間を要した。

ヨーロッパにおける連合国勝利の日、すなわちヨーロッパ戦勝記念日は一九四五年五月八日、極東における連合国軍勝利の日、すなわち対日戦勝記念日は一九四五年八月一五日だった。これまでにない規模の軍隊がふたたび世界を席巻し、巨大な軍事力を行使した。第一次世界大戦時を上回る兵士と資材が投入された。両陣営合わせて戦闘員約一七五〇万人が殺された。連合国側の死者は、中国の二〇〇万人、ソ連の八五〇万人を含めて約一二〇〇万人にのぼる。枢軸国側は、ドイツの三五〇万人、日本の一五〇万人弱を含めて約五五〇万人であった。世界中で三九〇〇万強の一般市民が殺された。そのなかにはホロコーストでの六〇〇万人、ソ連の一七〇〇万人弱、中国の一〇〇〇万人が含まれている。合計五六〇〇万人以上がこの大戦で殺された。約三五〇〇万の兵士が負傷した。負傷した市民の数は推定できていない。こうした数はかつてもそうだったし今でもそうだが、途方もない数字である。しかしながら、同時に、この死傷者数の途方もない数のなかに大規模な数の二元性——すなわち、総量としての数と、密度としての数——の恐ろしいほどの反映を見るのである。すなわち、死者の数が大きくなったのは、人口密度の高いところが攻撃されたからである。第二次世界大戦が始まると、両陣営はいずれも主要な攻撃目標として、敵の戦争遂行能力と戦争遂行意志に、次第に焦点を合わせるようになった。このため国の隅々までが戦場となった。これは決定的な変化であった。《国家間戦争》というパラダイムはその最終形態として、市民をその攻撃目標としたのだ。これはのちの言葉でいうところの人々の間《じんかん》における戦争——《人間戦争》ではなく、人々（国民）を攻撃目標とした戦争だった。ホロコースト——これは非戦闘員集団を標的とした——からドイツ空軍によるイギリス都市部への電撃的攻撃、ドイツや日本への戦略爆撃、最後には原子爆弾まで、第二次世界大戦は非戦闘員から聖域を奪いとった。市民、特に都市部の住民は非常に数が多く、密集していた。このため防空網が突破されれば格好の標的となった。このような脆弱な一般市民が集中していたことが、前述した死傷者数の多さの原因であった。数はもう一つの真実も反映している。いろいろな点で地球全体に戦争の影響が及んだということだ。牛肉を供給するアルゼンチンの牧場からアメリカの生産労働者まで、アフリカ、アジア、ヨーロッパ、オーストラリアと大陸を越えて、経済と暮らしは関わっていたのであり、多くの場合、戦争の影響を受けた。

　第二次世界大戦はそれ以前の一五〇年間に行われた戦争がもつあらゆる傾向の頂点でもあった。《国家間戦争》というパラダイムのあらゆる要素――ナポレオン戦争の初期の頃からの――が表面化した。戦略レベルでは、電撃戦《ブリッツクリーク》という戦術的新機軸にもかかわらず、戦争は軍事力を大規模に行使して敵を磨滅させて敗北に持ち込むことによって終結した。ドイツも日本もアメリカやロシアの産業・工業の中心地域を攻撃できなかった。アメリカやロシアの経済規模は莫大で、両国はそれぞれに独自の方法で大規模な戦争をする決意を持っていた。人的資源、物的資源に関して、アメリカとソ連はドイツや日本をしのいでいた。ドイツと日本は、消耗戦と国内戦線に対する爆撃とに苦しみ少しずつ弱体化していった。この何より重要な事実は、アメリカ南北戦争でシャーマン将軍がジョージア州を突っ切る形で進撃した際の焦土作戦に酷似したものであり、それを大規模にしたものであった。さらに、ドイツと日本の敗北は明白にナポレオン的な意味での連合国側の勝利であった。戦術レベルでは、第二次世界大戦は権限を与えられた指揮官と自主性のある軍隊――まずナポレオンの軍団《コール・ダルメ》という形で具体化し、クラウゼヴィッツそして大モルトケにより改良された部隊と作戦の手法――による戦いだった。計画立案者の戦いであり計画立案に関する戦いでもあった。連合国軍最高司令部の形にまとめられた連合国側の参謀本部というのは、一九世紀には考えられていなかった概念である。しかし、これはナポレオンとナポレオンの洞察力、イエナの戦い、初期のプロイセン参謀本部という起源に立ち返るものである。第二次世界大戦はクラウゼヴィッツ的三位一体の戦いであった。いたるところで、ありとあらゆる国で、すべての戦線で、国民と軍隊と政府が協力していた。この条件が満たされていなければ、第二次世界大戦が戦われることはなかっただろう——どこにおいても。しかし、第一次世界大戦とは違い、今回屈したのは国民ではなかった。圧倒的な軍事力に破壊されたのは、ドイツと日本の軍隊と国家であった。

第二次世界大戦は膨大な規模の集団による戦争だった。この戦争では、世界中で非常に多数の男女がそれぞれの大義のために戦った。その多くはフランスで最初の国民総動員《ルヴェ・アン・マス》により動員された男たちが革命戦争で大義のために戦ったように戦ったのだ。大量の資材が何千万もの人により生産されたが、この何千万という数はナポレオンがヨーロッパの形勢、戦争の様相を変えつつあった一九世紀初めのヨーロッパの全人口よりも多い。それでもこの人たちは、ナポレオン戦争あるいはアメリカ南北戦争で用いられた大砲を最初に大量に製造した人々の直系の子孫だった。第二次世界大戦は《国家間戦争》というパラダイムの戦争だった——そして、その仰天させるぞっとする最後の幕でこのパラダイムは終わった。

ヨーロッパではすでに終結していた第二次世界大戦が完全に終わったのは、アメリカが日本に二発の原子爆弾を投下してからだった。いずれも一つの都市を壊滅させる威力があった。アメリカとその同盟国であるイギリスの科学技術力、産業力・工業力は、敵の戦争遂行能力とその国民の両方を破壊する兵器をつくりだしていた。敵国の意志はもはや無関係なものとなってしまった。

原子爆弾は、産業・工業の成果それも戦争に仕える産業・工業の成果として、戦争と科学技術とのあいだのわかりにくい循環関係が生み出したものだった。科学技術に基づく工業製品は、絶えず戦争をより恐ろしい破壊的なものとするという意味では戦争を激しくしているが、その一方で、技術革新はつねに重要な救済手段ともみなされてきた。すなわち、奇跡的に即座に戦争に勝利しそれにより戦争を終わらせるという機械仕掛けの神《デウス・エクス・マキナ》（ギリシア劇で急場を救うため突然舞台に登場する神）である。第一次世界大戦におけるTNT火薬や戦車のように、第二次世界大戦においても、両陣営のいずれもが、決定的な勝利をもたらすであろう画期的な技術革新を探究していた。一九四五年の時点でのそれは原子爆弾であった。

一九世紀末まで物理学者たちは、原子というものは壊れないし分割できないと考えていた。アルベルト・アインシュタインによる質量とエネルギーの同等性を示す相対性理論の表式は、原子の中に閉じ込められているエネルギーを解放する可能性があることを明らかにした。第一次世界大戦直前のドイツでは、すでに科学者たちが水銀原子に電子を衝突させ、その結果生じるエネルギー変化を追跡する実験を行っていた。それから二〇年以上さまざまな実験が行われ、一九三八年にドイツのカイザー・ヴィルヘルム研究所で、オットー・ハーン、フリッツ・シュトラスマン、リーゼ・マイトナーがウラン核分裂を実現した。一年後、マイトナーは亡命先のスウェーデンで甥のオットー・フリッシュと連名で論文を書き、原子を分裂させれば、数キログラムのウラニウムを使ってダイナマイト数千キログラム分の爆発力、破壊力をつくりだせると主張した。一方、アメリカではレオ・シラードが、原子が分裂し、その時二個またはそれ以上の中性子を放出すれば、その結果は、連鎖反応——巨大なエネルギーの解放——となり得ることに初めて気づいた。

一九四一年一二月六日、アメリカ政府は二〇億ドルを「マンハッタン工兵管区」、別名マンハッタン計画に支出した。原子爆弾の材料となる物質を生産するべく密かに立ち上げられた計画だった。レズリー・グローヴス准将を最高責任者とし、ロバート・オッペンハイマーを科学部門の責任者とするこの計画には、国の枠組みを越えて一流の科学者たちが参加した。多くはその頃枢軸国側から亡命してきた研究者たちだった。研究は急速に進展した。一九四二年一二月二日、シカゴでエンリコ・フェルミ——ノーベル賞受賞後にアメリカに亡命していた——率いるチームが原子核分裂の連鎖反応の制御に初めて成功した。中性子がウラニウム原子核に衝突してエネルギーを解放し、この時放出される中性子が近くの原子に衝突するという過程が次々に起きる。

ヨーロッパでもこの分野で目覚ましい進歩があった。イギリスは核兵器開発の可能性を探るべく、一九四〇年春に暗号名MAUDという委員会を設けていた。同委員会は純度の高いウラン235は核分裂をつくりだすことができると結論を出した。ドイツ軍も原子力の可能性に気づいて以降、研究計画を立ち上げていた。しかし、ドイツの科学者たちは最初から取り組みの方向を誤り、「重水」を原子炉内中性子減速材として用いる方向で研究を進めた。原子炉内中性子減速材があれば、原子爆弾製造に必要なプルトニウムを生成できるようになる。イギリス軍の監督、支援のもと、ノルウェー・レジスタンス奇襲部隊はサボタージュ攻勢を繰り返しかけ、ドイツの支配地域のなかで唯一重水を製造できる施設からドイツ軍がそれを運び出すのを妨害した。これでドイツの物理学者たちは重水の供給を断たれただけでなく、連合国側がこれだけ妨害するならば自分たちの狙いどころは間違っていないと確信するようになった。結局、原子爆弾製造に向けたナチス・ドイツの研究は失敗した。

一九四五年七月一六日、ニューメキシコ州の砂漠で、世界初となる原子爆弾の爆発実験が行われた。その二カ月前にベルリンが陥落しヨーロッパ戦域では勝負がついていた。しかし、アジアでは後退する日本軍が不屈の精神で戦いを続けていた。意志の強さにかぎって言えば、ヨーロッパで後退していたドイツ軍兵士のそれを上回る場合もあった。アメリカ軍に対する「神風」攻撃の回数も増えていた。戦場となっているいずれの島においても、寸土を得るためにアメリカ兵の血が流され、アメリカ国民はひっきりなしの死傷者数報告にうんざりし始めていた。日本本土侵攻——一一月一日に予定されていた——を実施すれば、すさまじいほど多くの血が流れることになりそうだった。連合国側の兵士が何十万と死傷すると思われた。ハリー・Ｓ・トルーマンは日本を降伏に追い込むべく都市に原子爆弾を投下する決断をくだした。

原子爆弾投下のみを目的として特殊部隊が編成されていた。それが第二〇空軍の第五〇九混成航空群である。一九四五年八月六日午前二時、ポール・ティベット大佐を機長とするスーパー・フォートレスＢ—29エラノ・ゲイはテニアン島を飛び立った。そして午前八時一六分、広島市上空で原子爆弾を投下した。この「リトルボーイ（ガンバレル型原爆）」はウランの核分裂を利用し、ＴＮＴ火薬二〇キロトン相当の威力をもつ兵器だった。リトルボーイは中心部に六二キログラムのウラン２３５を擁していた。これは、技術開発、大規模な軍事力、大規模な破壊力の究極的な象徴であった。想像を絶する猛烈な爆発の衝撃が広島市中心部を揺るがせると、エラノ・ゲイに搭乗していた隊員たちの眼下で噴煙が瞬く間に立ち上り、あちこちで猛火が湧き起こった。

原爆の威力はすさまじかった。まず閃光が走った。爆心地から半径一五〇キロ圏内で爆心地の方を見ていた人は少なくとも一時的に視力を失った。それから高熱が来た。この熱は爆弾のエネルギーの三五パーセントに相当し、太陽の表面温度とほぼ同じ温度を発生させた。この熱はたいがいの物質を燃えあがらせ、また生きているものは即死するか重度の火傷を負った。次に爆風はこの原爆のエネルギーの五〇パーセントに相当した。爆風は秒速五〇〇メートルで空気中を伝播し、威力が弱まるまで通り道にあるもの全てを吹き飛ばした。最後に、核爆発によって生じた強力な電磁パルスは、広い範囲で通信機関や電子機器を破壊した。同時に、爆発によって空気中に舞い上げられた放射能をもった塵の粒子は風によって運ばれ、それに接した人の健康をその先何十年にもわたって蝕んだ。

今日でも原爆による死傷者の正確な数はよくわかっていない。放射能による犠牲者を含める場合はなおさらである。爆発の直接的な影響により、当時の広島市の人口二五万五〇〇〇人のうちおよそ六万六〇〇〇人が死亡し、七万人が負傷したと推定されている。広島市内には五五の病院があったが被災後も機能を果たせたのはわずか三つであった。市内の医療関係者の九〇パーセントが死亡もしくは負傷した。建物の六五パーセントが破壊された。一九五〇年までの被爆死亡者は二〇万人と推定されている。「リトルボーイ」による放射能でその後癌を発症し、一九五〇年から八〇年までのあいだに亡くなった人は九万七〇〇〇人になる。

比較する対象としてはゴモラ作戦がある。これは一九四三年七月末から、イギリス空軍爆撃隊とアメリカ第八空軍が共同で行ったハンブルク空襲で、これは空爆史上当時としてはもっとも激しい爆撃であった。この空爆で民間人五万人が死亡し、一〇〇万もの一般市民が家を失った。また、ハンブルク市の半分が瓦礫と化し、生き残った住民のおよそ三分の二が疎開を余儀なくされた。延べ二五〇平方キロ——市街地の大半——が破壊された。連合国軍の爆撃機は一〇日間で九〇〇〇トンの爆弾と焼夷弾を投下した。重要なのは爆弾投下により生じた犠牲者数の比較ではなく、産業効率の比較である。効率という点で考えると、原爆があらゆる点で優れているのははっきりしている。原子爆弾投下ならば必要になるのは、原子爆弾一発とそれを運搬する爆撃機一機のみだ。これとは対照的にハンブルク空襲では、爆撃機が三〇九五回出撃し、爆撃機八六機を失い、一七四機が破損した。これはぞっとする計算だが、戦争を遂行している、あるいは戦争を終わらせたい、あるいは回避したい人々にとっては必要なのだ。
広島型と同じ威力をもつもう一発の原子爆弾「ファットマン（爆縮型原爆）」は広島投下から三日後の八月九日、長崎に投下された。これにより当時の長崎市の人口一九万五〇〇〇人のうち約三万九〇〇〇人が死亡し、二万五〇〇〇人が負傷した。四日間のあいだに二発の原爆が投下され、また八月八日にソ連が日本に宣戦し満州の日本軍に攻撃をかけてきたことで、日本は八月一五日に降伏した。

《国家間戦争》というパラダイムは、一九四五年八月六日に文字どおりこっぱみじんに爆破された。皮肉にもパラダイムが生み出した二つの力——産業・工業と技術革新——によって息絶えたのである。一〇〇年近くにわたりこの二つは《国家間戦争》というすばらしい体系に仕えてきたが、最後にその体系が爆発してしまった。都市部に集中し、人的資源の源であり、産業力・工業力の源であり、国家を組織している国民が、今や攻撃する価値のある唯一の標的となったのである。というのも、大勢の人たちが定常的に住んでいる動かぬ標的だからこういった都市はもっとも理にかなった攻撃目標なのだ。そして、これらの都市が破壊されると戦場にいる軍隊は自分たちが守ろうとしていた目的を失い、指示や補給を失う、そして散り散りになったところを一人ずつ狙い撃ちされるかあるいは集結したところに原爆を落とされるかということになる。《国家間戦争》を戦うためにつくられた大規模な軍隊は、大量破壊兵器とロシア人が名付けたものを前にしてもはや有効ではあり得なかった。そのような状況では、総力戦は言うに及ばず、《国家間戦争》は不可能だった。しかし、それでも脅威は相変わらず存在した。それが冷戦の物語だった。

第二部…………冷戦という対立

第四章　アンチテーゼ　ゲリラから無政府主義者、毛沢東まで

紛争は昔から人間社会にどうしてもなくすことができない要素であった。現在もそうだし、この先もおそらくそうだろう。本書の冒頭でそう述べたが、結びでもこのテーマに立ち返ることになるだろう。平和を追求し続けることは非常に重要だが、平和というものは争いに関係した一つの状態として理解する必要がある。争いがまったくないという状態が平和なのではなく、争いという選択肢が選ばれていない状態が平和なのだ。そのような言い方をして得意になっているわけではない。単なる事実を述べている。第一部における私の議論は、《国家間戦争》というパラダイムのなかで次第に破壊的になる争いと、そこで繰り広げられる軍事力の行使の特徴に焦点を当てたものであった。ここでは年代を追って議論したが、話をわかりやすくするだけのためにそうしたのではない。このパラダイムは一九四五年八月にその効用を失ったにもかかわらず、今日の、規模が縮小された紛争において概念上はまだ生き残っていることが、そのように議論を進めた主たる理由である。広島と長崎における原爆の結果として残された焼跡と建物の残骸のように、《国

家間戦争》というパラダイムを支えていた骨組みは、これを求める人たちにとって役に立たぬ危険なものになってしまった。それにもかかわらず、これらの都市のように、このパラダイムは政治的で実用性のある目的のために再建された。しかし、原爆による破壊から復興した広島や長崎とは違い、そこに新しい生命が生じることはなかった。冷戦を通じて東西両陣営の政治的指導者たちや軍事的指導者たちはこのパラダイムにしがみつき、このパラダイムの仕様書に従って軍を強化し、有事の際には、このパラダイムには救済能力があるのだと断言していた。ありがたいことに、それが必要になる時はやってこなかった――もしやってきたとしても、このパラダイムは過去において威力を発揮したような意味では機能できなかっただろう。というのはまず第一の理由として、原子爆弾のせいで、集中した大軍は標的にすぎなくなってしまったからである。すなわち、大量破壊兵器としての核技術は、集中した大軍の価値を高めるのではなく、防衛のために大軍を集中しては駄目だと言っているのだ。このような状況においては、大軍は集中させるよりも分散して運用するのがよい。第二の理由として、「決定的勝利」はもしかすると割に合わないほど高くつくことがわかったからである。つまり、《国家間戦争》を戦うための目的である国家そのものがその国民、政府、軍隊もろともこの戦争によって破壊されかねないということだ。

そうした本質が四五年にわたり無視されてきたのは、一つには《国家間戦争》という考え方のなかなか消えない力に由来する。ヨーロッパの多くの地域ではこれが国家という概念そのものをつくりだしていた。すでに見たように、我々が現在知っているヨーロッパ大陸の地図にある国家や統一体としてのアメリカ合衆国は、このパラダイムの戦争によってもたらされた。さらには、《国家間戦争》が視覚に訴えたものは、過去においてはもちろん、おそらく今なお、戦争とはどういうものかを理解する要素となっている。特に一般大衆のあいだでそうだ。すなわち、機関銃を巧みに使いこなし戦車を駆る装甲歩兵部隊という伝統的なイメージである。巡航ミサイルやレーザー誘導爆弾はこのイメージに付加されるだけで、決してこれに取って代わってはいない。戦車がたとえ戦闘よりも輸送や援護のために利用されていても、相変わらず現代の陸戦における真の兵器とみなされているのだ。しかし、《国家間戦争》の消滅が無視されたのは、何よりもまず双方がお互いに相手側に対して自分たちはあえてもう一度総力戦を戦うことに乗り気であると確信させることが冷戦の完璧な土台として必要だったからである。戦えば全面的な破壊が結果であることを考えると、矛盾する計画のように見えるかもしれないが、そう確信させることによって戦争が起きるのを抑止したのである。軍事力の効用はその適用ではなく、その戦争抑止力だった。この考え方は基本的な方針となり、やがて教条《ドグマ》、すなわち議論の余地がない事実となった。このために、《国家間戦争》の根強い魅力は、そのパラダイムが消滅したあともずっと、いろいろな意味で今日まで、強固なものとなっているのだ。どうして私がこのように言うかというと、武力行使と軍隊の運用に関して現在我々が抱えている問題の多くの原因は、この古いパラダイムが今も有効であるかのように、軍隊を編成し運用していることにあるからなのだ。そのような人たちは、かなり前にこの古いパラダイムに取って代わった新しいパラダイム、すなわち人々の間での戦争――《人間《じんかん》戦争》というパラダイムを無視している。はっきり言うと、一九四五年以降に展開された軍事的活動の実際の姿は、二本の平行な軌跡を描いている。すなわち、冷戦の両陣営は大規模な《国家間戦争》に備えて大規模な軍隊を準備していた時ですら、その同じ軍隊は、別の場所で、別の紛争――いずれも明白に《国家間戦争》型ではない紛争――を、別の敵と戦っていた。そして現在の冷戦後の世界において、我々が通常直面するのはこの手の紛争や敵であるのに、我々は相変わらずそうした紛争や敵を《国家間戦争》という古い型にはめ込もうとしている。すなわち、現実よりも教条《ドグマ》に従って武力を行使し軍隊を使用しているのだ。

紛争や軍隊に関するこれらの並行世界がどのように展開してきたのか、この二つのパラダイムがどのようにして混ざり合うようになったのかを理解することが本書の第二部の焦点である。しかし、回り道をして最初に地理学の世界をのぞいておく必要がある。本書の冒頭で述べたように、軍事力は適切に理解された事柄を背景とした状況のなかで行使された場合にのみ、効用をもつ。現在、これは、紛争の直接の原因について、敵および敵の軍事力や経済的能力について、近隣諸国や地域全体の利害関係に与える影響等についての政治的、軍事的分析を意味する場合が多い。いずれもあえて言うほどのものではない。しかし、軍隊のなかでは歴史的背景も地理学上の背景もそれほど深くは考察しない。ここで私が言っているのは歴史と地理の大まかな学問分野のことだ。軍事史やアメリカの一部の大学が開講している軍事地理学は、この大まかな学問分野の重要な部分である。しかし、あくまでより大きな全体のなかの部分にすぎない。歴史や地理について大まかに学ぶことの重要性は次のような歓迎されるべき事実に由来する。すなわち、軍人という職業——一兵卒としてであろうと指揮官としてであろうと——についている人間が実際に武力を行使するのは、ごく少数の人たちによるごく少数の機会においてのみだということである。陸海空軍の軍人は、階級に関わりなく、ほとんどつねに戦争勃発に備えている。すなわち、彼らにとってそうすることが職業なのだ。しかし、戦闘を実行しているわけではない。私について言えば、広い意味で戦っていたと言えるのは、三年間の訓練期間に続く三七年間の軍務期間のうちの六年間程度だろう。そこにはサライェヴォで国連軍の指揮をとった一年と、北アイルランドで司令官（GOC）として勤務した三年間が入る。このように実地での経験を積む期間が足りなければ、指揮官は以前の戦役や過去の指揮官がくだした決断について研究し、過去に学ばなければならない。すでに見たように、このやり方はプロイセン軍参謀本部によって制度化され、それ以後世界各国の優秀な軍隊では標準的なものとなった。しかしながら、読者が何かある特定の軍事行動なり戦役について研究している時、その歴史的、戦略地政学的背景となっている状況を全体として理解していなければ、適切な教訓を引き出して現代の問題に当てはめることはできないだろうし、その研究対象の戦略全体を本当に理解することもできないだろう、と私は思っている。

歴史が戦闘の背景となっている状況を教えてくれるのに対して、地理は戦場の背景としての状況を教えてくれる。地理は戦場の物理的な輪郭を規定する。科学技術が進歩した現代でさえも、戦闘が行われる場所、その場所の制約や利点――地形から天候、土壌の性質まで――が戦闘、そしておそらく戦闘の結果を左右する。科学技術で全地球表面を平坦にすることは不可能である。すなわち、ミサイルは平坦ではない地球のある地点から別の地点に着弾するように発射されるが、この力を成功裡に行使するには、発射地点と着弾地点の双方が重要である。したがって、地球を調査し、地球に住む人々と地球との関係を研究する地理学という学問分野は、戦場を理解し、そこを構成している諸要素を生かすべくその地域の本性を予測する手段を我々に与えてくれる。地理学はつねにそのように役に立ってきているのである。例えば、一八世紀のイギリス海軍は経度を求めるために正確な時計の開発に取り組んだ。この技術のおかげで、航海術が改善されただけでなく航海に必要なデータを組織立てて集められるようになった。そのデータの多くは、現代の海図に利用されている。何世紀ものあいだ、地球表面の地図を描くためのこうした測量や類似の計測は主に軍事上の目的で実施されてきており、市民社会はそうした情報の恩恵を受けていたが、情報を集めるのは軍の人間であったし、場合によってはその情報は用心深く守られていた。例えば、トルコは作成した詳細な地図の機密指定を最近になってようやく解除したが、店頭で誰でも入手できるようにはまだなっていない。こういった事情は科学的データにかぎった問題ではない。絵葉書、文学上の描写、パンフレットなど断片的な情報――特になかなか近づけないような場所についての――を提供しかねない資料はたくさんある。そして、そのような詳しい情報は何であれそこが戦場になった時のより大きな大局観を提供してくれるのだ。このことの価値は、私が指揮官であった期間ずっと感じていた。実際、階級が上がるにつれて戦略地政学的な分析の価値の増すことがわかった。その分析ができていれば、状況を全体として把握できるし、また紛争や対立の全体的背景も理解できる。すなわち、問題となっている紛争や対立がここで起きた物理的な理由がわかる。そのような分析において考慮される要素は、主要な後方連絡線、天然資源の入手可能性、地域的な結びつき、経済、文化の混ざり具合、社会の価値基準、行動様式等さまざまだ。そのような戦略地政学的な分析をすれば、自分の部隊が目標とする場所なり地域の実状がわかる。敵の立場との関連で、自分の立場を理解するのに役立つ結論を得るため、また敵の行動方針を予測するため、戦略地政学上の分析は歴史的な分析と対比して行われるべきである。例えば、一九九〇年、イラクの起伏のない礫《れき》砂漠を横断してクウェートに攻め込むつもりでいた際、私は、この砂漠には戦術的価値は何もないと思った。そして、この砂漠を確保するために戦うことはするまいと決心した。もしイラク人の誰かがこの砂漠を守っているというのであれば、そこを避けて行けばいい。そして、この守備についている連中に指示したり補給をしている指揮官と連中とのつながりを断てばよい。この方針で動くことにより、必要とする歩兵の数は減り、接近戦をする必要性も少なくなった。このおかげで、必要とする兵員と補給の予想量は少なくなった。その結果、私の部隊は機動の速度を上げることができたし、イラク陣地の奥深くにある指揮系統を遮断できた。

これまでの章で取り上げた戦闘や戦争はいずれもこうした戦略地政学的状況についての例を示している。特に、ロシアにおいてナポレオン流の戦闘を拒絶する戦略的空間を提供した大草原地帯や、ナポレオンの軍隊を苦しめるゲリラ兵の隠れ家となったイベリア半島の岩だらけの地帯である。あるいは、第二次世界大戦中にドイツや日本が直面した厳しい現実である。すなわち、ロシアなりアメリカを打ち負かすためにはそれぞれを征服する必要があり、つまり、その広大な国土をすべて征服しなければならないのだ。ライン川流域の地理を考えれば、問題にしている戦略地政学的な要素の役割がわかる。ライン川はスイスから北海に向かって北に伸びている。大規模な軍隊がライン川を渡れる経路は三つしかない。ベルフォール・ギャップ、モーゼル渓谷、そしてリエージュからアーヘンを通ってルール川に至る北海沿岸低地帯を横切る線である。こうした地理的特徴がローマ軍にとって重要だったように、一九四四年にはアイゼンハワー旗下の将軍たちにとっても重要な意味をもっていた。一九世紀末にシュリーフェンが対フランス侵攻作戦計画を立案した頃、南寄りの二つのルートの出口は、フランスの堅固な要塞――現在も残っている――で守られていた。この二つの南寄りの狭い経路を通過できる兵力の量と密度では動員されているフランス軍を打ち破れなかった。残っている北部の経路であれば、大規模な軍隊でも通過できた。北翼に強力な軍隊を集結し、ベルギーの防衛軍を圧倒し、パリを包囲し、迂回して南寄りの国境沿いにいるフランスの防衛軍を攻撃するという計画が可能と考えられたのだ。というわけで、シュリーフェン・プランは地理的条件によって形成されたのであり、この計画は必然的にベルギーの中立という国際的に認められていたものを破るものであった。

戦略地政学上の知識の必要性は、軍事力を有益に適用するための重要な要素である。それゆえ、戦略地政学上の知識は、今日我々がやっているような《国家間戦争》でない戦争においても同じように重要だ。しかし、その起源は過去に遡るのであって、これからその起源に目を向けていく。

ここまでもっぱら《国家間戦争》に焦点を当ててきているが、一九世紀初めの頃の時代にこれ以外のタイプの戦争がなかったと言っているわけではない。すでに見たように《国家間戦争》を担う軍隊の発展にはしばらく時間がかかっており、その間多くの国はナポレオン戦争以前の「旧式」に近いやり方で戦っていた。特に極東、それからアフリカにおける初期の植民地戦争のほとんどがそうだった。そこでは相変わらずマスケット銃や初期の後装銃が用いられていた。しかしながら、この初期の植民地戦争は、先住民の槍や弓矢に立ち向かった時に現実に銃を持っていることが重要だというような戦いであった。工業的に生産された最新の銃である必要はなかった。そのうえ、ついには、フランスやオランダのような植民地大国はお互いの《国家間戦争》に備えての軍隊を発展させる一方で、自分たちの植民地に対処するために別種の軍隊を編成していた。しかし、こうした展開に並行してもう一つの戦争が登場した。《国家間戦争》とは正反対の戦争であった。この正反対のパラダイムの原点は、《国家間戦争》の原点と同じ時代の同じ戦争にあった。時がたつにつれて《国家間戦争》とは正反対のもの、すなわち《人間《じんかん》戦争》というパラダイムになった。

《国家間戦争》と対照《アンチテーゼ》をなすものの起こりは、スペインの田園地帯にある。そこにおいて、一八〇八年から一四年にかけて行われた半島戦争――ナポレオン配下の将軍たちが敗北を喫した戦争あるいは戦役――である。一八〇六年、ナポレオンは、ヨーロッパ大陸諸国に彼らの港をイギリスの製品に対して閉鎖することを強制することによって、イギリスの貿易を封鎖する決定をくだした。ポルトガルがこの命令を拒否すると、一八〇七年一一月、フランス軍はスペインを通過してリスボンを占領した。続いて一八〇八年二月にスペインに侵入してマドリッドを占拠し、兄のジョゼフをスペイン国王にした。スペイン国民はフランス軍に抵抗して蜂起し、イギリスに支援を求めた——イギリスからの援軍はただちに到着した。しかし、ここで我々が興味をもつのはこの蜂起をした人たちの戦争である。フランス軍に国土を占領され、多くの都市にはフランス軍の守備隊が駐屯していたが、スペインの人々は戦い続けたのだ。このスペインにおける戦争は相互補完的な二つの形で進行した。すなわち、民衆による戦争と軍隊による戦争である。民衆は自分たちの闘争を小さな戦争、すなわちゲリラと呼んだ。ゲリラとはスペイン語で戦争を表すguerraと小さいという意味の接尾辞-illaを組み合わせたものだ。この言葉はジョゼフ・ボナパルトを国王とする体制に反抗するべく彼らが用いた戦術の特徴を描写するためにつくられた造語である。民衆のなかから選抜され、民衆のなかに隠れ、民衆の支援によって維持された小規模で機動性と柔軟性のある戦闘集団で、大規模な直接対決を避けつつ兵力で優る敵軍を悩ますことを目的としていた。そのような戦争を遂行する政治的目的は、たとえ占領されていても、戦いを続け抵抗を続けるという国民の意志を維持することによって、フランスの支配を受けぬという国民の主体性を保つことであった。このようにして彼らは、イギリスとその同盟国が勝利したら自分たちの独立を取り戻そうとしていた。その戦略的目標は、ウェリントン公爵率いるイギリス・ポルトガル連合軍、すなわち解放軍に対するフランス軍の抵抗を弱めるべく、その戦争継続意志を摩耗させ、情報を収集し、その軍事行動を混乱させ遅らせることだった。解放軍は一八〇八年八月、兵力一万のイギリス遠征軍とともに到着していた。

ゲリラ戦術は、自分たちに都合の良い条件においてのみ戦うことを目指すという基本的原則に基づいている。そのためには、必然的に敵の所在や戦力を把握することが必要であり、またいつならば敵を援軍から孤立させられるとか、援軍が到着する前に逃げられるかがわかっていることが必要であった。また奇襲効果を発揮しつつ自分たちが選んだ好機に戦った。戦場で正規軍と戦うには兵員も武器も足りないので、ゲリラは会戦を好まなかった。待ち伏せ攻撃や襲撃が彼らの得意とする戦術的方法だった。とりわけゲリラは陣地をもたないようにするのがつねである。陣地をもてば発見され、孤立させられ、破壊されるからだ。相手の不意を突いてすばやく攻撃するゲリラは、敵の補給基地や軍事施設を襲撃し、兵站線を寸断し、それによって敵の活動を混乱させ、自分たちが使う目的で敵の装備や補給品を奪おうとする。ゲリラには機動性があり、部隊が小グループに分散し、また一般市民のなかに紛れ込めるため、彼らを捕捉して戦闘に持ち込むのはきわめて難しい。すなわち、ゲリラ戦は固定された前線なしで進展する。ゲリラ部隊の目標は、長期間にわたる苛立たしい攻撃を間断なく続けることにより敵を不安定にさせ、敵の兵力や補給線を疲れさせるというものである。要するに、敵を物質面で弱体化し、身を守ることに全力を注がざるを得ない状況に追い込み、敵の決意を蝕む。

これらはスペイン半島戦争でのゲリラ活動に顕著な特徴だった。サラゴサのように防御が堅いスペインの都市が何千というフランス兵を釘づけにする一方で、スペインのゲリラ兵たちは国内全土に混乱を引き起こし、かなりの数のフランス兵を後方地域防衛に縛りつけ、フランス軍の兵站線を攻撃し続けた。これに対してナポレオンの戦争遂行機構は、「反乱」を鎮圧するべく全兵力を注ぎ込んだ。期間は短いながらもナポレオン自ら指揮をとりもしたが、ナポレオンがスペインを不在にすると配下の野心過剰な将軍たちと無能な兄ジョゼフが内輪揉めばかりして、状況を悪化させた。紙のうえでは、フランス軍はウェリントン軍を数で圧倒していたが、決定的勝利を得るために充分な兵力を集中できずじまいであった。一八一〇年末には兵力三〇万のフランス軍がイベリア半島に入っていたが、ウェリントン軍との戦いに割ける兵力はわずか七万であった。一八一三年に入ると兵力七万になっていたウェリントン軍は、ウェリントンの見事な用兵手腕によりフランス軍に大勝した。同盟国ポルトガルの支援、スペインゲリラの巧妙な作戦、ゲリラから得た大量の情報に支えられてのこの圧勝は、フランス軍をスペインから追い払うにあたり、きわめて重要な役割を果たした。

ゲリラは物心両面でスペインの民衆に頼っていたし、潜伏場所もある程度提供してもらっていた。とはいえ広大な荒れ地には、身を隠したり、フランス軍の保安掃討作戦を避けるのに都合のいい場所が数多くあった。ゲリラ部隊は軽装備で戦闘に参加しており、鹵獲した弾薬を大いに活用した。通常の軍隊とは違い彼らは「組織だっておらず」、また明白な正式の指揮系統もなかった。政治的なまとまりにも欠けており、内輪揉めで多大な精力を費やし血を流していた。それにもかかわらず、彼らはスペインの名誉を維持し、ナポレオンから自由になるという意志を失わなかった。一八一二年に入ると「スペインの潰瘍」あるいは「膿の出る腫れもの」は、一日当たり平均で一〇〇人のフランス兵の命を奪い、フランス軍の戦闘力を少しずつ低下させ、ひいては士気を衰えさせていた。フランス軍は結局イギリス・ポルトガル連合軍に対抗するため必要な兵力を集中できず、ついにはウェリントンが攻勢に出て数のうえで優勢な敵を打ち負かした。

軍事的に見れば、ゲリラによる武力行使は戦術的なものであり、これがウェリントンの戦域レベルの軍事行動を支えた。ヨーロッパ全体で考えれば、第一章で述べたようにスペイン戦域はきわめて重要なものであることが判明した――ナポレオンは長いあいだこれを二次的なものと考えていたのであるが。ロシアから大陸軍《だいりくぐん》が惨めなざまで撤退したのち、ナポレオンはそれまで以上に兵士を必要とした。一八一三年に三〇万のフランス兵がイベリア半島に釘づけになっているという事実が、ドイツ戦役の成り行きに影響したのは間違いない。一八一三年六月、ヴィトリアでウェリントンは決定的勝利を収めた。これでフランス軍のスペイン占領に終止符が打たれ、この勝利はプロイセン、ロシア両国が最後にもう一度フランス軍と対決する際にぐらついていた同盟関係を強固なものにするうえでも役立った。しかし、ウェリントンの勝利、スペイン戦域での優位性は、全体としてスペインゲリラがいたからこそのものであった。のちにナポレオンはスペイン戦域での自分の見込み違いを思い起こし、「あの戦争のせいで破滅した……私の不幸は……すべてあの致命的なもつれが元になっている」と述べている。

ゲリラ戦は《国家間戦争》と同じ頃に出現した戦争様式と思われるかもしれないが、これは《国家間戦争》以前から存在していた形の戦争に基づくものであった。例えば、アメリカ独立戦争において、それ以前に開拓地で先住民と戦っていた兵士たちは、先住民の戦術をイギリス軍に対して用いていた。もっとも、やがて、従来型の戦術をとるようになったのだが。アメリカ独立戦争よりずっと以前、紀元前三五〇年頃に孫子が『兵法』のなかで間接的に敵を攻める重要な戦術的方法を述べている。スペイン戦争の当時、『兵法』を読んだり孫子の名前を耳にしたことのある指導者がいたとは思わないが、「敵の強みを避け、弱点を攻めよ」という『兵法』のなかに出てくる言葉は、ゲリラあるいはパルチザンの戦術家たちの指針となる着想と同じであり、その他にも孫子の書いたことの多くはゲリラの作戦方法に対するマニュアルと言ってよい。

ゲリラ戦をその他の「小さな戦争」と混同してはいけない。先に述べたように総力戦における発展に並行して行われていたのが植民地の拡大・支配をめぐる多くの小さな戦争であった。こうした小さな戦争における一部の戦闘は、ゲリラ戦での戦闘に似ているが、我々は分析する際に、採用された戦術、戦略地政学上の背景、交戦国の政治的目的、戦略的目的を慎重に見定める必要がある。言い換えれば、それぞれの戦争を部分的に詳細に見るのではなく全体的に見なければならない。用いられる戦術はゲリラの戦術かもしれないが、背景としての状況はまったく違う可能性もある。このような分析を最初に行ったのはクラウゼヴィッツである。クラウゼヴィッツはナポレオン戦争終結後に、弱者が強者に勝つ場合もあると主張しているが、スペイン戦役を念頭においていたのは間違いない。弱者が強者に勝つためには、弱者は強者の戦争遂行意志を打ち砕くことを心がけなければならないと彼は述べている。彼はこのような戦争を「パルチザン戦争」と呼んでいる。そして、戦場の地勢が広く、隠れる場所があり、その軍隊が適切な特質を備えていれば、この自分たちよりも強い敵の戦争遂行意志を蝕む助けになり得るだろう、と書いている。一九世紀に行われた植民地遠征が成功したのは、彼らが相対した政治的組織の多くが遠征軍の故国の国民の政治的意志に影響を及ぼすような行動を考えなかったからであり、また住民に対しては統治者から独立して自主的に戦うように仕向けたからであった。侵略を受けた現地の統治者は土地を守ろうとして自分たちの軍隊――そう呼べるものがある場合には――を使おうとした。そうなると、銃砲のような優れた武器に立ち向かうことになり彼らは打ち負かされた。一九世紀にイギリスが二度アフガニスタンを相手に戦った戦争のように、植民地遠征軍が功を奏さぬ時には、変えられたのは侵略勢力の意志の方だった。アフガニスタンでは、その地形とイギリスの力と補給の源である海からの距離の遠さが、現地諸部族の統一がとれまとまっている特質と相俟って、クラウゼヴィッツの条件を満たしていた。その結果、イギリスはこの地を支配できるほどの兵力を集中することができなかった。イギリス軍は二度にわたってインド統治《ラージ》にアフガニスタンを含めようとして（一度目は一八三九～四二年、二度目は一八七八～九〇年）、そのたびにアフガニスタン軍を破った。しかし、これらは戦術的な目標達成にとどまるもので、政治的な目標達成にまでもっていくことはできなかった。最終的にイギリスは撤退し、中世の君主が境界地域に住む人々とやったように、アフガニスタンの指導者たちと取引をした。

一八九九年に始まったボーア戦争もクラウゼヴィッツが定義したパルチザン戦争のもう一つの例である。これもイギリス軍の成長期の体験だった。ボーア人の市民軍は騎馬歩兵を中核とし、近代的な武器を携えていた。義勇軍《コマンドウ》と呼ばれる小規模の自己完結型部隊に編成されている彼らは、鈍重なイギリスの編隊に比べて迅速に機動し、野外生活に必要な技術も射撃の腕もイギリス軍より優れていた。ボーア軍は一〇月に攻撃を開始し、マフェキング、キンバリー、レディスミスを守っていたイギリス軍を包囲した。この最初の成功に加えてこの年の一二月には「暗黒の一週間」と呼ばれる一週間で、イギリス軍はマゲルスフォンティーン、ストームベルグ、コレンゾーで続けざまに敗北し、兵士を一〇〇〇人弱失い、また包囲されていた町の解放にも失敗した。しかし、イギリス軍は動揺せず、指揮官を更迭し、増援部隊を派遣し、また軍隊そのものを変革した。それまで赤だったイギリス軍兵士の軍服はカーキ色に変わった。馬が調達され、騎馬歩兵は訓練を受けた。戦場では兵站部隊が再編成された。キップリングは次のように書いている。

以前、軍隊にいた
(ああ!　まったくなんて小さな軍隊だっただろう)
赤くて小さい、本当に小さな軍隊だったのだ
でも今、自分は騎馬歩兵だ!
(「M・I——前線の騎馬歩兵」)

一九〇〇年六月に入ると戦場で鍛えられたボーア軍が打ち破られ、イギリス軍は両共和国の首都ブルームフォンティーン（オレンジ自由国の首都）とプレトリア（トランスヴァール共和国の首都）を占領した。しかし、ボーア軍は力くらべには敗れたものの降伏せず、イギリス軍の意志を砕こうと考えたため、さらに二年間ゲリラ戦が続いた。ボーア軍を破りボーア共和国を占領し、イギリスは一定の戦略的目標を達成していた。戦略レベルでは、軍事力でこれ以上イギリス軍にできることはなかった。戦略的主導権はそれを取ろうと思う側のものであり、ボーア軍はこれを取ることにした。自分たちの土地、南アフリカの草原地帯、に対する統治権を失ってしまったボーア人は、そこを占領しておくことがイギリス軍にとって耐えられないほどひどいものにしてやろう、そして、イギリス本国の人たちには負担できないほど高いものにしてやろう、とする戦略を始めた。この目的のために彼らはゲリラ戦術を採用し、この戦術レベルでの成功によって戦略レベルでの意志の衝突という戦いに勝利するつもりでいた。この戦略においてボーア軍を力づける多くの要素があった。すなわち、ボーア人たちの力強い国家意識、広大な南アフリカ草原地帯を熟知していること、そもそもこの戦争を遂行することの分別についてイギリス国内政界に分裂が見られること、そしてボーア人たちの大義に対してヨーロッパおよびアメリカが支持していること等であった。当時イギリスは大国中の大国だったので、諸外国からの圧力をはねのけていた。しかし、国内の政界は割れていた。当時の議会内野党である自由党、労働党は、帝国主義が過ぎるとしてボーア戦争に反対していたが、国民は全体としては軍を支持していた。ボーア軍が先に攻撃してきたからイギリス軍は受けて立ち派遣部隊を送った――だからイギリス軍は模範を示し、負けてはいけないというのが一般的な国民感情だった。しかしながら、イギリス軍は志願兵で構成されていたから死傷者が出ても一般市民は影響を受けないということで、そのような国民感情が大勢を占めていたのだ。イギリス軍が徴兵軍であれば、国民感情は違っていただろう。最後に、非常に重要と思われることを指摘しておこう。それは、当時、ボーアの人たちの——どこであれ外国の人たちの——見解をイギリス国民に充分に伝える手段がなかったということだ。戦争について、イギリスとは異なる見解をイギリス国民に知らせる国際的な報道ルートがなかった。しかし、イギリス国内でも非難する声はあり、時間がたつにつれ、また死傷者の数が増えるにつれて——イギリス軍兵士二万二〇〇〇人が戦闘と病気で死亡した——世論が厳しくなった。しかし、厳しい意見が集中したのは戦い方についてであって、ボーア戦争に戦うだけの価値があるか否かではなかった。実際、ボーア戦争が進展するにつれて愛国心は好戦的愛国精神に向かい、イギリス国民《ジョン・ブル》の民族主義的特性も顔を出した。クラウゼヴィッツに立ち返ると、勝利しようというイギリスの意志は大して責め立てられなかったのである。

ボーア義勇軍《コマンドウ》に対して行われた戦役は、最終的に成功した。戦術的に見ると、騎馬歩兵を擁していたおかげで、イギリス軍は義勇軍《コマンドウ》が得意とする分野で互角に戦えた。また、数のうえでの優位で経験と技量の不足を克服した。この戦役でイギリス軍は広大な農地に散らばって住んでいる人たちを一カ所に集めた。手当たり次第の残忍さで農場を焼き払って農民を「強制収容所」に押し込めたのだ。管理が行き届かず腸チフスが蔓延する収容所の悲惨な状況も、ロンドンでボーア戦争非難の声が上がる大きな原因の一つだった。草原地帯にある農場から住民を排除したのは、彼らが義勇軍《コマンドウ》兵士たちを匿《かくま》ったり食糧を与えたりしないようにするためだった。草原地帯に農民がいなくなると、何か動きがあればすべて敵の動きとみなされた——そうではないと判明するまで。情報や食料を得られなくなった義勇軍は、殺されたり捕まえられたりする危険を冒してこれらの必需品を求めて隠れ家から出てこざるを得なくなった。さらにイギリス軍は彼らの居場所を特定する情報を得る目的で後方連隊を抑えることに乗り出した。これは鉄条網とブロック・ハウス（小さな要塞のこと）を使って行われた。初めは、草原地帯を縦横に走る鉄道線路沿いにブロック・ハウスを建てこれを電話で結ぶという形態であった。しまいには、ブロック・ハウスとブロック・ハウスのあいだには鉄条網が張り巡らされ、その囲いの中は厳重に巡回された。食糧を求めてあるいは捕まるのを避けようとして、巡回に出くわしたり鉄条網を壊したりするため、徐々に所在が判明していった。これでますます正確に巡回できるようになり、またイギリス軍の攻撃が成功する率も高くなった。

ボーア戦争は、ここに書いたほど楽な戦いではなかった。ボーア軍は戦場をよく知り、士気はつねに高く、開拓者としての自信をもつ手強い相手だった。小競り合いや戦闘終了後、彼らはたいてい捕虜にしたイギリス軍兵士を裸にして釈放した。捕虜よりもその衣服が欲しかったのだ。補給も、秩序が乱れ規律が緩んでいるイギリス軍の偵察班を尾行して必要なものを奪ってすませる場合があった。二年にわたる戦いの末、一九〇二年五月にフェリーニヒング条約が締結されてようやく平和が訪れたが、数が激減し飢えに苦しみ困難な状況にはあったものの、捕獲されていない義勇軍兵《コマンドウ》はまだ相当数おり、彼らは降伏した。講和条約が締結されたのは主として、それまでにイギリス軍がボーア軍の戦争継続意志を衰えさせたためだ。政治的、戦略的にイギリスはこの戦争に勝利し、ボーア共和国（オレンジ自由国とトランスヴァール共和国）を大英帝国に組み入れることを堅く決意しており、またボーア軍ももはや形勢逆転は無理だと考えていた。そのうえ、イギリス軍はその軍事行動のなかで、農民たちを移動させ計画的にボーア軍が地の利を生かせぬようにすることによって、クラウゼヴィッツの三位一体という体制が成り立たぬようにした。戦術的には、ボーア軍は損耗により戦争を維持できなくなりつつあった。決め手となったのは、イギリスが自分たちの軍事行動を、この戦争が終結すれば今よりもましな状況が確実に生まれるという相手にとっての政治的選択肢と調和させたことだ。すなわち、自治と植民地内の農業経済再建のために三〇〇万ポンドを支払うと約束したのだ。

ボーア戦争の最後の二年間は、《国家間戦争》に対するアンチテーゼの好例である。すなわち、作戦規模は小さく、兵士の数はきわめて少なく、政治的目的を達成するための手段として決定的な軍事的勝利を狙うのではなく、敵を混乱させることに焦点を当てていた。スペイン戦争におけるゲリラ軍と違い、ボーア軍は大きな全体の一部ではなかった。彼らには外部からの支援はなく、逃げ込めるのは草原だけだった。このゲリラ戦の二年間において、ボーア軍の軍事力が戦術的目標以外のものに適用されることはなかった。実際それ以外やりようはなかった。ボーア義勇軍《コマンドウ》兵士たちは戦術レベルでの標的になるだけで、全軍を展開することはなかった。そうしなかったから彼らは戦術的標的だけしか攻撃できなかった。イギリス軍はその点を理解しており、戦域レベルでの「決定的な作戦」に出ようとはしなかった。ボーア戦争は戦域レベルで——交渉の席で——イギリスが政治的に勝利した戦術的交戦による戦争だったのである。

第一次世界大戦は、《国家間戦争》に対するアンチテーゼの発展における次の重要なステップだった。とりわけ、アラビア半島のアラブ人たちが戦った、現在では解放戦争と呼ばれている戦争は重要だ。これはオスマン・トルコの支配から脱するべく族長たちが先頭に立って戦った戦いであった。当初、簡単に成功するようには見えなかった。連合国軍のガリポリ攻撃が失敗し、一九一六年四月にメソポタミアのクートでイギリス軍が降伏し、同年にオスマン・トルコ軍がスエズ運河に攻撃をかけたことで、オスマン・トルコ軍はまだ侮れないことが判明した。このためイギリス軍はシナイ砂漠の兵力を増強し、アレンビー将軍の指揮のもとオスマン・トルコ軍を破るべくパレスティナで戦役を展開した――アラブ民族主義者たちの軍隊はこのイギリス軍を支援する作戦に乗り出していた。イギリスの立場から見ると、トルコ軍にかかる圧力を大いに増すことになるアラブの民族主義運動は支援するに足るものだった。この点に関して状況はフランスと戦った半島戦争にきわめてよく似ていた――スペインのゲリラ部隊は、ウェリントンの正規部隊がフランス軍に勝利するのを大いに助けている。

T・E・ロレンス中佐はアラブ民族主義運動に対する顧問および連絡将校として任命された。その頃すでにカイロのイギリス陸軍情報部に配属されていた彼は、アラブの人々、特にその文化や政治をよく知っており、この新しい任務にうってつけだった。一九一六年一〇月、民族主義者たちの動向について報告書をまとめるべくアラビア半島の砂漠地帯へ派遣されたロレンスは、アラブ民族主義者たちの政治的戦略的目標は「地理的なもので、アジアにおけるアラビア語を話す人たちが住む土地をすべて占有することである」とすぐに理解した。第一次世界大戦後に出版した『知恵の七柱』のなかで、この目的がどのようにして達成されたか、またイギリスの目標達成をどう助けたかを回想している。そうすることによって政治に従属する戦争の三つのレベルを明確に定義し、それぞれがどのようにして戦争の背景となる状況を決定し、一貫性を確保しているのかをはっきりと示している。

トルコ軍は攻撃目標ではなく、たまたまそこにいるというだけのことだ。我々の狙いはトルコ軍のもっとも弱い連結箇所を探し出し、そこだけに圧迫を加えて、時間の経過とともにその主要部分が倒壊するのを待つことだ。アラブ軍は前線を最大限に拡大して、トルコ軍にできるだけ長いあいだ受け身一方の防衛を余儀なくさせる必要がある。これがトルコ軍にとって実質的にもっとも高くつく戦争の形である。戦術的には、アラブ軍は、高い機動性をもつ高度に装備された最小規模の部隊を編成し、この部隊を使ってトルコ軍防御線全体にわたって選択点攻撃を順次かけていく必要がある。

このようにしてロレンスはアラブ軍を「影響力のあるもの、容易に打ち破れないもの、つかみどころのないもの、正体不明のもの、ガスのように漂うもの」にしようとした。このような言葉でロレンスは、戦場におけるアラブの戦闘の目的が局地戦で勝つこと、すなわち意地のぶつけ合いではなく消耗的なものであることを示している。この観点に立てば、戦闘の直接的目標は、戦術レベルでのみ戦うことであり、作戦レベルではトルコ軍に緊張を強いて物質的にではなく精神的に崩壊させることであった。これを行うためにはアラブ人自身の意志が当然必要であったが、独立の期待は充分な推進力であった。

この戦略に基づいてロレンスはアラブの指導者たちの説得にあたり、彼らの反乱活動を調整した。そして間もなく太守《アミール》ファイサルの統一指揮下にあるアラブの不正規軍とともに戦うようになった。かぎられた手段で、主にアラビア半島で作戦を遂行しながら、ロレンスはオスマン・トルコ軍の戦争努力を妨害するという自分が立てた戦略の実施に重点的に取り組んだ。例えば、初めに、ロレンスはアラブ人を説得してメディナからオスマン・トルコ軍を追い出すのをやめさせた。これによりトルコ側は、メディナの要塞を死守するため軍を張りつけておかなければならなくなった。正規軍に対する大規模な戦闘を行うには兵士も物資も足りないため、ロレンスは小部隊でも実行可能な戦術を奨励し、よく一〇〇人から二〇〇人の部族兵で大規模なトルコの正規軍に対して奇襲をかけさせた。やがてロレンスはヒジャーズ鉄道に目をつけた。紅海の制海権はイギリスが掌握しているため、ヒジャーズ鉄道がオスマン・トルコ軍にとって唯一の後方連絡線であった。トルコ軍はアラビア半島の何もない広大な砂漠地帯に薄く散在していたため、半島を横断して兵員や補給品、軍需品を運んでいた。その鉄道を襲い破壊した。アラブ人たちにとってはたやすいことであった。

ロレンスとアラブの不正規軍は二年間にわたり、ヒジャーズ鉄道のさまざまな区間を絶えず攻撃した。小規模部隊が各地に展開し、線路を破壊した。彼らが使用した爆破の仕掛けは非常に精巧で、爆薬の性能一杯の損傷を与えたので、トルコ軍は時間のかかる修理作業を余儀なくされた。ロレンスが多用した「チューリップ爆弾」でねじ曲げられた線路をまっすぐに直すことは不可能だった。鉄道を使用不能にするためのもう一つの方法は、線路を利用できぬよう「少しずつ動かす」というものだった。二〇人ほどの兵士が線路に沿って歩き、線路をもちあげて放り出すのだ。同じように橋は修理するのにより多くの人時《にんじ》がかかるよう壊すというよりも粉砕された。アラブ軍はロレンスとその爆薬の使い方に感心し、彼にダイナマイト太守《アミール》という異名を奉った。

このような破壊工作が続くと、鉄道を防衛し、またひっきりなしの損傷の修理を余儀なくされたオスマン・トルコ軍には身動きが取れなくなる部隊が増えた。その一方で、オスマン・トルコ軍は前哨陣地と巡察隊でヒジャーズ鉄道を守ろうとしたが、ロレンスたちは電撃的な作戦を実行できる相当規模の遊撃隊を編成した。紛争はすぐに消耗戦となった。しかし、ロレンスが鉄道線路や基幹施設を攻撃、破壊するのに用いる部隊は、破壊された鉄道線路や基幹施設を修理するためにオスマン・トルコ軍がもちいる部隊に比べてつねに規模がずっと小さかった。一九一七年、ロレンスはアラブ不正規軍と、アウダ・アブー・ターイーの指揮のもとオスマン・トルコに対して反旗を翻している軍隊とのあいだに入り、共同で軍事行動をとるよう調整した。彼らは陸から大胆に攻撃をかけて戦略的に重要なアカバ湾を奪った。さらにアラブ反乱の最終段階で、ロレンスはダマスカス占領にも貢献した。

　アラブ軍は中東でのイギリス軍勝利に大きく貢献した。彼らはトルコ兵約三万五〇〇〇人を殺し、それとほぼ同数の兵士を捕虜にしたり負傷させたとされている。彼らの戦闘におけるあらゆる要素は、《国家間戦争》のアンチテーゼとして彼らが果たした役割を示している。それは、彼ら以前に、スペインのゲリラ部隊やボーア軍がもたらしたものとまったくよく似たものであった。第一次世界大戦終結時には、彼らは自分たちの戦略的目標を達成し、二六万平方キロの土地――それまでオスマン・トルコの統治下にあった地域――を支配していた。これによってその政治的目標もかなうかに思われたが、戦時中に協力関係を結んでいたイギリス、フランスは彼らを見捨てた。敗北したオスマン・トルコの領土を分割するにあたってイギリス人とフランス人は、一九一九年のヴェルサイユ講和会議におけるロレンスの陳情にもかかわらず、アラブ人の期待を裏切った。ロレンスは、これ（対オスマン戦協力を条件にアラブ独立国家の建設を支援する）は戦時中に自分がアラブのシャイーフたちに伝えた約定であると訴えた。アラブ人はアラブ人居住地の独立を拒まれ、旧オスマン・トルコの各州は委任統治領としてフランス、イギリス両国の支配下に置かれることになり、サウード家には人が住むのに適さないアラビア砂漠だけが残された。しかし、それから数年のうちに、この仕打ちはサウード家にとって実際は幸運であったことが判明した。砂漠の下に石油が発見されたのだ。その埋蔵量は世界でも最大級だった。

《国家間戦争》は、クラウゼヴィッツの消えることのない影響力を擁する理論と実践との組み合わせを介して発展した。それとは対照的に、そのアンチテーゼは、イデオロギーと民族主義を通じて発展した。このアンチテーゼとなる戦争の本質は大規模な軍隊に対する民衆の戦争であると捉えれば、この戦争に関与した人たちのあいだには、何らかのイデオロギー的拘束があったに違いない、と考えるのは自然である。しかしながら、イデオロギーが本当に表面に出てきたのは両世界大戦のあいだの時期であった。一九二〇年代初頭――ロレンスがアラビアとパレスティナでの戦いについて報告を書いていた時期とほぼ重なる――、何十年も前からあった傾向がゲリラ戦争の戦術的アイデアと結びついた。それは自分たちの存在と考え方に民衆の注目を集めようとして時の指導者を暗殺するという、無政府主義者の考え方だった。やりそこなう場合が多く、その考え方そのものが完全に間違っていた――すなわち、一般的に言って民衆は無秩序な状態を求めておらず、統治機関の存在を望んでいるのであり、民衆が問題にするのは、政府のリーダーシップ、目標、手法である。しかし、この考え方は、なかでもトロツキーやその仲間であるロシア人革命家の多くに支持された。自分たちの行為を組織的に宣伝することは、革命運動のなかで一つの活動方針となった。その目標は、政府、民衆、外国の機関が自分たちに注目するように仕向け、自分たちの運動の「大義」を意味ありげなものとし、人気を獲得し、新しい仲間を増やし、何よりも自分たちの「大義」に対する民衆の暗黙の支援を得ることであった。イギリスにおけるそのような行為の例をあげると、一九七九年のアイルランド共和国軍（ＩＲＡ）による、年次休暇でアイルランドに滞在していたマウントバッテン卿殺害である。この殺人はＩＲＡを宣伝するためだけのものであった。

行為の組織的宣伝と並んで二つ目の活動方針が出てきた。挑発戦略である。この場合には、反革命勢力の力と影響力をうまく利用するのが狙いだった。柔道選手が相手の力を利用して投げるような感じだ。攻撃あるいは「偶発的事件」は、政府から何らかの対応を引き出すため、または対応を要求するために実施される。その目標は、国民や外国の機関に政府を残酷な弾圧者として示すこと、治安部隊は敵であるという考えを国民に植えつけること、「大義」に対する共感を得て新たなメンバーを獲得すること、である。そのような挑発戦略の実態をよく示しているのが一九七二年一月の血の日曜日事件に発展した北アイルランドでのデモ行進だ。ロンドンデリーでイギリス軍兵士がデモ隊に発砲し一三人が死亡した。挑発戦略には、偵察の一手段としての作戦的価値もある。例えば、挑発行為を行っても検問所で治安部隊が反応しなければ、治安部隊が容認するレベルがはっきりし、少なくともその地域ではその容認レベルを超えない範囲で他の活動も企てることができる。そのような情報は、三つ目の活動方針で動く時、すなわち、政府の統治能力——統治手段と統治意志の両方において——を摩耗させようという活動を遂行する時に役立つ。その好例は、政府職員を殺害したり怯えさせることであり、北アイルランドの場合、裁判官が殺害されている。以上述べたものが革命運動における三つの主要な活動区分である。しかし、これらはそれぞれが明確に定義されているように見えるかもしれないが、多くの活動においてこれらの複数が組み合わされており、状況が進展するにつれてその組み合わせも変化する、ということを強調しておく必要がある。ゲリラ側も自分たちの軍事力を有効に行使するつもりであれば、対面している常備軍がするのと同じように状況に適合し編成による機動力をもたねばならないのである。

《国家間戦争》に対するアンチテーゼとして、ここでは革命戦争を取り上げて議論しているが、革命側の軍事力は自分たちの統治についての国民の意志を形成するために用いられている。すなわち先述した三つの活動方針のすべてを通じて革命側は、革命体制による統治を容認する国民を増やすために活動している。戦略・戦域レベルでの目標はすべて国民の意志——打倒しようとしている現政府の意志ではない——をまとめるか変更することに関係したものであり、その破壊的な潜在能力を発揮するべく軍事力が直接適用されるのは、戦術レベルにおいてのみであり、それは革命決行の時である。こうした考え方は次第に強まり、ロシア、中国で実行に移された。強者に対抗する弱者についてのクラウゼヴィッツの考察を参考にしたのがレーニンである。彼は「人民の戦争」という自身の論考のなかで、人民の戦争は人民の支援に頼るべきであると述べており、また、何か一つの出来事によって人民の戦争の結果が決定されるということはあり得ないとも述べている。ロシア革命を企てる際、レーニンがこの考え方を実に巧みに応用したのはたしかだ。実際、レーニンが自己の経験から引き出した見解は、現代のゲリラ戦略に大きな影響を与えた。

毛沢東の画期的な戦争理論——毛沢東と中国人民解放軍は、日本軍とも蒋介石の軍隊とも戦った——もゲリラ戦争戦術の活用に焦点を当てていた。彼は、革命戦争は三つの段階を経ていくもの、と捉えていた。そして、同じ戦域でも場所が異なれば異なる段階になり得ることもあり、逆境に直面すれば、下位の段階に戻らねばならぬこともあり得る——これは現実に起こっている——と考えていた。簡単な言葉で言うと、この三つの段階は次のようなものであった。第一の段階は、地方共同体のなかに革命運動の細胞を形成することであった。理想的には農村地帯の奥深くにあり、革命に共感的な地域と境を接する領域につくることが望ましく、この細胞が組織的宣伝活動と教化活動を大々的に行い政府の出先機関を壊乱しこれに取って代わりこの地域を支配する。次の段階は、このようにして支配を確立した地域を進展させて革命に関わる人たちが逃げ込める場所、すなわち聖域にすることであった。細胞組織を拡大し、他の解放区と結びつけて一つの領域を形成し、そこには軍隊を準備し食糧や武器を保管できるようにする。これは政府の機関や軍隊に対する攻撃のエスカレーションと連結していた。第三段階、つまり最終段階においては、組織化された軍隊が、この聖域を強化し、軍隊を支援できる細胞組織が存在する地域で政府軍に対して軍事行動をとることであった。この段階は戦場において政府軍を打ち破り、革命政府が農村地帯を次々に掌握し都市部を陥落させるまで続く。

ロシアでも中国でも、革命戦争の最終段階は、戦場における在来型の《国家間戦争》用の軍隊間の戦いであった。すなわち、この最終段階においては革命に立ち向かう充分に鍛え抜かれた政府軍を力くらべで打ち負かす必要があった。しかし、それに先立つ意志の衝突は、一般民衆や戦域の状況に応じていろいろな道筋をたどった。ロシアでは、革命はロシアの経済や戦争努力の産業化・工業化を支えていた都市部の無産階級《プロレタリアート》を中心に行われた。革命は、鉄道網沿いに田園地帯を経由して、都市から都市へ移動した。トロツキーの赤軍創設は、巨大な戦争遂行機構が出現したことを意味していた。赤軍はすぐに敵の在来型の軍隊に似たものとなっていった。すなわち、その参謀機構と計画立案は中央集権化され、その命令は絶対的でその指揮系統は政治的構造に似たものとなっていった。ロシアとは対照的に、中国での革命は農村住民を中心に行われた。中国は産業化・工業化が非常に遅れており、内戦によって引き裂かれ、部分的には日本軍に占領されていた。大多数の国民は田舎に住み、食糧生産に従事し、また兵士の供給源でもあった。それにもかかわらず、最終段階を除いて中国の革命戦争は、民心を求めて人民のなかで戦われた。毛沢東は「魚が海のなかを泳ぐように、ゲリラは人民のなかで活動する」と言っている。長征はそれを証明した。「長征」とは、一九三四年一〇月から一九三六年一〇月にかけて、民族主義派国民党軍の追撃を逃れるべく行った中国共産党軍による大規模な軍事的撤退のことである。共産党軍は遠く離れた安息の地北西部の陝西省まで約九〇〇〇キロを移動した。この過程で共産党内での毛沢東の指導権が確立したが、共産党軍は途上で裕福な人々や国民党員から資産や武器を没収する一方、小作人や貧民を新兵として補充した。出発時に約一〇万人いた兵士は、最終目的地に到着した時には四分の一以下に減っていた。しかし、その後共産党軍は延安という新しい聖域で組織を固め始めた。だが、日本占領軍、続いて国民党軍を破ったあとは、この中国人民解放軍も《国家間戦争》に適合する従来型の軍のようになっていった。皮肉なことにその後数十年間、イスラム教徒が多く住む西方の州において、またチベットにおいて、人民解放軍はゲリラ活動の餌食となった。すでに従来型の軍隊をつくりあげていた革命主義者たちは政権を握ると、自分たちが追い落とした政権の虚飾や権力をすべて我が物にした。それ以上のことをやる場合もしばしばであった。これが革命を成功させた革命主義者たちが遂行した《国家間戦争》のアンチテーゼの真に矛盾するところであり、結局はアンチテーゼであったものが従来のパラダイムと合体してしまう。

第二次世界大戦中のドイツや日本に占領された地域では、レジスタンスやパルチザンによる軍事行動等、《国家間戦争》のアンチテーゼが発展を続けた。連合国の立場からみるとこれらは半島戦役でスペインのゲリラが、また第一次世界大戦でアラブの不正規軍が実施したものによく似た「縦深作戦」であった。これらの軍事行動に従事する人々にはつねに、たとえ初期段階のみだとしても、自由の灯りが消えないようにするという政治的目標があった。地方の共産党組織を土台とするこうした革命戦争が、他の場合に比べてうまくいくことが多かったというのは注目に値する。しかし、これは驚くべきことではなく、いろいろと理由があるのだ。すなわち、彼らは、ただ単に第二次世界大戦前の状態に戻そうというのではなく、よりよい世界についての展望をもっていた。また、細胞構造をすでにもっていたし、諜報機関が侵入しないようにするための防護対策に長じていた。彼らはまた、国際的なつながり、特にモスクワとのつながりをもっていた。連合国軍がベルリンへ近づき勝利が間近に見えてくると、連合国側にとって貴重な存在であったこうしたゲリラ活動家たちは、自分たちの政治的立場が戦争終結後も揺るがないようあの手この手で奮闘した。この点について、パルチザンの方が王党派よりもドイツ兵を多数殺害していると の理由で、王党派ではなくヨシップ・ブロズ・チトー率いるユーゴスラヴィアの共産主義者、パルチザンを支援するというチャーチルの決断は、軍事的戦略的観点から正しい判断であったのは間違いない。しかし、その判断はいくつかの政治的結果を伴った。その一つは、第二次世界大戦終結間際に、チトーが目指すスロヴェニアとトリエステ港を含む大ユーゴスラヴィア構想が、イギリスの利益と衝突した時明らかになった。すなわち、イギリスは、アドリア海の奥に位置するトリエステ港を西側の管理下におくつもりでいたのだ。

一九四一年六月以降、チトーに率いられることになったユーゴスラヴィアのパルチザンは、第三帝国の占領支配に対する武力抵抗を宣言した。チトーはまもなくユーゴスラヴィア民族解放軍（NLA）の最高司令官となり、彼のパルチザンはユーゴスラヴィア全土にわたるゲリラ活動を展開した。軽装備の不正規軍はドイツの支配に対して抵抗を開始し、支配されていた領土を広く帯状に解放し、そこに文民政府として行動するための人民委員会を組織した。ドイツ軍は民間人を処罰し人質を処刑するなどして報復したが、パルチザンの抵抗意志を打ち砕くまでには至らなかった。ユーゴスラヴィア民族解放軍の活動は往々にして同盟を結んでいる勢力に支援されていた――この点はそれ以前のモデルとは逆の状態である。以前の事例では、ゲリラが同盟を結んでいる従来型軍隊を支援していた。一九四四年六月に連合国はユーゴスラヴィア民族解放軍部隊の支援を主目的とする作戦を指揮するべくバルカン空軍を編成した。ユーゴスラヴィア民族解放軍は一九四四年末にはセルビアから枢軸精力を撃退することに成功し、一九四五年には赤軍の手を借りてユーゴスラヴィア全土から敵を撃退した。

あまり知られていないが、アンチテーゼとしてのパルチザン組織形成に関するすばらしい例は、一九四二年に結成されたウクライナ蜂起軍（UPA）である。この組織はウクライナ独立国家の建設を目指していた。ウクライナ国内の主要都市は相変わらずドイツ軍に支配されていたが、山が多いウクライナ西部、北部の広大な地域はウクライナ蜂起軍が掌握していた。ウクライナ蜂起軍の非常に特異な特徴の一つは、外国からの支援を何も受けていないにもかかわらず、広大な領域で成果をあげていたということだ——その勢力は、最盛期であった一九四四年六月頃、実に五〇万人に達していた。はっきり言うと、ウクライナ蜂起軍は、ゲリラ活動をしているグループの政治的目標が自分たちを支援している盟邦の政治的目標と——少なくとも名目上——異なっている場合のいい例である。というのも、彼らは他のゲリラ・グループと協力してナチス・ドイツ軍、そして彼らの盟邦と世間では考えられていたソ連軍とも戦っていたからだ。さらに第二次世界大戦が勃発して間もなくの時期、ロシアは徴集兵部隊がウクライナのゲリラに共感を抱きがちであることに気づいていた。実際、ウクライナ蜂起軍はスターリンとヒトラーの両者と戦いたいと考えているすべての人に訴えてもいた。タタル人、ウズベク人、アルメニア人などウクライナ蜂起軍に関心を寄せる兵士の国籍はさまざまであった。ウクライナ蜂起軍の組織的宣伝活動は赤軍兵士に対しても向けられていたため、モスクワはウクライナ蜂起軍を撲滅するべくソ連の内務人民委員部（秘密警察）や親ロシアのパルチザンを利用せざるを得なかった。

ウクライナのゲリラ作戦行動あるいはパルチザン作戦行動は、政治的目標と軍事的戦略的目標とのあいだに違いがある場合の好例を提供してくれる。ウクライナ蜂起軍はウクライナをソ連から解放するという目標をもっていたが、ドイツ軍が故国を占領している以上、ドイツ軍を打ち破るべくまずソ連軍と協力して戦わなければならなかったのだ。ドイツ軍が追い払われてしまえば、ウクライナ蜂起軍の政治的目標と軍事的戦略的目標はまとまって唯一つの目標になった。ウクライナ蜂起軍の最高司令官ロマン・シュヘーヴィチはソ連軍に対してゲリラ活動を続行した。第二次世界大戦が終結して五年後の一九五〇年、シュヘーヴィチは戦闘中に死亡した。彼とその仲間が一〇年近くにわたり抵抗運動を続けたことは間違いなく勇敢で見事なことであったが、彼らはロシア革命を引き起こし成功させた革命家たちの非常に重要な教訓の一つを学びそこなっていた。つまり、ウクライナ蜂起軍が地方のかなりの部分を掌握していたにもかかわらず、結局のところウクライナを動かす力は都市部の住民にあるということを忘れていた。すなわち、ウクライナ国民の大多数は都市部にいるプロレタリアートであり、彼らが生産と流通、つまり工業・商業と鉄道を担っていたのである。そして、この都市部を占拠し、このプロレタリアートを支配していたのはソ連軍であった。ロシアやウクライナのように広大な国においては、森林や沼地にいるパルチザンの小規模な組織では、国民全体に影響を与えられるほどの決定的な大勢力にはなり得なかった。

第二次世界大戦におけるアンチテーゼとしてのパルチザン組織で非常によく知られているのは、フランスにおけるナチスおよびその協力者に対して行われた抵抗運動、レジスタンスである。レジスタンス・グループの政治的色合いはさまざまだった。ド・ゴール支持者もいれば社会主義者（スペインの共和主義者を含む）もいたし、特にヒトラーがロシアに侵攻して以降、大半は共産党員であった。フランスのレジスタンス運動は連合国の諜報機関と協力態勢をとっていた。ドイツ軍の大西洋防衛線についての情報を連合国側に提供し、破壊活動その他の工作を調整し、オーヴァーロード作戦の成功に大きく貢献した。一九四〇年一一月、ロンドンの特殊作戦本部（ＳＯＥ）はレジスタンス支援に乗り出し、兵器や無線機、無線技士や顧問などをパラシュートで投下した。秘密情報局（ＭＩ６）や空軍特殊部隊もそれぞれ作戦を続行した。

二〇世紀におけるゲリラの典型例であるマキは、森林地帯に潜伏して活動したフランスの対独レジスタンス組織だった。マキという単語は、灌木が密生するフランス南部の山岳地帯を意味する。武装したレジスタンス組織は潜伏先として森林を選んだ。森林や山岳地帯に潜伏してレジスタンス運動をする組織のメンバーはマキザールと呼ばれた。彼らはゲリラ戦術を展開してドイツ軍やヴィシー政権下で活動した親独義勇軍であるフランス国民軍《ミリス》を悩ませた。マキ組織の大部分は土地の人々から支援を得ていた。マキを構成しているグループの規模は一〇人程度の細胞から数百人の集団まで幅広く、終戦の頃には数千人に及ぶものまであった。レジスタンス運動はドラグーン作戦およびアンヴィル作戦で南フランスに侵攻する連合国軍を支援した。またノルマンディ上陸作戦においてもドイツの防御態勢や守備兵力について貴重な情報を収集し、作戦の準備と支援にも重要な役割を果たした。

西部戦線での戦いが進展するにつれ一部のマキ・グループはドイツ軍に抵抗して立ち上がりフランス各地を解放したが、ナチス武装親衛隊が暴虐のかぎりを尽くして報復したため、多数の犠牲者を出した。各地の蜂起は破壊活動と結びついてドイツ軍の補給路を断ち、立ち往生させ、連合国軍がこれを包囲するのを支援した。一九四四年六月、オーヴェルニュの山岳地帯で七〇〇〇人のマキザールが二万二〇〇〇人のナチス武装親衛隊を相手に激戦を繰り広げた。言い換えれば、小規模のゲリラ部隊でも三倍近い精鋭のナチス武装親衛隊を足止めできたのだ。一九四四年にフランスのレジスタンスと協力して実施した空軍特殊部隊（ＳＡＳ）の作戦では、七五〇〇人の敵兵を死傷させ、五〇〇人近くを捕虜にしたと言われている。また、七〇〇両以上の車両、機関車二九両を含む多数の鉄道車両を破壊し、さらに四〇〇の標的に爆撃機を誘導した。

ロンドンでは、フランスの亡命政権である自由フランスの指導者シャルル・ド・ゴール将軍が、こうしたフランスのパルチザンに対する指揮系統をつくり、フランス国内軍（ＦＦＩ）の総指揮権をマリー・ピエール・ケーニグ将軍に与えた。一九四四年八月、連合国軍がパリに近づくとレジスタンス組織は同市の支配権を掌握した。彼らは手榴弾や狙撃用ライフル銃などの小火器で戦い、ナチス協力者を逮捕、処刑した。パリの警官隊の多くがレジスタンスに合流し、ドイツ軍はじきにパリから撤退し始めた。このおかげで、ルクレール将軍は自由フランス師団を率いてパリに勝者として入城できた。レジスタンス組織のメンバーの多くはフランス国内を進撃しながらフランス国内軍（ＦＦＩ）に加わり、最終的に一九四四年八月二八日、ド・ゴール将軍が自由フランス軍とレジスタンス組織の解体を決断するとフランス軍に組み込まれる者もいた。これはド・ゴールの見事な才能を示している。彼は不正規軍を正式なものにする手順、それを政治勢力としては中立なものとし、そのあとでそれを解散する確実な手順を示してくれた。ロシアや中国、あるいはユーゴスラヴィアとは違いフランスのゲリラ部隊は平時の政治勢力となることを認められなかった。フランスにおいては、有用性が立証済みのゲリラ部隊は、解放の戦いにおいてその真の姿を見極められ、つまり脅威であると認識され、そのために無力化されたのである。

第二次世界大戦が終結する頃には、《国家間戦争》のアンチテーゼを明確にする特徴が、ゲリラ戦争と革命戦争に共通するものとして確立された。どちらのタイプの軍隊もある種の発展の経路を共有し、生き残るために初期段階では定まった形をもっていない。今日にいたるまでどちらのタイプの軍隊も概して、小規模で、特定の地域に基盤をおく細胞で構成され、各細胞はその担当区域のなかでのみ作戦行動を行う。全般的な指図をくだす権威筋のほかには命令系統は存在せず、初期段階においては、そのような権威筋はイデオロギー的で政治的なものであり、活動がどの方向へ向かうべきかを示すだけである。この権威筋とその取り巻きは、細胞たちがうまくやった時にその地域で局所的な主導権を握りこれを強化するように努力する。こうして発生した戦闘集団は、ダーウィンの進化論で言うところの自然淘汰の過程を経ながら革命が目指す目標へと向かう。やがて、その行動は努力を集中し資源を割り当てるために、ある程度形式の整った首尾一貫性をもたねばならなくなる。そして、細胞間の連絡はより頻繁に行われるようになる。この段階になると、この組織は治安部隊の侵入に特に弱くなっている。組織がこの段階に達しているかどうかは、その組織の活動が軍事的なものと政治的なものとに分離されているかどうかで判断される。最終的には、毛沢東の場合のように、軍事的活動を担う部門はより形式の整った軍隊の様相を帯びてくる。しかしながら、この発展は組織が強くなったことを示している一方で、脆弱性をもたらしてもいる。つまり、ゲリラ部隊は治安を担う常備軍に対して常備軍が得意とする方法で戦うようになるからだ。武器や大規模軍隊を操縦し作戦行動をとらせる将校たちの能力を比較すれば、《国家間戦争》用の軍隊である常備軍の方がゲリラ部隊より例外なく優れている。したがって、ゲリラ部隊は命がけで戦わねばならない。しかし、この決戦を制すれば、ゲリラ軍あるいは革命軍は、従来型の《国家間戦争》用の形態の軍へ向かう最後の変身を遂げることができる。

このタイプの戦争を《国家間戦争》に対照的なもの、すなわちアンチテーゼとしているものは、その戦い方だけではない。《国家間戦争》には敵の抵抗能力を打ち砕くことによって望ましい政治的結果を達成するという何よりも重要な目的がある。それは本質的に意志の喪失につながる力くらべである。しかし、そのアンチテーゼは軍事的弱者が軍事的強者を相手に効果的に戦うことを可能にしているのだ。それは、意志の衝突を勝ち取るという戦略レベルでの目標をもちつつも、軍事力を使うのは戦術的行動においてのみという方針に基づいている。すなわち、敵の統治能力を摩耗させるべく、そして、人民の意志を形成するべく軍事力を使用するのである。このタイプの戦争を主唱する人たちは、自分の決めた条件下での戦術的力くらべを求めており、どこであろうとも、それ以外の条件下では戦うことを拒絶する。世間に幅広く説明されているクラウゼヴィッツの国民、国家、軍隊という三者間の関係を分析手段として用いるならば、この二つのタイプの戦争を対比して見せることができる。《国家間戦争》における目標は、敵の軍隊を打ち破り、敵の政府が戦争を遂行したり国民を守ることを妨げ、それによって三者間のつながりを壊すことである。アンチテーゼにおける目標は、絶え間なく攻撃し、高くつく損害を与えることによって自分たちより強い軍隊を衰えさせ、それによって政府および国民の戦争遂行意志を粉砕することである。まずスペイン半島戦争から論ずるが、ゲリラは占領者に抵抗する独自の勢力としてスペイン国家の軍隊と精神を代表していた。そして、このためには国民はゲリラ支援に必要不可欠な要素だった。ウェリントン軍が脅威となっていたことや地方でゲリラを追撃する兵力が不足していたことだけが理由ではないが、フランス軍はゲリラと国民とのあいだのこのつながりを壊したり乱したりすることができなかった。ボーア戦争についてもこの分析が当てはまるが、この場合だけは、イギリス軍はゲリラと国民とのあいだのつながりを本当に壊した。ボーア軍は繰り返し攻撃され、戦ってもつねに敗走し情勢に影響を与えられないほどに兵力を減らされ、広大な南アフリカ草原地帯に住む農民たちはボーア義勇軍兵士と接触できないように移住させられた。イギリスは矛を収める代償として、ボーア人の自治は認めたものの、その国家を解体した。このようにしてボーアは二重に敗れた。すなわち、自分たちの三者間の関係が破壊される一方、イギリスの三者間の関係の均衡を崩すことができなかったのである。

しかし、アンチテーゼの二つの形態であるゲリラ戦争と革命戦争に対して三位一体を同じように当てはめるわけにはいかない。ゲリラ戦争では当事者双方が明確な三者関係をもっている。革命戦争でも競合する三者関係を基盤にしているが、三者の一つ――国民――は当事者双方に共通しているという特徴がある。政府、治安部隊、国民が一方の三者を構成し、革命党員、そのイデオロギーと地下組織、国民がもう一方の三者を構成している。どちらも国民は自分たちの立場と、戦闘努力に必要不可欠と考えている。革命側は国民を自分たちの意のままに支配しようとして、政府側の三者間のつながりを壊すべく多大の努力を払う。しかし、政府側も革命戦士を国民から引き離すべく多大な努力をする。そして、ゲリラや革命主義者たちの立ち向かっている既成国家が彼らに対して反攻に取りかかることがあれば、それは、ゲリラや革命主義者たちの活動がうまくいっていることを示す最初の兆候の一つである。ボーア戦争においてイギリス軍がゲリラ軍にどのように反撃していったかを我々はすでに見ているが、この例は、革命軍に対する反撃も含めて、うまくいった反撃のすべてに関係がある主要な問題を含んでいる。それは、だいたいにおいて、ゲリラや革命家が活動する地域すなわち聖域が次第に彼らを受け入れぬようにもっていかねばならぬということである。その一方で、既成国家の軍隊はその地域に入り込みそこを支配する必要がある。そして、その地域内およびその地域へ入ってくる情報・連絡を支配せねばならない。このようにしてゲリラや革命家は、その地域からもそこに住む人々からも切り離され、特に隠れ場所を提供してくれる人々から切り離される。その戦争が大きな都市部に基盤をおいていれば、民衆の中がゲリラや革命家の聖域になるが、今述べたことはこの場合にも当てはまる。ただし、その遂行はずっと難しくなる。そうではあるのだが、目標は人々を活動家から引き離すことに変わりはない。物理的に引き離すだけでなく、人々が活動家を支援することを拒否し、彼らについての情報をもたらしてくるようになるほどまで引き離すのだ。治安部隊の規模は、問題となっている戦術的な状況のなかでゲリラ軍あるいは革命軍の規模と同程度のものでなければならない。《国家間戦争》においてよく行われているように相手に圧倒的な差をつけるような規模にしてはならない。というのも、今の場合そのようなことをすれば、それはゲリラ側の挑発戦略に乗ったことになり、ゲリラ側の活動の宣伝の具となるからである。どこから見ても圧倒的な軍隊が、はるかに規模の小さい軍隊を攻撃していると思われるだろう。戦術的優位は優れた諜報活動、情報活動により達成される。最終的には、既成国家の政府は、国民に対して将来についての確かな見通しを示さなければならない。イギリス政府がボーア共和国の住民たちに提示したような、実行可能で現実的な将来の見通しのみが、イデオロギーに共鳴して戦っているゲリラ軍や革命軍から国民の大多数を引き離しこちらに引き寄せることができる。

この問題は第三部で詳しく説明するが、そのようにする理由は、民衆のなかに入り込んだゲリラの問題と、そのようなゲリラに対してどう戦うかという問題はいずれも昔から本質的に変化していないからということだけではない。しかしながら、ここでは、次のことだけは注意しておこう。すなわち、この二つの問題を切り離して論ずればいずれも無価値なものとなり、すべては一つの共通した目的と方向へ向かって遂行される必要があるということである。この規則の例外となる反撃手段がもう一つ存在する。それは、民衆を怯えさせ特定の地域から駆逐するという解決策である。悪名高い例としては、紀元七〇年にローマがユダヤ人に対して行った解決策（エルサレムの破壊として知られている）がある。この時、ユダヤ人は恐怖にさらされエルサレムから追い出された。あるいは、一〇八〇年代のウィリアム征服王による「北部の劫掠《ごうりゃく》」、一九三〇年代のスターリンによるウクライナに対する行動である。いずれの場合も、関係する地域の住民は恐怖にさらされ、その人口は激減している。この非常に問題の多い手段はもし決行するとしても、「一回かぎり」のものである。失敗すれば、住民の一部はその地域から追い出されても、残った人たちは敵側に加担し復讐に燃える中核となる。現在では既成国家の軍隊は、恐怖という手段をとることができない、あるいは、とろうとしない場合が多い。だから、まさにそのような手段がとられた、ルワンダにおける大虐殺やボスニア・クロアチアにおける民族浄化を人々は嫌悪する。したがって、既成国家の軍隊は、前述の問題点をすべて考慮したうえで反撃に乗り出し、ゲリラ・グループや革命グループによる挑戦が完全に霧消するまで断固戦い続けなければならない。

ゲリラ・グループから出発し、それ自身のさまざまな行動を経て、国家の正規軍となり最終的には同根のゲリラ・グループに対する反撃に乗り出した典型例がイスラエル国防軍（ＩＤＦ）である。それは、パレスティナがイギリスの委任統治下にあった一九二〇年にユダヤ人居留地を守るために、市民レベルの軍事組織ハガナー（ヘブライ語で「防御」を意味する）として出発した。そして、左右両翼の政治家で構成される委員会の全面的な監督下にあった。一九三一年に当時の政治体制を拒否する一派がハガナーを脱退し、イルグン（ヘブライ語ではエツェル。これは国防組織の略）という名で知られる典型的なゲリラ組織を結成した。一九四〇年にはイルグンが分裂し、レヒができた。レヒはシュテルン・ギャング（創設者アブラハム・シュテルンに由来する）とも呼ばれ基本的にテロ戦術をとった。これらの違いは重要である。なぜならこの三つの組織は一九四五年から四六年にかけて短期間ながら協力してイギリス軍に抵抗したにもかかわらず、その活動には三つの明らかな差異が見られる。ハガナーは非合法組織であったがつねに国防軍を自任していた。その存続期間中の大半において、この組織はイギリス占領軍を積極的に攻撃するよりもパレスティナにおけるユダヤ人居留地をアラブ人の攻撃から守ることに焦点を合わせていた。しかしながら、世界的な基準から見るとこれらの三つの組織は暴力手段を用いる反体制活動家の組織であった。実際、ハガナー、イルグン、レヒは一体となってドイツと戦った第二次世界大戦の期間を含めて、時々積極的に協力している。そのうえ、ハガナーは第二次世界大戦末期にはイギリス軍とも短期間協力関係を結び、イルグンやレヒの活動家たちを逮捕した。ハガナーはイルグンやレヒの過度な暴力路線を認めていなかったからだ。これはユダヤ人組織のあいだでは「狩猟期」として知られている。しかし、一九四五年以降、三つの組織はユダヤ国家建設に全面的に協力し、ハガナーはイギリス軍との戦いの最前線に立ち、鉄道線路やレーダー施設の破壊工作から国境地帯の道路や鉄橋爆破等さまざまな活動を行った。その一方でハガナーは、パレスティナへのユダヤ人の隠密移住の先導、新たな入植地建設の保護、アラブ人に対する戦いの遂行というような別種の活動も続けていた。パレスティナにおけるユダヤ人入植地の責任者でイスラエルの初代首相を務めたダヴィド・ベン・グリオンは第二次世界大戦終結後、イギリス政府の強硬路線が明らかになった一九四五年一〇月に次のように書いている。

我々はパレスティナにおける我々の反撃を移民と入植に限定すべきではない。破壊戦術と報復攻撃戦術の採用は不可欠である。個別的なテロ行為ではなく、白書［一九三九年のマクドナルド白書。パレスティナへのユダヤ人移民を規制する内容」によって殺されたすべてのユダヤ人のための報復である。破壊活動は重要な役割を果たし、世間の注目を集めるに違いない。細心の注意を払い、極力死傷者が出ないようにしなければならない。

イルグンは典型的なゲリラ組織でイギリス軍を妨害するため、キング・ダヴィデ・ホテルに設置されていたイギリス軍司令部を一九四六年七月に爆破し、一九四七年三月にはエルサレム市内のイギリス将校クラブを急襲した。テロ組織であるシュテルン・ギャングは反帝国主義というイデオロギーで動いており、他者への警告としてイギリス軍属を積極的に殺害していたのだ。このように、レヒは革命主義者が言うところの「行動によるプロパガンダ」を明らかに真似ていた。レヒが関与した攻撃のうち特に重要なものとして、一九四四年のモイン卿暗殺事件がある。卿はイギリス政府高官で、パレスティナへのユダヤ人移民を規制する政策の責任者とみなされていた。また、一九四八年に国連調停官ベルナドッテ伯爵を暗殺したのもレヒのメンバーだった。パレスティナ分割問題を解決するべく仲介者として活動していたベルナドッテは、パレスティナを追われたアラブ人（パレスティナ難民）の故郷帰還権を主張していた。

これら三つの組織は「アンチテーゼ」という鋳型のなかでも軍隊にはいろいろな程度があることを示している。一九三九年頃には、ハガナーはすぐに出撃できる攻撃部隊や独自の参謀長をもつ参謀本部を含む充分な兵員を確保した職業軍人部隊を創設していた。イスラエルが独立を宣言してからちょうど二週間後の一九四八年五月三一日にハガナーは解散し、ハガナーの機構がそっくりそのまま移行したイスラエル国防軍となった。それはまさに待ち望まれていた国防組織であった。イルグンとレヒは、イスラエルが建国される二カ月前の一九四八年三月に取り決められた条件に基づいてイスラエル国防軍に合流すると約束した。レヒは小規模組織だったのでほとんど問題はなかった。しかし、イルグンは規模が大きく、約三〇〇〇人の構成員の大部分はイスラエル全土で国防軍に合流したが、例の「狩猟期」をめぐるイルグンとイスラエル国防軍のあいだの反目はなかなか消えなかった。一九四八年六月、イルグンが購入した大量の武器を積載したアルタレナ号の入港をめぐり、事態は決定的段階に達した。船には海外からの義勇兵九〇〇人も乗っていた。しかし、ベン・グリオンはすでにイスラエル国防軍に編入されているイルグンがその構成員を武装させようとしているのではないかと危ぶみ、船をイスラエル国防軍に引き渡すよう命じた。睨み合いが続いたのち、連絡不備からイスラエル国防軍がアルタレナ号に砲撃を開始した。結局、イルグンのメンバー一八人が死亡し、一〇人が負傷した。イルグンの指導者メナヘム・ベギンはベン・グリオンに対して怒りを覚えたが、イルグン勢には報復を禁じた。その後イルグンはイスラエル国防軍に統合された。

この例は、独立国家イスラエル建設のために戦ったのではあるが、パルチザン部隊あるいはゲリラ部隊であったハガナーが独立国家の正規軍にまでどのようにして進化したのか、そして、正規軍になるやただちに、残存するゲリラに対する反撃を引き受けざるを得なかったのかを明確に示している。同時に、この例は序論で述べた重大な点も示している。つまり、あらゆる武装勢力は、合法的な存在となるためには、正規軍にならなければならないということである。新しく独立国家として建設されたイスラエルにおいて、すべての武装勢力は国軍のなかに埋没するか、脅威として消滅させられるしかなかったのだ。

一九四六年のうちに、戦争の種類ははっきりと二つになっていた。すなわち、敵に無理やり自分たちの意志を押しつけるための力くらべである、《国家間戦争》というパラダイムと、そのアンチテーゼとしての革命戦争やゲリラ戦争である。この後者は軍事的弱者と軍事的強者とのあいだの意志の衝突であり、そこにおいて弱者は自分たちが選んだ戦術的な場面でのみ交戦し、力くらべではなく意志の衝突において勝つことを目指し、自分たちに対抗する国家権力を後退させようとする。《国家間戦争》はすでに命運が尽きてはいたが、第二次世界大戦で勝利した各国の軍が是認する唯一のモデルでありつづけ、そのアンチテーゼは新しい方向に発展し始めていた。《国家間戦争》というパラダイムは冷戦に欠かせないものとなり、またそのアンチテーゼは冷戦と並行して発生した紛争すべての土台となった。《国家間戦争》とそのアンチテーゼは、四〇年以上にわたって競い合い、第二次世界大戦中に発展した新しいパラダイム、すなわち《人間《じんかん》戦争》というパラダイムをかすませてしまった。

第五章

〈対立〉と〈紛争〉

軍事力行使の新たな目的

ドイツが敗れファシズムが一掃されると、それまでロシアと西側連合国を提携させてきた共通の目的が消えてしまった。彼らの立場に内在するイデオロギー上並びに戦略地政学上の〈対立〉が表面化し、一九四六年、ミズーリ州フルトンにおいてチャーチルは、演説のなかで「バルト海のシチェチンからアドリア海のトリエステに至るまで」大陸を横切って下ろされている鉄のカーテンという予言めいた言葉を使ったが、これはこの〈対立〉を見事に表現している。この〈対立〉は間もなく冷戦として知られる何よりも重要な時代へと導くものであった。冷戦という呼称は、本書の冒頭でも述べたように、歴史に残る大変な誤称である。というのも、冷戦は戦争ではなく長期にわたる〈対立〉だったのだから。冷戦の期間中、各国の軍隊は《国家間戦争》というパラダイムに沿って集中して用兵するよう編成され、実際そのように使われる可能性もあった。しかし、このような軍事力が実際に使われたことはなかった。すなわち、この〈対立〉(confrontation)が全面的な《国家間戦争》の戦略レベルでの〈紛争〉(comflict)になることは決してなかったのである。そして、《人間《じんかん》戦争》の核心にあるものは、戦争と平和のあいだを行き来する動的過程ではなく、この〈対立〉と〈紛争〉のあいだを行き来する動的過程である。

《国家間戦争》というパラダイムにおいて前提となっていることは、平和——危機——戦争——

解決という一連の活動である。この解決の結果としてふたたび平和が訪れるのであり、戦争すなわち軍事行動が決定的要素である。新しいパラダイムにおいてはあらかじめ定義された一連の活動は存在せず、〈対立〉と〈紛争〉が絶え間なく繰り返されるが、平和は必ずしもその起点でもなく終点でもない。〈紛争〉に最終的に決着がついても、〈対立〉は必ずしも終わらない。冷戦は、四五年もたってからようやくではあるが、解決した〈対立〉の一例だ。イスラエル・パレスティナ間の〈対立〉は五七年たった今もなお解決されていない。〈対立〉も〈紛争〉も軍隊と兵器を伴うが、その使いみちはまったく異なる。〈対立〉の場合、軍隊と兵器を配備し——力を示すために配置し、態勢をとる——、これを使うのは準戦略的な目標を達成するためだけである。すなわち、自国のものとするために他国を征服したり他国の領土を奪ったりするようなことはせず、敵の関心を引きつけその意図を変えるために、敵にとって重要なものを攻撃する。これは〈対立〉と〈紛争〉とのあいだの主要な相違によるものである。つまり目的が違う。〈対立〉における目標は、敵に影響を及ぼすこと、敵の狙いを変えるあるいは狙いをはっきりさせること、条件を整えること、そして何よりも意志の衝突において勝利することだ。〈紛争〉における目的は、打ち負かし、奪取し、支配することである。すなわち軍事力を直接的に行使することにより、決定的な成果を力ずくで獲得することだ。

　したがって、〈対立〉には軍と一緒に政治外交機関も関わってくる——実際には軍が主導することが多いが。冷戦は軍事的な出来事ではなかったし、軍が目指したものでもなかった。何よりもまず冷戦は政治的・イデオロギー的な〈対立〉であり、政治家や外交官が交渉し、軍事力はその存在を示すことで交渉を支えてきた。これは冷戦に並行して行われていたさまざまな〈対立〉についても、はっきり言うと昨今の情勢の多くについても、だいたい当てはまる。これらすべてにおいて、軍の全般的な目標は、昔も今も、「法と秩序を維持する」とか「安全で危険のない環境を確保する」、「飛行禁止区域を維持する」といった具合に交渉を取り巻く状況を整えるものである。政治機関を支持するこうした軍事行動は、敵の意志が打ち砕かれ、あるいは変更されるまで敵に圧力をかけることを狙っている。これに対して、〈紛争〉は力くらべである。軍事行動は、政治的、あるいは外交的な枠内にあるとしても、軍事行動が一度進行し始めると政治機関や外交機関は目標達成に携わることはなくなる。言い換えれば、〈対立〉が〈紛争〉に移行すれば、軍部はその先頭に立ち、目標が達成されるまで軍部を支持するのが他の機関の義務となる。しかし、そうはいっても、政治機関や外交機関は、この〈対立〉が別のレベルでの〈紛争〉につながることがないようにその解決に奔走することはあるだろう。本質的に〈紛争〉は、戦術レベルであれ作戦レベルであれ戦略レベルであれ、所期の目標を達成するために軍事力の行使を必然的に伴う。そしてもし戦略レベルにいたれば、《国家間戦争》の意味での全面的な戦争は間近に迫っている。一九四五年以降、そうした事態はめったに起きていないし、起きても大量破壊兵器の脅威がない〈紛争〉においてのみだった。

　このように考えると《人間《じんかん》戦争》のパラダイムは、《国家間戦争》のパラダイムとはまったく異なる世界を示している。《人間《じんかん》戦争》のパラダイムでは、政治的機関と軍事的機関は連続的につながっており、一体となって活動している場合が多い——両者のあいだの主要な違いは、非軍事機関の人たちは軍事行動に参加しないが、軍の代表者たちは政治交渉や外交折衝に出てくる場合があるということだ。〈対立〉でも〈紛争〉でもなく、一方の他方への転換でもないとすれば、必然的に戦争となるだろう。なぜなら、〈対立〉は本質的に政治的性質のもので〈紛争〉は本質的に軍事的性質のものだが、〈紛争〉が単なる軍事的行為だけではないのとまったく同じように、

〈対立〉は単なる政治的場面だけではないからだ。パラダイムの構造を見るとその点がよくわかる。発端はつねに〈対立〉であり、その中核にあるものはつねに政治的なものだ。いったん〈対立〉の原点となる状況ができてしまうと、解決にもかかわらず〈対立〉として継続する場合もあるし、〈紛争〉になる場合もある。例えば、第二次世界大戦後のソ連とアメリカおよびヨーロッパの連合国、フォークランド諸島の支配権をめぐるイギリスとアルゼンチン、マレーシア連邦の構成をめぐるインドネシアとイギリス、北アイルランドの地位をめぐるIRAとイギリス軍等の場合だ。冷戦時代、ソ連とアメリカはそれぞれの同盟国とともに絶えず〈対立〉していたし、イギリスが実効支配していたフォークランド諸島をめぐる〈対立〉は、アルゼンチンが同諸島を奪取しイギリスが奪回に乗り出した時点で〈紛争〉になった。アルゼンチン側が占領している事実をイギリスが受け入れつつ、同諸島はイギリスのものだとイギリスが主張し続けていれば、それまでとは違った状況の上にではあるが、〈対立〉が継続することになっていただろう。しかしながら、イギリスがこの諸島に対する所有権の主張をやめていたら、軍事力を行使するのではなく展開することにより、この〈対立〉はアルゼンチンの勝利となっていただろう。なぜなら、アルゼンチン軍がこの諸島に上陸した際、本当に小規模のイギリス軍との軽い戦術的小競り合い以上には、実際のところ戦闘は何も起きていなかったのだから。

〈対立〉のもっとも現代的な例が冷戦である。というのも、冷戦は包括的かつ長期にわたるものであり、また双方が三つの段階すべてを展開しているからだ。戦略レベルで陸海空の三軍が配備され、高度の臨戦態勢にあった。すなわち、情報収集は継続して行われ、高度に発達した活動となっており、軍拡競争は進行していた。ロシアがカリブ海という舞台にミサイルを配置して戦略的優位を得ようと目論んだ際、〈対立〉は戦域レベルあるいは作戦レベルでの〈紛争〉になりかけた。これはおそらく全面戦争に発展する可能性があった。このキューバへのミサイル移動は、作戦レベルの重要性を示す例だった。これが成功していたら、戦略的状況は大きく変わりアメリカに不利になっていただろう。戦術レベルで双方は広く哨戒し、公海や公空における相手の軍事演習に押しかけ、特殊部隊はそれぞれ相手の領海、領空を侵犯した。しかしながら、これらは軍事的哨戒であり、一発の弾丸も発射されず、軍事力も適用されなかった。すなわち、これらの〈対立〉が〈紛争〉に移行することはなかったのだ。公空におけるこのような哨戒部隊同士の〈対立〉は、詳細にわたる交戦規定——これは重要なテーマで、これについては第三部で取りあげる——により規制されていた。交戦規定は政治レベルの認可なしに〈対立〉がずるずると〈紛争〉に進まないようにすることを目的としている。しかしながら、領空で〈対立〉が発生した場合、〈対立〉を戦術的行動に引き込むべくさまざまな試みがなされる。例えば、一九六〇年五月、アメリカのU2偵察機がロシアの領空に入り込み撃墜された。この報復行動により〈対立〉は〈紛争〉になりかけたのだが、これに続く軍事力の応酬がなかったのですぐに〈対立〉に戻った。

軍部の活動と並行して、両陣営は冷戦中、政治的・イデオロギー的〈対立〉にいつも忙しくしており、三つのレベルすべてにおいて、相手方とその国民に影響を及ぼそうとしていた。両陣営の同盟は拡大され、兵器体系——特に空と宇宙での軍事行動に役立つ兵器体系——の開発に巨額の経費が注ぎ込まれた。そして、それぞれの同盟のもつ威力が信頼できるものであることを明示するべく、お互いに大がかりな軍事演習を行った。そのうえ、通信・報道技術の進歩のおかげで、西側諸国の人々は、東側諸国の人々に経済格差や将来展望の相違を見せつけることができるようになった。軍事的手段は〈対立〉をある程度安定した状態に保っていた。その一方で、攻撃はしないけれどもつねに総力戦に備えておくというのがクレムリンの意図でもあった。その結果、西側同盟諸国――軍事的能力も維持していたが、経済的にも繁栄していた――は最終的に外交的、政治的、経済的手段で〈対立〉に勝利したのである。西側同盟諸国は、東側同盟諸国の人々の意志を変化させ、それによって意志の衝突に勝利したのだ。

〈対立〉を解決することができない場合、〈対立〉している当事者の一方もしくは双方が、武力で問題を解決するという決断をくだす場合がある。すなわち〈紛争〉への移行であり、これも三つの段階すべてで起きる。フォークランド諸島の帰属をめぐるイギリスとアルゼンチンの争いは、一九八二年のアルゼンチン軍の行動により〈紛争〉に移行した長期にわたる〈対立〉の例である。アルゼンチンは同諸島を奪取し、イギリスに既成事実を突きつけるという決定を戦略レベルでくだした。イギリスには戦闘によって同諸島を奪回する力もないし、そのつもりもないとアルゼンチンは判断したのだ。アルゼンチンが同諸島を奪取した際、彼らが仕掛けた軍事行動により、侵略するアルゼンチン軍と島にいるイギリス海兵隊の小さな分遣隊とのあいだに短時間の小競り合いが生じた。この時点でアルゼンチン軍は、この件を〈対立〉状態に戻そうとするが、これはアルゼンチンがフォークランド諸島を占領しているために有利な立場で取引できると考えたからである。しかし、イギリスは〈紛争〉状態を維持し、戦争を始めることで応じた。イギリスは同諸島を解放するべく戦略レベルで軍隊を派遣し、またこの軍事行動に有利な状況を作為するべく外交的影響力を駆使した。イギリス軍はフォークランド諸島周辺を排他的水域――事実上の作戦区域――であると宣言し、軍事行動すなわち作戦を進め、アルゼンチン空軍の空襲にかかわらず上陸に成功し、一連の戦闘の末に同諸島を解放した。このように、〈対立〉は〈紛争〉へと移り変わること、そしてその戦略的目的を達成するべく、まず戦術レベルを、次に戦域レベルを経て戦略レベルへと〈紛争〉がエスカレートしていくことがわかる。

《人間戦争《じんかん》》は、〈対立〉あるいは〈紛争〉のどちらかの枠内で事態が直線的にのみ展開していくというパラダイムではない。この種の戦争はそのような具合にはいかないのだ。実際、この種の戦争において、〈対立〉と〈紛争〉がそのような単純な過程で進展することはめったにないのであって、いろいろな段階を行きつ戻りつするのである。すなわち、敵は〈対立〉から、三つのレベルのいずれの段階の〈紛争〉へも移行できるし、戻ることもできる。イラクをめぐってのペルシア湾岸地域への度重なる介入がそのいい例だ。イラクによるクウェート侵攻を受けて行われた一九九〇年の砂漠の盾作戦は、典型的な戦域レベルでの〈対立〉であった。政治・外交上の交渉を支援するべく集結された兵力は、さらに南下してアラビア湾岸一帯に広がるサウジアラビアの油田を制圧しようとするイラクにその考えを断念させることを狙っていた。砂漠の盾作戦はやがて砂漠の嵐作戦に発展した。明白な脅威を突きつけ、サダム・フセインにクウェートからの撤退を促す外交努力を支援するのが当初の狙いだった。しかし、イラクが撤退する誠意を示さぬので多国籍軍は攻撃に踏み切り、〈対立〉は、多国籍軍にとって戦域レベルでの〈紛争〉になった。つまり、一九九一年の砂漠の嵐作戦である。同作戦は多国籍軍が決定的勝利を収めて終結し、状況は〈対立〉に戻った。イラク軍が弱く、またイラク軍内での反フセインの動きが明らかだったことを考えると、多国籍軍はこの時点で自分たちの新しい立場をもっと活用できたはずだ。すなわち、多国籍軍が示した明白な軍事力を背景として、もっと多くのことをイラク側に要求すればよかったのだ。しかし、多国籍軍はフセインがそのまま権力の座に留まり、またイラクが本来の国境の内側に戻ることで手を打ってしまった。結局この〈対立〉を支えるため、イラクの核兵器、化学兵器、生物兵器の製造施設や設備についての国連による査察、国連の経済制裁、飛行禁止区域二カ所の設定——これも国連により承認された——などが実行された。飛行禁止区域はこの〈対立〉を支える戦術レベルでの軍事的手段だった。イラク軍がこの制限を無視したり哨戒機に脅威を与えると、イラク軍と多国籍軍は戦術レベルながらも〈紛争〉の方向に進んだ。しかしながら、そのような戦術レベルでの〈紛争〉が一段落すると、状況はすぐに戦術レベルでの〈対立〉に戻った。国連の経済制裁措置に従わないサダム・フセイン政権の姿勢を受けて、一九九八年一二月に飛行禁止区域を哨戒するイギリス空軍、アメリカ空軍が増強され、あくまでも戦術レベルではあるが、懲罰的な意味合いの空爆を開始し、イラク国内の軍事施設一〇〇カ所を爆撃した。これが砂漠の狐作戦である。イスラム教徒にとって神聖なラマダン月（イスラム暦第九月）前夜に始まったこの派手な作戦は、国連で承認されておらず国際的には暴挙と映った――軍事力が行使されたけれども効用がなかった事例である。というのも、多くの国がイラクを侵略者というよりも犠牲者と見るようになったからである。一九九九年一月以降、アメリカ軍とイギリス軍はイラクが飛行禁止区域でイラク軍機を飛行させているとして、イラクに対して定期的に空爆を加えた。また、イギリス軍機、アメリカ軍機を撃墜しようとするイラク側の試みを感知すると国際的に何の説明もしないまま空爆の回数を増やし、〈対立〉と戦術的〈紛争〉との間を絶えず行き来するという状態を維持した。二〇〇三年三月、連合軍がイラクに侵攻して〈対立〉は戦域レベルの〈紛争〉となった。イラクの自由作戦（イラク戦争）である。アメリカ主導の多国籍軍はイラク軍を圧倒してイラクを占領し、支配者たちを権力の座から引きずり降ろし、支配者たちが牛耳っていた機関を廃止した。しかし、この作戦レベルでの軍事的成功は戦略的目標の達成にはつながらなかった。イラク国民の意志を獲得できなかったのだ。戦術レベルでの抵抗運動が続き、イラクを占領しているアメリカ主導の多国籍軍はこれに軍事的に反応したが、イラクの未来については戦域レベルで関係者たちと〈対立〉した。したがって、一九九〇年以降のこれらの出来事を全体として考えれば、イラクにおいてあるいはイラクとのあいだで戦争——《国家間戦争》という意味での戦争——は一切なかったのであり、あったのは時々〈紛争〉になる長い〈対立〉であり、その〈紛争〉も作戦レベルあるいは戦域レベルになったのは二回だけでいずれも短期間であった。

先述したイラクに関わる出来事の時系列は、《国家間戦争》というパラダイムが想定しているものとは一致していない。そのように説明しようとする試みはこれまでに何度もなされているし、一九九〇年から九一年における発端の頃は、一連の平和——危機が順に続いていたかもしれないが、この地域においてイラクと多国籍軍とのあいだでの全面的な戦争は起きなかったし、その後、解決したとか平和に戻ったとかいうことは一切なかった。しかしながら、《人間《じんかん》戦争》というパラダイムのなかで考えれば、この時系列はこのパラダイムが想定しているものと一致するし、〈対立〉と〈紛争〉とのあいだを往来《いきき》している理由も説明される。すなわち、それは、このパラダイムに属する戦争の目標がそういう性質のものだからだ。一九九〇年から九一年にかけて砂漠の嵐作戦の準備が進められていた時期、軍事力は、多国籍軍とサダム・フセインとの〈対立〉において、サダム・フセインをクウェートから撤退させるための脅しとして用いられた。すなわち、目標はサダム・フセインの意志に影響を及ぼすことであった。当時の状況のなかでこの脅しは説得力に欠け効果がなかった。それゆえ、戦域レベルでの目標がクウェートを解放しイラクを弱体化させるべく共和国親衛隊およびクウェートに駐留中のイラク軍壊滅に変更された。これは〈対立〉から〈紛争〉への明確な移行だった。彼の意志に影響を与えることから、彼の軍隊を打ち負かすことに変わったのだ。私の考えでは、自分が〈対立〉のなかにいるのかそれとも〈紛争〉のなかにいるのかを見分けるもっとも重要な方法は、目標が敵の意志を変えることなのかそれとも敵を破壊することなのかを認識すること、そして、この破壊的行動が戦争のどのレベルにおいて行われるかを認識すること、にかかっている。この作業は重要で、作戦を全体として遂行するうえで必要不可欠である。というのも、戦争の各レベルはその上位レベルを背景とする状況のなかで設定されており、また個々の〈紛争〉はその〈紛争〉の由来する〈対立〉が土台となっているからだ。このようにして、〈紛争〉が行われるレベルが低ければ低いほど、軍事行動を指揮する司令部は、〈対立〉に勝利することに貢献するさまざまな要因――〈対立〉では軍事的手段は脇役にすぎないかもしれない――を勘案しなければならない。このような〈対立〉に関する背景となる状況を認識していなければ、〈紛争〉という純然たる軍事行動は総体的な目標あるいは結果に向かって進むうえで何の意味もないし、それどころか往々にして敵の立場を強化してしまう。さらにこの分析は、そのような状況においては軍の遂行すべき任務が非常に難しいことを示している。というのは、敵の意志に影響を及ぼすための軍事行動は敵を壊滅するという冷酷な目標のための軍事的行動とは必ずしも一致しないからである。砂漠の嵐作戦の場合、多国籍軍の戦闘能力と〈対立〉を〈紛争〉に移行させる計画をイラク側に知られないようにするための機密保持対策は非常にうまくいったかもしれないが、そのためにかえって脅威を目に見える形で充分に突きつけられなかった。砂漠の嵐作戦は、〈対立〉の時期にサダム・フセインの意志を変えることを目的として行われたのだから、これは非常に重大な不手際だったかもしれない。しかし、そうはいっても、彼はこの砂漠の嵐作戦によって何らの脅威も感じていなかったのだとすれば、この〈対立〉時期の目標は見当違いのものであったのかもしれない。多国籍軍は、ひょっとすると、何が起ころうと〈紛争〉を望んでいたのかもしれない。

《人間《じんかん》戦争》というパラダイムについてのこの議論は、本章の残り部分と本章以降のすべてに対する背景を与えるものである。というのは、第一に、この議論は軍事力が、もはや、《国家間戦争》

においていたような効用をもっていないのはなぜかということを示しているからだ。すなわち、〈対立〉の解決を求めて大規模な軍事力を戦争において適用する《国家間戦争》のパラダイムは、平和――危機――戦争――解決、という一連の過程を想定しているのに対して、《人間《じんかん》戦争》のパラダイムにおいては、軍事力が存在し説得力をもつことに違いはないものの、多くの場合、解決を求めること以外の理由のためにその軍事力は適用される。そのうえ、〈対立〉のさなかに大規模な軍事力を適用することが必ずしもその〈対立〉を解決するとはかぎらない。特に、強硬な政治的・外交的手段が並行して行われていなければそうなりかねない。第二の理由は次のようなものである。すなわち、冷戦は戦争ではなく長期にわたる〈対立〉だったということは明らかなのであるが、その一方で、冷戦と並行して行われたいくつかの軍事的作戦行動は、たとえそれがいかに大規模なものであったにせよ、たいていの場合、〈対立〉と〈紛争〉が複雑に組み合わさったものであったということだ。先述の議論はこのことを示しているのであり、我々は以下において、この冷戦期間であった数十年間を見ていくことになる。

一九四八年には、ベルリン市内のアメリカ・イギリス・フランスの占領地域に西ドイツ政府を樹立することをめぐって、西側諸国とロシアは真っ向から〈対立〉していた（ソ連占領地域内にある首都ベルリンは、四カ国に分割占領されていた）。一九四八年六月二四日、ロシア軍は西ベルリンへの陸路を完全に封鎖した。これを受けて西側連合国は主にアメリカ陸軍航空隊（ＵＳＡＡＦ）およびイギリス空軍（ＲＡＦ）を利用してベルリン大空輸を開始し、西ベルリンの市民およびアメリカ、イギリス、フランス各国の駐留軍に対して食糧や燃料などの補給を封鎖が解除される一九四九年五月まで続けた。この空輸作戦の規模の大きさとそれがクレムリンに与えたに違いない衝撃の大きさを理解してもらうために、次のことを指摘しておこう。すなわち一九九二年から九六年にかけて国連が実施したサライェヴォ空輸――これは空輸作戦として特に大規模なものとされている――と総量で同じトン数の物資がベルリンに毎月輸送されていたのだ。作戦の最盛期には輸送機が一分間隔でベルリンの空港に着陸していた。ロシアは航空機が駐屯軍用の補給物資以上のものを補給できるとはたぶん思ってもいなかっただろう。そして、航空機が市民用の物資を補給しているのだとわかっても、自分たちが望んでいない戦争を引き起こすといけないからこの空輸に干渉できなかった。ことによると彼らは自分たちの態勢が完全に整う以前に戦争に踏み切りたくはなかったのかもしれない――一九四九年八月に明らかになったように（ソ連による最初の原爆実験を指す）。

第二次世界大戦後、戦争に勝利し経済的に順調なアメリカは原子爆弾を独占し安心していた。しかしながら、ロシアはすぐに追いついた。彼らは一九四三年に自分たち自身の原爆構想を立ち上げていた。ロシアの研究の質の高さと、共産党の巨大なスパイ網という手段を考えると、彼らは第二次世界大戦中に同盟関係にあった西側諸国と同じ程度には原爆についておそらく知っていただろう。ロシアの遅れた産業・工業基盤と経済基盤の欠如はその原爆構想の進展を遅らせていた。しかしながら、一九四七年にコミンフォルムを結成して新しくソ連圏を成立させたソヴィエト連邦は一九四九年八月に自前の原爆を爆発させて世界を驚かせた。同じ年に北大西洋条約（ソ連に対する集団安全保障を確保するための条約）が締結され、これに基づく集団防衛組織である北大西洋条約機構（ＮＡＴＯ）が設立された。それから数年後の一九五二年にアメリカは世界初となる水素爆弾を製造した。これを受けてソ連も一年後の一九五三年に自前の水素爆弾をつくった。軍拡競争はすでに始まっていた。これ以降世界の政治は、東と西という二大勢力ブロックの指導者たちの関係に左右され、核抑止力に基礎をおくものとなった。

核兵器であれ何であれ、抑止力の本質は、攻撃に対する報復として使用される軍事力が非常に破壊的であり、その結果が非常にはっきりしているために、最初の攻撃で求めた利益に対して支払う代償が非常に高くなると判断されることだ。注目すべき重要な要素は、敵の軍事力が非常に破壊的で確かなものであり、予想される利益に対して支払うべき代償が高すぎると考えねばならないのは、敵を攻撃するか否かを決める側であるということだ。自分たちの武器もそれと同じように破壊的で確かなものだとあなたは思っているかもしれないが、それが抑止力になるかどうかはあなたの敵が考えねばならないことなのだ。そして、さらに言うと、あなたはその自分たちの武器を使うだろうし、しかも効果的に使うだろうと敵に思わせなければならない。手短に言うと、戦争を思いとどまらせようと思っている場合の本当の標的は敵の意志決定者の心なのであって、彼の軍隊でもなければ、何か彼にとって価値のあるものでもない。もちろんあなたが戦争を思いとどまらせようとしているこの男は、あなたの脅しにしている報復攻撃がもたらすものに自分は耐えられると考えているかもしれない。そして、軍事力を使って自分の目的を達成しようとし続けるかもしれない。この場合、抑止が機能するためには、あなたは自分の報復攻撃の威力と効果を増大させながら、その報復攻撃を行う意志をもち続ける必要があるし、それが可能でありそのつもりがあることを敵に信じさせねばならない。すなわち、エスカレーションである。あるいは、あなたの敵は、自分が破壊的な第一撃を達成することができればあなたは報復攻撃をすることができなくなるだろうと思うかもしれない。したがって、本当に戦争を思いとどまらせるためには、あなたが敵の第一撃を耐えることができ報復攻撃する能力を維持できるのだと、すなわち、あなたが第二撃能力をもっているのだと敵が信じ込んでいなければならないのだ。

まさにこの論理に基づいて東西は対峙していた。お互いに相手は攻撃を躊躇するに違いないと考えていた。どちらも同盟国を求めた。ソ連はワルシャワ条約機構加盟諸国、中国、キューバから支持を受け、アメリカはNATO、中央条約機構（CENTO）、東南アジア条約機構（SEATO）から支持を受けたが、〈対立〉が続くうちにワルシャワ条約機構とNATO以外の組織からの支持は徐々に衰えた。双方とも抑止戦略をとり、それは相互確証破壊（MAD）に発展した。東西両陣営内におけるそれぞれの大規模経済活動と先端科学技術を競い合いながら、必要であれば大量動員も可能な徴兵制に支えられた古い戦争パラダイムを基準とした《国家間戦争》態勢の創設と維持である。両陣営は鉄のカーテンに沿って相当規模の軍隊を展開し向き合った。双方とも敵の攻撃を察知したらただちに戦争に移行できるよう万全の態勢をとっていた。また不意をつかれないよう、広く情報収集活動を展開した。両陣営において軍はすべて《国家間戦争》を想定して編成され配置されていた。万一抑止が失敗したら通常戦争――本で学んだ旧式の戦争だが、最新の科学技術と通信手段でずっとうまく遂行される戦争――となるだろう、その後この通常戦争で劣勢となった方が核攻撃に踏み切るだろう、と双方ともに予想していた。この核攻撃は敵の本国に対しては「戦略的に」、敵の軍隊に対しては「戦術的に」遂行される。抑止の論理は、通常戦争の段階で何らかの手違いがあれば核攻撃につながるという確信に基づいていた。これがMADを確実にしたのである。

それはまたこの仕組みの欠点でもあった。というのも、原子爆弾は、このたった一つの科学技術のせいで兵力を集中する能力は時代遅れなものになったということを示しているからだ。大量破壊兵器に対する最良の防御策は、大量破壊兵器が使用されるのを阻止する以外では、その標的になるものを一カ所に集めないことだ。そのような場合には大規模な軍隊は集中するよりも分散して運用するのが最善である。こうして、《国家間戦争》というパラダイムのなかでの最新式の戦争を戦うべく構成された大規模な軍隊を維持しながら、どちらの陣営もこの抑止戦略に協力していた。その一方で、この抑止戦略が、双方の保有する核兵器に対して自分たちの大規模軍隊を無力にしてしまっていることをつねに理解していたのである。《国家間戦争》というパラダイムが支え続けられてきた理由は、核抑止戦略が機能するためにはこれが必要だったからである。これから見ていくが、西側諸国はこの矛盾点を利用して自分たちの軍隊を空洞化させ、国民の生活を豊かにした。だが、狙いそこなうことのない大きな標的、つまりソ連各地の都市、を破壊する能力は維持していた。一方で、その同じ軍隊が冷戦に並行して発生した〈紛争〉のいくつかを処理する目的で使用されていた——これらの〈紛争〉については本章とこれに続く章で焦点を当てる。

こうした巨大な軍事組織を同じように有していたのだが、東側と西側では抑止戦略の展開の仕方が異なっていた。ソ連は、ただちに総力戦へ移行できるよう軍隊を編成しその状態を維持していた。彼らはどのようにしてこれを行い総力戦に勝利するかを大祖国戦争（第二次世界大戦のソ連での呼称）のあいだに学んでおり、今度の戦争では窮地に陥らないつもりであった。すなわち、攻撃されれば最初から攻勢に出るつもりでいた。同時に、それはソヴィエト連邦の内部問題を同じ基準で処理するというクレムリンの目的に適っていた。万全の態勢を整えた攻撃的抑止戦略はソ連にとってイデオロギー的にぴったりのものであり、それはソ連の政治指導者、軍部首脳たちに、ソ連国民とソ連の衛星国であるワルシャワ条約機構加盟諸国を支配する口実を与えた。この目的に向かってソ連は二つの方法で科学、工業・産業、軍事、諜報分野の力をかなり注ぎ込んだ。まず第一は、自分たちの戦略核兵力を整備すると同時に、アメリカおよびその同盟国に対する防御を確立するというものであった。すなわち宇宙への競争である。核兵器を目標へ正確に到達させること、その目標を確実に捉えるために必要な監視と諜報活動、そして、これらをかみ合わせる必要性、これらのことを達成するためには宇宙空間への進出を確立することが不可欠であった。さらに言えば、抑止戦略は敵がこちらの能力をどこまで理解しているかということにかかっているのであって、そのためには、核弾頭をテストすることは別としてこちらの科学技術がどこまで進んでいるかを見せる以上によい方法はないだろう。第二は、ソ連は迅速に敵の軍隊を打ち負かし敵の領土、特にNATO同盟諸国の領土を席巻する攻撃能力をソ連三軍にもたせようとするものであった。つまり、アメリカとてデトロイトやシカゴが核攻撃にさらされる危険を冒してまでNATO同盟諸国の領土を奪還しようとはしないだろうという想定だ。これは、一八三七年から三八年にナチス・ドイツがオーストリアやチェコスロヴァキアを併合した時ヨーロッパ諸国が黙認してしまったような他国領土奪取のやり方だ。

西側諸国――要するに西ヨーロッパ諸国のことである。ワルシャワ条約機構に支配的影響力を及ぼしたクレムリンと違い、ワシントンはNATO同盟諸国に支配的影響力を及ぼしてはいなかった――は、防御の姿勢をとった。NATO同盟諸国は自分たちがソ連を攻撃すると脅しているとは思っていなかった。しかし、クレムリンはそのような観点からNATO同盟諸国を見ていた。この認識とソ連の攻撃的な姿勢のため、クレムリンが何をしても、ソ連は機会があれば西側諸国に襲いかかるつもりでいるとの見方を強める結果となった。さらに、西側諸国は総力戦を遂行するための態勢になっていなかった。たしかに西側諸国の多くは徴兵制を維持し、防衛のために大規模な軍隊を保有していたが、一九六〇年代に入る頃には商工業は平時の論理で活動する態勢に戻っており、人々は経済的に豊かになりつつあった。実際ヨーロッパやアメリカの人々は空前の繁栄を謳歌していたし、西ヨーロッパは史上最長の戦争のない時期を経験していた。軍事的には、西ヨーロッパ諸国の軍隊が互いに戦うためではなく共通の敵と戦うために備えるのは史上初めてのことだった。彼らの目的は、ソ連側の強襲の効果を弱め、西側の核による反撃のきっかけとなる仕掛け線(わな線)として機能する小さな軍事力を提供することであった。その結果、ヨーロッパ各国の軍隊は——といってもイギリスやフランスの軍隊は除くが——もっぱら鉄のカーテンという前線を守るべく展開された。また、これらの軍隊は、個別的にも集団的にも、自分たちの領土と領空を防御することによって、核攻撃能力をもつアメリカ海空軍の艦隊および航空団を支援し、彼らがワルシャワ条約機構加盟国やソ連の領土内奥深くを攻撃できるようにした。こうした戦略的な核攻撃の目的はソ連の戦争遂行能力を完全に破壊することであった。

このように両陣営で戦略は異なっていたのであるが、長期にわたる〈対立〉ではよくあるように、それらはお互いに支え合っていた。そして、その枠内で数十年が過ぎたのである。この間、抑止戦略の論理に従い、この抑止平衡状態の均衡が破れていないかどうかを双方が探し合った。そして、その破れが見つかるとすぐに、均衡を取り戻すべく別の武器を開発したり異なる展開態勢をとったりしていた。戦争というビジネスは、共産圏諸国の計画経済においてであれ西側諸国の資本主義経済においてであれうまくいった。各国の軍隊は雇用を提供して国家を支え、防衛産業は成長し、科学技術を供給し、戦争ビジネスの要素すべてを活気づける教育機関や研究機関は大いに発展した。一九六一年八月のベルリンの壁構築、一九六二年一〇月のキューバミサイル危機等東西の緊張が高まった時期もあったが、全体として見れば抑止戦略はうまく機能した。その間に、別種の戦争がいくつも行われた。イギリスとフランスはそれぞれ植民地から撤退し、アメリカはヴェトナムに介入し、ロシアはアフガニスタンに介入した。また、東西両陣営は中東やアフリカでの自分たちの代理戦争をそれぞれに支援した。しかし、以下でわかるように、これらの戦争は抑止戦略という周知の構造の枠内で行われていた。両陣営は絶えずこの構造を強化し、決してその外へは出なかった。特に互いに相手方を直接攻撃することはなかった。

核抑止戦略の構成全体の真の大きさを手短に考察しておくことは無駄ではない。というのも、この戦略に包含された科学技術の内容はもちろんこの戦略の規模とそれがもたらしたものを見れば、MADを支えたものは、やはり、《国家間戦争》というパラダイムであることがわかるからだ。308〜312ページの付表が示しているように、戦力の大部分は一九六〇年代初頭にはすでに強力になっていたが、両陣営においてその後も一九九一年までは右肩上がりで拡大増強されている。注意点として強調しておきたいのは、この数値比較を厳密に受け取るのは難しいということだ。というのも、この〈対立〉は長期にわたるものであったため、その同盟の構成が変化したからである、また、兵器システムは相手方の類似装備とつねに同程度というわけでもなかったし、古い兵器が新しいものに更新されることもあったからである。例えば、大まかに言うとトーネード攻撃機の搭載爆弾トン数は、第二次世界大戦時に活躍したランカスター爆撃機の二倍近くであるが、その全天候能力と正確な爆撃システムにより、爆弾の標的命中確率はずっと高くなっている。しかし、航続距離がランカスターに比べて短いため、目標が近くない場合燃料補給のための空中給油機を必要とする。このような数値上の比較と一緒に考えなければならないもう一つの問題は、〈対立〉する双方、つまりNATOとワルシャワ条約機構が異なる戦争概念に対応して装備され組織されていたことである。先に述べたように、大ざっぱに言えば、ワルシャワ条約機構はヨーロッパにおける攻撃的な戦闘に備えて組織された。だからNATOに比べて多数の戦車を保有していた。これに対してNATOの地上軍は、西ヨーロッパの防衛戦争を戦うためにつくられたものであった。その一方で、NATOの海軍と空軍は大西洋とヨーロッパ全体での優勢を確立していた。これは、NATOの三軍がヨーロッパをもちこたえ核攻撃を開始しているあいだに、アメリカの三軍がこの戦争にさらに踏み込んでくるための必要不可欠な条件であった。

このようなただし書きを頭の片隅に入れておくと、三〇年以上にわたる冷戦期間を通して両陣営の有効兵力はほぼ一定で、陸・海・空の割合も同じだったことがわかる。この期間中、装備は増加している。例えば、ワルシャワ条約機構の戦車保有数は一九六一年の三万五〇〇〇両から一九九一年の五万一〇〇〇両以上に増えているが、NATOは一九九一年の時点で約二万三〇〇〇両であった。これはソ連の計画が西ヨーロッパの地上侵攻を中心としているためだ。これに比べて、双方の海軍の兵力はほぼ同数だがアメリカは相手の二倍の海軍機を保有していた——これはアメリカが地球上全体に影響力をもつことを可能にしている主たる原因の一つであった。ワルシャワ条約機構が保有するミサイルシステムは、約二五〇から二三〇〇に増えており、同じ時期にNATOの保有数も同じ割合で増えている。古くなった装備を新しいものに取り替えたり敵の科学技術の進展により突きつけられた脅威に対抗できるものにしたりすることによって、こうした諸々のものを維持することは冷戦の基本的な要素であった。すなわち、この巨大な機構を稼働状態に保つ基本であった。両陣営の情報部は総力を挙げて敵との接触を維持し、研究開発機構は敵より進んだ科学技術をもとうと巨額の金を使い、政府はそれぞれの《国家間戦争》遂行用軍隊を装備するために巨額の金を使った。そして、どちらの政府もそれらの軍隊をヴェトナム・北アイルランド・アフガニスタン等における〈紛争〉に使用した。そうした戦域においては、これらの軍隊がもっている装備はいつでも非常に適切ということではなかったし、使用することができない場合もあった。

そうした似たような軍事行動をしていても、東側と西側では取り組み方が大きく違っていた。

ソ連は相変わらず国家の総力を結集した《国家間戦争》を戦うつもりでおり、そのような戦争を遂行するための生産ラインはソ連の計画経済の枠内に残されたままであった。西側では、国家の総力を結集した《国家間戦争》を戦うための生産能力は維持されていなかった。繁栄が大砲よりも優先された。しばらくのあいだは軍拡競争が勢いよく進められた。しかし、概して、初期配備がなされるとその製造ラインは閉鎖され、ある程度の予備が倉庫にしまいこまれた。もし西側諸国がソ連の攻撃を食い止められなかったら、西側は核使用に踏み切るかあるいは降伏するかしかなかっただろう。ソ連側、特に諜報機関は、ＮＡＴＯの意図をはっきりさせよう、あるいは推定しようとしていたが、西側は第一撃すなわち核兵器による最初の攻撃を目論んでいるという慎重な仮定を選択していた。彼らがその証拠を求めれば求めるほど、西側には戦争を維持するための準備ができていないように思われ、攻撃・防御の両面において、西側は第一撃計画をとるつもりなのだとみなすようになった。そして、攻撃的な第一撃を西側から受けることはソ連にとって最悪の筋書きだったので、ソ連側はこれを前提として作業することになった。しかし、実は、ソ連側のこの判断は正しくなかった。すなわち、西側には攻撃的第一撃を遂行する意図はなかった。だからこそ、西側の通常戦力は戦争になった場合ソ連ほど長期間戦線を支えることはできないようなものだった。つまり、西側の常備軍は、仕掛け線として機能するだけの小さな軍事力でしかなかった。

　そして冷戦が進行し、莫大な金がかかった。両陣営は外交的見せかけや交渉に没頭したが、東西間の本当の緊張状態は、これから見ていくように、この冷戦の期間中絶え間なく起きていた冷戦とは関係のない〈紛争〉のなかでもっぱら発生した。このように冷戦は予測可能で深い安定を提供した――ただし、よく知られている両陣営の挑戦的な活動（一九六二年のキューバミサイル危機を指すと思われる）に匹敵するような何かが起きれば話は別であった。ソ連政府とソ連軍は引き続き強い勢力を誇っていたが、国民の支持を失っていた。ワルシャワ条約同盟諸国の国民の支持は絶対的に確実なものではなかったが、同盟諸国の政府はソ連にとって信頼できるものであった。そうでなければ一九六八年のチェコのように政府をすげ替えることができた（ソ連のチェコ軍事介入）。しかし、徐々にではあるがソ連の国民もその衛星国の国民もそれぞれの国家から距離をおくようになり、特に政府から離れていった。それまでソ連国内では出てこなかった政府方針への異議の声が上がり始めた。決定的な段階は一九八〇年に起きたソ連のアフガニスタンへの軍事介入だった。不安定な国境地帯を安全なものにしようという干渉主義論者の思惑だった。言い換えれば防衛行為ではなく安全保障であり、それゆえ国家や国民の存亡がかかった不可欠な行為ではなかった。さらにまずいことにその軍事行動からは死傷者が大量に出るばかりで、迅速に決定的な結果が出なかった。このためクレムリンは次第に国民の支持を失い始めた。戦争の基盤として必要不可欠な三つの要素が分離し始め、やがてばらばらになった。これと対照的な例がアメリカのヴェトナム介入である。この介入によってアメリカ政府は国民の支持を失ったが、それはその戦争の期間だけだった。アメリカ国民は軍の防衛目的はその後も支持した。この経験を踏まえて、アメリカは自国の軍隊を志願兵による軍隊として再編成した。しかし、その軍事力の相当の部分は州兵においていた。州兵は広範な政治的支持がなければ、連邦軍に組み入れられて戦場へ送られることはない。この再編の目的は、軍を国民の意向があまり及ばないところにおき、その一方で同時に、軍を本質的に重大な場面に投入する場合には国民の支持という強い基盤が不可欠であるようにすることであった。

　これらの例は、一九四五年以降次第に、特に現在の我々を取り巻く状況のなかで、実際的な価値をもつようになった一つの新しい事態を反映したものである。すなわち、攻撃よりも防御を重んじる姿勢である。これは、防御においては猛襲されるまでただじっとしていると言っているのではない。クラウゼヴィッツは次のように言っている――「防御的な戦争の方式は、単なる盾のようなものではなく、攻撃的要素を巧みに組み合わせた盾でなければならない」（第六部第一章第一節）。国民および軍隊と三位一体の関係を確立するに際して、国家はほとんどの場合防御を好むことになるが、それにはさまざまな理由がある。まず第一に、国民は自分たちを守るためならば協力を惜しまない。そして、国家と軍隊が国民の利益のためにまとまればまとまるほど、国民は協力する。第二に、したがって、防御においては政治的目標と軍事的目標とを調和させることが容易になる。第三は、最初の二つから派生するものであるが、防御の場合には、攻撃の時には決してできないやり方で政治的意志を形成し維持することができる。最後に、防御は倫理的な観点から有利な立場に立つことを可能にする。この倫理的な観点は、国民が評価するものであり、時には必要とするものである。国家あるいは少なくともその国の政治的指導者にとっては励みになるものであり、また、軍隊が好むものである。

このような考え方を背景として見れば、冷戦と呼ばれていた〈対立〉の終焉を理解することができるだろう。すなわち、これまでずっと防御でいた状態からアフガニスタンへの攻撃へ切り替わったことは、ロシア国民にとって耐えられなかった。たとえ軍隊と国家という二つの要素が現実に国民を守っていても、それだけでは、長年続いてきた三位一体の体制に国民を引き戻すことは軍隊にも国家にももはやできなかった。一九八五年にソ連邦共産党書記長に就任したミハイル・ゴルバチョフは改革を行い、国民の支持を取り戻すべくグラスノスチ（情報公開）やペレストロイカ（改革）といった政策を導入した。実際は、そのような取り組みをしても西側との〈対立〉は続いたが、それ以前とは異なり緊張が緩和された形での〈対立〉であった。しかし一九八〇年代末にワルシャワ条約機構内のつながりの弱体化、国民の支持の地盤沈下は、東欧諸国の国民が西側諸国の国民は自分たちよりもはるかによい暮らしをしていると認識したことで一層進んだ。計画経済につきものの非能率性はさておいて、国民の豊かな暮らしよりも軍備を優先させる（バターよりも大砲）という姿勢が何十年も続いた結果だった。アメリカ主導の外交は、抑止戦略を成功裡に遂行したこととＮＡＴＯ諸国からの支援によって確立された強い立場を基盤にして、東西両陣営間の緊張を緩和するための一連の措置に結びついた。一九八八年一二月、ゴルバチョフは東欧から五〇万の兵を撤退させると明言した。その後一年あまりにわたって赤軍という重しが取れるにつれて、東欧諸国は次々にワルシャワ条約を脱退した。冷戦は終結した。

〈対立〉は消失したが、その軍隊組織は名残として残った。現在我々が有する組織や軍隊は、総力戦に備えることとその総力戦を相手に思いとどまらせることが必要であったからつくりだされたものである。敵に直面した時これらの組織や軍隊が意図していたとおりのことをやれたかどうか、多くの指揮官や参謀が考えた計画がうまくいったかどうか、彼らがつくりあげた組織や機構がうまく機能したかどうか、そういったことは絶対にわからないだろう。しかし、抑止戦略が機能するためには、両陣営がそれぞれに相手方は効果的に行動すると信じていれば充分なのである。しかし、そのような目的のために装備され組織された軍隊で、現在、我々は大部分の任務を果たさねばならない。そうした軍隊は、《国家間戦争》とは程遠い〈紛争〉での用兵を意図したものではまったくないのであるが、実際問題として軍隊が必要な時には、この軍隊の兵士や兵器の多くがそうした場所に派遣されている。第二次世界大戦終結直後、彼らは《人間《じんかん》戦争》を戦っていた。すなわち《国家間戦争》とは程遠い、最新の装備は使用できない〈紛争〉を戦っていたのだ。それは、前章で議論した《国家間戦争》のアンチテーゼとしての特徴を数多く備えている、国家と非国家組織とのあいだの〈紛争〉であった。こうした〈紛争〉は冷戦と並行して起きていた。実際、一九四六年から九一年までの期間は、《国家間戦争》を目指す構造に維持されたもっとも重要な〈対立〉（冷戦）と《国家間戦争》とは程遠い〈紛争〉とが並行していた期間としてよく定義できる。この〈紛争〉のなかに、特に敵の本性と目標のなかに新しいパラダイムの最初の兆候が見える。そして、《国家間戦争》とは程遠い〈紛争〉に対して既存の手段、すなわち《国家間戦争》用の軍隊、を相変わらず使っていることのなかにもこの新しいパラダイムの兆候が見えるのである。このような状況のなかで、軍事力はいろいろなやり方で適用されるが、いつも最大の効用で行われているとはかぎらない。それが今日にいたる趨勢の始まりだったのである。

第二次世界大戦が終結した際、朝鮮半島を占領していた日本軍はアメリカ軍、ロシア軍に降伏し、朝鮮は北緯三八度線を境に南側と北側に二分された。この境界線は行政的あるいは外交的な判断の結果ではなかった。比較的下位の将校たちのあいだでの交渉を受けて現実的な理由で選ばれたものなのだ。しかし、特に第二次世界大戦中同盟を結んでいたソ連とアメリカが敵対するようになると、この国境線は行政上の都合ですぐに政治的現実として固定化してしまった。それ以降、朝鮮半島に一つの政府をつくる試みはことごとく失敗した。一九四七年にアメリカがこの問題を国連に持ち込むと、国連は選挙によりこの国を再統一するために委員会（国連臨時朝鮮委員会）を発足させた。翌一九四八年、南では選挙が実施された。しかし、委員会は北での活動を妨害された。この選挙で誕生した李承晩率いる政府は、自分たちは朝鮮全体の政府であると主張したが、三八度線より北側にはまったく影響力をもたなかった――三八度線より北側では、ソ連軍が李承晩政権に対抗する政権を樹立していた。それを率いていたのは共産党の革命的な闘士金日成であった。

再統一の条件について合意することに失敗したロシアとアメリカはどちらも軍隊を撤退させた。朝鮮はイデオロギー的に〈対立〉する二つの政府が存在する国になった。それぞれ超大国――北朝鮮はロシア、韓国はアメリカ――から武器や必需品を供与され、いずれも朝鮮半島全体の領有権を主張した。この不安な状態はほどなく爆発した。一九五〇年六月二五日、大規模な奇襲を仕掛けた北朝鮮軍は、三八度線を越えて韓国になだれ込んだ。二日後、北朝鮮軍は韓国の首都ソウルを占領していた。彼らはソ連の支援を受けており、また一月にアメリカのディーン・アチソン国務長官が行った演説を、韓国に侵攻しても罰せられることはないという保証と解釈していた。演説のなかで国務長官は朝鮮半島をアメリカのアジアにおける防衛線、すなわち、その保持のためにはアメリカ軍はいつでも戦う準備ができていることを示唆する領域から除外していた。したがって、全体として考えると東西両陣営間のより広い〈対立〉を背景とした状況のなかで、〈対立〉が〈紛争〉へと移行したものと見ることができる。

国連ではアメリカの要請を受けてただちに安保理が開かれた。ロシアは欠席した。ロシアは、北京にできた新しい共産主義政権との連帯を誇示する形で、その年の一月以降、安保理をボイコットしていた（国連での中国代表権は依然として台湾の国民党政府が保持していた）。安保理は国連の全加盟国に対し、侵略者を撃退するために必要なあらゆる手段をとり韓国を支援するよう求める内容の決議を採択した。すでにトルーマン大統領は、占領下の日本にいるアメリカの占領軍総司令官ダグラス・マッカーサー将軍に対し、韓国陸軍を空と海から支援するよう指示していた。六月二九日、トルーマン大統領はもう一段階踏み込む決意を固め、崩壊の瀬戸際に立たされた韓国軍を救うべく、アメリカ軍二個師団を日本から派遣するよう命じた。それから数日後の七月七日、ソ連代表がふたたび欠席するなかで開かれた安保理は、北朝鮮による攻撃を撃退したのち国際平和を回復するべく朝鮮半島に展開される国連軍を設置するという決議を採択した。この決議は、力には力で対抗するというアメリカの行動を事実上承認するものであった。マッカーサー将軍はこの国連軍の司令官となった。それ以降、この戦争は国連の代理人として行動するアメリカ大統領に対して責任を負うアメリカの将軍によって行われる戦争となった。九月に入る頃には二〇カ国程度――そのほとんどは政治的目標のためにアメリカと同盟関係にあった――が国連軍に部隊を派遣していた。しかし地上軍の五〇パーセント、空軍の九三パーセント、海軍の八六パーセントは相変わらずアメリカ軍が占めていた。

当初、戦いは北朝鮮軍が優勢のうちに進み、韓国軍救援のために派遣された国連軍は、韓国軍とともに朝鮮半島の先端まで追い詰められた。一九五〇年九月に入りマッカーサー将軍は、日本軍を相手に太平洋戦役で三軍連携の強襲上陸作戦を指揮した経験と制海権を生かして、ソウルからおよそ二〇キロ、北朝鮮との国境からおよそ五〇キロほど離れた仁川《インチョン》に大胆な上陸作戦を敢行した。この戦域レベルでの強襲は成功し、南進していた北朝鮮軍は混乱に陥った。数週間のうちに国連軍は、算を乱して敗走する北朝鮮軍を三八度線を越えて追撃していた。この目覚ましい成功に勇気づけられた国連総会は朝鮮半島全体に安定的な状況を保証しようとするアメリカ主導の決議案を通した。この動きは、この〈紛争〉がより広いアメリカとソ連間の〈対立〉の一部であることを示すもう一つの例であった。総会にはそのような決議案を通す法的権限はなかったのだ。しかし、ロシアはこれまでボイコットしていた安保理に出席する方針へ転換していたので、アメリカは総会に国連憲章に反する決定権限を与えてロシアの安保理における拒否権行使を出し抜く方針を選択した。

マッカーサーは迅速に反応し一〇月九日、国連軍に三八度線突破を命じた。三八度線を越えて進撃した国連軍は三週間後に北朝鮮の首都平壌を制圧してからも北上を続け、中朝国境の満州に近づいていた。いたるところで北朝鮮軍が敗走していたので決着がついたかに思われたが、一一月末に中国——アメリカの意図を強く疑っていた——が参戦した。それまで中国は国連軍、アメリカ軍に対して三八度線を越境しないようたびたび警告していたが、そのたびに無視されていた。しかし中国と台湾——ここに最後の中国国民党軍が編成されていた——のあいだにある台湾海峡に第七艦隊を出動させるというアメリカの決定は、北朝鮮領深くまで進撃するマッカーサーの攻撃速度と相俟って、中国が北朝鮮の支援に乗り出す引き金となった。一一月二六日、中国軍は幅広い前線にわたって攻撃をかけてきた。一カ月しないうちに戦況が逆転していた。中国軍、北朝鮮軍が朝鮮半島を南下し、国連軍、韓国軍はひたすら後退した。一九五一年一月、ソウルはふたたび陥落した。

中国の介入はこの戦争の性質を変え、この戦いをいかに進めるかをめぐる新たな議論を引き起こした。戦力の主体となっていたのはアメリカ軍だったが、六月から一一月にかけてこの戦争は国際的な懲戒的討伐としてまかり通っていた。一一月以降は徐々に米中〈紛争〉の様相を呈し始めた。マッカーサーはこの事実を認めるのにやぶさかでなく、もっとも効果的な軍事的手段を用いて中国への戦争を遂行することを望んでいた。それは、中国領空へ侵入して敵機を追撃することをはじめとして、中国国内に対する戦略的爆撃を行い、原爆を使用することも辞さないというものであった。（熱狂的な反共主義者である）マッカーシズムが猛威をふるっていたアメリカ本国では、調子に乗って軽はずみな真似をする一部の国民がマッカーサーのやり方を支持した。しかし、トルーマン大統領やその文民補佐官、軍の参謀長たちは、朝鮮半島のために長期にわたる犠牲の大きい戦争を中国と始めるという見通しにひるんだ。マッカーサーの進言を受け入れれば、いつの間にか原子爆弾を使いながら共産圏全体と戦っているという事態になりかねなかった。一方、国連ではこの戦いが中国とアメリカの〈紛争〉になってくるにつれ、多くの加盟国が戦争に踏み切った国連の政治的目的が見失われてしまったと考えるようになった。そして政治的な狙いが分散するにつれてアメリカに対する同盟諸国の支援が減り出したことをアメリカも実感していた。

中国の朝鮮戦争参戦は、兵士の数で勝負する軍隊と火力で勝負する軍隊とのあいだの軍事力の特質の点から見た違いを示す一つの例を与えてくれる。これは第二次世界大戦後に頻繁に繰り返された形の対決であった。アメリカ軍は大規模な火力の迅速な行使を土台とする見事な作戦行動で北朝鮮軍を打ち負かしていた。中国軍が成功したのは、国連軍が同時に対応できるよりもずっと多くの目標を国連軍の目前にさらしながら、国連軍に立ち向かうことができる膨大な人力を持っていたからである。彼らが前線を幅広くとって攻撃をかけてきたのはこの理由による。攻撃が成功すると中国軍は兵員をさらに増強し、南進を続けた。アメリカ軍は、《国家間戦争》を戦うことを想定してつくられ、科学技術とそれを効果的に行使する過程を重視していた。これに対して中国軍は、大量な兵士の数とその兵士たちをひとまとめにして投入する過程に重点をおいて発展していた。敗北するという見通しに直面したマッカーサーは、アメリカ軍の技術的優位を活用して中国軍の兵員源を叩き、新たな兵員が戦闘に投入されるのを阻止しようと考えた。しかし、それをすれば、根本的に戦域が変わることになり、戦略的目標が別のものにすっかり変わってしまっていただろう。つまり、それはこの戦争の政治的目的とは関係のないものになっていただろう。したがって、マッカーサーの提案は実行可能な選択肢ではなかったので、ワシントンに拒絶された。このことは戦略的目標が首尾一貫していることと政治的目的の達成に向けて絶えず貢献するものであることを確かにするため、戦略的目標が政治的目的という背景の枠内につねにあることの重要性を示している。この場合、中国の朝鮮半島介入能力を破壊するというマッカーサーがもちだした戦略的目標は、政治目的とは調和しなかった。しかし、アメリカがいかに中華人民共和国を地域的影響力として無力なものにしたいと思ったとしても、それをあえて軍事力を行使してまでやる覚悟はなかった。というのも、もう一度世界戦争、ひょっとしたら原子爆弾を使う世界戦争、が起きる可能性があり、国連における提携国の支持を失う可能性があったからだ。この見通しのなかでは、航空機による長距離空爆――最終的には原爆をも使う――という火力を誇るアメリカの軍事力に効用はなかった。

トルーマン政権は、和解の道を探りつつ、朝鮮半島でのみ軍事作戦を遂行する道を選んだ。基本的には、政治的・戦略的な目標は見直されていた。すなわち、国連の代表としてアメリカが有利に交渉を進められる立場を獲得するまで戦い、何らかの形に分断された朝鮮を受け入れる、というものに変わっていた。要するに、軍事力は、政治的成果を直接達成するべく戦略的に行使されるのではなく、交渉の席で政治的目的を達成することが可能となるように行使されるというものであった。この方針に異議を唱えアメリカ政府中枢と〈対立〉する発言を公然と繰り返していたマッカーサーは最終的に一九五一年四月、大統領に反抗的であるとして解任された。六月二五日、アメリカは停戦交渉開始を前提として戦闘を停止するというソ連の提案を受け入れ、一九五三年七月にようやく双方は合意に達した。最終合意により、南北境界線沿いに非武装地帯が設けられることになった。境界線は三八度線にほぼ沿った形で引かれ、韓国の領土は約四〇〇〇平方キロ増えた。そして、この事情は現在までそのまま続いている。すなわち、韓国にはアメリカ軍が駐留し合同で北朝鮮軍と睨み合っており、北朝鮮の後ろには中国が控えている。しかし、今や中国は核兵器を保有している。北朝鮮は自分たちも保有していると言っている。

　これは国連として初めての軍事行動であり、このように一方的に行われたのはこれが最後というものでもあった。アメリカの行動を安保理が支持したことによる国連内の混乱を受けて、国連の軍事行動には原則として大国に戦闘面での貢献を求めない時期がしばらく続いた。この方針は冷戦が終結するまでは損なわれなかった。ただし、一〇年後に勃発したキプロス危機（一九六三年のキプロス紛争のこと）は例外であった。この時は同国に駐留していたイギリス軍を使うことの利点が誰の目にも明らかだった。朝鮮に対する国連軍の介入は例外的なものとなったのであるが、この介入は国連のイメージを強化するのにしばらくのあいだ役に立った。すなわち、その前身とも言うべき国際連盟は一九二〇年代、三〇年代まったく無力であったのに対して、国連はいつでも行動する準備ができている組織であることを示したのだ。

　冷戦という〈対立〉は、もう一つ別の種類の〈紛争〉に適した非常に重要な体系をも生み出した。すなわち、植民地でなくなったあとにそこを支配していた宗主国を盟主とする連邦から脱退することから生じる〈紛争〉に適した体系である。この種の〈紛争〉は、《国家間戦争》に対するアンチテーゼの原型として姿をあらわし、《人間《じんかん》戦争》の初期の兆候をすべて見せるようになったものであるが、そのなかでもっとも重要な例の一つがマラヤ動乱であった。一九四一年にアメリカのローズヴェルト大統領とイギリスのチャーチル首相が調印した大西洋憲章——国連憲章の土台となった——は、イギリスが最終的には植民地に民族自決権を与えるということを示していた。しかし、一九四二年における日本のイギリス軍に対する勝利は、西ヨーロッパ諸国の軍隊に冠せられていた不敗の輝きを破壊してしまった。その一方で、一九四七年におけるイギリスのインドからの撤退を皮切りとして、植民地宗主国の支配力は衰え始め、また自称独立国家が顔を出し始めた。しかしながら、このインド独立は比較的平和裏に成し遂げられた——もっとも、インド連邦とパキスタンの二つに分割されたことと、両者のあいだにカシミールをめぐる論争と戦争は続いていることを別にすればの話である。その一方で、他の植民地には独立や偶発的〈紛争〉の種が残されていた。

日本軍がマラヤを占領すると、マラヤ共産党（ＭＣＰ）の抗日闘争を担う軍事機関としてマラヤ人民抗日軍（ＭＰＡＪＡ）が結成された。組織構成員の大半は中国系住民（華人）であった。イギリス軍はこれに対してもまたマラヤ以外の枢軸国占領地域で発生した「レジスタンス」（地下抵抗運動）に対しても、武器を提供し構成員に訓練を施し顧問を派遣するなどの支援をした。第二次世界大戦後、マラヤ人民抗日軍は勇ましい協力者として遇された。代表団はロンドンに招かれ、祝勝パレードに参加した。しかし、マラヤ共産党とイギリス軍の打算的な野合は長くは続かなかった。彼らにはもはや共通の敵もいなければ共通の目的もなく、独立国家マレーシア連邦についてのイギリスの見解はマラヤ共産党のそれとは大きく異なっていた。マラヤ人民抗日軍はマラヤ人民抗英軍（ＭＰＡＢＡ）と名称を改めたが、多様な民族集団から支持を得るためすぐにマラヤ人民解放軍（ＭＲＬＡ）と再度改称した。

一九四八年にマラヤでイギリス人のゴム園オーナー三人が殺害された。それから数カ月のうちに「マラヤ動乱」が拡大し、マラヤ人民解放軍のゲリラ部隊はイギリス軍を追い出し植民地機能を停止させるべく、各地のゴム園を襲撃し基幹設備を破壊した——この間、地元住民を脅してゲリラを支援させていた。この事態を受けてイギリスは非常事態を宣言し、マラヤ軍とイギリス軍は共産主義テロリストを追い詰める作戦を始めた。しかし、力に対して力で対応しては相手に勝てない。マラヤ人民解放軍ゲリラは、長年抗日作戦を推し進めてきた経験と、また第二次世界大戦終結時に共産党が密かに蓄えていた武器をもっていた。そのうえ、彼らはジャングルに潜むことができたし、また少数派の華人のかなりを含む一部の住民から支援を受けていた。しかし、概してマラヤ国民はこの反乱に曖昧な態度をとっていた。

世界中のメディアが朝鮮戦争に注目しているあいだに、イギリスは自分たちの過去の経験を参考にすることにしてとにかくボーア戦争まで立ち返り、ゲリラ支援者を作戦地域から追い払うことに的を絞った。対ゲリラ作戦を指揮するサー・ハロルド・ブリッグス中将が考案した計画に沿って、ジャングル辺縁部に散在・居住している何十万という中国系小作農民を五〇〇の「新村《しんそん》」に移住させるべく、再入植プログラムが実施された。新村は前もって周到に準備されていた。道路、飲料水、商店、学校、病院等生活していくうえで必要な施設はすべて整備されていた。入村すると、各家族になにがしかの補助金と家を建てるための建築資材が与えられた。村々の外周には鉄条網が張り巡らされ、警備兵詰所には多い時には二〇人の兵士が詰めていた。入村者たちが落ち着くと、夜間警備隊を増強するべく義勇兵が募集された。夜間、村の外に対しては外出禁止令が敷かれていた。時には村のなかでも外出が禁止される場合があった。新しい入村者を勧誘する大きな決め手となったのは、移住すれば与えられる不動産権利証書だった。少数派である中国系住民は総じて非常に貧しく、それまでほとんど発言権がなかった。土地の所有権や選挙権等も与えられていなかった。マラヤ共産党はこうした要素をすべてうまく利用していた。しかし、それらの要素は今やブリッグス計画のなかでの反撃の材料となっていた。すなわち、中国系住民も今や土地所有者となり将来にわたってその立場を保持できるというイギリスが掲げる未来像に対して中国系住民が関心をもつようにするのがこの計画であった。そして、中国系住民をゲリラから引き離し、彼らをテロから守り、政治運動の道具にされぬようにし、彼らがジャングルに住むゲリラ中核グループを支援できないようにすることを目指していた。

この新村への入植プログラムが完了した土地には、厳しい食糧管理措置が導入された。村に持ち込まれた食糧は監視下におかれ、村外への持ち出しを禁じられた。捜索隊はマラヤ人民解放軍支持者がゲリラに食糧を与えられないようにしたのだ。一部の地域では米まで配給制になり、日持ちがしないように炊いてから支給された。こうした措置は封鎖同様、効果が出るまでに時間がかかるが、次第に効き始めた。糧道を断たれたゲリラ部隊は食べ物を得るために危険を冒さざるを得なくなると同時に、戦意も鈍った。糧道遮断作戦と並行してイギリス軍は共産主義テロリストをジャングルのなかで追撃した。反乱鎮圧訓練学校が設置され、歩兵部隊（依然として国民徴役兵――イギリスの徴集兵――で構成されていた）は共産主義テロリストと対等あるいはそれ以上にうまく作戦行動をとれるよう訓練を受け、ジャングルに順応した。また、長期にわたりジャングルの奥深くまで巡察できるよう空軍特殊部隊（ＳＡＳ）等が再編された。町村における警察の情報作戦やジャングル奥深くに入っての軍事作戦から得た情報とともに、ジャングルで活動できるよう訓練された歩兵の巡察が、共産主義テロリストをいよいよジャングルの奥地に追い込み始めた。イギリス軍部隊はマラヤ人やジャングルの中で暮らす土着のサカイ族に医療や食料を与えていたが、こうした援助はいずれもジャングルに住んでいる住民が、同じジャングルに潜む共産主義テロリストを支援しないようにするのに役立った。

一九五一年一〇月、マラヤ人民解放軍はイギリスの高等弁務官を待ち伏せして襲い暗殺した。後任のジェラルド・テンプラー中将はこの状況と精力的に取り組んだ。ブリッグス計画に従いながら、マラヤ軍育成を急がせ、またマラヤ国内の行政改革を推し進めた。さらに少数民族の中国系住民に選挙権を与える法案を強引に通過させたり、先住民族の指導者たちを要職につかせて彼らを自治の方向に進めた。ゲリラに関する情報の収集と分析も従来どおり行い、通報者に報奨金を与えた。重要なのは、マラヤ人民解放軍の反乱が収束すればマラヤは独立すると約束した点である。一九五〇年代半ばには独立が現実味を帯びてきた。マラヤ共産党も反乱は失敗したと認めた。そして一九五七年八月、マラヤは独立国家となった。マラヤ人民解放軍ゲリラによる激しい抵抗は一九五八年を最後になくなり、マラヤ人民解放軍の残党はタイとの国境に近い地域に撤退した。一九六〇年七月三一日、マラヤ政府は非常事態宣言を解除し、ゲリラ指導者の陳平は中国に逃げた。

マラヤ動乱は世界各国の軍において、対ゲリラ、対革命戦争の成功例として今日にいたるまで取り上げられている。この戦争を指揮したブリッグスとテンプラーはマラヤ共産党の軍事行動から主要な政治的目標を取り除いたのだ。決して支配を手放さないであろう植民地圧政者からの解放闘争という〈紛争〉の筋書きは、独立を認めるとの約束がなされたことで信憑性が薄れた。しかもこの約束は、間もなく出現する独立国家における土地所有権という贈り物に裏打ちされていた。彼らは住民をゲリラの影響から切り離し、続いてゲリラの土俵で、ゲリラのやり方で、ゲリラを追いつめるべく軍隊を展開し情報収集活動を行った。イギリス軍は、自国民、すなわち本国での世論、が容認する範囲内で、マラヤ共産党の部隊を徴集兵軍で打ち負かしつつ、住民の意思を勝ち取った。この偉業の重要性を私は一九八〇年にジンバブエで、敗れた側のローデシア人（白人）と話をしている最中に理解した。彼らはすべてではないにせよ、戦術的武力衝突のほとんどで黒人側に勝利していた。ローデシア人たちはイギリスがマラヤで行ったことを何から何までより効果的に取り入れていた。しかし、一つだけ彼らの気づいていない重大な違いがあった。イギリスは自分たちがマラヤを去るつもりであることを明確にしており、問題は誰に権力を委ねるかだった。しかしローデシア人は、ローデシアを去るつもりも権力を誰かに渡すつもりもなかった。村民になればその村と土地を引き継げるとして、イギリスはマラヤの中国系住民たちを「保護された村」に集めることができた。これに対してローデシア人は地元住民を囲いの中に集めるがその土地を与えることは拒否しているとみなされていた。

マラヤ動乱も冷戦の主要な当事国の一つ、この場合はイギリス、が直面した〈紛争〉の典型例である。イギリスは東西〈対立〉の一環として《国家間戦争》に備えた軍隊を構築し維持していた。そして、そのなかの部隊を《国家間戦争》とはまったく異なる性質の〈対立〉に適合させたうえで使用したのである。純粋に軍事行動の観点から見れば、これは編制による機動力をよくあらわした例であり、その部隊は軍事行動で見事な成果を収めた。このマラヤ動乱における〈紛争〉を特徴づけていることは、冷戦と並行してあったその他さまざまな〈紛争〉についても言えることだが、それらの〈紛争〉は《国家間戦争》だと思って戦われていたのだが、実際は《人間《じんかん》戦争》を戦っていたのだということである。そのような軍事行動は、〈紛争〉の新しい現実というよりも戦争という本来の仕事からの一時的な逸脱と考えられていた。それは、《人間《じんかん》戦争》というパラダイムの初期の事例だったのだ。すなわち、戦術レベルでの〈紛争〉とのあいだを絶えず行きつ戻りつする長期にわたる〈対立〉だった。ゲリラやイギリス軍、のちにはマラヤ軍がマレー半島の幅広い長大な領域で展開したが、中隊以上の規模の戦闘部隊の交戦は生じていない。したがってマラヤ動乱は広範囲にわたる〈対立〉の枠内での一連の戦術的〈紛争〉であった。そして、この枠組みの中でマラヤ史の次の段階が展開された。すなわち、インドネシアが絡んでくる〈対立〉

である。

　一九五七年にマラヤが独立すると、イギリスは、ボルネオ島（現カリマンタン島）にあるイギリス植民地からの撤退を開始した。当時ボルネオは四つの行政区域にわかれていた。インドネシアの州であるカリマンタン州はボルネオ島の南部にあった。島の北部にはブルネイ王国とサワラク州、英領北ボルネオがあった。英領北ボルネオはのちにサバ州となった。イギリスはマラヤ、サバ州、サワラク州からなるマレーシア連邦を結成し、ブルネイ王国は独立国家として残すつもりでいた。フィリピンとインドネシアは、国連による住民投票の結果を受けて表向きはマレーシア連邦の成立に同意した。しかし、インドネシアのスカルノ大統領は、マレーシア連邦結成というのはイギリスがこの地域で植民地支配を続けるための口実であると主張し、連邦の成立に強く反対する姿勢を崩していなかった。さらに大統領はボルネオ島全体、特にブルネイのスルタンが所有する油田をインドネシア領に組み込みたいと考えていた。

　ブルネイでは一九六二年一二月八日、インドネシアの支援を受けた北カリマンタン人民軍（ＴＫＮＵ）が反乱を起こした。反乱軍はブルネイのスルタンを捕らえて油田を押さえ、ヨーロッパ人を人質に取ろうとした。危ないところをどうにか逃れたスルタンはイギリスに助けを求めた。シンガポールからイギリス軍が派遣され、一二月一六日には、イギリスの極東軍司令部は反乱の主要部隊は撲滅されたと宣言した。一九六三年四月には反乱軍の指揮官が捕らえられ、反乱は鎮圧された。しかし一九六三年一月にインドネシア外相はマレーシアと「〈対立〉」する方針を主張し、同国への敵対的な姿勢を公式に表明していた。また、インドネシアの不正規兵がサラワク州、サバ州に潜入し始めた。不正規軍はほどなく両州の村々を襲撃し、破壊工作を行いインドネシアの主張を広めた。インドネシア軍のスハルト司令官は「マラヤを叩きつぶす」と断言した。カリマンタン各地の基地からインドネシア側が襲撃をかける頻度が高まった。小隊規模の部隊が、中国共産党シンパの支援を受けているサラワク州、サバ州をうろつきまわった。両州の住民はなかなか団結しなかった。これはきわめて複雑な民族構成だけが理由ではなかった。

一九六四年、インドネシア軍はマレー半島そのものの中の目標に対して襲撃を開始した。八月、ジョホールの市中でインドネシアの武装工作員が複数逮捕された。九月、一〇月にはマレー半島南西部のラビスとポンティアンに対して空挺部隊と水陸両用戦部隊による襲撃を開始した。兵力が増強され、一九六五年初頭には兵力一万五〇〇〇のイギリス軍・英連邦軍が海軍や空軍の大規模な分遣隊とともに展開し、陸軍部隊の大部分は脅威にさらされているボルネオ島に派遣された。一九六四年以降、陸軍部隊はインドネシア側の侵入を阻止して人口密集地を守るため、ジャングル内の基地に配置された。この本質的に防衛の姿勢に徹した対策の効果が出てくると、英連邦軍はマラヤにおける作戦の経験をもとに、国境沿いのジャングルに住む部族民がインドネシア兵を支援しないよう手を打った。国境沿いをくまなく巡回し、住民から貴重な情報を集めた。一九六四年六月には情報の信頼性が高くなりそれに基づいて行動できるようになった。そして、英連邦軍は攻勢に転じた。マラヤで専門技術に磨きをかけていた特殊部隊は、インドネシア側の情報を入手するためカリマンタン州の国境地帯で密かに越境作戦を始めた。これには、インドネシア軍が国境の自国側で守勢にまわらざるを得ないようにする狙いもあった。もちろんこうした侵入は公にはされず極秘作戦クラレットの一環として行われた。英連邦軍が次にどこを攻撃してくるかつかめないインドネシア軍は、その兵士や武器弾薬を次第に自分たちの陣地の防御に向けるようになり、それに応じて攻撃作戦に投入する量は減っていった。こうした軍事的手段と並行してさまざまなレベルで外交攻勢がかけられていた。イギリスは、国連での地位と東南アジア地域で設立された軍事同盟である東南アジア条約機構（ＳＥＡＴＯ）を利用して、軍の侵入を停止しボルネオに対する領有権の主張を取り下げるようインドネシアに圧力をかけた。また現地ではマレーシア連邦に対して、団結してインドネシアの意向に影響されるつもりはないという態度をはっきり示すよう勧めた。こうした軍事的努力、外交的努力によって、スカルノ体制内部の〈対立〉が表面化してきた。インドネシア軍は敗れつつあり、インドネシア領内で攻撃されていた。サバ州やサラワク州には、インドネシア軍の活動を支援する住民はいなかった。インドネシアは国際的にも孤立していた。一九六六年三月、インドネシアで無血クーデターが発生し、スカルノ大統領が権力の座を追われ、スハルト将軍が第二代大統領に就任した。このインドネシア国内における重大局面が続いている間、マレーシア領土をめぐるインドネシア軍の活動は減った。そして、この政変劇が終幕して間もない一九六六年五月、マレーシアとインドネシアの政府はバンコクで開催された会議の場で戦争の終結を宣言した。八月二日に講和条約が締結され、二日後に批准された。

この危機は正式にはインドネシアの〈対立〉として知られており、この名称がこの〈対立〉の性質をよく示している。マラヤ動乱に続いて、そこで得た教訓すべてがさらに磨かれ、非常に正確に実行された。軍事行動、政治行動は全体的に巧みに進められた。軍事行動は政治行動を補完するだけで、戦術的目標以上のものを達成しようとする目論見はなかった。サバ州、サラワク州の住民は保護されていたし、軍事行動は情報収集を目的として実施された。この基盤が築かれ、インドネシア軍が目指していた地域住民の支援がはっきり拒否された時点で、カリマンタン州内のインドネシア軍に圧力をかけるための軍事行動が開始された。これと外交的圧力が一緒になってスカルノ体制の崩壊を招いた。イギリス軍はジャングルでの軍事行動の数多くの経験を生かし、また、国境を遮断する巡察部隊を編成するために、いくども組織を改編した。これは、時には戦略レベルにエスカレートすることもあった戦域レベルでの〈対立〉という政治的外交的活動を背景とした状況の枠内にしっかりと収まった戦術的〈紛争〉という形の軍事行動のすばらしい例である。そして、こういったことはすべて、冷戦という東西両陣営の大きな政治レベルでの〈対立〉の枠のなかで行われた。

ここまでは、〈対立〉の枠内に位置する〈紛争〉の二つの典型例を見てきた。すなわち、朝鮮戦争――危うく核戦争にエスカレートするところだったが、戦域的軍事行動にとどまった――と二つのマラヤ関連の〈紛争〉――ここでは戦術的交戦は政治的外交的活動を背景とする枠のなかにしっかり収まっていた――である。いずれも《人間《じんかん》戦争》というパラダイムに属している。つまり、これまでに説明してきたように、軍事的活動と政治的活動とが一体となってしまった形の〈紛争〉である。その結果、政府と軍部との関係は、《国家間戦争》の場合に比べて複雑で、また勝利を確実なものにするうえで非常に重要である。序論で述べたが、戦争を始める――〈対立〉から〈紛争〉への移行――という決定がなされるのはつねに政治レベルであり、戦闘を中止するとの決定がなされるのもこのレベルにおいてである。軍部は三つのレベル――戦略レベル、戦域レベル、戦術レベル――すべてにおいてこれらの決定を実行に移す。戦争を始めるという決定がなされて〈紛争〉が始まると、さまざまな活動は軍部がすることになり、軍部は戦略レベルで活動を開始する。戦略の決定は、どのような政府においてであろうと、進行中の戦略についてのより幅広い議論を背景とする状況のなかで行われるのがつねである。そして、外務省、国防省、大統領府あるいは総理府、諜報機関など政策・方針を立案するさまざまな機関のあいだで継続的に行われる再査定や議論のなかで明らかになってくる。平時の政策討論は全般的なものになりがちであり脅威を認識することに重点がおかれる場合が多い――しかし、この場合の脅威は潜在的なものにすぎない。本物の敵が出現して初めて本物の脅威が生ずるのであり、危険度を判定するためには、現実的な状況のなかでの現実的な目標をもった現実的な努力が必要である。潜在的な敵を認識したりあるいはそのようなものはいないことを強調したりして政策・方針を決定する人たちは、つねにこの点を考慮しておく必要がある。というのも、彼らは、将来のある時点において具体的な戦略を決定せねばならなくなるだろう人たちが拠り所とするものを構築しつつあるのだから。実際、戦略レベルでの活動を開始せしめるものは本物の敵の出現である。というのも、平時に脅威を認識する一般的な方針をもつことは可能であるが、敵が出現するまでは戦略をもつことはできないからである。同時に、軍事行動の戦略を立てる人間は、自分の方針・立案の拠り所としているものの性質と限界を理解しておく必要があり、それに従って戦略を立てねばならない。背景としての政治的政策的状況から遊離した戦略がうまくいく可能性はほとんどないのである。このあたりの事情をクラウゼヴィッツは非常に見事に表現している。

したがって、第一に、戦争は、いかなる状況においても独立に存在するものではなく、一つの政治的手段とみなさなければならない。そして、このような観点をとることによってのみ、すべての軍事史を虚心坦懐に読むことができる。この観点に立ってこそ、軍事史を紐解きそれを理解できるのである。第二に、この観点に立てば、さまざまな戦争の特徴が、その戦争の発生した動機や状況の性質に応じて、どのように違ってこざるを得ないのかということとを教えてくれるのだ。

政治家や将軍が行うもっとも重要な判断行為は、自分が従事している戦争をこの点で正しく理解することである。その戦争をそうではない別のものだと受けとったり、そうではない別のものにしたいと考えてはならないのだ。その戦争に関係するさまざまな事柄の性質によって、その戦争はそれ以外の戦争ではあり得ないのである。したがって、自分が従事している戦争を正しく理解することこそが、すべての戦略的な問題のなかでもっとも重要でもっとも包括的なことなのだ。(第一部第一章二七節)

〈紛争〉の段階に入るという決定が政治レベルでなされたら、その方針をめぐる討論は次の三つの重要課題に焦点を合わせなければならない。達成すべき目的、その目的を達成するための方法、この方法のなかで用いられるべく用意されている手段、である。この議論をどこから始めるかは大して重要ではない。大事なことは、この三つが調和していることだ。手段と方法を決め、それらの手段と方法が達成する目的を受け入れることはできる。しかし、手段と方法とに調和しない目的を設定すれば、最善でも落胆する破目に陥る。同様に、手段を用意していないのにただ利用できるからといって方法を選んだり、あるいはもっと重要なのだが、その方法を望む目的の性質に調和させないでいると、それらの手段がどんなに効率的であろうと、その人の努力を裏切ることになるだろう。私の経験によれば、目的、方法、手段をはっきりと確認するこの簡単な分析手法を使うことは、方針をめぐる討論につきものの〈対立〉する利害関係やたくさんの些細な事柄を省いていくのに非常に役に立つ。そして、この同じ分析手法は戦争の戦域レベルや戦術レベルという下位のレベルを理解する時にもまた三つのレベルのあいだの関係を理解するのにも使える。

目的とは、政治が望む成果に他ならない。それは原状回復かもしれないし、あるいは友好的な政権を新しくつくることかもしれないし、問題の脅威を取り除くことかもしれない。方法とはそういった政治的目的を達成するために割り当てられるさまざまな資源——軍事的資源、外交的資源、経済的資源その他——を活用するうえでの全般的な道筋のようなものであり、また、いろいろなことを考慮したものでなければならない。手段とはこの政治的目的を達成するために割り当てられたさまざまな資源のことであり、政治的資産のような抽象的なものも含まれる。これらの資源を割り当てる時に、政治レベルの人たちは、政治的目的と同じようにこれらの手段も危険にさらされることになる——意図された方法でその目的を達成するために危険を冒すことになる——のだということを理解しておく必要がある。残念ながら、そのような理解が欠けている場合がしばしばである。もし、人員、物資、財源、信望といった資源がある特別な方法によって成果を達成する方向へ向けられているのであれば、それらもまた、目的、方法、手段のあいだの関係が均衡しているかどうかによって危険にさらされることになる。もし、その目的が使われる予定の手段を危険にさらすほどの価値がないと考えられるようなものであれば、均衡が達成されるまでその方法や目的を変える必要がある。例えば、人権侵害が行われている状況あるいは完全な〈紛争〉の状況に兵士を派遣することが、兵員を失うかもしれないという恐れから、軍事力の行使を伴わないというのであれば、その派遣は無駄であり、対応方法を変えなければならない。歴史上の例を見てみるとフォークランド紛争では、目標、方法、手段の均衡がとれていたことがよくわかる。アルゼンチン軍がフォークランド諸島に侵攻したのは、イギリスには奪還能力がないだろうと考えたためだ。奪還するための充分な手段もなければ、同諸島のために戦う意志もないだろ

う と考えていたのだ。しかし、アルゼンチン側はイギリスの政治的意志とおそらくイギリス軍の士気の両方について誤って判断していた。イギリス側はフォークランド諸島を解放するべく手元の利用できる部隊を派遣した。空軍、地上軍ともにアルゼンチン側が数のうえで優勢だったにもかかわらずイギリス軍が反撃に出たのは、力くらべに勝ちアルゼンチン側の意志を粉砕する方法を司令官が見つけていたからであった。

人員、物資、財源等の資源の配分を決めることは、政治レベルの人たちにとってもっとも慎重を要する重大なことである。これまで見てきたように、概してナポレオン以降、戦争の目的がその国家の存亡にかかわる時には、戦争勝利へ向けてその国家の総力が投じられてきている。しかし、マラヤ関連の二つの軍事行動においてはっきり見られるように、政治的目的が小さければ、配分される資源は少なくなる。戦争の大半が総力戦から隔たってしまっている現代において、この問題は世界の国々の議会でいろいろな形で表面化している。どんな国家にも防衛政策と安全保障政策がある。防衛政策は、国家の存亡という絶対的に重要な事項を扱い、安全保障政策はそれに比べて重要性が低い事柄を扱う――そして、いずれも国際的な状況を背景とした枠内にある。言い換えれば、国の政策のなかで問題になるのはその国の防衛と安全保障であるが、政策によって論じられるものは現今の国際的組織の枠内での国家の存続である。国防省の他にも多くの省が、いささか休眠状態ではあるが、その国の政策のなかの防衛という要素の一翼を担っており、《国家間戦争》が発生した時にはその役割を果たすことが期待されている。しかしながら、こういった省、特に外務省はその国の政策のなかの安全保障という要素においても先頭に立つ組織だ。防衛政策、安全保障政策、軍事介入それぞれに割り当てられる資源のあいだの均衡は、少なくとも民主主義国家においては、通常その目的を追求しその負担に耐える国民の意志を判断することによって決定される。その負担はその国の有権者たちの子供たちの生活と国庫にかかってくるものであり、結果としてその国の経済、教育、健康管理など国民生活のあらゆる要素に影響を及ぼすのである。

手段——正当性とか道徳的な力といった抽象的なものも含めて——を探し求めるにあたっては、国家は共通の目的をもっている国と同盟を結ぶ場合が多い。そうすることによって、国家は利用できる軍隊を増やしリスクを分散する。無視されがちだが、同盟と有志連合（coalition）とは著しく異なることに注目すべきである。同盟はより永続的なもので、同盟を構成する国はすべて対等である。これに対して有志連合は、特定の目的のための一時的なその場かぎりのもので、一つないし二つの強力な構成国が主導する。しかし、同盟なり有志連合を維持するためには骨の折れる外交努力が欠かせないし、その構成国の立場についてある程度の妥協は避けられないものとなる。そして、物質的な面での経費や外交的努力にかかる経費は、特にその主要構成国が必然的に負担することになる。そして、見通しから緊急性が薄れ脅威が小さくなればなるほど、目的の共通性が薄れこの関係を維持するのが難しくなる。例えば、ＮＡＴＯは永続的な同盟であり、ＮＡＴＯ本部で構成国が永続的に外交交流をして維持している。全加盟国のＮＡＴＯ大使は定期的に本部で会合を開き、同盟に関するさまざまな事柄を話し合っている。一九九一年の湾岸戦争、二〇〇三年のイラク戦争を遂行した多国籍軍は有志連合だった——湾岸戦争時の有志連合が、アメリカ政府と特にジェームズ・ベーカー国務長官が先頭に立って尽力した外交努力により結成されていたのに対して、イラク戦争時の提携は、激しい外交論争を背景としてばたばたと結成された感が否めない。第一回目の有志連合は、その構成国の政治的資産を増やしたが、第二回目の有志連合はたいていの参加国の政治的資産を減らした。

政治レベルにおいて目的と方法と手段とのあいだの均衡が決まったら、軍事的戦略レベルで軍事力によって達成されるべき目標を選択し、また、外交や経済援助などによって達成されるその他の目標との関係も決定する。この選択——戦略の大半はそうなのだが——が腕の見せ所なのだ。第二次世界大戦時にイギリス軍の参謀総長を務めたアランブルック将軍は次のように述べている。

戦略を立てる時の要領は、まず狙うべき明確な目的を決めることである。この目的は政治的なものでなければならない。この目的から、計画的に達成されるべき一連の軍事的目標が出てくるのである。次に、これらの軍事的目標を達成するうえでの軍事的要求という視点から目標を評価する。そして、これらの目標の各々を達成するのに必要となりそうな前提条件を検討する。さらにこの要求に照らして、利用可能な資源と潜在的な資源とを見積もる。この過程を通して優先順位についての首尾一貫した規範と軍事行動の合理的な方針とについておよその計画を立てることになる。

朝鮮半島およびマラヤにおける作戦を振り返ると、いずれの場合も、他の目標との関係が、最終的な戦略および結果を決定していることが今や明らかになるはずだ。朝鮮戦争においては、政治的な狙いと軍事的な狙いとのあいだには完全な首尾一貫性が長期間にわたって存在しており、後者は前者の背景のなかにあった。しかし、政治的な狙いという背景が変化すると、その軍事的な狙いと方法は政治的な狙いと調和しなくなった。つまり、政策が目指すものすなわち期待する成果が変化し、それとともに軍事的目標も変化した。マラヤ動乱においては、二つの軍事作戦はいずれもその政治的目標、経済的目標、外交的目標と均衡のとれたものであった。ここでは、軍隊は先導的に活動するというよりもこれらの目標を向上させる働きをするものとしての役割を務めることが多かった。軍事的目標は、それが軍事的に可能だからというだけの理由で選ぶべきではなく、政治的な目的や狙いを達成するのにどの程度役立つかで選ぶべきであって、これは非常に重要なことである。「何とかしなければ」と考える人たちにはよくあることだが、活動していることと成果を上げることを混同するような間違いは避けなくてはいけない。望ましくない状況に対して、何らかの対応が明らかに必要だからとか、そうすることは可能だからという理由で「何か」をすることが望ましい成果を上げることはめったにない。そして、人的にも物的にも多大な犠牲を招くことになる可能性の方が高い。

戦略的目標を選択したら、戦略家は自分が自由に使えるすべての軍事力のなかから軍事的手段を選別確保し、当該目標達成のために用いられる方法を大まかな条件のなかで承認せねばならない。そして、大事なことは命令するのではなくて承認するのだということである。現代の環境における戦略家とは、自ら目標を達成する指揮官ではないからであり、かつて自ら計画を立案しそれを戦場で実行したナポレオンやモルトケとは違うからである。今問題にしている戦略家とは、参謀本部の上席に座り戦場にいる指揮官たち——多くの場合その国籍はさまざまである——と連絡をとっている現代の戦略指揮官のことだ。最終的には、いつものことであるが、目標と方法と手段とは軍事戦略レベルにおいて均衡のとれた形になっていなければならない。それも、さまざまな軍事的目標に優先順位をつけたうえでのことである。というのも、これらの決定は戦域における指揮官が決断をくだすときの背景を提供するからである。

〈紛争〉や〈対立〉が続いているあいだは、政治レベルと戦略レベルとのあいだの関係はつねに密でなければならない。それは、全体的な目的や狙いが達成されるまでは中断されることのない継続的議論が熱心に行われるほどにまで密でなければならないのである。政治的考慮は戦略の背景となり、〈紛争〉が続いているあいだはつねにそうでなくてはならない。軍事的検討と軍事行動はつねに政治的目的の枠内で行われ、これに貢献するものでなければならない。また、あらゆる政治的考慮と調和しなければならない。なぜなら、これらのことこそが国民を三位一体のなかに引き留めるものであり、〈紛争〉の遂行を可能とするものだからである。どんなに小さな軍事行動においても、国家と国民はつねにはっきりと見えていなければならない。特に民主主義国家の場合、この協調がなければ政治的意志は継続しないだろう。さらに、国民が自分たちは直接脅威にさらされていると認識すればするほど、国民は自分たちの生命を守り生き残りをはかるという名のもとに個人の利益を二の次にして国家に協力するだろう。そして、国家はより多くの貢献を国民に求めることができるようになる。国民を守ることは国家のもっとも重要な政治的義務であり、それを果たすことによって国家はその統治権を主張できるのである。実際、第二次世界大戦中ほとんどの国がそうだった。最近では九・一一テロ攻撃を受けて愛国者法（反テロ法）が成立したアメリカにおいて明白である。愛国者法はある程度公民権を侵害すると考えられているが、それにもかかわらず上下両院で可決され、さらなるテロ攻撃の脅威に怯えるアメリカ国民におおむね妥当とみなされている。

脅威に対する恐怖感と国家の干渉を受け入れることとのあいだのこのような関連がわかってしまえば、国家や政治的指導者が国民に対する支配力を手に入れることができるもっとも手っ取り早い方法の一つは、次のようなものだということになる。すなわち、国民に自分たちは脅かされているのだと思い込ませるか政治的指導者が国民を脅かすものをつくりだすかである。これまで見てきたように冷戦中のソ連がこの例だ。冷戦の抑止戦略を利用し、総力戦の負担を国民に強いていた。その後のアフガニスタン介入は、ソ連帝国が解体する原因となった。アフガニスタンはソ連国民にとって脅威となるようなものではあり得なかったからだ。すなわち、国民にはこの戦争を負担する必要は感じておらず、政府に対する自分たちの支持を撤回したのである。これに対して西側諸国は、核兵器に裏打ちされた防衛戦略によって国境を維持するという目的を達成するための軍事的手段を配置していた。しかし同時に、他の資源を経済的繁栄を達成するために割り当てることもできた。そうすることによって西側諸国はその軍事的努力に対する国民の支持を失わなかった。この軍事的努力は、西側諸国の軍事目的以外の達成したいと思っている目標と両立できたのである。

この例はもう一つの重要な点をはっきりと示している。それは、政治的目標と軍事的戦略的目標は同一ではないということである。この二つは決して同じものではない。軍事的戦略的目標が軍事力により達成されるのに対して、政治的目標は軍事的成功の結果として達成される。例えば、一九七三年にエジプトがイスラエルに対して攻撃を開始した際（第四次中東戦争）、サダト大統領の政治的目標はシナイ半島をエジプトへ返還するという交渉の席にイスラエルを強制的に着かせることだった。しかし、エジプト軍の軍事的目標は、イスラエルに圧力をかけるべくスエズ運河を横断しイスラエル領内に少しばかりの占領地を確保するというものだった。軍事的目標は政治的目標という背景の枠内にしっかりと収まっていたが、政治的目標とはまったく異なるものであった。ヘンリー・キッシンジャーはこの問題をよく考えていた。

実のところ、事前に誰も理解していなかったのは、この人物の胸の内だった。サダトが目指したのは領土の獲得ではなく、冷ややかな態度をとっているイスラエルの姿勢を変えるような危機をつくりだすことだった。そして、この危機によってイスラエルが交渉を始めることに同意することを目指していた。……開戦時に政治的目標をかくも明確に認識している政治家はまれである。……サダトの戦略の大胆さは、誰も想像できぬことを目標として立案した点にある。これこそ、アラブ側が奇襲に成功した主な理由であった。……実際、サダトは敵を麻痺状態に陥れたのだが、敵は自分たちの予断によってそうなったのである。

ここで取り上げた例は、軍事的行動が政治的目的という背景の枠のなかで行われただけでなく、相手側の考えを変えるために〈紛争〉を積極的に始めることによって〈対立〉を解消しようとする政治家の姿を示すものである。これは、《国家間戦争》と新しいパラダイムにおける大きな戦闘とのあいだの違いを明確に示す例でもある。サダトの目標は、敵を軍事的に徹底的に打ち負かすことにより政治的問題を解決することではなく、むしろ武力行使を通じて問題解決に向けて交渉を有利に進めるための政治的環境をつくることだった。そして、そこで行われた戦闘は、見た目には現代の《国家間戦争》の様相を呈してはいたが、本当のところ継続することができないものであった。というのも、そこで使用されていた兵器の製造ラインがすべての当事国、すなわち直接の交戦国、それぞれの後ろ盾であるソ連、アメリカのいずれにおいても、存在していなかったからである。

軍事的成功を政治的優位に変換できるか否かに直接影響を及ぼすのは、軍事的成功を達成した方法である。民間人を標的にした爆撃により軍事的成功が達成されていれば、国内的にも国際的にも強い反発を招き、軍事的成功を政治的資産に変えるのは容易ではないだろう。これから見ていくが、ヴェトナムにおけるアメリカの経験はある程度この現実を反映している。技術的にはアメリカが勝っていたが、勝利を達成したやり方は国内においても国際的にも莫大な政治的コストがかかり、せっかくの勝利の利益もそのコストにより帳消しになった。

最後に言っておくが、政治レベルと戦略レベルにおけるこうした特徴を列挙することによって、あらゆる側面が明確にされ細部にわたってうまく機能するような何らかの「壮大な計画」が浮かび上がってくると言っているわけではない。むしろ、この二つのレベルのあいだの関係は、目標、すなわち望んでいる成果、についての大まかな条件のもとでの単純な表現を生み出すようなものであるべきなのだ。つまり、その目標に対する手段の配分に関する提案や遂行されようとしている危険を伴う行動の方法についての一般的な考え方の説明などである。もし、その目標がいろいろなやり方に沿ったさまざまな段階を経て達成されようとしているのであれば、その提案のなかには、それらのあいだの優先順位や順序も含むべきである。単純にあらゆる領域の手段を同時に送り込めば、たとえ目標のすべてがうまくかなえられたとしても、いろいろと辻褄の合わないことが生じてくるのは確実である。というのも、例えば、二次的目標が主目標に先んじて達成されてしまうとか、主目標達成のための資源を使って達成されてしまうというようなことがあれば、狙っていた政治的成果をこの作戦行動から得るのは難しくなるからである。さらに言えば、これらの政治的決定と戦略的決定は、〈対立〉や〈紛争〉という敵対的環境のなかで物事が展開していくのにつれて再検討されるだろうし、また、そうされなければならない。危険が認識されれば、全体的な軍事行動に然るべき配慮をすることなく局所的な変更や具体的な変更が行われるのはつねのことである。全体的な目標をいつも心に留めておくことによってのみ、適切な調整がなされ得る。

ここまで私は、政治機構と軍部が明確に区分できる、国家に関する政治レベルと軍事レベルのあいだの関係を扱ってきた。しかし、この分析的な検討は、国家間のものであろうとなかろうと、あらゆる〈対立〉や〈紛争〉に当てはまる。ただし、一人ないし数人が関与する純粋に犯罪的なものを除いてのことだ。政策と戦略を分かつ境界線は不鮮明かもしれない。実際、思考や判断はすべて一人の人間の頭のなかでなされているのだから。しかし、これらの思考や意図を理解する最善の方法は、それらを政治的なものと戦略的なものにわけ、戦略的なものが政治的なものの枠内にあるかどうかを確認することである。これをもとにすれば、計画を立案しその計画を効果的に実行することはつねに可能であり、使われるどんな軍事力に対しても効用をもたせることができる。

付表——軍事力の均衡　1961 ～ 1991 年

1962 年初頭におけるいくつかの戦略的軍事力についての数量比較

区分	西側同盟諸国（NATO、西側同盟国、アメリカとの条約国を含む）	共産圏（ワルシャワ条約加盟国、中国、北朝鮮、北ヴェトナムを含む）
大陸間弾道ミサイル	63	50
中距離弾道ミサイル	186	200
長距離爆撃機	600	190
中距離爆撃機	2,200	1,100
航空母艦	58	–
原子力潜水艦	22	2
通常型潜水艦	266	480
巡洋艦	67	25
動員された兵員数	8,195,253	7,994,300
	NATO	ワルシャワ条約加盟国
全兵員数	6,061,013	4,790,300

以下は『ミリタリー・バランス』（1961〜2）という重要なテキストから抜粋してまとめたものである。このテキストは統計的資料としてよりもひとつの報告として出されたものである。比較する道具として、きちんとした一覧表ほどの説得力はないが、以下のような事柄についての推定値は与えてくれている。

ソ連

地上兵力
兵員　2,500,000
現役の正規師団 160 個。戦時編制の歩兵師団は兵員 12,000 からなり、機甲師団は兵員 10,500 に加えて、支援砲兵部隊と対空部隊から成る。現役師団の大部分は機甲師団もしくは機械化師団である。
動員可能兵員数――7,000,000

空挺部隊　9 個師団で構成され兵員数 100,000
戦車　前線用に 20,000 両と第二戦線用に 15,000 両

海上兵力
兵員数 500,000
海軍の総トン数――1,600,000
潜水艦――430
巡洋艦――25
駆逐艦――130
その他の艦艇――2,500,000

ワルシャワ条約加盟国

68 個正規師団を召集できるものと推定されている。
戦時体制にある総兵員数 990,300
準軍隊に所属する人員数 360,000
衛星国空軍――2,900 機（80% がジェット戦闘機）

北朝鮮

総兵員数　338,000

北ヴェトナム

総兵員数 266,000

ヨーロッパ戦域用の長距離核兵器、中距離核兵器（1979～80）

	NATO	ワルシャワ条約加盟国
弾道ミサイル	326	1,213
航空機	1,679	4,151
アメリカの中心的システム（ポセイドン）	40	–
合計	2,045	5,364
利用可能と推定される弾頭	1,065	2,244

ヨーロッパで臨戦体制にある戦車と戦術航空機（1979～80）

	NATO	ワルシャワ条約加盟国
戦闘戦車	11,000	27,200
戦術航空機	3,300	5,795

ヨーロッパ戦域で、動員なしで利用できる地上部隊と利用可能な増援組織（1979～80）

	NATO	ワルシャワ条約加盟国
利用可能な地上部隊（師団換算）	64(*)	68
利用可能な増援部隊	52 2/3	115 1/3

＊これらの数値には、イギリス、フランス、ポルトガルの地上部隊は含まれていない。

ＮＡＴＯとワルシャワ条約加盟国の軍隊（単位 1000 人）（1979 ～ 80）

	NATO	ワルシャワ条約加盟国
陸軍	2,016.2	2,617
海軍	1,056.5	492
空軍	1,103.9	729
全兵力	4,176.6	3,838
推定される予備役兵力	4,278.1	7,145

地上部隊――大西洋からウラル山脈の間に存在する軍事力（1990 ～ 91）

	NATO	ワルシャワ条約加盟国
兵員	2,896,200	2,905,700
現役師団	93	103
予備師団	36	100
全師団	129	203

＊軍務についている（海兵隊を含むが、海軍部隊は除く）全兵員

戦車および戦闘用航空機――大西洋からウラル山脈の間に存在する軍事力（1990 ～ 91）

	NATO	ワルシャワ条約加盟国
戦闘戦車	23,022	51,714
戦闘用航空機	4,884	6,206

アメリカとソ連の戦略核戦力（1990～91）

	アメリカ	ソ連
弾道ミサイル総計	1,624	2,322
爆撃機総計	306	185
弾頭総計	9,680	10,996

海上戦力（1990～91）

	NATO	ワルシャワ条約加盟国
潜水艦	227	254
航空母艦	20	5
戦艦／巡洋艦	51	43
駆逐艦／フリゲート艦	392	202
水陸両用戦艦艇	102	111
海軍航空機	1207	569

第六章　将来性

新しい道を探る

主としてイギリスとフランスによるものであるが、両国の植民地帝国からの撤退を背景として、冷戦という対立期間中にこれと並行して紛争が噴出した。そして、これまで見てきたように、これらの紛争は冷戦の背景となる状況の枠内にしっかりと収まっていた。これはまず第一に、これらの紛争が、冷戦と同時に発生したからである。第二に、これらの紛争が、冷戦用に準備されたのと同じ軍隊で戦われたからである。例えば、イギリス、アメリカ、フランスは、それぞれマラヤ、ヴェトナム、アルジェリアで紛争当事国となったが、冷戦の一環として編成された《国家間戦争》用の軍隊である常備軍のなかから部隊を抽出して、冷戦とは性質の異なる軍事作戦に適合させていた。そして第三に、東西両陣営は実際の衝突を避けつつ自分たちの勢力をさらに拡張しようとしていたため、これらの紛争と冷戦という対立のあいだには多くの場合隠された政治的つながりが存在していたからである。したがって、こうした冷戦に並行して行われていた紛争は代理戦争としての役割を果たす場合もあった。両超大国のヘゲモニーに対する嫌悪や不信は、民主主義指向の大衆政治運動あるいは地下共産主義支持活動のどちらかに吸収されていった。それらはいずれも対立する陣営の一方に受け入れられ、局地的な紛争は実際よりもはるかに大きな意味を帯びていた。前章では、朝鮮戦争とマラヤ軍事作戦のなかにおけるこの仕組みに注目した。

前者はイギリスが植民地帝国から撤退中に、後者は撤退後に起きたものである。そして、フランスのインドシナ半島からの撤退にはヴェトナム戦争につながる種が内在していた。これは第二次世界大戦以降最悪の紛争にアメリカを巻き込んだ――そしてアルジェリアからの撤退（アルジェリアは一九六二年に独立）はフランス政府とフランス軍部とのあいだの〈対立〉を招き、この対立はフランスを危機に陥れた。これらは《人間《じんかん》戦争》という紛争が初めて明確な形になったものであった。しかし、フランス軍部はアルジェリア戦争（一九四五～六二年にかけて行われたアルジェルアの独立戦争）は本書がいうところの〈紛争〉とは異なるものだと考えていたし、その一方でインドシナ半島・ヴェトナムにおける戦争は《国家間戦争》の概念の枠内で戦われた。

すでに述べたように、こうした紛争における敵対者はさまざまであった――非国家で、軽武装で、イデオロギー的色彩が濃かった。敵たちは、《国家間戦争》とは正反対な昔に逆戻りしたような戦術をとったのであるが、その戦術は昔に比べてはるかに進歩していた。そうした戦術とそれへのアメリカ軍やフランス軍の対応を理解するためには、〈密度《デンシティ》〉という専門用語の基本的な意味合いを調べておく必要がある。というのも、そうすることによって、我々は、現代の戦場において全体的な規模で働いている力学を理解できるようになるからである。これは、インドシナ半島やアルジェリアにおける戦域の広がりを考える時に重要である。第一部においてナポレオンやウェリントンに関係して大量の火力に対比するものとしての大量の兵員数という戦術的問題を論じたが、〈密度〉はこれらの延長線上にある現代版である。例えば、兵士たちが棍棒のみを手に交戦している戦場を想像してもらいたい。兵士一〇人の側が、兵士五人の側に攻めかかっている。その他の条件はすべて同じだとすると、一〇人の側が五人の側を打ち負かすだろう。兵員数の多い側は大きな軍事力密度をもっているからだ。ここで、兵員数の少ない側が塹壕のような障害物の陰に位置したとしよう。これによって、兵員数の多い側は、仲間が塹壕を出て向こう側へ行くのを支援する等のために、一〇人全員が同時に戦闘に入ることが難しくなる。この場合、兵員数の少ない側が一対一の戦いをすばやく終わらせる迅速さと敵に倍する以上の忍耐力をもち、その障害物も充分大きくて防御態勢をうまくとれるほどまでに敵の接近を遅らせることができれば、兵員数の少ない側が勝利するかもしれない。この状況の場合、兵員数の少ない側は自分たちに役立つ障害物を用意することにより、自分たちの軍事力密度が敵よりも小さいという不利な条件を有利とまではいかなくとも対等程度のものに変えたのである。しかし、障害物にぶつかるという可能性に直面した攻撃側の指揮官は、自分たちが障害物を横切る際、防御側を負傷させ混乱させ、またこちらに対して兵士を集結させるのを遅らせるべく、部下数人に障害物の手前にとどまり防者めがけて石を投げる任務を課す決断をするかもしれない。投石兵の数と棍棒を手にした兵士の数とのあいだに適切な均衡がとれており、投石者たちは防御者たちを確認できこれに石を命中させることができ、投石レートを正確に維持するだけの腕が投石兵たちにあり、手頃な重さの石が充分にある――兵站の重要性のもう一つの明確な例である――とすれば、攻撃側は障害物に対して充分な軍事力密度を達成し、兵員数の少ない側を打ち破ることができるかもしれない。

このように、〈密度〉は単に展開される兵力規模の尺度ではなく、射程内の標的に対して行使される軍事力の尺度である。サッカーやラグビー、アメリカンフットボールなど世間で人気のある敵対的な球技においてはいずれもこの〈密度〉という言葉で理解されるだろう。というのも、どちらの側も、競技者たちのなかの一人が相手側の防御を突破し得点できる状況をつくろうとするからだ。明確に規定された場所（競技場）において一時間かそこらでこれを達成することの複雑さこそがこのゲームを面白くしているのだ。戦場、特に現代の戦場は非常に複雑である。産業革命前の戦場も明確に規定されていたが、そこでイギリス軍の歩兵方陣が数のうえで優勢だった騎兵攻撃を打ち破ったのは、歩兵方陣が軍事力としてより大きな密度を達成していたからだ。騎兵は、手にしている槍なり剣が届く範囲においてのみ威力をもつが、マスケット銃を手にした歩兵の威力は五〇メートル先まで及んだ。しかし、騎兵は、歩兵が再装填しているあいだにこの五〇メートルを詰めることができるので、騎兵が二人いれば歩兵を一人打ち負かせる。しかし、歩兵を三列横隊か四列横隊の方陣に密集させれば、各横列ごとの一斉射撃を順番に続け、騎兵が五〇メートル進むあいだに三発から四発の射撃速度を達成できる。そのうえ、歩兵の陣立ては、密集方陣隊形をとっていたので、騎兵からの攻撃標的としての大きさは三分の一から四分の一程度に小さくなっていた。したがって、騎兵が何とかしてこの方陣までたどり着けたとしても、槍や剣で歩兵と交戦できる騎兵の数は少数にかぎられていた。その一方で、密集したままで動きまわることのない方陣隊形は砲撃には無力であった。だから、ウェリントンは、敵の砲兵に対して丘の反対側斜面に自軍の歩兵を陣取らせようといつも腐心していたのである。

戦闘は状況に支配される出来事であるという格言を頭の片隅に入れておくと、〈密度〉は特定の状況において、双方が行使する軍事力の比（率）であるという見方もできる。しかし、双方は自由に状況を変えることができる――それにより〈密度〉も変わる。密度は敵と状況との関連でのみ測定できるからだ。その好例は、朝鮮戦争に関する議論のなかで明白に示されている。すなわち、中国軍が鴨緑江《ヤール》を渡って進撃を開始し国連軍を三八度線より南に押し戻した際のことである。中国軍は国連軍よりも大きな軍事力密度を達成していた。中国軍は大規模兵力で幅広い前線で押し寄せ、また大量の死傷者を覚悟していた。国連軍は北への急進撃のせいで補給線が伸びきっており、前線の主要な作戦軸に沿って防御するのがやっとだった。そうした防御陣地は枝道から徒歩で移動する中国軍にまたたくまに包囲された。さらに国連軍は、中国軍が浸透してくる経路を突き止めることができなかった。たとえ突き止められたとしても、これを攻撃し停止させるための適切な武器を備えていなかった。国連軍がそれまでの成果を手放し、朝鮮半島の幅が充分狭くなったところまで後退したところで〈密度〉が中国軍と同等になり、ようやく中国軍の優位が薄れた。マッカーサーにとって手近にある軍隊と、その増強のために求めることができる軍事力の科学技術的な補強を使って味方により大きな〈密度〉をもたらすこと――しかもこれまでに獲得した物を譲ることもなく――ができる唯一の方法は、中国領内奥深くを攻撃することであった。しかし、この方法をとった場合に生ずる結果は政治的見地から容認できないものであった。こうしたことから国連軍の空軍力と核兵器の出番はなく、効用を欠いていた。そして、政治的に望まれる結果、すなわち目的もこの方針に沿って修正されたのである。

〈密度〉について検討するなかで、私はこれと密接に関係するもう一つの重要な点について触れた。技術革新と戦術上の革新である。私が用いた例は、双方が自分たちに有利になるように軍事力の〈密度〉を変えるための新たな兵器なり戦術を探していることを明白にしている。障害物を利用する、方陣を利用する、石で火力を支援する、砲兵隊の破壊的な火力を利用する、丘の反対側斜面に身を隠す等である。イギリスの軍事理論家ジョン・フラー将軍は、「不断の戦術的要素」について書き、この相互作用を説明している。あらゆる技術革新はいずれ適切な戦術の採用により効力を失い、そしてその戦術から今度は別な技術革新を要求する芽が出てくるのだ。昨今の戦場において状況ははるかに複雑である。昨今の戦場は昔に比べて非常に広く、人々のなかにも入り込んでおり、また技術革新が幅をきかせている。二〇〇一年の九・一一テロ事件では、旅客機をハイジャックして巡航ミサイル代わりにしたし、あるいはイラクにおいては、携帯電話の呼び出しで作動する砲弾を路傍に置いて地雷代わりにしたがこうした新奇なやり方、そして、こうした新機軸に対する技術的対応、戦術的対応という連鎖こそがまさにフラーのいう「不断の戦術的要素」というものだ。実際、これらの例を見ると、このフラーの言葉は今や二様に重要な意味をもっていることがわかる。そして、すべての指揮官に対する、まだ不確定ではあるが別の新しい技術的な解決策が出てくるだろうという警告と捉えるべきなのである。すなわち、技術的な新機軸を受け入れ、戦術的に活用することに問題はないのであるが、その技術へ導いた創意を凌駕する戦術的創意が出てこないと考えてはならないし、その両者がつねに競い合っているのだということを忘れてはならない。

この〈密度〉の問題――そして、政治的実行可能性とは相容れない軍隊の効用の問題――はインドシナ半島におけるフランス、フランスが撤退したのちはアメリカの経験の基本をなすものだった。イギリス同様フランスも最終的には植民地帝国から撤退する以外ないと観念するにいたった。これは、第二次世界大戦後の国際状況の変化、植民地の不穏な空気、国力の低下などを受けての結果であった。観念するまでの過程は遅々として苦痛を伴うものであった。軍事的な観点から、フランスはインドシナ戦争を三つの異なる段階に分類する傾向がある。第一の段階は、一九四五年から四六年にかけてであり、完全な支配権の回復を目指した。次の三年間、フランス軍――深刻化する暴動を軽く見ていた――は局地的な植民地戦争で忙しくしていた。最終的に一九四九年以降、この戦争は新しい国際的な要素を含む大規模な紛争に発展した。ヴェトナムは冷戦のなかで両陣営の利害を賭けたものとなっていたのである。

一九四〇年に日本はインドシナへ侵入したが、ここは第二次世界大戦中のほとんどの期間、名目的にはナチスの傀儡政権であるヴィシー政権の支配下におかれる状態が続き、日本はその背後でインドシナを支配していた。一九四一年に世界各地で経験を積んだ共産主義革命家ホー・チ・ミンが帰国し、ヴェトナム独立同盟（「ヴェトミン」）を結成した。ヴェトナム独立を目指す抵抗運動《レジスタンス》に関わるすべての民族主義者のための包括的組織機構である。ヴェトミンは第二次世界大戦のあいだつねに日本軍に対して精力的に抵抗運動を繰り広げていたが、大戦が終結したらフランスの占領再開に抵抗して戦う準備も進めていた。一九四五年三月、日本軍が全インドシナを制圧したが、その支配が有効なのは、日本軍が集結していた南部のみであった。一九四五年七月のポツダム会談において連合国側は、インドシナにおける日本軍の降伏を受け入れる組織として、北緯一六度以北は中華民国軍（国民党軍）、以南はイギリス軍とすることで合意した。八月一三日、ヴェトミンはホー・チ・ミン指揮のもと民衆に革命蜂起を呼びかけ、八月一九日には北部の中心都市ハノイを占拠し、その後臨時ヴェトナム共和国の成立を宣言した。八月一七日には日本軍が、北緯一六度を境として北部で中華民国軍に、南部でイギリス軍に降伏した。イギリス軍はヴェトミンと戦う自由フランス軍を支援した。一九四五年九月二日、ホー・チ・ミンはハノイにおいて、ヴェトナム民主共和国の独立を宣言した。フランスではシャルル・ド・ゴールが早くも六月に、インドシナにおけるフランスの主権を回復するべく遠征軍団を編成し、ルクレール・ド・オートクロク将軍を指揮官に任命していた。しかし、遠征軍団を召集し輸送するには数カ月かかった。その結果、ヴェトミンとの対立は、一九四六年一二月まで軍事的な色彩よりも政治的な色彩が強いものとなった。この二年間、フランスとヴェトミンは交渉に交渉を重ねていた。双方とも相手を打ち負かすだけの兵力をもっていなかったからである。一九四五年一〇月に大規模なイギリスの遠征部隊に支えられ少数のフランス兵とともにサイゴンに到着したルクレールは、たちまち北緯一六度線より南の地域コーチシナに対してフランスの支配権を回復した。一九四六年二月には経済を立て直し、フランス軍は隣国のラオス、カンボジアにも浸透していた。

次の動きは軍事的駆け引きと政治的駆け引きの巧みな連携だった。インドシナに対するフランスの支配をふたたび主張するためには、トンキンと北アンナンを奪回する必要があった。この地域はいずれもヴェトミンが支配しており、フランス軍がヴェトミンを撃退するには兵力が少なすぎた。この問題の解決策は、双方に共通の利害を活用することにあった。すなわち、中華民国占領軍を追い払うことだった。彼らは解放者というよりも征服者のように振る舞っていた。ルクレールの計画は、一五万人の駐留軍を移動させるよう中華民国に圧力をかけること、ホー・チ・ミンと交渉すること、そして北ヴェトナム占領のためにフランス軍兵力を六万五〇〇〇に増強することの三点、その組み合わせにかかっていた。結局、ヴェトナムとの交渉は予備協定につながった。この協定でヴェトナム民主共和国は、フランス連合の枠内におけるインドシナ連邦のなかの自治国家として承認された。その代わりにホー・チ・ミンは撤退した中華民国軍に代わってフランス軍が北ヴェトナムに駐留することを認めた。その頃にはこの中華民国軍は、中国共産党軍に対抗するための増援部隊として非常に必要とされていた。一九四五年三月、ルクレールはフランス軍を率いてハノイに入り、その後トンキン全域に進駐した。

しかし、情勢はすぐに悪化した。パリではヴェトミンとの交渉がつまずいていた。渡仏したホー・チ・ミン（一九四五年六月）は四カ月にわたりヴェトナムの完全独立やヴェトナム統一についてフランス側と話し合ったが、何の保証も得られなかった。一方、サイゴンでは高等弁務官がコーチシナにヴェトナム民主共和国からの分離を望む人たちの傀儡国家を樹立させようとしていた。来たるべきフランスとの紛争を見据えてヴェトミンが備えを強化するなかルクレールが辞職した。ルクレールは、フランスがゲリラ戦争に向かって突き進んでいると警告を発したのだが、フランス政府はこれを無視することもできなかったし、これを無視したまま突き進む余裕もなかった。これは、政治的背景と軍事的戦略とのあいだが首尾一貫していないという格好の例であった。ヴェトミンとの対立に対するルクレールの戦域レベルでの解決策は、独立を達成しようとするヴェトミンの意欲と能力についての理解に基づいていたが、フランス政府の政策と戦略のなかに全体として収まっていなかったのである。この時点でもまだ、フランス政府は自分たちがその植民地を掌握していると見ており、独立を認めないという結果を交渉の席で獲得できると思い込んでいた。フランス側は首尾一貫していなかった。これに対してヴェトミンは、国民のなかにおける自分たちの政治的立場をそれまで以上に強固なものにするべくその交渉の期間を利用していた。そうすることによって、紛争が始まる前にクラウゼヴィッツの三位一体を強化していたのである。彼らの行動は首尾一貫していた。

ヴェトミン――交渉の場で目標を達成できなかった彼らは、テロという政治的手段に突き進んでいた――とのあいだで激しい衝突が繰り返された末一九四六年一一月、フランス軍はハイフォン港を爆撃し、フランス外人部隊の一〇〇〇人が北部に入った。ホー・チ・ミンと彼のヴェトミン軍は自分たちの聖域であるジャングルに撤退した。彼らは間もなくハノイのフランス軍に対して大規模な攻撃を開始し報復した。広大な山野を舞台とした植民地戦争という段階が始まっていた。フランス軍は時を移さず、中国との国境に近いヴェトナム北部にあるヴェトミン・ゲリラの拠点を次々に攻撃した。ヴェトミン軍の死傷率は非常に高かったが、ゲリラ兵の多くはフランス軍の前線の切れ目からこっそりと逃れた。フランス軍の攻撃頻度が増すにつれこのパターンができあがった。フランス軍の攻撃は局所的にはたいてい成功したが、ヴェトミン軍を撲滅するにはいたらなかった。

ヴェトミン軍は自分たちの聖域づくりと自分たちの戦争努力をまとめる組織づくりに重点をおいた。フランス軍を悩ませ自分たちの勢力範囲を広げるべくゲリラ作戦を強化し、また増大する部隊のために補給品や武器、医薬品、新兵を獲得しようと農民からの支援を基盤とする戦時経済を立ち上げた。この段階ではフランス軍、ヴェトミン軍双方とも相手を殲滅しようとは考えていなかった。むしろどちらも、国民にできるだけ近づき自分の方の和平案の利点を誇示するべく、軍事的に優位な立場を得ようとしていた。一九四七年に入る頃にはフランスは一種の独立を認める覚悟を決めていた。といっても、与える相手はヴェトミン軍ではなかった。フランスは、バオ・ダイ（一九四五年八月に退位していたヴェトナム・グエン朝第一三代皇帝）によって率いられる政府を立ち上げ、将来の政権を狙うヴェトミンの信用を壊そうとした。しかし、バオ・ダイは第二次世界大戦中、フランスに代わってインドシナを支配した日本軍にも同じように利用されており、バオ・ダイ政権が傀儡政権であることは明らかだった。バオ・ダイ政権には充分な独立は認められず、そのため支持者がほとんどいなかった。ヴェトミンは、完全独立という自分たちの政治的目的と目的達成を支えるための軍事的活動については明確な考えをもっていたが、彼らは自分たちが国民を説得しなければならないことを知っており、また国民から積極的な支持を得るためには時間がかかることを覚悟していた。というのも、ヴェトミンは相変わらず例の三位一体のすべてにおいて国民を必要としていたからだ。自分たちの軍隊に兵士を供給し自分たちの軍隊を支援するものとして、また、独立国家ヴェトナムの将来についての自分たちのイデオロギー的な考え方を支持するものとして国民を必要としていた。この目標に向かって、そしてフランスに対する戦い——増える一方の充分鍛え抜かれた軍隊を相手にするものであったが——を継続するべく、彼らはゲリラ作戦を遂行し、自分たちの政治的目的を達成するための時間を稼ぎ勢力範囲を拡大することを開始した。

一九四九年八月から五〇年一〇月にかけて、勢力均衡が変化し始め、フランス軍は次第に自分たちの軍事力の有効性と政治的立場が損なわれつつあることに気づくようになった。一九五〇年一月、中華人民共和国とソ連がホー・チ・ミンのヴェトナム民主共和国を承認した。中国はヴェトミンに軍事顧問を派遣し、自動火器や迫撃砲、榴弾砲、トラックなど近代的な兵器を供与するようになった。こうした新しい装備と軍事顧問の助けのおかげでヴェトミン軍の司令官であるヴォー・グエン・ザップ将軍は配下のゲリラ兵を正規軍部隊に変えることができた。一九五〇年末にはヴェトミン軍は戦闘地域に軽歩兵師団五個を展開していた。軽歩兵師団は巧みに交戦し、国境作戦（カオバン）中にはフランス軍の二個縦隊を殲滅した。これによりヴェトミンは中国との国境地帯を七五〇キロ以上にわたって掌握した。ヴェトミン軍は自分たちの聖域であるジャングルをすでに完全に支配しており、戦場では今やはっきりと定まった隊形で軍事行動をとっていた——彼らは毛沢東言うところの革命戦争の第三段階に入っていた。

中国が介入してきたことでこの紛争は徐々にではあるが確実に冷戦と並行した対立の一環となった。ソ連も中国同様北ヴェトナムを支援し、アメリカは南ヴェトナムを支援していた。一九五二年一〇月には、フランス側の戦費の七五パーセントはアメリカの援助で賄われていた。インドシナ戦争に対するアメリカの新たな財政的貢献を正当化するため、アイゼンハワー大統領は「ドミノ理論」を大いに利用した。ヴェトナムで共産主義が勝利を収めれば、周辺国がドミノ倒しのように次々と共産化していくという理論である。ドミノ理論は、深まる一方のアメリカのヴェトナムへの介入を擁護するために歴代の大統領やその補佐官たちに用いられた。

一九五三年にヴェトナム軍が全土でゲリラ作戦の強化に乗り出すと、フランス軍参謀本部は決定的な結果を求める決断をくだした。ヴェトミンの根拠地から遠く離れたヴェトナム北西部ディエン・ビエン・フーの盆地には小さな空軍基地があるのだが、それを守る強固な前哨基地をいくつもつくることがこの構想の中心になっていた。ディエン・ビエン・フーはヴェトミン軍にとって重要な複数のルートにまたがっており、ヴェトミン兵が逃げ込む聖域にも近かった。この難攻不落の空軍基地は、ザップ将軍にヴェトミン軍を集結させ、決戦に臨まざるを得ないようにするために建設された。一九五三年一一月、カストール作戦が開始されたが、フランス軍は敵の軍事力と戦術を甘く見過ぎていた。フランス軍の動きを知ったザップ将軍はフランス軍にとどめを刺すチャンスと考え、ただちにディエン・ビエン・フーに部隊と火砲を集中し始めた。ヴェトミン軍は、フランス軍陣地攻囲のために兵力を集中したのである。この集中は、ほとんどの場合夜中にジャングルの小道を強行軍することによって達成され、フランス軍に気づかれることはなかった。このような事態を示唆するような情報が入ってきても、フランス軍は自分たちが想定した状況に合致していないとして無視していた。ヴェトミン軍は中国軍から提供された野戦砲や高射砲、弾薬なども引きずるようにして運んでいた。火器はフランス軍基地を取り囲む丘に注意深く準備された地下陣地の中に隠され、夜中に一つずつ高い位置まで人力で引き上げられた。

一九五四年三月一三日、ヴェトミンの砲兵はフランスの火力が優位であるという神話を数時間で打ち砕いた。ザップの猛攻は唯一の滑走路を破壊するところから始まった。これによってフランス軍は物資の補給を危険を伴う輸送機からの落下傘投下に依存せざるを得なくなった。三月三一日から五月一日までのあいだに一万人近いフランス兵がディエン・ビエン・フーの凹地に閉じ込められ約四万五〇〇〇人のヴェトミン兵に包囲された。フランス空軍は基地防衛を支援できなかった。航空機の数が不足していたし、攻撃目標の位置も突き止められないし、さらに雲が低く垂れこめ視界の悪い状況で敵を攻撃する技術もなかった。そのような遠隔地での救援作戦を始めるために投入できる部隊はなかった。ザップは優位な兵力密度を獲得していた。手の打ちようのない状況に直面したフランス軍は、ワシントンに助けを求めた。アメリカ統合参謀本部はとりうる三つの軍事的選択肢を検討した。フランス軍救出のためアメリカ軍戦闘部隊を派遣する、B29爆撃機で原爆を使用しない大規模空爆を行う、戦術的核兵器を使用する。アイゼンハワー大統領は、イギリスが在来型の空爆および核兵器使用に反対する姿勢を表明したのを受けて、この選択肢を退けた。さらに、アメリカ軍は地上部隊の派遣についても非常に危険であるとの結論を出した。ディエン・ビエン・フー周辺のジャングルでは人的損耗率が高くなりそうだったためである。その結果、何の対策もとられなかった。ザップの優位は動かしがたいものだった。インドシナ問題を話し合うジュネーヴ会議開催まで八日となった五月一日、ザップはフランス軍陣地に最後の攻撃をかけた——これは戦略的対立を直接支援する軍事的行為の格好の例である。五月七日、フランス軍守備隊は降伏した。この降伏のあとになってしまったジュネーヴ会議（会議には英米仏ソ、中国、ヴェトナム民主共和国、カンボジア、ラオスの政府代表、バオ・ダイ政府の代表が参加）において列強は妥協に達し、ヴェトナムは北緯一七度線を境に暫定的に南北に分離し、一九五六年に総選挙を行うこととなった。

インドシナにおけるフランス軍の行動も〈対立〉が軍事的〈紛争〉に移行した例である。この軍事的紛争はほとんど戦術レベルで行われ、ときおり戦域レベルに拡大することもあった。しかし、一貫して政治的、イデオロギー的対立であった。冷戦という広範な対立に組み込まれたフランス軍は、政治的対立と軍事的紛争のいずれにおいても敗北した。フランス軍のある将軍に、あれは数個大隊の指揮を学んでいる准尉だと評されたことのあるザップは、《国家間戦争》のための訓練を受けていたフランス軍が劣っているとみなしたものを、卓越したものに変えてしまった。敵が逃げてしまったら敵を壊滅させられる兵器をもっていても何の役にも立たない。敵が姿を見せない場合、どうして敵を見つけ出せようか。敵が自分と同じように生活し、考え、組織化していなかったら、どうして敵を理解できようか。敵の兵站システムが自転車を基盤としたものだったら、どうして敵を追跡したり阻止できようか。一九六三年にザップはフランス人ジャーナリストのジュール・ロイに「フランスが敗北したのだとすれば、それは自分自身に敗れたのだ」と語っている。

フランス軍撤退後、ホー・チ・ミンはそれまで潜んでいたジャングルから八年ぶりにハノイに戻り、北ヴェトナム（ヴェトナム民主共和国）の支配権を正式に握った。南ヴェトナムでは、バオ・ダイがすぐに反共主義者のゴ・ディン・ジエムを首相に選んだ。アメリカはジエムならば共産主義を封じ込めるだろうと期待を寄せた。しかし、ジエムはヴェトナムの将来をめぐりインドシナ戦争よりもはるかに破壊的な戦争が遠からず勃発するだろうと見通す洞察力をもっていた。

カトリック教徒であるゴ・ディン・ジエムは、少数派のカトリック信者を支持基盤としていた。彼らの多くはフランスの支配下では重要な地位についていた。筋金入りの反共主義者であるジエムにアメリカは共感し、一九五五年一月にはアメリカから軍事援助の第一便がサイゴンに到着した。アメリカ軍は南ヴェトナム軍（ヴェトナム共和国軍）に訓練も施した。一方、モスクワを訪れたホー・チ・ミンはソ連からの支援受け入れに同意した。北ヴェトナムから約九〇万人が南ヴェトナムに逃れてきたが、そのほとんどはカトリック教徒であった。そのこととアメリカの支援は、ジエムに新しい自信を与えた。一九五六年にはジュネーヴ協定に基づく統一選挙を拒否し、代わりに南ヴェトナムの政治体制について問う国民投票を実施した——自分を大統領とするか、バオ・ダイ帝を選挙君主とするか。支持者が選挙結果を操作したためジエムはやすやすと勝利した。

権力の座に着くなりジエムはさまざまな反対派から強い抵抗を受けた。学生、知識人、仏教徒、その他現状に不満を抱く人々が結束して敵にまわった。ジエム政権は反政府勢力を弾圧するため国民に人気がなかったが、ジエムは共産主義の拡大を恐れるアメリカを利用して反革命的な体制を維持しようとした。アメリカの助けを借りて反政府勢力を厳しく取り締まり、アメリカ中央情報局（CIA）を利用して政府転覆を図る分子を突き止めた。ジエムは反体制分子を何千人も逮捕したが、農村部で強く求められていた土地改革に失敗し、たちまち南ヴェトナム国内でゲリラ作戦に直面した。ホー・チ・ミンが北ヴェトナムに建設したヴェトナム民主共和国（DRV）は南のヴェトナム共和国を武力で奪い取ろうとしている、とジエムは主張した。実際、ホー・チ・ミン政府は南ヴェトナム内で強い政治的圧力をかけ、また共産党を国家統一の手段として用い、ジエム政権を崩壊させようとしていた。

一九五九年一月、ゴ・ディン・ジエム政権を打倒するためには過激な暴力手段も辞さないことが、北ヴェトナムで開かれた共産党中央委員会で承認された。この決定によってサイゴン政府に反対の立場をとる南部の人々を動員するべく広域的な統一戦線が形成された。この統一戦線は、共産主義者、非共産主義者を問わずジエム政権に抵抗するすべての人々を、一つの包括的な組織にまとめた。一九六〇年一二月、南ヴェトナム解放民族戦線（NLF）――のちにワシントンはVietnamese communist（ヴェトナムの共産主義者）を軽蔑的に略して「ヴェトコン」（VC）と呼んだ――が組織された。

アメリカ大統領に就任したばかりのジョン・F・ケネディはジエムを支えるべく、南ヴェトナムに軍事顧問団を派遣したが、これ以降、アメリカは切れ目なく顧問団を送り込むことになる。国民に人気のないジエムに対するゲリラ戦争の範囲が拡大するにつれ、アメリカは南ヴェトナムに対して軍事援助を追加し、武装ヘリコプターを操縦士つきで派遣するなどした。機器、資金、顧問団を援助として注ぎ込んだものの、正規軍の派遣についてはこれまでどおり渋っていた。ワシントンとサイゴンは、マラヤでのイギリスの経験を実質的にというよりも形式的に真似たものに基づく対反乱作戦計画――戦略的ハムレット計画（戦略村計画）――を立てた。この計画はゲリラを支援から切り離すことを狙っていた。この目的を達成するべくアメリカの支援を受けた南ヴェトナム軍は、村民をヴェトコンの影響から守る要塞形式の村の構築に取りかかった。しかし、この仕事は莫大な労力を必要とするものであり、ジエム一派は強制労働に頼らざるを得ないことを意味していた。最初から、農民たちは自分たちの田畑から離れることを嫌がっていたし、ゲリラ攻撃に対する防御物のために熱心に働く気もなかった。彼らはゲリラ攻撃が自分たちではなく政府役人を狙ったものであることを知っていた。そのうえ、この農民たちはゲリラの聖域から引き離されて別の土地に移住させられ、その土地が自分のものになるということでもなかった。加えて、北ヴェトナムやヴェトコンが掌握している村々における農地改革のニュースは彼らによく知られていた。

一九六三年の夏にはジエム政権は崩壊寸前であった。政権の息の根を止めたのは僧侶に対する厳しい取り締まりだった。一〇人中九人が仏教徒であるヴェトナムで僧侶を抑圧したのだからその影響は甚大だった。サイゴンの大通りでは僧侶たちが公然の焼身自殺で対抗した。これに続く国際社会からの非難の声に驚いたワシントンは、ジエムが国民から乖離していると認めた。その結果として、ケネディ政権はＣＩＡが支援するクーデター計画を支持することにした。一九六三年一一月、ジエムは政権の座から下ろされ、暫定軍事政権に暗殺された。ジエムが殺害された時点でアメリカ軍はすでに一万六〇〇〇人を越える軍事顧問をヴェトナムに派遣していた。彼らは戦争が必ず来ると認識していた。

一九六四年八月二日、北ヴェトナム沿岸海域でアメリカと南ヴェトナムが監視行動を展開したのを受けて、北ヴェトナム軍はトンキン湾でアメリカ海軍の駆逐艦マドックスを攻撃した。ジョンソン政権はこの機会を逃さなかった。上下両院で、大統領に戦争を遂行する権限を与える決議が採択され、その後間もなく北ヴェトナムに対して空爆が開始された。ヴェトコンは報復として南ヴェトナムにあるアメリカ軍基地二カ所を攻撃した。その結果、一九六五年三月、ジョンソンは攻勢を強め北ヴェトナムに対する持続的爆撃を開始した。当初二カ月で終わる予定だったローリング・サンダー作戦（一九六五年二月一三日～六八年一一月まで）は三年間続くことになった。数日後にはアメリカから戦闘部隊が初めてヴェトナムに上陸し、三五六〇人の海兵隊員が軍事施設を防衛するべく展開した。

戦闘部隊を投入したことでアメリカの関与は劇的に変わり、ホー・チ・ミンとその顧問たちは戦略の練り直しを迫られた。北の戦略は北が戦場で南ヴェトナム軍を打ち負かし、それからヴェトナム再統一に取りかかるという前提に基づいていた。アメリカが兵力を配備したので、彼らは長期的な戦争戦略を立てた。その目標はもはや戦場で決定的勝利を収めるのではなく、敵の手による敗北を避け、敵が政治的勝利を得るのに不利な条件をつくるというものに変わった――要するに紛争ではなく対立に勝つということだった。というのも、アメリカは明確な戦略を欠いているように思われ、したがって軍事的膠着状態に直面すれば、ついには戦争にうんざりして交渉による決着を求めてくるだろうと読んでいたからである。

三年後、アメリカとその同盟国が泥沼にはまり込んでしまったという事実がはっきりしてきた。死傷者の数が増え、若い徴集兵がヴェトナムに向けて次々に出発するなか、政府は反戦抗議者たちからの猛烈な批判に直面した。抗議集会は当初大学のキャンパスや大都市で開催されていたが、一九六八年にはアメリカ全土が南北戦争以来の社会不安に陥ってしまった。戦争が泥沼にはまり込んだのにはいくつもの理由があった。何よりもまず、アメリカと北ヴェトナムがそれぞれに目標としていたものがまったく異なっていたということである。アメリカは自分たちに都合のいい政権を維持するべく、《国家間戦争》の論理どおり戦域レベルで決定的な交戦を求めていた。北は決定的な交戦を回避しようとするのに必死であったが、それと同時にアメリカ軍に莫大な損害と犠牲をもたらしていた。第二に、アメリカとその同盟国は、二種類の敵に直面していたということである。ヴェトコンのゲリラ部隊と北ヴェトナム陸軍(NVA)の正規部隊である。ヴェトコンのゲリラ部隊は南ヴェトナムの人たちで構成されており、南ヴェトナムを戦場としていた。NVAはゲリラ部隊の特徴を数多く備えていたが、本格的な戦闘のための訓練を受け装備をもっていた。第三に、北爆はNVAの単純な補給システムも北ヴェトナムの人たちの戦争継続意志も破壊できなかったということである。実際、今になってみると、北爆はアメリカ軍が狙っていたのとはまったく逆の効果をもたらしていた、あるいは、少なくとも北ヴェトナム政府が北爆をアメリカ軍の狙いとは逆の目的のために活用していたというある程度の証拠がある。南部でNVAが勢力を増すにつれて、アメリカはいよいよNVAを打ち破ることに全力を注ぐようになった。しかし、それにより南ヴェトナムの人たちはますますアメリカ軍から離れていき、ヴェトコンはますます力をつけ、南ヴェトナム政府軍の行動はたいていこの民衆の離反に貢献した。このように、アメリカが気に入っている政治体制を支持しようという南ヴェトナム国民の意志——これはアメリカがヴェトナムで戦うための必要な要素であった——はますます侵食されていったのである。同時に、南ヴェトナムの大義のために自分たちの息子を犠牲にし続けようというアメリカ国民の意志も早々に消滅しつつあった。結局、アメリカはヴェトナムの敵を一つにまとめている政府、国民、軍隊という三位一体を壊せなかった――それどころか自分たちの三位一体を危険にさらしてしまったのである。

一九六八年一月、ヴェトナム民主共和国軍とヴェトコンはテト攻勢において南部の大都市に対する共同攻撃を実施した。これはワシントンを交渉の席に引きずり出すために計画されたものだった。テト攻勢は北ヴェトナムに多大な犠牲をもたらすものとなった。約三万二〇〇〇人が殺され、約五八〇〇人が捕虜となった。しかし、テト攻勢はヴェトナム戦争の転換点ともなった。一九六八年三月、ジョンソン大統領は戦争を終結させるべく密かにハノイと交渉を開始した。しかし次の大統領に就任したリチャード・ニクソンは、交渉するのはまだ早いと判断した。そして「ヴェトナム化」戦略による戦争継続の道を選んだ。「ヴェトナム化」はアメリカの技術的優位を利用する一方で、アメリカ地上軍の介入の度合いを制限することを狙っていた。アメリカ軍の地上兵力は徐々に削減され、南ヴェトナム軍が取って代わった。一九六九年のピーク時には約五〇万人に達していた兵員数は一九七一年には三〇万人、一九七二年には一五万人にまで減った。その一方で空爆の回数は増え、ヴェトナム戦争は近隣諸国に拡大した。アメリカ軍と南ヴェトナム軍は一九七〇年から七一年にかけてヴェトコンの拠点を壊滅させ、また補給線を遮断するためラオス、カンボジアに侵攻した。

一九七二年末にパリで行われていた北ヴェトナム政府との交渉が不調に終わると、アメリカ軍の北爆はふたたび激しさを増した。北ヴェトナム側の大都市であるハノイやハイフォンに爆弾が投下されたが、こうした爆撃では所期の効果を上げられなかった。引き続きアメリカ地上軍の削減が進められたものの、こうしたやり方では南ヴェトナム情勢はほとんど変わらなかった。戦域レベルでの軍事力の行使が不充分であると判明したため、アメリカ軍は近隣諸国をさらに爆撃し、北側の戦争遂行能力、兵站能力を破壊しようとした。近隣の主権国家を攻撃することによってアメリカ軍と南ヴェトナム軍は、その軍事力を実質的に戦略レベルで行使したことになり、この紛争を拡大させてしまったのである。しかし、この拡大は失敗した。北ヴェトナムの単純な兵站線や産業基盤は、北爆の影響をあまり受けなかった。また、アメリカ軍は朝鮮戦争の際もそうだったが、原爆を投下するつもりもなければ北ヴェトナムに侵攻するつもりもなかった。そのうえ、こうした攻撃は国際的な世論の反発を招き、またアメリカ国内でも批判が高まった。一九七三年一月、アメリカはヴェトナム民主共和国との講和条約に調印し、アメリカ軍の撤退を開始した。しかしこのパリ和平協定によりヴェトナムでの紛争に終止符が打たれたわけではなく、南ヴェトナム軍はその後も二年間ヴェトコンと戦った。一九七五年四月三〇日にサイゴンが陥落し、第二次インドシナ戦争が終結した。

インドシナ戦争は長く苦しい戦いだった。ヴェトナムの人々は、第二次世界大戦中に日本が占領していた期間も含めると、三〇年にわたって交戦状態におかれていたことになる。軍事的な観点から見ればインドシナ戦争は、《国家間戦争》に対するアンチテーゼの枠内にある典型的なゲリラ戦争として、一九四五年に復活したフランスの植民地政府に対する抵抗運動から始まった。しかし、まずフランス軍、次いでアメリカ軍はこうした戦術に対して《国家間戦争》の戦術で対応し、ハルマゲドン的大決戦を戦うためにつくられた軍隊や航空機や装備を、比較的単純に組織され、決定的に単純な装備しかもたないヴェトナム軍を相手に用いた。そしてヴェトナム内部での政治的分裂が複雑になるにつれ、紛争も複雑になり、新しいパラダイムの例となった。というのも、西側諸国の軍隊は、自分たちが《国家間戦争》のパラダイムの枠内で、科学技術を駆使した戦争の真っ只中にいると考え、そのように行動していたのであるが、実際は《人間《じんかん》戦争》に巻き込まれていたからである。フランス軍とヴェトナム軍とのあいだで始まった植民地帝国の幕を下ろす〈対立〉は〈紛争〉に移行し、次いで冷戦というより大きな〈対立〉の一部となった。フランスが敗れてからは、この戦争はアメリカを巻き込み冷戦を破壊するものとなり、戦域レベルでの紛争に移行し、さらにはカンボジアやラオスを爆撃するという戦略レベルでの紛争へと拡大された。しかしながら、このすべての軍事活動のあいだずっとヴェトナムの人々——南ヴェトナムにおいては単に占領からの解放を求めている人々、北ヴェトナムにおいては共産主義体制を奉ずる人々——とのイデオロギー的・政治的な〈対立〉が続いていた。アメリカが最終的に敗北したのは、まさにこの点に関してであった。アメリカはヴェトナムの人々にいかなる代替案も提案しなかった。いろいろな機会にアメリカ軍は局地的な力くらべに勝利するべく軍事力密度を獲得し、そうするために自分たちの技術的優位を活用した——しかし、そうしているなかで彼らは意志の衝突で敗れた。北ヴェトナムはアメリカよりも弱い国であったのだが、意志の衝突において勝利を得るように軍事力を用いた。意志の衝突で勝利することにより、南ヴェトナムを解放し、二つにわかれている自分たちの国を一つにまとめ自分たちで統治する国家にするという戦略的目標を達成しようとしたのである。彼らの軍事力はアメリカよりもずっと大きな効用をもっていた。彼らは、自分たちの政治的目標を背景にした状況のなかで自分たちの軍事力をどのように行使すればよいのかを理解していたし、また、もっと下位のレベルにおいては、民衆が政治に興味をもち解放のための戦いを支援するようにもっていくには自分たちの軍事力をどのように使えばよいのかも知っていた。

ヴェトナム戦争から得た主要な教訓は、本書に出てくるあらゆる戦争、紛争から学ぶべき教訓と同じで、結果を予測するのは不可能な場合が多いというものだ。特に参戦している軍隊やその軍隊が保有する兵器を基にして予測するのは難しい。一八七〇年にフランス軍の方が軍隊として優れているとみなされていたが、指揮・統率が優れていたプロイセン軍に打ち負かされた。これとは逆に一九一四年にドイツ軍は、ベルギー軍、フランス軍、イギリス軍を恐るるに足らずとみなしていた――紙のうえではそうだったかもしれない――が、気がつくと激しい抵抗に直面し、シュリーフェン・プランは失敗した。ドイツ軍の進撃は阻止され、四年後の敗北につながった。つまり、軍隊の強さというのは単なる数の問題、兵士や資材の数を数えるという問題ではない。軍事力を評価するというこの問題はつねに重要だが、二〇世紀が終わった今日において、より急を要し、そして難しい問題となった。というのも《国家間戦争》の頂点としての両世界大戦以降、紛争は明らかに非対称、あるいはひどく不釣り合いな二者のあいだで行われるようになってきている――科学技術を駆使して武装した産業国家・工業国家の軍隊に対して、往々にして充分な武器をもたない非国家主体が対抗するという構図だ。しかし、効果をあげているのはたいていの場合後者である。あるいはたとえ負けても、その敗北を勝者側の政治的失敗へ転化しているのだ。先ほど述べたようにフランス軍、アメリカ軍はいずれも北ヴェトナムが戦場に送り込んだ部隊よりも優勢と考えられていたが、最後はどちらも敗北した。それにもかかわらず、我々は相変わらず従来型の軍隊の方が優れていて強いと考えがちだ。それは、主として、軍隊の強さについての主観的な確信を必要とするからであり、特に紛争に突入する際にはそうである。多くの点でこれはまさに第一次世界大戦以前の世間や軍人社会で一般的だった思考傾向である。当時は、兵士の数や科学技術、工業・産業は軍事力が優勢である証になると考えられていた。そのような判断は当時も役に立たなかったし、今も間違いである。

それでも我々はつい相互の軍事力を評価してしまう。戦闘開始前に自分たちが何を持っているのか、敵が何を持っているのか、目標を達成するために充分なものを持っているか否かを知ろうとする。両陣営の兵員、艦船、戦車、航空機の数を数えて潜在的な軍事力を見積もる傾向があるし、また双方が保有する兵器目録を比較して、力の均衡を見積もる。数量化は必ずしも非論理的な評価手法ではない。客観的尺度は他にほとんどないのだから。しかし、手持ちの兵力の比較をすると過度に単純な判断を最初にしてしまうことになりかねない。同じように、戦闘中なり戦闘後に軍事力を行使した効果を見積もるのも不可能に近いのだが、両陣営の死傷者数や破壊された装備数を数えて見積もってしまいがちだ。もしこれが正直になされていれば――死傷者や破壊された装備は敵が最初にもっていた戦力の一部であり、敵が最初にどれだけの戦力をもっていたかがわかれば――このデータは自分たちの局所的・戦術的成功度についてのよい尺度になり得る。しかし、敵の兵力に対して投入する兵力あるいは敵の攻撃を食い止めるための兵力としてどの程度のものが全体として必要となるのかについては、そのようなデータはほとんど役に立たない。言い換えれば、当方が準備すべき軍隊の真の戦闘能力を試算するには、単に兵力・装備だけでの彼我の比較だけでは駄目なのである。そして、最も重要なことはお互いが想像力を有し、兵員・武器等の資源で支えられ、なかでも勝利しようとする意志を備えた絶えず変化する組織体であることを考慮することである。もう一度繰り返すが、こういった試算は決して完全ではあり得ない。爆弾の爆発力は計算され得るかもしれないが、それを使う軍隊の力というものは状況ごとに違ってくるものだ。

したがって、基本的には何にでも通用する軍隊というものはないのだから、軍隊の強さとか力についての絶対的な尺度も存在しないのである。その理由として、まず第一の問題点は、いかに高度な科学技術を持っていても最終的に軍隊の強さとか力は人間にかかっているということだ。兵器を搭載する航空機、艦艇、車両を操縦し、兵器システムや個別の兵器を操作するのは生身の人間であり、彼らを指揮するのも生身の人間である。だから軍隊は、心身と意志を備えた有機的集団なのだ。兵士や兵器、装備の数を数えることはできる。しかし、それは軍隊の利用可能な力についての参考資料にしかならず、その軍隊の真の力を教えてくれるものではない。そして、そのことは以下に述べる第二の問題点に由来するものである。これこそまさに明白で潜在的な対立から生ずる敵対的活動としての戦闘の性質そのものなのだ。潜在的な敵——特定の活動に関わっていない対立国の常備軍のようなもの——であれ、本物の敵であれ、自分たちに敵対する相手はつねに存在している。だから、軍隊の強さとか力についての尺度は敵対している相手との比較のなかにあるのがつねであり、絶対的なものでは決してあり得ないし、その軍隊に固有のものでもない。あるいは、フランスの哲学者ミシェル・フーコーが『監獄の誕生』のなかで述べているように、力とは相手との相互関係で決まるものであって固有のものではない。軍隊の力は、三つの関連する要素で構成されている。第一に手段であり、これは兵士と物資に他ならない。第二にその兵士と物資が活用される方法であり、用兵の原則、組織の編成、作戦の目的などがこれにあたる。第三の要素は逆境のなかでこれらを維持する意志である。軍隊の真の潜在能力は、この三つの組み合わせのなかにある。軍隊の全般的な能力は、数値的に評価されるというものではなくおよそのところが値踏みされるということだ。しかし、前述した二つの理由により、それは厳密な科学ではない。

本書の第一部でクラウゼヴィッツについて議論したが、彼が力くらべや意志の衝突を二つの基本的要素として定義した時に、戦争における力について熟考し、それは実質的には彼我の関係によって定まるものと考えていることを知った。しかしながら以下の引用はこの問題に関してさらに解明の手掛かりになるものを提供している。

我々が敵を打倒しようとするならば、我々の努力を敵の抵抗力に応じたものにしていかねばならない。これは現有する手段と意志力の強さという分離できない二つの要因の積によって表現される。現有する手段の量は、(すべてではないが) 数値に基づいているので、その大きさは算定できる。しかし、意志力の強さは測定が困難であり、ただ動機の強さによっていくらかは見積もることができるだけである。(第一章第五節)

このように、戦いにおける双方の力関係はそれぞれの現有する手段とそれぞれの意志力とを合わせたものによって決まる。しかしながら、私から見ると、考慮されていない要素が存在する。それは、現有する手段が敵と対照的に用いられる方法であり、そして、現有する手段をそのような方法で使う意志があるかどうかということだ。敵を打ち負かすように自分の軍隊と自分がもつ手段を自分が仕える政治的指導者の意志の枠内で行使する方法を考え出すのは軍司令官の仕事である。クラウゼヴィッツも述べているように力くらべは実際、対決する双方の数の問題であり、双方が所有する兵力や兵器の総量が試される問題である。しかしダヴィデとゴリアテの話からわかるように、現有する手段の量や規模や動的力の比較だけでは不充分だ。重要なものは、それらの手段が敵との関係でどのように用いられるかという方法だ。だから力くらべにおける軍隊の潜在的な力は、現有する兵器や兵員——手段——とそれらをいかにして用いるか、つまり方法との積として理解できる。

これは意志力の衝突についてもほぼ当てはまる。勝とうとする意志は、どんな戦闘においても何よりも重要な要素である。軍隊を編成し維持し、何があろうと目標達成に向けてその軍隊を指揮する政治的意志と指導力がなければ、強い意志をもつ敵に直面した時にその軍隊は勝つことはできない。戦場では、この意志を士気、すなわち逆境にあって勝利を収める精神と呼んでいる——これはきわめて重要なものだ。政治レベルと戦略レベルにおいては、戦争が狙っているものは、その戦争の政治的目的と戦略的目標の観点から決まるものであり、それが最高の戦利品である。しかし、戦術的戦闘の舞台に入ってしまうとこういった目標は遠くにかすみ直接は関係のないもののように見える。戦闘においては兵士たちは自分が殺される前に相手を殺すべく、そして自分たちの命を捨てても惜しくないと考える目標のために戦う。そうした目標は人種とか宗教、名誉、連隊あるいは集団などきわめて情緒的で抽象的なものになる場合が多い。例えば、第一次世界大戦中、西部戦線で塹壕の中にいた兵士たちの生活は外界から完全に切り離されており、兵士たちの仲間意識が気力・体力の維持に非常に役立つ要素の一つだった。多くの戦闘において、負傷した仲間を助けようと兵士たちを駆り立て、あるいは戦闘を続けさせたのはこの仲間意識だった。戦場における逆境のなかで敵を前にして勝つという意志が、いわゆる士気と呼ばれるものだ。そしてそれは、まず第一に指揮・統率、規律、友愛、自尊心の産物である。高い士気は戦闘に勝利する軍隊の必要条件である。政治的意志を引き起こした動機と軍隊の士気を高めている動機とのあいだに違いが見られるのであれば、そして政治的目標と兵士たちが実際に戦い死をも厭わないとしている目標とのあいだに違いが存在するのであれば、それらは戦略上での潜在的弱点である。もっと念入りに言うと、動機と目標をレベル間で揃えることができれば、それに越したことはないのである。私が記憶しているこの調整不足の明白な事例は、以下で議論するアルジェリア戦争（フランスの支配に対するアルジェリアの独立戦争。一九五四～六二年）である。外人部隊や空挺部隊《パラス》の士気や闘志は軒昂であった。しかし、フランス本国の人たちは自分たちがこれまでやってきた方法でこれらの部隊を使い続ける意志をなくしてしまった。フランス政府の政治的判断と現地軍部の士気は大きく異なり、ド・ゴール大統領はアルジェリアからのフランス撤退を決定し将軍たちが反逆するという事態にまでなった。

こうした記録を通じて、戦争で勝利を収めるために政治的意志がいかに重要な要素であるかを見てきた。勝とうという意志、危険を冒し費用を負担しようという意志、勝利による利を得ようという意志は測りしれない力をもっている。ナポレオンはこの点について「士気の力は肉体的な力の三倍の働きをする」と表現している。実際、軍隊の能力評価において、この要素を重視すべきである。しかし、手段や力くらべと同様、ここでも方法は重要である。軍隊を運用する方法の良否は、危険を冒し、苦しみに耐え、最後までもちこたえるための意志に直接影響を与える。そして、もう一度言うが、方法を決めるのは軍司令官の仕事である。彼は隷下の部隊や自分の上位にいる政治的指導者たちから、あいつは方法を知っていると信頼されていなければならない。このようにして、軍隊の能力の評価に必要な要素を分析し理解してきたので、最後に、軍隊の全体的な能力は、力くらべにおける能力と意志力の衝突における能力の積として、評価してみることができるだろう。すなわち、手段に方法の二乗をかけ、さらに意志の三倍をかけるのだ。数学好きの読者のために、次のような公式であらわしてみた。

能力＝手段×方法の二乗×三倍の意志

しかし、力は固有のものではなく相手との相互関係で決まるものだというフーコーの言葉を心に留めておかなければならない。つねに敵の軍隊の能力との関係において、自分の軍隊の能力を理解しておかなければならない。したがって、それぞれの軍隊の能力を評価し、それからその二つを比べなければならない。

私が数学的公式を用いているのは、軍隊の真の能力を判定することは単に軍隊が保有する兵器や兵員数を数えるのとはまったく違って、複雑であるということを説明したいからだ。この方法を使えば、特に、敵の行動を前にして紛争なり対立を遂行しようとしている指導者の役割のような他の要素について評価できる。実際、このように考えると軍隊の能力は敵の要素と比較した、三つすべての要素の積である。三つのうち一つでもゼロがあれば、能力はゼロとなる。これから見ていくが、現代の紛争に特有の問題の一つは、軍隊を展開するという政治的意志はあっても軍事力を使用するという政治的意志が欠如していることだ——重要な意志がゼロに近い。軍事的介入の多くが失敗している理由はこれだ。つまり、軍事力のもつ能力が効果を発揮されない状態になっている。意志力と同じように戦争の手段、特に投入できる兵員は欠くことができないものである。すなわち、少なくとも一人の兵士は必要である。さもないと軍隊の能力はこの場合もゼロとなる。別の言い方をすれば、レーニンの「質より量」という言葉は覚えておく価値がある。

この公式をヴェトナム戦争に応用すると、北ヴェトナム軍は、アメリカ軍に比べると貧弱な手段をアメリカ軍に対して行使する方法を見出したのだということがわかる。すなわち、自分たちよりもはるかによく装備され訓練を積んだ《国家間戦争》用の軍隊とその技術力が効果を発揮できなくなるような方法をとったのである。これがアメリカの意志の崩壊につながり、この要素がゼロになったからアメリカ軍の能力は発揮されなくなったのである。一九五〇年代のマラヤにおけるイギリス軍は、自分たちの手段を軍隊やイギリス本国の人々の意志だけでなく、マレー諸島の住民の大多数の意志にも調和するように使う方法を見つけた。民衆の支援を断たれた共産主義テロリストは、自分たちの方法が不適切であると悟り、目標を放棄した。

包括的に見れば、能力予測は二つの対立する軍隊のあいだで行われた戦闘の結果を説明するのに使える——しかし、それ以上のものではない。なぜなら、戦闘が始まる前に方法や意志を算定するのは簡単なことではないからだ。両陣営はいずれも相手に対して、自分たちの意志や方法についての情報を何とかして隠そうとする。というのも、戦争となれば、ナポレオンの例からわかるように、戦闘が始まる前の段階も戦争の一部であり敵対する双方は同じルールで戦う必要はないからだ。そして、真の指揮官を絵に描いたようなナポレオンは、自分のルールと好むやり方を意図的に敵に押しつけて敵が不利になるようにし、敵が自分の設定した条件のもとで戦わざるを得ないようにした。これは軍司令官としての真の能力を示している。というのも、戦争は競技ではないという深い理解に基づいているからだ。つまり、二番手になるということは、敗北を意味している。だから軍司令官は、戦闘を始める前に、自分が率いている軍隊の真の能力を見積もらなければならない。たとえ全面的に管理できるのは方法だけで、手段の適切な補給や勝とうとする政治的意志については自分の上位にある政治レベルが決めているとしても。

政治レベルと軍事レベルとのあいだの関係が崩壊した——これは軍隊の能力を完全に無効にした——典型的な例がアルジェリア戦争だった。アルジェリアは一八三〇年にフランスの支配下に入り、一八四八年にフランスの海外県《デパルトウマン》となった。一九五四年にインドシナのディエン・ビエン・フーでフランス軍が敗北したことやチュニジアでフランスが譲歩した（内政の自治を約束した）というニュースに勇気づけられ、統一と行動のための革命委員会（CRUA）はアルジェリアからフランスを追い出すべく革命を起こす計画を立て始めた。この計画から政治的戦線であるアルジェリア民族解放戦線（FLN）が組織され、FLNは抵抗軍であるアルジェリア国民解放軍（ALN）を指揮することになった。彼らはアルジェリア全土で反乱を起こし、フランスから完全な独立を目指しつつ国際社会に訴えかけ、将来の民族自決に備えた政策綱領を確立した。

FLNは主としてヴェトミンを手本に組織をつくり、フランス・レジスタンスの方針もいくつか参考にした（実際、メンバーのなかには約一〇年前にフランスのためナチスと戦った者もいた）。FLNは集団指導体制を維持し、戦闘グループは規模が小さかった。軍事作戦はヴィラニヤ地区の司令部が指揮した。これは中央集権化した革命委員会の全面的な指揮下で行動した。ALNは、ヴェトミンがトンキン北部でやったように広大な地域を聖域として確保維持するだけの力は自分たちにはないと考えていた。このためFLNの戦術は典型的なゲリラ戦術に基づいていた。

一九五四年一一月一日、FLNゲリラは一斉蜂起し、各地で軍事施設や警察署、大型商店、通信施設、公共施設等を攻撃した。FLNはカイロから、アルジェリア国内のイスラム教徒に対してアルジェリア国家、すなわちイスラムの教えから逸脱しない主権国家、民主主義国家、社会を復活させるための民族闘争に加わるよう呼びかけた。現地のフランス当局はこの難局に対処する準備が充分にできていなかった。小規模な暴動が起きているというのが彼らの認識だった。当初の住民殺害や爆破事件に対する当局側の対応は限定的とはいえ不穏当なものであった。多数の政治的指導者が拘留され容赦なく尋問された。これで彼らの多くはＦＬＮ陣営に走ってしまった。一九五六年、五七年中、ＡＬＮはゲリラ戦の大原則に従ってすばやい奇襲攻撃戦法をとった。もっぱら伏兵攻撃と夜襲を繰り返し、フランス側の優勢な火力との直接接触を避けるＡＬＮは、軍の巡察隊、野営地、警察署、農園、鉱山、工場のほか輸送機関や通信施設を攻撃目標とした。拉致も頻繁に行った。捕虜にしたフランス軍兵士やフランス系入植者《コロン》、フランス側に協力したり裏切っている疑いのある住民を儀式の一環として殺害したり、手足を切断するのも日常茶飯事だった。当初、ＡＬＮは植民地政府のなかで要職についているイスラム教徒のみを標的にしていたが、やがて支持を拒む一般市民を脅迫したり殺害するようになった。

自分たちの闘争について国際的レベルとフランス国内での関心を高めるべく、ＦＬＮは紛争を都市部に持ち込んだ。都市部で行われた新たな軍事作戦でもっとも有名なのがアルジェの戦いである。一九五六年九月三〇日、三人の女性がエール・フランスのオフィスを含む三カ所に爆弾を仕掛けて始まった。その後、軍事行動は拡大の一途をたどり、一九五七年春にはＡＬＮは毎月平均して八〇〇件の銃撃や爆弾テロを行っていた。その結果多くの一般市民が犠牲となり、またゼネストなど政治活動が頻発する事態となった。しかし、ＦＬＮはフランス国内やアルジェリア現地社会を不安に陥れはしたものの、フランスの植民地支配に対して反乱を起こす方向にイスラム教徒の大多数を誘導することはできなかった。それは、彼らが強圧的な戦術を取り続けていた事実からわかる。さらに、有能な戦場指揮官を戦場や内部抗争、離脱、政治的粛清で失い、闘争が難しくなった。それにもかかわらず、ＦＬＮはオーレス地方、カビリア地方を含めて山岳地帯を徐々に支配下におさめた。これらの地域において単純だが効果的な――往々にして一時的ではあるが――軍政を敷き、税金や食糧を徴集しメンバーを募ることができた。しかし、広い領域を確保し支配することはできなかった。

アルジェの軍司令部からの訴えにもかかわらず、フランス政府はアルジェリアの情勢が手に負えないものになっていること、また、鎮圧軍事行動と公式にみなされているものが急速にエスカレートしてきているという事態、を長いあいだ認めようとはしなかった。しかし、一九五六年には二つの法令により予備役の召集が決定され、また徴集兵たちの兵役期間が延長された。一九五六年八月にはアルジェリア駐留フランス軍の兵力は三九万人となり、一九五七年末には最大の四一万五〇〇〇人に達した。フランス兵の多くはインドシナで戦った経験をもち、自分たちが直面している状況を理解していると考えており、インドシナで学んだ（と思っている）ことを試そうとした。一九五六年にロリロ将軍はALNを封じ込めるべく碁盤目《カドリヤージュ》というシステムを導入した――静的な守備隊と機動力のある追跡部隊を結びつけたものだ。これは徐々に威力を発揮した。ロリロはゲリラ兵士を匿っている、あるいは必要なものを与える、あるいは何らかの方法でゲリラに協力している疑いがある村に対して、連帯責任の原則を適用した。機動部隊がたどり着けないような村は空爆した。フランス軍は農村住民の大部分――その村全体という場合もあった――を軍の管理下にある収容所に収容する計画も開始した。住民にゲリラ兵を支援させないため、あるいは公式説明を信じるならば、住民をFLNの脅迫から守るためだった。しかし、フランス軍のやり方が一躍世間に知られるようになったきっかけは、アルジェの戦いだった。第一〇空挺師団を率いるジャック・マシュ将軍は、どんな方法を用いてもよいからアルジェ市内の秩序を回復するよう指示されており、しばしばテロに対してテロで応戦した。指揮下の空挺隊員を使ってゼネストを切り崩し、FLNの下部組織を系統的に撲滅した。

軍事的に見れば、フランス軍が最終的に勝利したが、FLNはフランス領アルジェリアの心臓部を攻撃する力があることを示した。さらに、アルジェの戦いで勝つためにフランス軍が広範囲にわたって拷問を含む残酷な手段をとっていたことが知れ渡ると、フランス国内ではアルジェリアにおけるフランスの役割について疑問がもたれるようになった。一九五八年にフランス軍はそれまでの碁盤目作戦《カドリヤージュ》から、ALNの拠点に対する大規模な索敵掃討任務に向けて機動部隊を活用する方向へ戦術を転換した。一年もたたないうちに主要な反逆は鎮圧されそうに見えた。一九五八年末にはALNに軍事的敗北が迫っており、一九五九年半ばにはその敗北はほぼ全面的なものであった。しかし、政治的、国際的には、FLNはまだ敗れていなかった。それどころかアルジェリアをめぐる政治情勢の進展は、フランス軍の軍事的勝利をすでに上回るものになっていた。アルジェリアでは、フランス軍が軍事的弾圧を行ったことで、本来ならばあったかもしれない穏健派のイスラム教徒とフランス人当局とが対話するチャンスがなくなってしまった。フランスでは国民のあいだにこの徴集兵による戦争に対する厭戦気分が広がりつつあったが、当時のフランスを統治していた政体である第四共和政は、その体質と発足当初からの弱点のために、自由な発想による政治的解決を図ることができなかった。国際的なレベルでは、フランスは主要同盟国から見捨てられていた。

こうしたなかフランス国内およびアルジェリア国内いずれにおいても、アルジェリア問題を解決できそうな人物とみなされていたド・ゴール将軍の登場を期待する声がいよいよ高まった。一九四六年に下野し、第四共和政とは距離をおいていたが、一九五八年に要請を受け入れ首相に就任した。そして本人の要求により半年のあいだ特別大権が委任されたが、アルジェリア問題については曖昧な態度をとっていた。それにもかかわらず、新しいフランス国憲法を国民投票にかける際にはアルジェリアも投票するよう求めた。この新憲法はフランス国内、アルジェリア国内で圧倒的多数で承認された。その結果を受けてFLNはアルジェリア共和国臨時政府（GPRA）を樹立し、民族主義運動の実績ある指導者フェルト・アッバスが首班となった。ド・ゴールは、提案された「勇気ある和解《ペ・デ・ブラーヴ》」を通じての和平成立を図ろうとしたが、GPRAは断固として譲らなかった。ド・ゴールが打ち出したコンスタンティーヌ計画――フランス領アルジェリアの県《デパルトゥマン》とフランス本国の県《デパルトゥマン》の格差是正を目指す詳細な五カ年経済計画――は新たな形態の植民地政策であるとして、GPRAに非難された。一九五九年、国連総会で非難されるような事態だけは避けたいと考えるド・ゴールは、アルジェリアの自決権を認めた。

　アルジェリアにおける一連の出来事によってフランス国内の労働力は不足し、士気は低下し、資源は不足して、国民は厳しい負担を強いられていた。これによって国内は二分され、緊張が高まるにつれ内戦の瀬戸際までできていた。その一方で、フランス政府はFLNと密かに交渉を開始していた。一九六一年四月、アルジェリアで四人のフランス軍将軍の指導のもと、アルジェリアに駐留する軍の一部が反乱を起こした。「将軍たちの反乱」として知られるようになったこの事件は、アルジェリアの掌握とパリでのド・ゴール政府転覆を目指していた。外人部隊は反乱への支持を表明し、また充分に武装した秘密軍事組織（OAS）があいだに立ってフランス系入植者《コロン》が反乱に参加した。一時はパリが反乱軍に侵攻される恐れがあったが、この反乱は四日間で崩壊した。空軍と海軍、そしてフランス陸軍の大部分がフランス政府に対する忠誠を保持し続けたことが大きく物を言ったのである。

「将軍たちの反乱」が転換点となり、フランスは公式にアルジェリアの独立を認める方向へ舵を切った。フランス系入植者《コロン》を切り捨てる覚悟を決めたド・ゴールは、一九六一年五月、エヴィアンでFLNとの交渉を再開した。出だしで何度かつまずいたものの、一九六二年三月一九日に停戦が発効するとフランス政府は宣言し、一九六二年三月に締結されたエヴィアン協定のなかでアルジェリア国家の主権を承認した。

アルジェリア戦争はフランスの植民地支配とアルジェリアの人々との対立であった。フランス軍は戦術的成功を収めたが、あらゆる段階で、アルジェリアをフランス本国につなぎとめておけるほど充分には人々の意志を勝ち取れなかった。さらに、戦術的成功には莫大な政治的犠牲が伴い、結局、これが軍事力の効用を無にしてしまった。冷戦対立に並行して発生した他の紛争と違ってアルジェリア戦争は、冷戦対立に組み込まれなかった――しかし、最終的にはフランスの政治レベルと軍事レベルとのあいだの対立と紛争寸前の事態に近いものに進展した。この対立こそが軍隊の能力を無益なものとし、フランスとアルジェリアの人々とのあいだの対立と紛争に迅速な政治的解決をもたらしたのである。どんな局所的な小競り合いや軍事的衝突も及ばぬ効果をもっていた。フランスは明らかに敵よりは優れた軍事力をもち産業力・工業力も優っていたにもかかわらず、《人間《じんかん》戦争》において勝利しそこなった。これはこの一〇年間で二度目のものであった。

冷戦に並行して行われた紛争はたくさんあった。かつての植民地帝国の植民地からの撤退がいつも軍事力を必要としていたわけではない。だが一方、他の紛争においては、本書のこの第二部で議論した紛争のなかで説明された範囲内で、軍事力はある程度用いられた。これらはすべて《人間《じんかん》戦争》という新しいパラダイムが進展していることを示しているが、その一方で、古いパラダイムにしっかりと根差している紛争が数多くあったことにも留意する必要がある。古いパラダイムに根差しているとはいっても、いくつかの事例においては一方が核兵器を所有しているとわかっていたり、所有しているのではないかと思われていたりしたがそれが本当に使用されることはないと考えられていた、という程度のものであった。つまり、その紛争がエスカレートしても破滅的な脅威を引き起こすことはないという程度のものであった。その主だったものがカシミール地方の帰属をめぐるインド・パキスタン紛争、イラン・イラク戦争、現在も進行中のアラブ・イスラエル紛争である。西側陣営、東側陣営が当事国双方にそれぞれ肩入れして、この三つを冷戦という対立に組み込む試みが何度もなされた。しかし、この三つはきわめて危険な衝突ではあったが、本質的には局地的なものに留まっていた。これらの三つはいずれも軍事的戦略的に決定的な結果を達成できないでいるという特徴をもっている。それどころかこれから見ていくが、アラブ・イスラエル紛争において、《国家間戦争》は《人間《じんかん》戦争》に取って代わったのである。

カシミール紛争――一九四七年にインドが独立する際インドとパキスタンという二つの国が誕生して勃発した――は、特定の地方の帰属をめぐる対立で、これまでに三回戦略レベルの紛争になっており、局所的な小競り合いにおいてはこれまでに何度も戦術レベルで紛争に移行している。しかし、一九九八年に双方がそれぞれ相手に核兵器の使用を思いとどまらせることを目的として核実験を実施して以降、小競り合いはほとんど収まった――ただし、二〇〇二年、パキスタンに拠点をおく過激派がインド議会を襲撃すると両国の緊張は戦略レベルの対立にまで高まった。しかし、その後緊張は緩和され、係争地の領有権をめぐって本格的に交渉が始まり、《国家間戦争》というパラダイムの枠内での紛争は、当事者双方あるいは関係国すべてが核を使用しないという制限を受け入れる場合にかぎり行われ得るのだということを如実に示した。インド、パキスタン双方とも必要な兵員や産業基盤を確保しており、また考え方の体系も昔ながらの《国家間戦争》を好む傾向がある。しかし、どちらも核戦争にまでエスカレートしないという保証はできなかった。そのため、両国は冷戦によく似た戦略的対立のなかで動けなくなり、現在解決に向けて動いているのであろう。

八年間に及んだイラン・イラク戦争(一九八〇〜八八年)では、一五〇万もの人命が失われた。これは真の《国家間戦争》規模の紛争がどんなものかを、少なくとも兵員という観点から如実に物語っている。イラン・イラク戦争も比較的狭い地域で、チグリス・ユーフラテス渓谷という守りやすい地域で、また第一次世界大戦時の西部戦線を彷彿させる状況で行われた。大量の資材が長期にわたって費やされ、イラン、イラク双方とも戦争で勝利することしか考えなかった。それにもかかわらずこの《国家間戦争》的な戦争も作戦的成果あるいは戦略的成果が出ず、最終的に双方が消耗して決着した。

カシミール紛争もイラン・イラク戦争も根本的に厳しい目標をもったものであるから《国家間戦争》と考えられる。カシミール紛争とイラン・イラク戦争は、国民の意志や意図ではなく領土をめぐっての軍隊同士の紛争、戦争であった。三つ目の大きな対立は、アラブ諸国とイスラエルのもので、ときおり《国家間戦争》的な性質を持った戦略的紛争になっている。それどころか本書の冒頭で述べたように、一九七三年にゴラン高原およびシナイ砂漠で行われた戦闘は、機甲部隊同士が機動して戦ったものとしては最後のものだろう。この対立は一九四七年に始まり現在も続いている。それは、厳しい目標をめぐる明確な対立として始まったのであるが、やがて人々のあいだでの意図をめぐる非常に複雑な対立に発展した。「戦争」と呼んでいる比較的短い期間もあるが、この紛争全体は始まりから現在にいたるまで、殺害と暴力に明け暮れている。これは双方が武力により自分たちの目的を推進しようとしてきたためだ。この入り組んだ推移は対立と紛争の相互作用を明らかにするうえで非常に役に立つ事例の一つである。私としてはアラブ・イスラエル戦争の初期段階は《国家間戦争》だと考えているが、一九四七年から現在までの全期間において新しいパラダイムの例が示されてきている。

一九四七年一一月二九日に国連総会は、パレスティナを二つに分割してアラブ国家とユダヤ国家をつくり、エルサレムは国際管理下におく案を可決した。この地域のアラブの指導者たちがこの案を即座に拒否すると、ただちに激しい戦闘が勃発した。一九四八年四月一五日にイギリスのパレスティナ委任統治の期限が切れたが、その前日にダヴィド・ベン・グリオンがイスラエルは独立国家であると宣言していた。アメリカ、ソ連に続いて多くの国がイスラエルを国家として承認した。一九四五年にアラブ諸国家間の政策調整機関として創設されたアラブ連盟の対応はすばやかった。レバノン、シリア、イラク、エジプト、トランスヨルダン各国の軍隊に支援されたパレスティナのアラブ人たちは、創設されたばかりのイスラエル国防軍を相手に交戦状態に入った。イスラエルとアラブ連盟はいつの間にか紛争に入っていた。アラブ連盟は武力による戦略的解決を図っていた。つまりイスラエル国家を滅亡させようとしていた。

最終的にイスラエル国防軍は三度の大規模な攻勢作戦を通じて何とか近隣アラブ諸国の軍を撃退し、国境地帯を守った。そして一九四九年にイスラエルはエジプトを皮切りに、レバノン、トランスヨルダン、シリアと個別に休戦協定を結んだ。作戦レベルでの成功によりイスラエルは自分で自国の国境線を画定することが可能となり、国連案で当初イスラエル側に配分されていた委任統治領パレスティナの五五パーセントを上回る七〇パーセントを獲得した。ガザ地区はエジプトが、ヨルダン川西岸地区はトランスヨルダンがそれぞれ占領していた。イスラエルの作戦的勝利にもかかわらず、双方とも戦略的に決定的な勝利を獲得できず、状況は戦略的対立の状態に戻ってしまった。しかし、この対立は、双方が越境して相手側に急襲をかけるという戦術的紛争によって下支えされた。一九五六年にはイスラエルとエジプトとのあいだで小競り合いが増え、エジプトのフェダイーン（反イスラエルの不正規兵）はイスラエル領内への侵入を繰り返し、イスラエル側もエジプト領内を襲撃してこれに応じた。エジプトはナセル大統領のもとアカバ湾を封鎖し、イスラエル船舶のスエズ運河通過を禁止した。その年の七月、ナセルはスエズ運河を国有化した。スエズ運河は東方への重要な通商路で、イギリスはスエズ会社の株四四パーセントを保有していた。国有化を宣言することでナセルはこの対立をイギリス、フランスを含む戦略レベルにまで高め、拡大した。フランスは運河が閉鎖されればペルシア湾から西ヨーロッパへの石油輸送が停止してしまうのではないかを懸念を抱いた。それから数カ月のうちに複雑な情勢を背景にイスラエルとフランス、イギリスは秘密同盟を結び、運河の国際管理を回復して中東でのエジプトの軍事的影響力が及ぶ範囲を縮小し、この対立に決着をつけようと計画した。

一九五六年一〇月二三日、イスラエルはガザ地区とシナイ半島に侵攻し、運河地帯目指して迅速に進撃した。一〇月三一日、イギリスとフランスはスエズ運河封鎖を解除させるべくマスケット銃士作戦を開始した。ナセルは、その時点で運河に入っていた船舶四〇隻をすべて沈め、一九五七年初頭まで運河を閉鎖した。一九五六年一一月、イギリス軍、フランス軍は空挺部隊と水陸両用戦部隊の強襲作戦によってスエズ運河を奪取した。この作戦は決定的な成果を収めたが戦略的背景がなかった。そのため、たちまちのうちに、政治や外交的な大失敗に転じた。イギリス軍、フランス軍は第三世界の国々やソ連から激しく批判された。さらにイスラエル軍の侵攻とほぼ同時期に起きたハンガリー動乱でのソ連の行動を暴挙として非難していたアメリカは、ヨーロッパの主要な同盟国がエジプトで起こした厄介な行動を大目に見ることはなかった。アメリカは冷戦を背景とした状況のなかで、特にソ連がエジプト側について介入したのちは、この紛争がエスカレートするかもしれないと恐れていた。アイゼンハワー政権は財政的、外交的に強い圧力をかけてイギリス、フランスを停戦に追い込み、一九五七年三月に侵攻軍を撤退させた。彼らの役割は第一次国際連合緊急軍が引き継いだ。これは初めて編成された国連平和維持軍で、一九五六年一一月一日から一〇日に開催された国連緊急総会の場で設立が決まった。スエズ動乱は戦争ではなかった。まずイスラエル、続いてイギリスとフランスが行った二つの軍事作戦であった。イギリスとフランスはエジプトとの対立で敗れた。というのも、イギリス、フランスの軍事力にはそれが行使された状況のなかでは効用がなかったからである。軍事力はナセルの意志を変えるという意図をもって、そしてあわよくばもっと順応性のある人物を大統領にするべく、戦略的に行使された。これは失敗した。軍事作戦的には、軍事力はスエズ運河を占領し、守護するために行使された。軍事力は作戦目標の前半は達成したが、後半についてはほぼ間違いなく失敗したと言ってよいだろう。なぜなら、ナセルが四〇隻の船を沈めたため運河は通航不能になってしまったからだ。スエズ運河を占領するという厳しい目的を達成したのち、この成果を活用してナセルの意図を変えるという柔軟性のある戦略的目標を達成する等の戦略的な配慮が、イギリスとフランスの軍事行動に欠けていたのだ。その一方で、イスラエルは対立による圧力を戦略レベルで緩和しており、また国連軍の展開によりシナイ半島での戦術的紛争もなくなった。このかぎりにおいては、イスラエルの軍事力の行使は成功した。対立においても紛争においてもイスラエルの目的はイスラエル国家の領土を維持することと関連しており、その目的は達成されたのだから。

　一九六七年五月、エジプトは停戦監視活動を続けていた国連緊急軍にシナイ半島から撤退するよう要請し、その後ただちにエジプト軍を再配置した。続いてティラン海峡を封鎖し、イスラエル船舶の通航を不能にし、アカバ湾北端に臨むイスラエルのエイラート港を封鎖した。これはイスラエル側に開戦の口実《カースス・ベリー》を与えた。イスラエルは北部でシリアの脅威にもさらされていた。ティラン海峡の封鎖解除に向けてアメリカと交渉したものの不調に終わった。エジプトとシリアは開戦に備えていたが、先制攻撃をかけたのはイスラエルだった。一九六七年六月五日の開戦初日にイスラエル空軍の攻撃を受けてエジプト空軍は壊滅し、それ以降イスラエルは最後まで制空権を確保した。数日のうちにイスラエル軍は驚くべき成功を収め、南部の作戦ではガザ地区とシナイ半島（スエズ運河東岸まで）を占領し、中央ではエルサレムとヨルダン川西岸地区をヨルダンから奪い、北部の作戦ではガリラヤ湖に通じる東側のルートを見下ろすシリア領ゴラン高原を奪取した。六月一一日に停戦が成立し、六日間戦争は終結した――しかし、対立は続いた。イスラエルはこの戦争で一連の作戦的大勝利を得た。イスラエル国防軍の訓練、組織、装備は高速機動戦をうまく遂行するためのモデルとなった。イスラエル国防軍に敵対した軍は壊滅していた。イスラエル国家は攻勢防御という戦略により国を守っただけでなく領土を拡大した。イスラエルの領土は戦争前の四倍に増え、新たに獲得した領土にはおよそ一〇〇万人のアラブ人が住んでいた。パレスティナ地域のアラブ人約三〇万人はヨルダンへ流れ込み、そこで大きな社会不安を引き起こした。占領地域や難民キャンプで暮らすパレスティナ人の多くは、パレスティナ解放機構（PLO）を支援するようになった。PLOは一九六四年に設立された組織でその一九六八年憲章は「イスラエルの抹殺」を求めている。六日間戦争終結後、国連安保理は国連決議二四二号を採択した。同決議は「中東地域のすべての国が安全に生存できる公正かつ永続的な平和」とイスラエルが占領地域から撤退することを求めており、これはアラブ諸国とイスラエルの関係の基本原則を示すものとなった。

イスラエルの作戦的勝利は、状況を六日間戦争以前の戦略的対立に戻したが、一つだけ大きな違いがあった。イスラエルは今や明確に定義された国家とではなく、ある種の人々と対立するようになっていた。イスラエルとそのアラブ諸国の敵対する人たちとの対立の核心はそれまで——そして限られた範囲内の人々とのあいだでは今でも——ユダヤ人国家の存在そのものであったから、六日間戦争までは、イスラエルのすべての軍事行動についての背景説明をするためには、国家存続の戦略をもっていれば充分であった。すなわち、ユダヤ人が自分たちの国家のなかで生存する権利を脅かすものがあれば何であれこれを攻撃し、また攻撃されたらこれをやっつける、そして、これらの行動はイスラエルの国境を挟んであるいは国境を越えても行われる、というものであった。この戦略の軍事的目標はゲリラの急襲をうち負かしたり躊躇させること、あるいは周辺アラブ諸国の軍隊を打ち破ることだった。六日間戦争終結後、そのような単純で強硬な目標ではもはや不充分になった。というのも、対立の本質的な部分は、明確に国家という形態をとっていないユダヤ人以外の人々との争いとなり、イスラエルという国の同じ空間のなかでの彼らの生存をめぐる問題となってきたからである。ここまでは力くらべに勝つことが非常に役立ったが、ここからはパレスティナ人との新しい対立で、意志の衝突で勝利することが主要な目標となる必要があった。そのため一九六七年同様、イスラエルはこの新しい対立を処理するために、包括的な戦略を必要としていた。そして、それは、長いあいだ彼らが怠ってきたことであるのだが、イスラエル国防軍の創設者たちがイギリスの委任統治下においてパレスティナへ押し寄せたユダヤ系難民の実態から学んだものを思い起こすことを必要とするものでもあった。つまり、軍事的主導権を握っているのは占領されている側だ、ということである。

それから六年間、イスラエルと周辺アラブ諸国、パレスティナ人のあいだで対立が続いたが、冷戦対立の一部になる兆しも見られた。ソ連から軍事供与を受け顧問団を派遣してもらったエジプトは六日間戦争で被った物的損害を予想外の速さで回復し、一九六八年から七〇年にかけてはイスラエルと激しい消耗戦を繰り広げた。絶えず対立と戦術レベルでの紛争とのあいだを行き来していた。一九七〇年八月七日に両国は停戦協定締結にいたった。九月にナセルが急死し、副大統領のアンワル・サダトが大統領に就任した。サダトは停戦を守ったが、スエズ運河を解放するというナセルの夢を忘れなかった。一九七三年一〇月六日、ヨム・キプルと呼ばれるユダヤ暦の贖罪の日にエジプトとシリアはバドル（アラビア語で「満月」の意）作戦を開始し、イスラエルに奇襲攻撃をかけた。すでに述べたように、この作戦に踏み切ったサダトの目標は、エジプトが有利な立場で交渉を行える状況をつくりだすことにあった。シリア軍はゴラン高原のイスラエルの防御陣地を攻撃し、エジプト軍はスエズ運河沿いおよびシナイ半島にイスラエルが構築していた防御陣地を攻撃した。ゴラン高原では約一〇八両のイスラエル軍戦車がシリア軍の戦車一四〇〇両と対峙した。スエズ運河では数百人のイスラエル兵が八万人のエジプト兵の攻撃を受けた。不意を突かれたイスラエル国防軍は緒戦で苦境に立ち、多数の死傷者を出した。少なくとも非中東四カ国を含むアラブ九カ国がエジプト、シリアに対して航空機や戦車、部隊を派遣し、資金を提供する等して戦争努力を支援していた。

イスラエルは予備役を動員し、アメリカの支援を受けて――アメリカは弾薬や必需品等を供給するべく空輸部隊を編成した――一連の見事な反撃を仕掛けた。停戦が呼びかけられる頃には、イスラエル国防軍はシリアの首都ダマスカス郊外にまで進んでおり、またスエズ運河を渡河してエジプト第三軍を包囲していた。最終的に戦場においてイスラエル国防軍が見事な巻き返しを見せたにもかかわらず、イスラエル国内ではこの戦争は外交的、軍事的敗北とみなされた。戦死したイスラエル兵二七〇〇人の遺体が戦場に置き去りにされていた。エジプトとシリアは軍事的崩壊をかろうじて免れたにすぎなかったが、この一〇月戦争（第四次中東戦争のアラブ側の呼称）を勝利とみなしていた。

すなわち、スエズ運河沿いにイスラエルが構築していた不落のバーレヴ線（要塞線）は破壊され、エジプト軍はシナイ半島東側に足場を確保し、イスラエルの空軍は甚大な損害を被り、そして、イスラエル軍不敗の神話がシナイ半島とゴラン高原で粉砕されたのである。イスラエル国防軍は反撃して作戦的に勝利を収め、イスラエルの国境を守った。しかし、戦略的対立は依然として未解決のままだった。そのうえ、この激しい戦闘は《国家間戦争》の限界をイスラエル――《国家間戦争》を遂行する覚悟ができている社会――にも見せつけたのである。《国家間戦争》に特有の急速な人員損耗に耐えられるほどの人口もいなければ、激しい戦闘を長時間維持するための装備や弾薬もなかったのだ。双方とも戦争努力を維持するためにはそれぞれソ連、アメリカの支援を必要とした。両超大国はいずれも自分たちの冷戦での利害関係に鑑みて協力を厭わない様子だったが、この対立が制御不能になる可能性があることが明らかだったので両国とも慎重であった。すなわち、中東全体に影響を及ぼし、さらにはその外へも影響を与える可能性があり、また石油の安定供給を危うくするものであった。結局、アラブ諸国とイスラエルを抑え、この紛争をより制御容易な対立にはっきりと戻したのは両超大国だった。ヨム・キプル戦争（第四次中東戦争のイスラエル側の呼称）が始まってから数カ月間、アメリカのヘンリー・キッシンジャー国務長官は中東情勢を安定させるべく外交攻勢を展開した。一九七四年一月八日にエジプトとイスラエルは第一次兵力分離協定（両軍の戦線を引き離す協定）に調印した。これによってエジプトはスエズ運河西側の全領土と運河東岸すべてを取り戻した。イスラエルはスエズ運河東岸から約二〇キロ撤退したものの、それ以外のシナイ半島全域――ティラン海峡に面するシャルム・エル・シェイクも含めて――を支配下においていた。一九七五年九月にエジプトとイスラエルは、ジュネーヴで第二次兵力分離協定に正式に調印した。これによりイスラエルは占領していた領土やエジプトの資源をさらにエジプトに返還した。

キッシンジャーがイスラエルとシリアの調停を務めた結果、一九七四年五月に両国のあいだでも兵力分離協定が結ばれ、これでゴラン正面での八一日間にわたる砲撃戦が終結した。イスラエルは一九七三年一〇月に占領した地域、クネイプトラなど一九六七年の六日間戦争以降占領していた地域から撤退した。それ以来、国連軍が双方の得心のいくように兵力分離地帯の監視にあたっている。

それから六年間、イスラエルとエジプトは長年にわたる戦略的対立の解消を目指し、アメリカも積極的に仲介の労をとった。一九七七年、サダト大統領はエルサレムを訪れたが、これはアラブ国家の首脳としては初のイスラエル訪問であった。イスラエルとエジプトの第一次和平交渉は一九七七年から七八年にかけて散発的に続き、二つの地域に関して合意に達した。イスラエルは三年以内にシナイ半島から撤退すること、アカバ湾およびヤミット周辺の空軍基地を取り壊すことに同意した。エジプトはイスラエルと全面的に外交関係を樹立し、またスエズ運河やティラン海峡、アカバ湾におけるイスラエル船舶の航行を認めた。二つ目の合意は、パレスティナ問題解決に向けてヨルダン川西岸およびガザ地区における自治制度実現のための交渉の進め方を確立する枠組みだった。この二つの協定に基づいて一九七九年にイスラエルとエジプトのあいだで和平条約が締結された。アラブ諸国とイスラエルのあいだで初めて結ばれた平和条約である。中東和平実現に向けて尽力した功績によりサダトは一九七八年にイスラエルのベギン首相とともにノーベル平和賞を受賞した。しかし、サダトがイスラエルを承認したことやアラブ戦線から離脱したことをアラブ世界では多くの人たちが裏切りとみなした。彼は一九八一年に暗殺された。

エジプトとイスラエルの関係が改善に向かうなか、イスラエルとパレスティナ地区住民との対立が次第に目立つようになった。一九七二年のミュンヘンオリンピックにおけるイスラエル選手一一名の殺害事件や一九七六年のエンテベへ向かうエール・フランス機ハイジャック事件など在外イスラエル国民に対する一連のテロ事件を起こしたPLOの拠点はレバノンにあった。パレスティナ人戦士は、レバノン南部国境沿いの拠点から国境を越えてイスラエルに入り、軍事的目標、非軍事的目標を断続的に攻撃していた。一九七八年三月に起きたパレスティナ・ゲリラによるバスハイジャック事件を契機として、大規模のイスラエル軍がレバノン南部に侵攻を開始したため(リタニ作戦)、ついにアメリカが「レバノンの領土保全」を懸念する公式声明を出すにいたった。一九七八年三月一九日、国連安保理は、レバノンからのイスラエル軍の撤退を要求するとともに、レバノン南部で平和維持活動に任じる国連レバノン暫定駐留軍(UNIFIL)の編成を求める国連決議四二五号を採択した。UNIFILは現在もレバノンに駐留している。レバノン南部にはPLOの拠点が依然として残っており、パレスティナ・ゲリラがイスラエル国境を越えてイスラエルに攻勢をかけては、イスラエル軍がレバノン国境を越えてPLO拠点に報復攻撃を加えるという動きが繰り返されていた。一九八二年、イスラエル軍がレバノンに侵攻を開始した。二度目の大規模介入だった。イスラエル側の作戦的目的は、レバノン南部におけるPLOの軍事力を破壊し、緩衝地帯を設けることだった。戦略的目的は、PLOがレバノン国内にもっている軍事的、政治的、経済的足場を破壊し、シリア軍を駆逐することだった。この目的が達成されればレバノンはキリスト教徒優位の国になり、イスラエルとのあいだに平和協定を結ぶだろうし、国境をめぐる対立にも終止符が打たれるだろうと考えられたからである。

一九八二年六月六日、イスラエル軍はガリラヤ平和作戦を開始した。レバノンに侵攻した軍はたちまちベイルートに達し、これを包囲した。当時、PLOはベイルートを拠点としていた。イスラエル軍の進撃を阻もうとするレバノン駐留シリア軍の抵抗は制圧され、両国は戦術レベル以上の紛争を回避することにした。一九八二年八月、アメリカのフィリップ・ハビブ中東特使があいだに入って交渉が行われ、ヤーセル・アラファトおよびアラファト率いるPLO部隊がベイルートから退去し、チュニジアへ移ることになった。PLOの立ち退きを監視し――これは早くも九月一〇日には完了した――、レバノンに留まっているパレスティナ人を保護するべく多国籍軍（MNF）が編成された。しかし、状況はそれから数週間で悪化した。九月一五日、イスラエル軍は西ベイルートのイスラム教徒が多く住む地域を占領した。きっかけとなったのはレバノン大統領選挙で当選したばかりのバシール・ジェマイエルの暗殺であった。ジェマイエルはキリスト教徒だった。彼がトップに立つ親イスラエル政権が誕生すればレバノンと和解できるとイスラエルは考えていたのだが、それが駄目になってしまった。それから二日後、ジェマイエルを支持していた民兵たちは、サブラとシャティーラでイスラエル軍の監視下にあったパレスティナ難民キャンプに突入し、何百人ものパレスティナ人を虐殺した。アメリカは、アラファトに対し、PLOが撤退後もベイルートに残っているパレスティナ人はイスラエル軍が保護すると約束していたため、レーガン大統領はパレスティナ難民の安全を確保するため急遽多国籍軍を戻すよう手配した。

一九八二年秋、アメリカ、イスラエル、レバノンのあいだでは、イスラエル軍の撤退と、レバノン・イスラエル間の条約の内容について、活発な交渉が行われた。一九八三年五月、レバノンとイスラエルは、両国間の戦争状態に終止符を打ち、レバノンからのイスラエル軍の段階的撤退に備える協定に調印したが、シリアは自国軍の撤退についての話し合いを拒み、レバノンに軍を駐留させ続けた。一九八五年六月、イスラエルはレバノンに残っていた部隊の大部分を撤退させたが、小規模の残留部隊と親イスラエルの民兵組織（いわゆる南レバノン軍）はレバノン南部に残したままだった。これらの部隊はイスラエルをレバノン領内の攻勢から守るべく、レバノンとイスラエルの国境沿いに約五キロから八キロ幅の安全緩衝地帯を設けた。

イスラエルは軍事力を行使したが、戦略的対立を解消できなかった。当初イスラエルの軍事作戦はうまくいったように思われたし、戦術的交戦はすべてイスラエルの思惑どおりに進んだ。しかし、戦術的勝利は作戦的成功とはならなかった。長年にわたりイスラエル国防軍は、イスラエルの国境地帯を脅かす相手を迅速に打ち破るよう攻撃する軍隊として進化してきた。そして、創設以来自分たちの国家に対する襲撃の機先を制するべく、あるいはそれを罰するべく戦術的な急襲を行ってきていた。時には全軍が一丸となって作戦的成功達成に向けて取り組むこともあった。一九四八年、一九五六年、一九六九年、一九七三年がそうだ。しかし、一九八二年のレバノンでは、イスラエル国防軍は敵の軍隊というよりも敵の意図に関係する作戦目標、戦略目標を達成するべく投入されていた。イスラエル国防軍の部隊は、統治を巡って対立する人々が戦闘を行っている収拾のつかない複雑な戦域に入り込んでしまった。この戦域には他の国の軍隊も入っていた。シリア軍――イスラエルはシリアと対立していた――やパレスティナ人の部隊――パレスティナ人は国家をもっていなかったし、パレスティナ人との対立は別種のものであった――もいた。これらの敵対する軍隊はどちらもイスラエル国防軍を相手にして作戦レベルで交戦することはなかった。しかし、イスラエル国防軍の戦術的目標とその達成に向けたやり方では、イスラエルが望んでいるような戦域レベルでの状況をつくりだすことに失敗した。イスラエル国内でもレバノン侵攻に対する国民の反応は、それ以前に国外で行った大規模な軍事作戦の場合とは対照的にきわめて冷ややかなものだったし、イスラエル国防軍の敵はイスラエル国防軍を以前ほど脅威ではないと見ていた。迫力ある機甲部隊も起伏の多いレバノンの地形では力を発揮できず、また装甲車両はベイルート市街地では動きがとれず、イスラエルの市街戦専門家が予測していた以上に攻撃されやすいことが判明した。また、外交的な観点から見ると、世間一般の目には、この戦闘は、小さな国家であるイスラエルが自分たちを守るために戦っているようには見えず、この中東地域の強力な国家が他国に介入して、すでに危険であった状況を一段と悪化させているとしか見えなかったのである。

一九八二年以降もイスラエルはその多くの敵と対立状態にあった。周辺諸国との対立は比較的安定していたが、パレスティナ人との対立は激しさを増していた。パレスティナ人のあいだにたまっていた不満は一九八七年一二月に爆発し、イスラエル統治に対する民衆暴動となった。これは民衆蜂起《インティファーダ》として知られ、デモやストライキ、暴動、暴力行為が含まれる。最初は自然発生的な爆発であったこの民衆蜂起《インティファーダ》は組織化された暴動へと拡大した。若者や少年たちによるイスラエルの治安部隊や一般市民への投石に対し、重装備の車両に乗り込んだ重装備の兵士たちが対処する様子——丸腰の囚人を打ちすえることもしばしばみられた——は民衆蜂起《インティファーダ》を象徴するものとなった。国家間の対立や紛争における厳しい目標を達成するように編成され訓練されていたイスラエル軍は、挑発とその行為の宣伝という民衆蜂起《インティファーダ》の戦略のもとに行われた戦術的交戦の多くで敗北し、作戦的・戦略的対立にいたってはそのすべてで敗れた。

この軍事力はイスラエルの新しい目的を達成するのに適さなかったのである。歩兵（隊）を考えてもらいたい。この兵種の目的は敵に近づき倒すことだ。昔からずっとそうだったが、現代の歩兵はたいてい装甲車両に乗り込んで戦闘に参加する。そうしなければ戦車や航空機、最新の通信機器相手の戦いについていけないし、目標にたどり着くまでにやられてしまう。しかし、民衆蜂起《インティファーダ》の場合——その他多くの《人間《じんかん》戦争》の場合も——交戦し倒さなければならない敵は誰なのかということが問題だったのである。それはパレスティナ人のなかに紛れ込んでいるテロリストたちだったが、彼らは同時にパレスティナの民衆であり、民衆の内側にいた。もしパレスティナ人すべてを敵として扱い、あるいは近接戦闘のやり方を適用したら、間違いなくパレスティナ人すべてを敵にすることになるだろう。選択肢は、非常に敵対的な環境のなかで、情報機関主導でテロリストたちを注意深く捜すか、あるいはテロリストたちもそうでない人もまとめて殺すかだった。第一の選択肢を選んだためイスラエル国防軍の大きな力、すなわち機動力のある大規模な機甲部隊とその火力はほとんど価値がなくなってしまった。イスラエル国防軍は歩兵にこの仕事を任せたのだが、彼らはそのような任務を果たすために選抜されたわけではなく、そのための訓練も受けておらず装備もされていなかった。この《人間《じんかん》戦争》という舞台の観客には、残酷な占領軍が、パレスティナ人による自治という正統な要求を抑圧しているとしか見えなかった。それにもかかわらず、この対立を処理するためのイスラエルの戦術的対策は成功を収め始めた。しかし、以前の状態に戻すことだけを考えそれ以外の戦略に欠け、また、目標の選択を指示したり戦術的成功を勝利にまで転換するための包括的な戦域レベルでの計画、もしくは会戦計画というものをもっていなかった。そのため、イスラエル軍は対立を抑えるだけで解消にはならなかったのである。

民衆蜂起《インティファーダ》の指導部の組織力はすばらしいものであった。この指導部の幹部たちをイスラエル軍がうまく追撃したことにより、ハマスやジハード・アル＝イスラミーといった他のパレスティナ人組織の挑戦を押さえ込んでいた民衆蜂起《インティファーダ》の力が弱くなってしまった。これらの組織はイスラム原理主義者の組織であり、世俗的な民族主義組織であるＰＬＯと違ってユダヤ人国家の完全な破壊を求めていた。一九八九年から九二年にかけて、これらのＰＬＯ以外の各派が行った「インティファーダ」では数百人のパレスティナ人が殺されたともいわれる。一九九二年に入る頃にはパレスティナ人指導者の大部分が投獄されており、民衆蜂起《インティファーダ》も下火になった。それにもかかわらず民衆蜂起《インティファーダ》はそれから一〇年間にわたりイスラエルの世論と政策立案に大きな影響を与え、その後行われることになる和平交渉のきっかけとなった。民衆蜂起《インティファーダ》のおかげでパレスティナ人のあいだにはそれまでなかった一体感が生まれ、世界中でパレスティナ人が一つの民族として認識されるようになった。また、武装闘争を通じて、抵抗し自分たちの独自性を主張する自信も得た。過激な思想をもち、ガザ地区やヨルダン川西岸を拠点に活動する中核組織も生まれた。こうした組織にはそれぞれ指導者がおり、パレスティナ人・ディアスポラ（イスラエル建国により居住地を追い出され外国に住むようになったパレスティナ人）内あるいはアラブ諸国内に活動拠点をおく外部の組織の指図は受けていなかった。これは湾岸戦争後の一九九一年に開催されたマドリッド会議に反映された。会議には紛争当事者を含め広範囲の中東諸国が交渉への道筋を確立するべく集まり、ＰＬＯからはパレスティナ市民が出席した（イスラエルがＰＬＯ幹部の出席を拒否した）。彼らは自分たちの活動が、紛争の道を継続するというイスラエル国民の意志を砕いたと考えていた。その考えは正しく、イスラエル世論は大きく変化し継続中の紛争については交渉による解決を支持するようになっていた。しかし、意志の衝突における勝利は、力くらべにおいて勝利をもたらすものではないという点で、彼らは考え違いをしていた。すなわち、イスラエルは依然として大規模な戦力を有し、それをイスラエルの政治的目的を直接達成するための手段と相変わらずみなしていたのだ。

　アラブ諸国とイスラエルの複雑に入り組んだ戦略的対立は、その後も続いた。さまざまな国が外交努力を積極的に行い、また当事国がお互い交渉に応じる姿勢を見せた結果、ヨルダンとイスラエルのあいだの紛争は解決し、両国は一九九四年一〇月二六日に平和条約に調印した。しかし、レバノン南部では戦術的紛争が続いた。レバノン領内から対イスラエル攻撃を仕掛けるのはたいていヒズボラだった。ゴラン高原はイスラエルの支配下におかれたままで、小規模の国連監視軍が安定の「条件」を維持していた。パレスティナ人との対立も表面的には解決に向かった。一九九二年半ばにイスラエルは、イスラエルの学識経験者二名とPLOの高官三名とのあいだで非公式に極秘会談を進めるべく、欧州平和研究学会のトップに接触した。会談は一九九三年一月にオスロで始まった。イスラエルとパレスティナ人とのあいだでいずれ行われる和平への取り組みのための基本原則を定める非公式な草稿をつくるのがその目的だった。両者が交渉に応じる姿勢を見せたため、歩み寄りが可能ではないかと思われた。その後のオスロ会議にはイスラエルの上級外交官やノルウェーの外務大臣ヨハン・イェルゲン・ホルストも加わって交渉が行われ、オスロ合意として結実し、一九九三年九月にワシントンで調印された。合意内容には、五年間のパレスティナ暫定自治に関してイスラエルとパレスティナ双方が合意した原則が含まれていた。「パレスティナの最終的な地位に関する問題」は後回しにされ、暫定自治開始から三年目を迎える前に開始される交渉で取り上げられることになった。PLOは、イスラエル国家が平和と安全のうちに生存する権利を認め、またPLOが中東和平プロセスに関与し、テロを闘争手段とするこれまでの路線を転換することを明言した。イスラエル側も、PLOをパレスティナ人の正式な代表として認め、マドリッド中東和平会議の枠内で交渉に応じる意思を表明した。続いて一九九四年五月にイスラエルとPLOはカイロでガザ・エリコ協定に調印した。その結果パレスティナ自治政府が組織された。一見戦略的対立が解決する条件が整ったように思われたが、占領地内でのイスラエル人入植地の建設と拡大は続いていた。また、テロ組織もパレスティナ人のあいだでテロ攻撃を続けていた。さらに悪いことに、イスラエル国民、パレスティナ人双方ともにオスロ合意に魅力を感じていなかった。つまり、彼らの気持ちは、この協定を発展させて協定で決められた成果を出していくことを全面的に支持するというものではなかったのだ。こうしたなか一九九五年一一月にイスラエルのイツハク・ラビン首相がイスラエル国内で急進派ユダヤ教徒に暗殺され、この事件以降対立は急速に悪化した。

レバノンとの国境地帯では戦術的紛争が続き、イスラエルとしては緩衝地帯を占領し続けること以外得るものがないまま、死傷者だけが着実に増えていた。そうした状況のなかイスラエルでは占領地から軍を撤退させ、占領地で死傷する兵士の数を減らし、国際的に認められている国境を堅く守るべきであるという動きが出てきた。レバノンは内戦の痛手から立ち直りつつあり、国際社会はイスラエルに対して国境を尊重するよう圧力をかけた。イスラエルはついに一九九九年に軍を撤退させ、レバノンとの戦略的対立が終結した。しかし、シリアやヒズボラ、パレスティナに拠点をおくテロ組織との戦略的対立は続いた。パレスティナ領内では、パレスティナ自治政府の腐敗ぶりやその行政能力の欠如に対して人々の不満が高まっていた。同時に、入植地の建設を中止すると約束したにもかかわらず依然として入植地拡大を続けているイスラエルに対する怒りと不満も渦巻いていた。一方、イスラエル国内では、ユダヤ人入植地とパレスティナ管轄地域周辺でのパレスティナ自治政府の治安維持能力および自治区からテロ攻撃を行うテロ組織に対する取り締まり能力について不信感が高まった。しかし、イスラエル国防軍がイスラエルを守るために襲撃したり治安という名目で何らかの措置をとるたびに、パレスティナ人および世界中の人々の心のなかでイスラエルに対するイメージが悪くなった。機能不全に陥ったパレスティナ自治政府では内部衝突が頻発し、さまざまなグループが台頭した。アラファトは自分では意識していなかったかもしれないが、パレスティナ人に対する国家を代表する者であるという立場を引き受けるのを避けるようになった。というのも、それを引き受ければ、国家の責任を引き受けることになるからであった。そして、アラファトにもパレスチナ暫定自治政府にも、たとえその気があったとしても、そんな責任は果たせなかった。

二〇〇〇年九月、イスラエル右派の政治家アリエル・シャロンが神殿の丘を訪れた（エルサレム旧市街にあるユダヤ教とイスラム教の聖地。エルサレムはすべてイスラエルのものと発言し、パレスティナ人を挑発した）のを機に第二次民衆蜂起《インティファーダ》が発生した。二日間で暴動はパレスティナ全土に、そしてイスラエルに広がった。イスラエル国内、ヨルダン川西岸およびガザ地区では暴力的事件が頻発した。イスラエルでは爆弾テロが相次ぎ、自治政府管理地区ではイスラエル国防軍が報復攻撃を行い、また過激派を取り締まった。パレスティナ人とイスラエルの対立は戦術レベルでの激しい紛争となったが、パレスティナ側もイスラエル側も戦術的成功を作戦的優位あるいは戦略的優位に変えることはできなかった。戦術的成功を収めたことでイスラエルが国民の治安を改善したのは間違いないが、この展開を見ている人々やパレスティナ人は、イスラエルが無慈悲な占領者であるとの見方を強めた。一方パレスティナ人も、九・一一テロ事件後もテロ攻撃を続けたため自分たちのマイナスイメージを強めた。特にテロとの戦いに取り組むアメリカでは、イメージが悪化した。その結果、どちらも意志の衝突では勝利を収めることができないまま争いは行き詰り、二〇〇五年八月にイスラエルがガザから一方的に撤退した後も状況は膠着したままだった。二〇〇六年一月にパレスティナ自治区でハマスが民主的に選出された（パレスティナ評議会選挙のこと）。この結果、イスラエル国家の存在を認めない二つのイスラム原理主義組織――ハマスとヒズボラ――が国際的に認められているイスラエルの国境地帯二カ所――レバノンとの国境とガザ地区との国境――を支配する状況が生まれた。ハマスとヒズボラはそれぞれ、一般市民を標的としてロケット砲を発射するなどイスラエルに越境攻撃を繰り返した。イスラエル側はただちに懲罰的な報復措置をとり、また標的を暗殺する方針に則ってパレスティナ自治区に侵攻した。二〇〇六年六月、このパターンが一気にエスカレートし、イスラエル領内でイスラエル軍の兵士一人がハマスに拉致され、それから間もなく今度は北部国境でイスラエル軍の兵士二人がヒズボラに連れ去られた。これを受けて南部ではイスラエル国防軍がガザ地区に侵攻して発電所等を破壊し市民生活を麻痺させた。北部でもイスラエル国防軍はヒズボラ関係者やインフラを狙ってレバノンに大規模な爆撃を行った。これに対してヒズボラはイスラエル北部の都市部めがけて一日数百発ものロケット弾を撃ち込んだ。ロケット弾は沿岸の町ハイファまで達した。いずれも（イスラエルのガザ侵攻と、イスラエル・レバノン紛争）《人間《じんかん》戦争》の明白な例であり、三三日間続いた。この紛争が対立の解決につながらないことはすぐに明らかになった。しかし、この紛争は、イスラエル、レバノン、ヒズボラだけでなくシリアやイランのきわめて重要な利害関係をも巻き込んだという点で、この対立を戦略的に変える可能性をもつものだとみなすこともできた。しかしながら、この紛争自体はイスラエルとレバノンの国境、実際はレバノンとヒズボラの国境線を保障するべく国連がふたたび出てきて終結した。

アラブ・イスラエル紛争には本書で検討した三つの異なる段階が組み込まれている。すなわち、《国家間戦争》、冷戦に並行して行われた紛争、そして《人間《じんかん》戦争》である。実際、第一次民衆蜂起《インティファーダ》と第二次民衆蜂起《インティファーダ》はいずれも新しいパラダイムのもっとも重要な典型であり、また通常戦力や《国家間戦争》に基づく画一的な考え方が、民衆蜂起《インティファーダ》のような対立を処理するのには適さないということの典型でもある。本書の第三部ではこうした問題を取り上げていく。

第三部…………人間《じんかん》戦争

第七章　傾向　現代の軍事作戦

《人間《じんかん》戦争》(War among people、人々の間の戦争)がいつ頃始まったかのはっきりした年代は定かではない。これまで見てきたように、対立や紛争の形態としての基本的な定義が明らかになったのは第二次世界大戦後であり、《国家間戦争》にアンチテーゼとしての様相を帯びた。しかし、冷戦が終結するとこれが戦争の主流となった。もっとも、実際には原子爆弾が開発されたために《国家間戦争》を実行するのは不可能になっていたのだ。やがて、第二部で述べたように、冷戦に並行して行われた紛争が、多かれ少なかれ新しいパラダイムの傾向を示し始めた。ほとんどの紛争が傾向のすべてを反映するようになったのは、一九九一年になってからだった。これには大きな理由が二つある。第一に、〈大きな対立〉が終わったことにより、これらの紛争にかけられていた拘束が外されたことである。すなわち、それまでは、発生した紛争は初期の段階で、東西両陣営の利害関係によって定まる拘束の枠内に抑えられていたのだ。すでに見たように、植民地独立後の国家間の対立や植民地から撤退する帝国主義勢力と植民地の住民とのあいだの対立の多くは、より大きな冷戦対立の枠内に組み込まれていた。しかしその一方で、他の対立や紛争は、東西両陣営の片方によって、あるいは東西両陣営の勢力均衡に抑制されていた。このため東西のブロックが消滅すると、こうした潜在していた紛争が各地で、特にバルカン半島やアフリカ大陸の広範な地域で表面化した。たいていの場合そうした紛争は国家間の紛争ではなく、一つの国のなかでの人々の間すなわち民族間、部族間の紛争であった。

一九九一年にこの新しいパラダイムが主流になった二つ目の理由は、《国家間戦争》用の軍隊がこの時点で事実上流行遅れになったことである。というのも、《国家間戦争》というパラダイムの構造や外観の維持・整備を必要としていたのは、相互確証破壊（ＭＡＤ）により支えられた冷戦だったからだ。冷戦が終結すると《国家間戦争》というパラダイムには実質がないことが明らかになった。西側諸国は一発も撃つことなく勝っていたのだ。戦争など起こるはずはなかったのである。あったのは対立だけで、決して紛争には移行せず、最後はソ連とワルシャワ条約機構が崩壊し、東西両陣営のあいだで総力戦が起きる可能性は国際的な協議事項から取り除かれた。しかし、東側にしろ西側にしろ陣営に参加していた国々は、それまでと変わらず《国家間戦争》用の軍隊を保有していた。いずれの軍隊も規模が大きく、多くが徴兵制度に依存していた。また、いずれも《国家間戦争》を戦うための手段――装甲戦闘車両、火器、戦闘爆撃機、国によっては戦艦も――と、それを保守整備するための軍需産業を抱えていた。その後一五年間で各国の軍隊の規模が縮小され本質的に正規の常備軍だけになった。というのも、ほとんどの国家が徴兵制度を廃止したためだ。ロシアですら廃止を検討中である。しかし、兵器や装備は大部分がそのまま残っている。アメリカのように意図的にほぼ同じ型のものを新しく補充する場合もあれば、ヨーロッパのほとんどの国のように古びるにまかせ別の時代に別の考え方に基づく戦争が存在したことの証拠を提示しているかのような場合もある。ヨーロッパではどこの国でも国防費に関心が集まらなくなり、国家予算における優先順位は低くなっていた。この状況は、これらの国々が冷戦終結後、対立の終結をあらゆる脅威の終結と考え、「軍事費削減」を選択したため生じたものである。だから、アメリカやヨーロッパの軍隊が展開される場合は、「平和維持軍」としてということになる。一方、この考え方は軍事力の行使の倫理性ならびに合法性への関心の高まりに合致するものとなった。戦争そのものの概念については長年議論されているが、近代に入りこうした問題に焦点が当てられるようになった。ニュルンベルク裁判でこういった問題が表に出てきたのだが、国連の考え方のすべてにおいて、また、紛争解決に向けた軍事力の行使についての国連憲章の記述の中核となっている。冷戦中、これらはおおむね冬眠状態だったが、ひとたび対立が終結すると表面化し――実際、国際的な公開討論の場でも揺るぎない地位を維持している。九・一一テロ攻撃は、ヨーロッパにおいて平和の配当という考え方を揺るがしたが、軍事的対応を必要とする脅威や敵がどんなものであるのかはっきり示すことはなかった。テロリズムという組織のないつねに存在する不気味なものだということが実感されただけであった。本書の冒頭で述べたように、このようなテロ行為を行う者は明確に規定された敵ではない。テロ行為というものは、相手を脅迫するという考えの上に成り立つ行為であり、ときおり、何人かの人たちによって実行されることもあるが、彼らは漠然と定義された組織のなかで一緒に活動している。しかし、敵が明確に規定されていなければ戦略を策定できないし、戦略がなければ兵器や装備についての非常に漠然とした決定以外には何も決められない。その結果、ヨーロッパ各国の軍隊は縮小したが、以前の時代の《国家間戦争》用の軍隊の形態と装備を維持している。

現在、我々は――ここで「我々」と言っているのはＮＡＴＯ加盟国の他ロシア、旧ソ連諸国の大部分、その他多くの国だ――こうした《国家間戦争》を戦うために編成された兵器と軍隊で《人間《じんかん》戦争》に従事している。さらに悪いことには、これから見ていくが、こうした軍隊を現代の紛争に行使することで、うっかりすると敵の思う壺にはまってしまい、自分たちの目的を達成するのを一層難しくしてしまいかねない。これは異常なことのように思われるかもしれないが、これだけではない。メディアを通じておなじみとなっている一九九〇年以降の紛争の様相もまた異常である。すなわち、特定の目標に照準して爆弾を投下する航空機、ハイテク砲から発射されるミサイル、防弾チョッキを着てヘルメットをかぶり戦車を走らせる兵士たち、重々しい態度で兵士たちを戦闘に投入し危険な企ての重要性を強調し成功を約束する政治的指導者たちの姿である。要するに、最近の紛争はいずれも《国家間戦争》を象徴するイメージをすべて備えているが、そうした戦争に勝ったためしはないように見える。以下においては、これらの明白な異常について説明をするつもりである。この証明は、第一部、第二部における歴史にのっとった分析に基づくものであり、また本書43ページにまとめた《人間《じんかん》戦争》というパラダイムを組み立てている六つの基本的な傾向の枠組みのなかで行われる。念のため、下記にもまとめておく。


◉戦いの目的が政治的成果を決定するという厳しく強硬なものから、結果が決められるかもしれない条件をつくりだすというものに変わりつつある。

◉戦場で戦うのではなくて、一般市民のなかに入り混じって戦う。

◉我々が戦っている紛争は果てしなく続く傾向をもち、終わることはないのかもしれないとさえ思われる。

◉目標を達成するためにはすべてを賭けてもよいというのではなく、兵力を保存するように戦う。

◉軍事力が行使されるたびに、《国家間戦争》の産物である古い兵器や古い組織の新しい用法が見出されている。

◉たいていの場合、交戦している双方ともに国家という体裁をとっていない。国家が多国籍軍を組織して、国家ではない連中を相手にしているからだ。

それではこれからこうした傾向を詳しく検討していこう。

戦いの目的が変わりつつある

《国家間戦争》は明確な戦略的目的をもっていた。それは国家をつくるためであり、ファシズムという悪魔を打倒するためであり、あるいはオスマン・トルコを消滅させるためであった。しかし、《人間《じんかん》戦争》においては、我々が軍事力を行使する目的はもっと複雑であまり戦略的ではないものに変わりつつある。すでに見たように《国家間戦争》の中心的な考えは、敵をして我々の意志に従わせるという重要な戦略的軍事的目標を達成することによってその政治的目標が達成されるというものだ——軍事力によって問題となっているものについて決着をつけるというのがその意図である。こうした戦略的軍事的目標は、奪取する、占拠する、破壊するといった言葉で表現されることが多い。二度の世界大戦では、双方とも戦略的目標を達成すれば政治的結果を決定できると考え、こうした目標をすべて戦場で達成しようとした。我々は現在、こうした明確な戦略的目標とはまったく違ってもっとぼんやりとして移ろいやすく、複雑に入り組んだ準戦略的な目標を達成するために軍事行動をとっている。領土を奪取したり占領したりするために介入することはない。実際、いったん軍事介入をしてしまうとその地域を維持するよりもいかにしてその地域を去るかが優先事項となる。むしろ我々が紛争に介入したり、介入規模を拡大したりするのは、軍事力以外の手段や方法によって政治的目標を達成できるような状況をつくり出すためだ。我々は、その地域の安定をもたらす望ましい政治的な成果、可能であれば民主主義を実現することを目的として、外交・経済的刺激・政治的圧力その他の手段を総合的に考える余地をつくり出そうとしている。敵もこの類の目標をもっているのだが、《国家間戦争》を戦うほどの兵力や装備をもっていないので紛争という形になっている。一九九一年のイラクのように、自分たちは《国家間戦争》を戦うだけの力をもっていると考えていた国は打倒されてしまった。だから、紛争を起こしている連中も自分たちの目標達成へ向けての状況をつくろうとしている。これから見ていくが、一九九〇年代に起きたバルカン半島への国際的介入の目的は、戦争をやめさせることでも元凶となっている側を撲滅することでもなく、むしろ軍事力を行使して人道的活動を行える環境をつくり出すこと、そして交渉や国際的な管理によって望ましい政治的成果が得られるような状況をつくり出すことだった。同様にイラクにおいても、一九九一年と二〇〇三年のいずれの場合も、軍事力は、イラクの無条件降伏を獲得するというよりもむしろ新しい体制が軍事力以外の手段でつくり出され得るような状況を獲得することを意図していたのである。

したがって、全体としては、決定的な戦略的勝利が《国家間戦争》の特徴であるとすれば、条件を整えることが《人間戦争《じんかん》》という新しいパラダイムの特徴と考えてよいだろう。この傾向は第二次世界大戦直後から見られるようになったが、それには二つの理由がある。まず第一に、戦略的軍事的目的を達成する方法と手段いずれにおいても《国家間戦争》として対応することは政治的に容認されなかったからである。貧弱な兵器しかもっていない敵に対して《国家間戦争》用の軍事力を全開しての対応をたびたび行うことは、軍事力の不均衡な行使を意味し費用も多大となる。その一方で、エスカレーションの最終段階としての核兵器の使用は、あらゆる点から見て——特に、それが、そのつもりはなくとも新たな世界大戦へつながりかねないとの理由により——非現実的なものであった。第二に、征服すべき戦略的な陣営は存在しなかったからである。敵はたいていの場合意図的に、戦略的攻撃の目標となるような形態をとることはなかった。というのも、《人間《じんかん》戦争》という紛争においては、敵は戦術レベルで軍事行動を行う小グループの形態をとることが多く、そうした敵に対しては《国家間戦争》的な機動や集中火力は効果がない——前章までにたくさんの例で示したとおりである。この二つの理由は政治的目標も変わったが、軍事力の行使も変化したということを示している。すなわち、《人間《じんかん》戦争》という紛争は準戦略的目標のために戦われているのである。

準戦略的という用語は、軍隊の展開と軍事力の行使を混同したことから生じている。我々が軍隊を戦略的に展開するという表現を使うのは、遠く離れた戦域のあいだで軍隊を再配置する時とか、その軍隊の展開が戦略レベルで決定された時である。例えば、北アイルランドから部隊を撤退させそのままイラクに派遣すれば、戦略的展開あるいは再展開となる。軍隊を異なる戦域に再配置することは、戦略レベルでの決定である。なぜなら、このような再展開には、戦力輸送力が必要だし、その後両方の戦域において再展開した部隊を維持するために戦略的手段——兵員、資材、兵器——の再調整が必要になるためだ。しかしながら、このどちらの場合も、軍隊がどのようなレベルで展開されたのかとかどんな目的のために展開されたのかということは示されていない。実際、北アイルランドにおけるイギリス軍は、行政機関の治安態勢を支援するために最低限の戦術レベルにおいて受動的に運用されている。二〇〇三年のイラクにおいて軍事力は当初、作戦レベルの目標を達成するために行使された。すなわち、サダム・フセインを権力の座から下ろし、彼のバース党組織を解体することが目的であった。この目的を達成した結果としてイラク各地で暴動が発生し、多国籍軍はその対応に取り組むようになったので、軍事力の行使は戦術レベルへその後戻ってしまった。いずれの場合も軍事力の行使は民主的なイラクをつくるという戦略的目標を達成できなかったし、達成できるわけもなかった。というのも、そのためにはイラク国民の大多数の自発的な協力が欠かせなかったからである。したがって、アイルランドにおいてもイラクにおいても、軍事力は準戦略的に行使されたということになる。すなわち、軍事力により達成された直接的な結果は戦略的目標の達成には程遠いものだった。

現代の紛争介入に際しては、いつもその介入の政治的目的が説明されるが、その論理は今述べたような目標の変化を反映しておらず、そのこと自体軍事力の効用についての我々の理解が混乱していることを示している。紛争に介入する際に言明される目的は、いずれも《国家間戦争》の意味で「戦争を始める」ことについて厳しく妥協の余地のない戦略的目標になりがちだが、実際に行われる行動やその結果は、対立と紛争を特徴とする世界を考慮したまったく準戦略的なものになるのだ。例えば、朝鮮戦争においてアメリカは一九五〇年に対立から紛争に移行したが、これは、特に、トルーマン大統領が共産主義に対して寛容すぎると国内で強い圧力をかけられていたためであり、彼がソ連に支援された北朝鮮に対して敢然と戦う姿勢を見せられたことはその状況では役に立った。その後、紛争はエスカレートして一九五三年に原子爆弾の使用が討議にかけられるところまできたが、その選択肢は除外された。核使用という戦略的決断は、同盟国、特にアメリカが、支払う覚悟のある対価では達成できなくなったのである。したがって、停戦し朝鮮を分割するという状況にたどり着いた。そして、その状況のなかで外交交渉による解決を見出そうとしたのである。五〇年以上たっても解決策はみつからないし、北朝鮮が核実験を行ったと主張しているので、対立は今や核によるものとなっている。

旧帝国主義勢力が植民地帝国から撤退していくなかで起きたさまざまな戦争は、戦略的攻撃を避ける敵の能力を例証している。そのうえ、当時これらの帝国主義勢力がどのような美辞麗句で自分たちの行動を飾っていたにせよ——たいていの場合、いかなる犠牲を払っても去る、あるいは留まるというものであったが——、彼らは、実際には、ある程度の影響力を保持しながら統治権を引き渡し立ち去ることができるような安定した状況を確立しようとしていた。これらの植民地紛争の場合、敵は、例えばマラヤにおけるように革命戦争の概念の枠内で軍事行動をとっているゲリラ部隊であるか、あるいはキプロスのＥＯＫＡ（キプロス共和国ギリシア系住民の民族闘争組織）のようなテロ組織であった。いずれにしても、これまで見てきたようにそのような敵を軍事的手段で戦略的に打ち負かすのは昔も今も難しい。そうするためには、いわゆる逆テロ行為によって住民たちを抑圧し、その恐怖のせいで彼らがテロリストを自分たちのなかに入れぬようにするか、テロリストが軍事行動をとれぬように住民たちを管理するか、あるいは住民たちを現在住んでいる場所からどこかよそへ移住させることが必要である。こうした行動をとるのにかかる政治的コストは、倫理性、合法性、兵力、資金の面から戦略的に高いものにつく。そのうえ、これまで見てきたように、そうした手段は敵の戦略を利する場合が多いので、作戦的価値はあまりない。３４４ページで取り上げたアルジェにおけるフランス軍のテロに対する逆テロの試みこそまさにそのような失敗の例である。フランス軍が用いた手段は、都市部では軍事的に有効だったが、フランス本国の戦闘継続意志を粉砕する政治情勢をつくってしまった。その結果、フランス軍は撤退し、その決定に直面した将軍たちは反乱を起こした。ある一つのレベルで軍事力の行使がいかに有効であっても、より高次のレベルでは効用がなかったのだ。

一九八二年のフォークランド紛争は、戦略的目標——アルゼンチンに占領された同諸島を解放する——が一回の軍事行動で軍事力により直接達成された戦争で、私の軍歴を通じてこのような戦争はこれ以外起きていない。これは国家間で戦われる旧式の《国家間戦争》だった。このようにしてイギリスは戦争前の状態を回復したものの、この諸島の主権という政治的な問題は今日にいたるまで解決されていない。一見すると一九九一年の湾岸戦争はクウェートが軍事力によってすみやかに解放されたという点でフォークランド紛争に似ている。しかし、湾岸戦争はそれだけで終わる単純な話ではなかった。というのは、クウェートを解放しその地域の現状を回復することのほかに、戦略的意図はサダム・フセインが態度を大きく変える状況をつくることであったし、あわよくばイラク国民がサダム・フセインを権力の座から引きずり下ろす状況をつくることであった。最終的な結果は、クウェートを解放するという目標は達成されたが、戦略的状況は決定的なものではなく、その後は二〇〇三年まで飛行禁止区域や国連による制裁や査察等他の手段を使って維持しなければならなかった。その時点でアメリカを中心とする多国籍軍は、サダム・フセインと彼のバース党組織を権力の座から引きずり下ろすこと、そして民主的に選ばれた政府がイラク国家をアメリカが満足するような形に支配体制を確立する舞台条件をつくり出すこと、を意図してイラクに侵攻した。イラクを占領し、フセインと彼の組織を排除するという戦域レベルの目標は迅速に首尾よく達成された。しかしながら、これらは意図していた戦略的状況を達成するための前段階の目標にすぎなかった。その状況はまだ実現されていない。そして、それが実現されるまでは、安定したイラク国家のなかに親米的な民主的政権を確立する戦略的目標は達成されそうもない。

実際のところ、占領が絡んでいる場合には、民主国家が出現できるような状況を軍事的手段で達成することは難しい。これはイスラエルが占領地域で実感したことであり、また、第二次世界大戦後に植民地が独立を要求した際に帝国主義勢力が骨身に染みたことであった。理由は簡単だ。占領が始まるとすぐに軍事力は戦略的主導権を失ってしまうからだ。具体的な目標をすべて達成あるいは破壊し、土地を占拠してしまったら、戦略的あるいは作戦的にでも軍事力が達成するものは何が残っているか？　主導権は被占領国の軍事組織に移り、彼らは占領者に協力するか否かを選択できる。占領者に協力しない道を選んだ被占領国の軍事組織は、もし民衆の支持があれば、ナポレオンと戦ったスペイン・ゲリラのような立場にいることになる。彼らはいつでもどこでも破壊的な戦術攻勢をかけ、強力な占領軍を疲弊させることができる。

国連やNATOの旗の下で行われた軍隊の介入も、戦略的に定めた目標が達成される状況を確立し、あるいは維持するためであった。冷戦中、国連は「平和維持」活動と呼ばれる軍事行動を展開した。条件をつくるのではなく、維持するのが平和維持活動の目的であった。これはたいてい、戦っている当事者双方が交戦を停止することに同意したものの、互いに相手を信頼しておらず、そのため両者のあいだに立つ第三者を必要としているという場合に起きた。普通は、国連がこの第三者を派遣するよう求められた。というのも、その場合、この行動は国連憲章の権威をもって行われるからであり、国連が派遣する部隊はその紛争に利害関係のない国々からの派遣部隊で構成されていた。国連軍は自衛の場合を除いて軍事力を行使することを求められていないし、自衛のために軍事力を行使する場合でも、紛争当事者双方のあいだに入っているかぎりは局面を変えてはいけない。したがって、この国連派遣団を「軍」と呼ぶのは誤解を招きやすい。カシミールやキプロスにおける国連の長期にわたる活動は、平和維持活動の典型的な例、成功例である。いつ終わるともしれない状況を維持するというこの独特の任務をもっともよく示しているのは、たぶん、アラブ・イスラエル紛争の複雑な歴史のなかで行われた多くの国連派遣団の活動のなかに見られるものだろう。

最初の国連派遣団は、国連安保理で決議五〇号が採択された一九四八年五月二九日に編成された。この決議は、パレスティナ地域での休戦を求め、また国連調停官が国連軍事監視団と協力して休戦を監視すべし、と定めていた。イスラエルとアラブ諸国とのあいだの国連休戦監視機構（UNTSO）として知られるようになったこの軍事監視団は、一九四八年一月にパレスティナに入り現在も活動を継続している。一九五六年から五七年にかけて発生したスエズ危機を解決するため、安保理は国際連合緊急軍（UNEF1）を創設した。停戦を保障、監視するための権限を付与された国際連合緊急軍はフランス軍、イスラエル軍、イギリス軍のエジプト領内からの撤退を監視し、撤退完了後はエジプト軍とイスラエル軍とのあいだに入って停戦を公正に監視した。ヨム・キプル戦争（第四次中東戦争）後の一九七四年五月三一日に安保理決議三五〇号（一九七四年）に基づき、国連兵力引き離し監視軍（UNDOF）が設立された。UNDOFは兵力引き離し協定の規定に基づいて、イスラエルとシリア両国間の停戦遵守の監視と、兵力引き離し地域および兵力制限地域の監視にあたっている。UNDOFの活動期限はその後半年ごとに延長され、双方は協定延長書に署名するため期日になると出頭した――このことから双方ともに停戦状態が続くことを望んでいると推定できる。358ページで述べたように、一九七八年三月一九日の国連決議四二五号に基づいて国連レバノン暫定駐留軍（UNIFIL）が編成された。この国際的な平和維持軍は現在もレバノン南部に駐留している。その任務は、レバノン南部からのイスラエル軍の撤退を確実なものにし——これは一九七八年六月に行われた——、国際平和と安全を回復し、この地域におけるレバノン政府の実効力のある統治権限回復を支援するというものであった。

こうした任務のほとんどは、停戦ラインを維持するというかぎられた委任事項の範囲内で成功している。その指示のなかでどのような全体的な状況を実現することが求められていようと、「失敗」すれば世界中から、特にメディアから公然と非難されることが多い。もっともうまくいっていないのはＵＮＩＦＩＬであるが、これは、ＵＮＩＦＩＬの活動にもかかわらずイスラエル、レバノン双方が互いに越境襲撃を繰り返しているからだ。しかしながら、この場合の非難は「軍」という言葉と「平和維持」という言葉を不適切に結びつけてしまったことから生じる誤解による場合が多い。というのも、これらの派遣団がすべて平和維持軍という名称で知られているからだ。この名前は決して実行されることのあり得ない介入と強制という期待をつくり出してしまう。そうではなくて、これらの派遣団の唯一の目的は当事者双方によって合意された停戦の状況を維持することだ。この種の誤解——すなわち、世間一般の認識に見られる耳障りな声——の最悪のものは、バルカン半島における国連の介入という長い苦労話のなかに見ることができるだろう。これについては、以下で取り上げるつもりだ。ここでは、一九九二年に始まり恐ろしいボスニア紛争に深くかかわった派遣団に国際連合保護軍（ＵＮＰＲＯＦＯＲ）という名前をつけたことが今思えばやや皮肉に見えるかもしれない、とだけ言っておけば充分だろう。もっと重要なことには、ボスニア紛争を終結させた一九九五年の国連の活動とＮＡＴＯの空爆および、一九九九年のコソヴォ爆撃にもかかわらず、軍事力の使用によってはどちらの対立も解決されず、両地域に展開している国連軍は解決策のようなものが見つかるまで停戦条件を維持するよう指示されている。

戦いの目的が、決定的な勝利を収めることからある種の状況を効率的に求めることへと変化しつつあるというこの傾向は、現代の紛争のもう一つの側面を目立たせている。すなわち、我々は敵を甘く見てしまっているということだ。本書を通じて強調しているが、戦闘は敵との間での相対的な活動であり、その場合の敵は自力で行動できないわけではなく、こちらが攻撃するまで呆然と待ってくれるわけでもなければ、こちらの計画にはまって負けてくれるわけでもない。敵は非常に用心深く敏感で、つねにこちらの計画の裏をかき、それどころかこちらがやろうとしていることを逆にこちらに対してもっと手酷くやろうとしている。それにもかかわらず、現代の紛争への取り組みにおいて我々は、敵や特に一般市民——敵は一般市民のなかで活動している——は、こちらの計画どおりに動き、将来の状況についてこちらと同じ考えをもっているはずという暗黙の前提を変えないでいる。ことが我々の計画どおりに運ばなくても、前提が間違っていたのではないかとは考えず、「ならずもの分子」とか「外国人戦士たち」のせいにしている。しかし、実際は当然のことながら敵はつねに我々とは異なる結果を求めて戦っているのであり、我々の未来像の押しつけには抵抗する。敵が自由で創造力のある意志をもち、それを活用する存在であることを認めなければ——これは敵の価値観や動機を認めるということではない——敗北するために戦うのに等しい。さらにまずいことに、敵は、一般市民を味方につけるという目的を達成するために、こちらの軍隊を打ち負かし屈辱を与えることを通じて我々自身を利用するだろう。《人間《じんかん》戦争》の戦いにおいては、敵は意識的にこちらの数の優位や装備の優位が無効になるように紛争のレベルと性質を維持しようとする。敵は《国家間戦争》のアンチテーゼのなかで確立された方針に沿って作戦を展開する。すなわち、騒動を起こし、公然とした行動を通じて自分たちの主義・主張を促進し（行為のプロパガンダ）、挑発により我々に行動する意志と能力があるかどうかを試し、あるいは我々に過剰反応を起こさせる（挑発戦略）。国連ルワンダ支援団（UNAMIR）における不運な国連活動は、挑発により行動する意志を評価した一例である。UNAMIRはルワンダ反政府勢力の手に軍事援助が届くのを阻止し、最終的には人道的被害が軽減され民主的な選挙が行える状況をつくることを特に意図していた。しかし、UNAMIRの編成は一九九三年に承認されたものの、現地に展開したのは一九九四年二月に入ってからで、さらに反政府勢力などは、数度にわたって挑発行為を仕掛け、UNAMIRに対してその背後に軍事力を行使するという国際的政治的意志のない張り子のトラというレッテルを貼ろうとした。実際、情勢が悪化するとUNAMIRに軍事要員を派遣している国が部隊を撤退させてしまった。そのため危機が最高潮に達した時期には駐在する国連関係者はわずか四〇〇人ほどになっていた。反政府勢力は国際社会が大目に見ていると判断し、三カ月あまりのあいだに一〇〇万人近くを虐殺した。

二〇〇三年五月に紛争が表向き終結したあとのイラクでの「反乱分子」による軍事行動も、多国籍軍に対する挑発行為だった。多国籍軍に損害を与えるだけでなく、その許容範囲をはっきりさせるためであった。しかし、いずれの場合においても、隠された目的は激しい反応を引き出すこと、あるいはもっと望ましいのは激しさがエスカレートすることである。イラク国民にアメリカ軍を中心とする侵攻軍がいかに無慈悲な連中かを示すのに利用できたのだ。というわけで挑発は反乱側の戦略的手段だ。多国籍軍の戦略的目的は、イラク国民に反乱勢力がいかにひどい連中か、自分たちがいかにいい人間かを示すことである。双方ともに、一般市民の意志をめぐって《人間《じんかん》戦争》を戦っている――これが本節で取り上げた第一番目の傾向の決定的な特徴である。すなわち、我々が政治目的として軍事力を使用して達成しようとのは、一般市民の考え方に影響を及ぼし得る条件を作為することなのである。これはその目的が力くらべに勝ち、敵の意志を粉砕することであった《国家間戦争》の場合の逆である。《人間《じんかん》戦争》の戦略的目標は、一般市民とその指導者たちの意志を獲得し、それによって力くらべに勝つことだ。一般市民に強制的に何かをさせることの危険や代価についてはすでに議論してきているが、歴史が示し続けているとおり、もしそれが行われれば、その強制的な手段は維持されなければならないだろう。さもなければ自由と独立の精神が発生する事態を招くだろう。

一般市民の意志を獲得するというのは非常に明確で基本的な考え方だが、世界中の政治的軍事的な権力機構の内部にいる人たちには誤解されるか無視されるかだ。政治家は相変わらずある種の条件を獲得するために軍事力を行使し続けるか、軍隊がそのような条件をつくりだし、そのうえで維持できると考えている。昔から軍部は地域住民の「心」を掴むことの必要性を理解してきているが、まだ全体的な目標というよりも反乱を鎮圧するうえでの支援活動としてこれを見ている。そして、そのための資金はたいてい不足しており、その地域の状況や住民全体の状況を改善するためのあまり重要でない活動に限定されている。ここで我々は力くらべと意志の衝突との関係に引き戻される。軍事力を行使することによって我々が手に入れようとする全体的な目標は、意志の衝突に勝利することなのだから、当然、あらゆる力くらべは、個々の成功が意志力の衝突を勝ち取るための手段を補足し支えるような方法で勝たなければならない。そうしてこそ、我々が派遣する軍事力は効用をもち、政治的に望ましい結果をもたらすのである。

我々は人々の間で戦う

二つ目の傾向は、もちろん、人々の間で遂行される軍事行動が次第に多くなってきたということである。都市部、街路、家屋内にいる市民――あらゆる場所にいる一般市民すべて――が戦場にいると言うことができる。一般市民のあいだを移動している隊列を組んだ見分けがつく敵の集団に対して、一般市民を装っている敵に対して、そして、うっかりあるいは意識的に市民に対して、交戦が行われ得る。一般市民も敵軍と同様、標的になる。これはまず第一に、一般市民が敵と勘違いされたり、一般市民が敵のすぐ近くにいたりするからであり、第二には、敵は一般市民を恐怖に陥れようとしているからである。こうしたことは、まず一般市民のなかを動き回ることが、ゲリラにとっては自分より強い敵の力を無効にする実績のある手段であるから起きる。次に、一般市民が標的になり得るのは、一般市民の意志を獲得することが彼らの目標だからだ。一般市民を直接攻撃することは一般市民の意志に対する激しい攻撃と考えられているからである。そして最後に、紛争を何百万という一般市民の家庭に持ち込むメディアの存在があるからこういうことが起きる。一般市民は投票し、その意見は軍事力の行使について決定をくだす政治家に影響を及ぼす。

これまでに見てきたように、第二次世界大戦中に一般市民は攻撃目標となり、一般市民を恐怖で圧倒してその意志を変えさせるべくヨーロッパや日本の都市は爆撃された。一般市民はその後ずっと攻撃目標であり続け、ボスニアやルワンダでの「民族浄化」においてもそうであった。テロリストは一般市民に対して攻撃を加えている。イギリスのＩＲＡやスペインのＥＴＡ（祖国バスクと自由）がいい例だ。第二次世界大戦時に攻撃された市民は、敵国の市民だった。敵国の市民は敵の支持基盤とみなされていた。第二次世界大戦後の市民に対する攻撃は大戦中のそれとは性質が異なる。というのも、攻撃者は自分たちの攻撃を遂行するために一般市民を必要としているからだ。これには一般市民が協力するかどうかは関係ない。すなわち、彼らは市民に対して、市民のなかでその攻撃を実行する。二つの攻撃形態の重要な類似点は、政治的目標である。第二次世界大戦中およびそれ以降のいずれにおいても攻撃の政治的目標は、一般市民の意図あるいは意志である――前節の第一の傾向のところで述べたとおりだ。

ゲリラ戦士は隠れ蓑として一般市民を必要とする。彼は森の木々のあいだを移動するように一般市民のなかを移動する。その目的のために、彼と彼の仲間はたとえその社会の少数派であっても、一般市民の目に普通の市民のように映ろうと努力する。彼は自分を支える集合体の形として一般市民を必要としている。彼は寄生虫のように宿主たる一般市民に依存して、移動したり資金や情報を集めたり仲間と連絡を取る。ロシア軍はこのことをよくわかっており、一九九四年から九五年にチェチェン共和国の首都グロズヌイを攻撃するにあたり、チェチェン軍を決定的戦闘に引きずり出すべく住民を立ち退かせてからグロズヌイを根こそぎ破壊した。一九九八年から九九年のコソヴォでも、自分たちの露骨で簡単に割り切った論理のなかでユーゴスラヴィア軍は同じ原則に基づいて行動した。すなわち、住民がいなければ脅威もない、だから民族浄化だ。これがその後のNATOによるコソヴォ空爆につながった。また、二〇〇四年にファルージャを攻撃したアメリカ軍は、ファルージャ市民がある程度立ち退いてから現地の武装勢力に対して大規模な攻撃をかけた。しかし、これらの解決策は二つの前提に基づいているが、この前提は多くの場合間違っている。まず最初の前提は、敵はこちらの設定した条件で戦うというものだが、敵は戦闘を避けることが可能な時には戦わない。二つ目の前提は、一般市民はひどい目に遭わされても反応する力がないというものだが、長い目で見ると一般市民は決して無力ではない。

一般市民のあいだでの作戦を理解し、一般市民の意志を獲得するためには、まず「一般市民というもの」を理解しなければならない。一般市民は実在するものだが一枚岩の塊ではない。彼らは、家族、部族、国民、民族性、宗教、イデオロギー、国家、職業、技術、貿易、さまざまな利害関係を基にいろいろな実体を形成している。これらのいろいろな実体の枠のなかで、人々の立場はばらばらであり、彼らの見解や意見はさまざまだ。政治的指導者がいて初めて彼らの立場はまとまる。ある一族がある問題を話し合う場合を考えよう。いつ、どこで、どのようにして、はその一族が決めることである。しかし、その一族の誰かがこの話し合いを引っ張っていくことにより、この小さな特定の一族としての実体が一つの見解を形成するのである。政治的なものであれ社会的なものであれ、クラブの委員長は、より形式張ったやり方で同じような役割を果たす。そして、いろいろな国家の政治的指導者たちは、それぞれの国家の政治的考え方や政治的立場を先導し決断をくだし代表するためにまさに存在している。こうしたさまざまな集団が存在するなかで、ゲリラ戦士は自分を支持してくれる実体をもつことが必要となる。そして、その実体を支配する。そのためにはこの実体を構成している人々が必要としているものを把握しなければならず、国家等の指導者たちとは異なるやり方で彼らに訴えかける必要がある。

基本的に、一般市民が欲するものは「〜からの自由」と「〜への自由」に区分できる。彼らは恐怖からの解放、飢餓からの解放、寒さからの解放、不確実性からの解放などを欲する。繁栄への自由を望み、また自分たちが望んで当然と思われるものを望む。また、家族や友人、同じような考え方をする人たちで構成する社会を望んでいる。彼らはそうしたものを提供してくれる可能性がもっとも高そうな指導者に従う。全体主義体制のもとでは一般市民には指導者を選択する余地はほとんどないが、そこでも指導者が一般市民の必要としているものや要望を満たすという美辞麗句を用いるというのは面白い。指導者たちは一般市民が最終的には反逆できる――そう簡単ではないし、大きな犠牲も払うことになるが――と知っているのだ。もし一般市民が恐怖と不安に満ちた環境におかれていたとすれば、市民はまずそれらを緩和することができる。いやそれよりもいっそのこと状況を一変させられる指導者を期待する。彼らがその他の要求について喜んで妥協するかどうかは、彼らの恐怖の程度に直接かかわる問題である。この理屈を知っているゲリラ戦士は、自分や自分の部下が彼らの要求を満足させられる指導者であるという状況をつくろうとする。ゲリラ戦士が、自分の敵を、一般市民を直接脅かす加害者として提示すればするほど、一般市民は保護を求めて彼に忠実になる。

武力や武器による直接の脅威がない状況では、一般市民は自分たちがよく知っていて親しみを感じている政府を求める。これは田舎の住民よりも都市部の住民にとってははるかに重要だ。田舎に住んでいる人々はたいてい自分たちが必要とするものを自分たちの力で生産して満たすから、かまわないでもらいたいと思っている。都市部に住んでいる人たちは、密接に関わり合い依存し合っているので、人々が必要とするものを賄うために政府が必要となる。実際問題として、都市と田舎の境界はまったくわからないし、社会が発展すればするほど田舎は都市部に通勤する人のためのベッドタウン、保養地となる。大まかに言えば、政府に対する要求の大部分が生存のために本質的に必要なもの、つまり「~からの自由」を提供することに関係している場合には、政府は財政的な効率、あるいは民主主義の規準を目指す必要がない。しかし、こうした基本的な要求が満たされるにつれて、人々はより多くを望むようになる。人々が効率的で高い倫理基準等を求めるのは、「~への自由」に目を向ける時だ。この問題を充分理解することは重要である。なぜなら、まず人々が必要としているものは堅実で公正な統治によってたいてい満たされるからだ。そこでは少数派が平等に扱われているように見える。すべての人々によって認められる平等というものは、政治の力によって保証されるべきものだ。民主主義が依存する暗黙ではあるが本質的な前提は、少数派にとって多数派がその立場を不当に利用することはしないと信頼できることだ。民主主義の価値観がうまく成長していくためには、この基盤は最初から築かれていなければならない。今日、紛争が起きている地域の多くでは、多数派が少数派の権利をまったく考慮していないか、あるいは少数派が自分たちは不当に扱われていると思っている。どちらかがどちらかを攻撃して、今述べた感覚と恐怖が組み合わさると、ちょっとしたきっかけで紛争が勃発する状態になる。

　この事実を初めて認識したのは一九八〇年に独立したばかりのジンバブエで、新しい国軍の編成に関わっていた時だ。ジンバブエの人口の大半は、多数派のショナ族と少数派――といってもショナ族に比べてという意味だが――のンデベレ族という二つの部族である。かつて「解放闘争」を戦った軍隊は、それぞれショナ族、ンデベレ族にしっかり基礎をおく二つの政党の軍事部門で構成されていた。当初、この二つの政党と、この二つの武装組織の指導部は、政府と新しくできたジンバブエ国軍に代表を送り込んでいた。しかし、どちらも相手を信頼していなかったし、いずれもローデシア人（ローデシアはジンバブエの旧称であり、ローデシア人というのはイギリス植民地ローデシアを支配していた白人を指す）を信頼していなかった。ショナ族を主体とするゲリラ部隊、ンデベレ族を主体とするゲリラ部隊それぞれが、ザンビア、モザンビークのそれぞれの聖域に武器を備蓄し続け、兵士をおいていた。その後二〇年以上にわたりショナ族を主体とする多数党ZANU（ジンバブエ・アフリカ民族同盟）は政権与党としての地位を確立して権力を掌握し、我々が立ち上げつつあった四個旅団に加え、北朝鮮から援助を受けて第五旅団を編成した。第五旅団の訓練を観るのは容易ではなかった。それにもかかわらず、ンデベレ族の兵士がこの旅団をやめさせられ、ショナ族のみの部隊になりつつあることが明らかになった。それと相前後して、ショナ族が国外に備蓄していた兵器がジンバブエ国内に公然と持ち込まれるようになった。こうした動きを受けてのことか先を見越してか、ンデベレ族も国外に備蓄していた武器を密かに国内に持ち込みマタベレランドである種の運動組織をつくっていた。独立達成からおよそ二年がたつ頃、ジンバブエ政府――主としてZANU――がマタベレランドを襲撃した。ンデベレ族の指導者たちは中枢ポストから外されるか逮捕された。その後間もなく第五旅団がマタベレランドに派遣された。彼らはンデベレ族が占有する地域で起きた暴動を残虐なやり方で制圧した。ムガベとZANUはそれ以降ジンバブエ国民を支配している。

ジンバブエでの出来事は、公然と分裂し、内輪で戦っている国民の一例である。その他の地域ではこれまで見てきてわかるように、冷戦に並行して発生した紛争やその後の紛争が勃発する地域――イラクの状況が典型例だ――の多くにおいては、敵すなわち反乱勢力は、一般市民のなかに入り混じって占領軍を攻撃するだけでなく、その地域における自分たちの派閥や民族集団の優位な立場を確立するために内輪でも戦っている。一般市民のなかに入り混じって軍事行動を行う際、反乱分子、テロリスト、ゲリラ、反体制運動の闘士たちは、自分が直面する個々の状況に適合させつつ、一定程度共通の手口を使うのがつねである。彼は「聖域」をもっており、そこでは自分と同じような考えの人たちとつき合っても何の心配もない。彼は自分の身元を明かしたり目的を打ち明けたりすることまではしないだろう。しかし、自分たちの態度を明白に表明している人々には接近し、場合によってはその人たちの内部に入り込みさえするだろう。例えば、タリバン支配下のアフガニスタンにおいてアルカイダは安心して自分たちの組織のなかを転々とできたが、その社会のなかで自分たちの正体を明かすとはかぎらなかった。ゲリラはやがて「準備地域」を用意し武器を隠す。また、そこで爆弾を組み立て計画を練り、攻撃を予行する。ここで真の目的が暴かれる恐れがあるので、ゲリラは身の安全に細心の注意を払い、互いに顔を知っているのは三、四人だけという小さな組織のなかで作戦行動を行うような手法を取り入れる。発信者、受信者が特定されたり内容を盗聴傍受されないようメンバー同士が連絡を取ることは制限され、無作為に選ばれた公衆電話を使い、また証拠が残るクレジットカードやデビットカードではなく現金を使う。アルカイダによる二〇〇一年九月一一日の同時多発テロ事件の「準備地域」はドイツとフロリダだったようだ。最終的に「作戦地域」があり、そこに標的がいる。ゲリラとしてはこの地域に滞在する時間は最小限にとどめたい。攻撃をするために武装しており、出会った人にはその正体や意図がすぐにわかってしまうからだ。タイミング、変装、欺瞞は奇襲攻撃を成功させるための主要な助けだ。攻撃を成功させ、うまく逃げ終えてこそ奇襲だ。

ゲリラがもっとも危険にさらされるのは、作戦地域に移動する時だ。計画を遂行する時彼の態度が変わり、用心深い防御者はこれに気づいて効果的に反応するだろうからである。ゲリラは作戦地域に滞在する時間をできるだけ少なくし、文字どおり自分を追いかけてくる連中や犯罪科学的に自分を追跡してくる連中を困惑させるようなやり方で立ち去ろうとする。自爆テロ犯はＶ１ロケットや巡航ミサイルになぞらえることができるが、彼らは作戦地域からある程度離れた場所から作戦を開始し、また彼らの救出は考慮する必要がないという点で非常に効果的だ。九・一一の攻撃はこれらの特徴を備えていたし、乗っていた飛行機を武器として使うという意味で飛行機の効用を二様に使っていた。この攻撃がうまくいったのは、まず第一に作戦地域が飛行機の中だったからである。攻撃者たちは空港を通過した時に準備地域から作戦地域へ移行したのである。そして、たとえ一人や二人が搭乗を阻止されても仲間は充分いたし、武器として乗っ取る飛行機もたくさんあった。また、誰かが逮捕されたとしてもこれから起こる非道な行為についての充分な証拠を提示することはしなかっただろう。

私は聖域、準備地域、作戦地域という具合にこれらの三つの領域を空間的に表現しているが、必ずしもそうとはかぎらない。特に都市部の一般市民のなかで紛争が起きている場合はそうだ。この三つの地域は時間で定義することもできる。例えば、問題にしているこのゲリラは、それぞれの領域に関係する活動を一日のなかのある特定の時間に遂行するだけという場合である。ひょっとしたら彼にとって準備地域は出勤途中の時間かもしれない。そして通勤電車の中で見ず知らずの他人のような顔をして組織の仲間に偶然出会うという形をとれるのだ。あるいはまた三つの領域は行動により定義できるかもしれない。つまり、ある領域は彼がゴルフクラブに行く時、あるいは教会に行く時かもしれないということだ。ゲリラが自分の村あるいは共同体から移動しないというもっとも単純な段階においても、三つの地域は明らかである。部外者には牧童あるいは配達人のように見えるよう振る舞う。別々の時間に別々の集団と会い、自分の武器は隠しておく。彼は標的——おそらく軍の警備隊、あるいは政府高官——が姿を見せた時のみ手の内を見せるだろう。地域から地域への移動は、ゲリラあるいはテロリストが攻撃されやすい時である。彼は自分の外観を変えたり自分の生活環境を変えたりするが、そうすることによって自分の意図も見せていることになる。

こうした行動様式が事前に計画されていると言うつもりはない。ただし、非常に抜け目のない人物ならばやりかねないが。そうではなくて、彼らは試行錯誤を経てその行動様式を少しずつ進展させている。この検討から明らかなように、ゲリラ戦士はたいてい自分が得意とするやり方でのみ攻撃を開始するのであって、それに治安部隊が対応するのだ。交戦を生き抜きそこから利益まで得てゲリラが学習していくにつれて、ダーウィンの言う進化の過程が発生し、戦術や手法が機能するようになる。被占領地の住民に作戦上の主導権があるように、ゲリラに主導権がある。しかし、いったんゲリラが活動を開始すると治安部隊がこの過程に加わる。そしてここにチャンスがある。敵をただちに打ち負かそうとするのではなく敵を知るために行動を立案するならば、作戦的主導権を握るための情報と洞察力を得るだろう。この重要な知識を得るまではゲリラを一般市民から引き離すことはできないし、ゲリラを一般市民から引き離すまでは治安部隊によるあらゆる戦術的行動は挑発および行為のプロパガンダというゲリラの総合的な戦略に貢献するリスクを伴う。

一般市民のなかに入り混じって戦い、作戦行動をとると言っても、現在では、我々はこれまでとは異なる段階に達している。すなわち、メディアを通して一般市民のなかに入り込んでいる。これは広い意味での《人間《じんかん》戦争》だ。特にテレビとインターネットは紛争を世界中の家庭に――指導者たちと有権者たちの家庭に――持ち込んだ。指導者たちは、自分が目にするものによって、そして、有権者たちがそれをどのような気持ちで見ているかを知ることによって動いてしまう。そして、指導者たちは、係争そのものにおいて問題となっている政治的目的よりも、政治的目的に関わる理由によりこういったメディアの映像がもたらす認識に基づいて行動することが多い。実際、対立は最終的に紛争あるいは戦闘のレベルにエスカレートする。あるいはメディアがつくった認識のおかげで、ふたたび対立に戻り緊張が緩和される場合もある。軍事行動の「舞台」を意味する言葉（the theatre of operations）を「戦域」という意味で使い始めた人は非常に先見の明があった。我々は今や古代ローマの円形劇場や闘技場の舞台にでも立っているかのように、軍事行動をとっている。二組あるいはそれ以上の演技者集団がいる――どちらにも製作者や監督がいて、どちらの側の人たちも脚本について独自の考えをもっている。地上における現実の軍事行動が進行中の地域においては、当事者たち双方はすべてこの舞台に立っているのであり、一般市民と入り混じっている。一般市民は、自分の席につこうとする人たち、裏方、集札係、アイスクリーム売り等に相当する。その一方で、この一般市民はえこひいきをする観客と見られている。くつろいで席に座り、観客席のもっとも騒々しいところに目を向け、ソフトドリンクのストローを通して舞台での出来事を覗き込むようにして眺める――カメラを通しての光景に相当する、といった具合である。

このようにメディアが介在する戦場において軍事行動を遂行するためのある種の原則に私は到達したが、それはメディアというものはまさに集合的な媒体であるという見方に基づくものであった。この場合、メディアは、あなたがそのなかで軍事行動をしている環境であって天候のようなものだ。かなりのところまでメディアは戦場におけるすべての当事者たち――対立状態にあろうと紛争状態にあろうと同盟状態にあろうと――に共有されているものだ。メディアはコミュニケーション手段であるが、伝えてもらいたいメッセージがあってもより好ましい記事があれば顧みられず、個人的あるいは編集上の偏見によりメッセージが歪められ、また知識不足のせいで誤って解釈されたり、背景に関する情報がないため誤って伝えられることを覚悟しなければならない。何よりも報道関係者や番組制作者の関心――これはたいてい純粋である――は空白を文字や映像で埋める必要に迫られてのものだということを忘れてはいけない。一九九〇年の湾岸戦争時にイラク軍に対して作戦行動を実施する方法を検討している時に、私はこのような理解を利用した。イギリス国民および同盟国の継続的な支持を確実にするために、こちらが敵に伝えたいと考えている具体的な気持ちを敵に知らせるため、そしてそのような伝達がうまく行われているとイギリス軍司令部に思ってもらうためには、私が「プレゼンテーション」と呼んでいるものを扱うため格別の準備をすることが必要だと悟った。「従軍記者」の立場は法律で認められた地位である。すなわち、従軍記者を志願する人は、行動について軍の指示を受け入れ、従い、命じられれば軍服を着用し、原稿の写しを検閲に提出する。そのかわり従軍記者は戦場へ近づくことが許され、情報をもらい、記事を書いたり映像を送るのに都合のいい場所や避難場所をあてがわれ、食糧と安全を保証される。私は戦闘が始まったら認可を受けた従軍記者のみに対応することにした。彼らは師団内の部隊に割り当てられ、私の部下が彼らの原稿の写しを検閲することになった。他のすべての報道関係者の原稿はジュバイルに駐留するアメリカ中央司令部の検閲をパスしなければならなかったし、イギリス軍の検閲はアメリカ軍の正式なそれに比べて時間がかからなかったので、イギリス軍のところに来ている従軍記者たちは有利であった。このような相互に有益な条件の範囲内で我々は関係の土台をつくり、またその関係が順調にいくよう司令部内に新たに対外関係部門をつくった。この部門のトップ、すなわち対外関係部門長は、視察に訪れたイギリス皇太子や地元の首長、それにマスコミ関係者など、作戦指揮系統に直接入っていないすべての人たちに対処した。この部門長はあらゆる出来事について報告を受けており、実際はいくつかの出来事の当事者であった。メディアはこのように絶えず我々と接触していたので、彼らと我々の関係は良好であった。

戦域では敵味方を問わず当事国すべての軍隊、とりわけ政治的指導者や軍の司令官たちはメディアと共生関係にある。メディアは記事やニュースの情報源として軍を必要とする。軍の司令官たちは、自分たちに有利な記事やニュースを流してもらうためにメディアを必要とするだけでなく、自国民や自国政府に対して、いかに自分たちがよくやっているかを、最悪の場合でも、自分たちの敗北がいかに栄光に満ちたものであるかを、伝えるためにメディアを必要としている。さらに司令官や指導者たちはいずれも敵が情勢をどう見ているのか知るため、また、自分たちがここの情勢をどう見ているのかを説明するためにメディアを必要とする。現代の紛争において、一般市民の意志を勝ち取るという政治的目標を達成するために、メディアは非常に有用な要素であるが、また国民、政府、軍隊というクラウゼヴィッツのいう三角形の三要素を結びつけるのもメディアになってしまっている。戦っている二つの国家という場合の単純な状況においては、一方の国の三角形に関わるメディアともう一方の国の三角形に関わるメディアは独立したものと考えることができるだろう。実際、《国家間戦争》が盛んだった時代にはたいていの国に情報省があり、自国のメディアを取り締まり管理していた。しかし、我々が現在関与している複雑な紛争や最新の報道手段はこれを変えてしまった。終日ニュースを流す番組や広域ネットワークを有するメディアは、当事者双方の三角形、あるいは関係するすべての国々のすべての三角形に対してかなりの程度にまで共通している。つまり、共有のメディアなのだ。共生関係があるにもかかわらず報道関係者と取材対象——軍の司令官や反乱の指導者も含む政治的指導者——との関係は脆く壊れやすい。というのも、取材対象の人たちは報道関係者との関係を暗黙の約束の上に成り立っているものと考えているが、それは到底守られるはずのないものだからである。政治的指導者や軍の司令官たちは、こう話してもらいたいと自分が望んでいるとおりに記者たちが報道することを、また自分が記者に話したとおりに記者が報道することを、期待している。しかし、記者は政治的指導者や軍の司令官の話をあくまでも記事のネタと考えており、その日の出来事や会見は政治的指導者や軍部首脳の話の裏付けとしてよりも自分の話の筋書きを裏付けるためにもちだされる。当事者のいずれかが話を故意に歪曲したりこじつけたりしていると言っているのではない（だが、そういうことは起きている）。メディアは客観的に報道していると主張するが、そうではない場合が多い。その一方で、政治的指導者や軍の首脳は共有している認識の客観性をあくまでも期待するのだが、そんなものはほとんど存在しないのである。言い換えれば、政治的指導者や軍の首脳たちは報道機関が客観的ではないことを知っている――それでもそのメディアに話をし、それを利用し、失望し、文句を言っているのだ。これは主に彼らが見解を表明する舞台、せいぜい自分たちの見解を伝達する人を求めていて、メディアというものが、次のような性質をもつ媒体であることを理解していないからである。すなわち、この媒体のなかでは、あらゆる出来事がいっしょくたにされ、すべてが同時に、そしてすべてが同じ重要性をもっているように提示され、理解しやすい小さな塊にわけて伝えられ、やがて捨てられるのである。この関係を制御し関係がまずくなるのを防ごうとする試みは、報道関係者に話をすることを許されている人や話してかまわない内容を厳しく制限することから、検閲すること、報道関係者に「番人」をつけることなどを含めてその他にもさまざまな対策があるだろう。もちろんこれらはいずれも求めているのとは逆の効果をもたらす。というのも、こうした方策は、報道関係者たちに何か隠し事があることを示唆し、暗い秘密あるいは「内部告発者」を見つけようと陰謀追求に乗りださせてしまうからだ。このようにして、上述のいろいろな方策は報道をまっとうなものにするのではなくてジャーナリスティックな記事を生んでしまう。しかし、行われている戦闘の真っただなかにいる一般市民やその戦闘を外から見ている一般市民に伝えられるのはこの記事である。

メディアは作戦の一部として機能しているわけではない。しかし、戦域のいたるところにいるので、その存在についてはあらかじめ考慮しておかねばならない――奇襲攻撃を成功させる方法を選択する際には特にそうだ。敵の意図と存在を確認しようと努めつつ、こちらの意図と存在を隠すことは昔から行われており、孫子がこれを重視したのは間違いない。彼は『兵法』のなかでこの問題について数章を割いている。この数百年間さまざまな形態のメディアが、この目的のために情報を得るべく、注意深く調べられている。実際、ナポレオンはイギリスの新聞を熱心に読んでいた。今日では外部からの管理・統制を受けつけない国際的なメディアが存在している。それの伝達する情報が、軍隊の伝達する情報よりも優れていることがしばしばである。この国際的なメディアが戦域で戦っている兵士にも戦域外から戦いを見ている人にも、戦域についての情報を伝えるべく活動している。こうした状況においては、こちらの意図や存在を隠すためには、欺くというよりも錯覚を引き起こすのが得策だろう。欺くとなると嘘をつき騙さなければならないが、錯覚を引き起こすには敵に思い違いをさせればよい。一例をあげると、一九九〇年の湾岸戦争時に我々はイラク軍に、こちらが本格的に攻撃したいと考えているのがクウェートではなくイラク国内であることを知られたくなかった。我々は、イラク側が現地に一個しかいないイギリス軍師団を探すだろうと考えた。そして、それは主要同盟国のものなのだからたぶん攻撃の主軸上にいるとイラク側が考えるだろうと思った。このためイラク・クウェート国境の反対側の沿岸から北上して砂漠地帯に入り、主軸上にいるアメリカ軍の二個軍団に合流した事実を秘匿することがきわめて重要だった。テレビ局がいつ資料映像を流すか説明することはめったにないという前提で取り組み、爆撃開始前にテレビ番組用にさまざまな便宜を図ったが、その場合、映像の背景には必ず海を入れるようにした。爆撃が始まると我々は砂漠に移動し、テレビ番組に便宜を図るのも止めた。数カ月後に、私は海を背景にした映像がどれだけ出てくるのかに興味をもって攻撃開始前のニュース番組の録画を見た。おそらくその映像はイラク軍の将軍――攻撃中に捕虜にした七人のうちの一人――が頭のなかで状況がどうなっているのかを考えるのに役立っただろう。その将軍は自分を捕まえた相手に、イギリス軍が正面にいたとは知らなかったと語っている。チャレンジャー戦車は沿岸にいると彼は思っていたのだ。

　最後に言っておくが、最終的にマスコミの記事や描写も、我々が紛争を相変わらず《国家間戦争》の枠組みのなかで考えている強力な原因となっている。というのも、メディアは紛争をたいてい国民国家に派遣された在来型の軍隊の視点で語っているからだ。政界や軍部の上層部と同様、メディアも依然として《国家間戦争》の概念にとらわれ、現代の紛争が《人間《じんかん》戦争》であるということを認識していないし、理解していない。その一方で報道機関には情報を伝える時間も場所もないため――テレビで放送される時間は一分ないし三分で、日刊新聞のスペースは数センチだ――、視聴者や読者の関心を引きつけ理解してもらうために経験的認識に基づいた概念や専門用語を使って、仕事をせねばならない。そうした概念や専門用語はいずれも《国家間戦争》を戦う在来型の軍隊に関わる人々や状況についてのものである。ここに今新しい動きが芽生えてきている。というのも、見物人の大部分が、そしてメディアの一部までもが、見せられ経験させられていることと説明されていることのあいだにはずれがあることに気がついているのだ――見物人の大部分が気がついているというものは明らかに戦争の形態が別のものになったということであり、メディアの一部が気づいているというものは《人間《じんかん》戦争》を説明するのに国家間の戦争という枠組みを使おうとすることの空しさである。毎日流れるニュース速報を例にとれば、我々はイラクやイスラエルが占領している地域やその他世界各地で、女性や子供であふれる街路を重装備の兵士が戦車でパトロールしている光景、あるいはみすぼらしいなりの男性や子供たちが戦車に乗り込んだ重装備の兵士たちを攻撃している光景をよく見る。こうした映像そのものが我々の経験的認識と相容れない。しかし、記者やスタジオの解説者が兵士の軍事行動を説明しようとして話す解説を聞くと、こちらはさらに混乱してしまう。それは彼らがその映像を、二つの同等の軍隊が戦場で小競り合いをしているかのような、従来の軍事的観点から説明するからだ。言い換えれば、新しい現実が古いパラダイムに基づいて再構築され、大部分がうまくいかない。

つまり、この二つ目の傾向——人々の間での戦い——は、現在、我々がやっているような紛争の特性と、紛争のすべてを包含するような性質を反映している。あらゆる種類のゲリラ戦士一人一人が、あるいは、現政権にとって代わろうとする政治的指導者が一般市民のなかに入り込んで移動し戦っている。この一般市民は、ゲリラ戦士や政治的指導者が関心を寄せている人たちである。その一方で、メディアのおかげで世界中の人々がこれらの紛争の観客となっている。この観客となった人々は、軍隊を派遣している政治的指導者たちの決定に影響を及ぼすだけでなく、場合によっては戦場におけるさまざまな出来事にも影響を及ぼしている。《人間《じんかん》戦争》を繰り広げている人たちもさまざまな決定に対して、なかでも自分たちが先導し吸収しようとしている一般市民たちの意志に対して、影響を及ぼすべくメディアを使うようになってきている。このように、観客が参加するようになった紛争の現況は、情報の共有化によって一つの村のようになった地球村《グローバル・ヴィレッジ》というよりも、むしろ戦争の地球劇場《グローバル・シアター》である。

我々の紛争は果てしなく続く傾向をもつ

《人間《じんかん》戦争》にはその場しのぎの解決法や手っ取り早い解決策というものはない。何をやるかわからない敵に直面している場合は特にそうだ。さらに、適切なタイミングでの行動は、行動そのものよりもはるかに重要である。ここから私は三つ目の傾向にたどり着く。すなわち、我々の軍事行動は次第に果てしのないものになりつつある。いつまでも続くのだ。これまでに取り上げた対立や紛争は――現在も続いている朝鮮半島での対立からキプロスでの継続中の対立やインドネシアにおける三〇年にわたる紛争にいたるまで――いずれもこの傾向をよく示している。最近では、イラクでの軍事作戦が一九九〇年以降続いている。また国際社会は一九九二年に初めてバルカン諸国に介入したが、終わりが見えない。こうした終わりのないいつまでも続く傾向は三つの理由から生じている。第一の理由は、選ばれた目標なり目的に関係するものであり、第二の理由は、手段なり方法（この二つは結びついている）に関係するものであり、第三の理由は、根本的なパラダイムの変化に関係するものである。

《人間《じんかん》戦争》の第一の傾向、すなわち戦う目的が変化しつつあることは、我々が作戦行動を遂行している多くの場合、作戦自体によって政治的目的を達成するのではなくて、その政治的目的を軍事力以外の他の手段や方法で達成するための条件を作為するために行われているのだということを反映したものである。フォークランド紛争のように、この状況が一度の軍事行動ですぐに得られる場合もある。しかし、たいていはゲリラやテロリストの手段を用いる敵に対する、長期にわたる作戦の結果として達成される。自分の好機にのみ戦うというのがゲリラあるいはテロリストの基本的信条の一つだ。ゲリラやテロリストは戦って勝てる条件がそろった時に攻撃を仕掛けてくる。それまでは鳴りを潜め、自分の得意とするやり方で戦える場合以外には決定的な交戦はしない。交戦する場合においても、ほぼつねに作戦レベルというよりもむしろ戦術レベルでの結果を求めるものとなる。これまで見てきてわかるようにそのような敵を手早く打ち負かすのは難しい。しかしながら、このような敵を打ち負かすことがすみやかにいかないのにはもっと他に理由がある。すなわち、《人間《じんかん》戦争》において戦いの場を構成する一般市民のことを考慮せねばならないということだ。戦域レベルの目標と戦略レベルの目標のいずれもがこの一般市民の支持を得ること、あるいは少なくとも彼らが敵に対する支援を拒否することを含んでいるのであるから、彼らの意志を獲得する速さがこの作戦行動の目的達成へ向けた進捗の目安となる。こちらの得意とするやり方では絶対に戦おうとしない敵に対して性急に勝利を収めようとすると、特に〈人々の間〉で作戦行動を行う場合、一般市民を味方につけるどころかむしろ遠ざけてしまうことになる。一九四五年以降に世界各地で発生した紛争の多くは、このような好ましくない結果を生んでいる。ロシアがチェチェン反乱を鎮圧しようと同共和国の首都グロズヌイに激しい攻撃を加えたのが、まさにこれに当てはまる。交戦を決定した場合に迅速な勝利を求めていないと言っているわけではない。いつでも迅速に勝利するのにこしたことはない。迅速に戦えば戦費も少なくすむし、ハイテンポで効果的に攻撃できれば戦いの流れを決定できる。しかし、ゲリラもそのあたりは認識しており、だからこそ自分たちの得意な方法で小さな戦いを仕掛けてくる。しかし、そうした小さな戦いはたとえ毎日迅速に行われたとしても、全体として大きな戦闘になるわけではない。そうした小さな戦いは本来決定的な戦いではない。したがって、彼らが仕掛けてくる戦いは、全体として、決定的な解決をもたらす状況を確立するためのものだ。

いったんその状況が達成されれば、どんな場合でも次は戦略的目標が達成されるまでその状況を維持しなければならない。例えば、一九五三年七月に韓国と北朝鮮のあいだで休戦協定が結ばれて以降、韓国には大規模のアメリカ軍が駐留している。二〇〇五年にアメリカ軍の総合的な再編が行われた結果、大幅に人員が削減されたものの依然として韓国だけのために二万五〇〇〇人のアメリカ軍兵士がいる。そして、最終的な決着がつくまで兵力規模はどうであれ、今後もアメリカ軍の駐留は続くだろう。簡単に言えば、長期にわたる国連の活動もこの傾向を反映している。例えば、国連キプロス平和維持軍（UNFICYP）は、キプロス島のギリシア系住民とトルコ系住民とのあいだの衝突を防止するために一九六四年に編成されたが、対立が解消されないため国連軍は現在も同島に駐留している。すなわち、解決策が見つかるまでは依然としてギリシア系住民が住む地域とトルコ系住民が住む地域のあいだのグリーンライン（境界線）は、小規模の国連軍によって維持されなければならないのだ。数十年のあいだに駐留する国連軍の規模は縮小されているが、それにもかかわらずこの作戦行動は五〇年の大台に乗ろうとしている。軍隊が実力をもって介入し、また決定的な解決に向けての条件となる状況をつくり出すために、多かれ少なかれ必要な変更を加えた場合、軍は引き続きその変更を維持しなければならない。一九九九年、NATOはコソヴォにおいて、爆撃によってある種の状況を確立するよう要請された。この場合、セルビア大統領スロボダン・ミロシェヴィッチがセルビアの主権領土の一行政地区であるコソヴォの統治権を、NATO軍が支援する国連に引き渡すような状況を確立することが狙いであった。直接の目的は、コソヴォ州内で多数派を占める住民、すなわちセルビア共和国内の少数派であるアルバニア系住民による弾圧、民族浄化の脅威を取り除くことだった。しかし、空爆開始前にも空爆中にも、長期的な政治的目的は明確に語られなかった。この行動はコソヴォを独立させるためのものなのか？　それともミロシェヴィッチを退陣させ、国連が納得する形でコソヴォを統治できる政権に交代させるためのものなのか？　本書で何度も述べているように、明確な政治的目的がなければ軍事的戦略的目標をもつことは不可能である。その結果、NATO軍とアメリカ軍の攻撃は、日々の飛行命令により調整される一連の戦術的行動となり、コソヴォから撤退するようミロシェヴィッチに圧力をかけるものと思われるものを攻撃目標とした。目指していた目標が確立されたのは空爆開始から七八日後のことであり、アメリカ、ロシア、欧州安全保障協力機構（OSCE）と、ミロシェヴィッチとのあいだで外交的なやり取りが交わされたのちのことであった。マケドニア側のセルビアとの国境に設営されたテントの中で占領の様式についてセルビア側と時間をかけて交渉したのち、NATOはコソヴォ州を占領し、国連が統治を開始した。この軍事力の展開と統治、したがって確立された状況、はそれ以降まったく変わりない。戦略的解決策は見つからないままだ。

要するに最近の軍事行動の傾向は、それが一般市民の意志を勝ち取ることを意図すればするほど、敵はゲリラ戦術を採用し事態は複雑になり、戦略的決定をくだすことができ解決策が見つかる状況に達するのに時間がかかるようになる。そしてその解決策が見つかってもその状況は維持されなければならない。その状況は、少なくともある程度は軍事力によって達成されているので、戦略的決定がはっきりするまで、軍事力により維持されなければならない。しかし、この状態は前述した三つ目の理由により可能となるのである。すなわち、パラダイムの切り替えだ。《国家間戦争》においては、社会全体、国家全体が戦争に奉仕しているので、迅速に勝利する必要があった。国家機構はすべてこの事業に集中し、社会や経済は平時の流れや生産を完全に停止し、この戦争のために利用されるようになった。そのため、ごく普通の生活や商売を再開させるために戦争をできるだけ早く終わらせなければならなかった。二つの世界大戦でそうだったように、戦争を早く終わらせなければ、国家は非常に高い犠牲を払わなければならなくなる。新しいパラダイムにおいては、軍事行動は国家の活動のひとつにすぎない。実際、軍事行動はそのようなものとして明確に計画されている――朝鮮やヴェトナムにおける戦争を見ればよくわかる。軍事行動がエスカレートしすぎて、障壁を越えて一般市民社会に攻め込むような深刻な危機が発生するなり、目標変更あるいは撤退により、軍事行動は事実上停止される。言い換えれば、現代の軍事行動は国家が行う数ある活動のなかの一つとして扱われており、ほぼ永遠に続けられる。現代の軍事行動は果てしなく続くのだ。

我々は兵力の損耗がないように戦う

四つ目の傾向は我々をナポレオン以前の時代に引き戻す。ナポレオンが出現する以前、敵対する軍隊は決定的戦闘に全兵力を注ぎ込むような真似はできなかった。徴兵制度のような安価な兵力獲得制度がなかったし、武器や防具が高価だったので、軍隊を失ったらすぐに新しい軍隊をつくるというわけにはいかなかった。こうした問題が現代でもふたたび意味をもつようになった。背景にある理由は異なるが、影響は同じだ。その理由としてよくあげられるのが「遺体袋効果」である。「柔らかい、ぼんやりとした（soft）」目標のために軍事作戦を実施している民主的な政権は、国内で政権が支持されているか否か確信がもてずにおり、本書のあちこちで何度も示したように、あらゆる国家や軍隊は自国民からの支持を維持しなければならない。指導者たちがどれだけ確信をもてずにいるかは、彼らが兵員の損耗を回避しようとする程度でほぼ正確に測れる。これが実状であることは間違いないが、この傾向が生まれる理由は、国民の支持を維持する必要性――これも非常に重要だが――よりもはるかに複雑だ。

まず第一に、兵力を失わないようにすることは、国民の支持に確信がもてない民主的な指導者だけの特徴ではない。ゲリラやその他の非在来型兵力、非国家兵力もこの方針に基づいて戦争を遂行する。兵士と資材の代わりを見つけるのは時間も費用もかかるからだ。大量の兵員と国家に管理され資金を提供される大規模な軍需産業とを必要とすることを考慮すると、第二次世界大戦後の在来型の軍隊についても同じことが言える。おそらくソ連軍が唯一の例外だっただろう。しかし、このソ連軍ですら最後は兵力を失わないように戦うことを重視するようになった。この傾向は疲弊した後継者であるロシア軍において強力に推進された。徴兵制度を廃止した国――おそらく西側世界の大多数――の軍隊は、他の職業と競わなければならない。一国の人員は有限で、商工業も人を必要としている。その結果、他に負けない賃金を支払い、装備や武器を購入する費用や訓練費用を予算に組み込むために、彼らはつねに人員を削減する傾向にある。だが、そのような非常に規模の小さい軍隊でさえ国内の労働市場で健闘するためには、通常、防衛予算のかなりの割合が兵士の給料と諸手当に割り当てられている。イギリスを例にとると、防衛予算の五〇パーセントが兵士の給料と諸手当に回されている。死傷する可能性が高い軍事行動の士気に与える効果はひとまずおいて、人命という貴重な資産――特に入隊して数年のキャリアをもつ兵士――を無駄に使うことは、経済上の誤りである。

これまでどおり徴兵制度を維持している国――特にヨーロッパのなかで――にとっても問題は変わらない。自国を防衛する兵士が足りなくなるという理由で、徴集兵が国外の軍事行動に従事するのを法律で禁止している国も多い。したがって、その国の軍隊が自国防衛以外の軍事行動を要請された場合、徴集兵は自発的に志願せねばならないのだ。時には国内の政治的理由により、たとえ法律が要求していなくても、徴集兵が国外の軍事行動に参加させられることもある。さらに、国の人的資源に教育を受け高収入の仕事につくためのあらゆる機会を与えるべく、徴集兵の兵役期間は比較的短く、単一の状況のなかでの単一の任務のための訓練を施している。したがって、彼が志願して国外の軍事行動に参加する場合には、彼は特定の軍事行動に必要な追加の訓練を受けるために、通常よりも長い兵役期間を志願していることになるだろう。要するに、国外での軍事行動に志願してくる徴集兵は国家の希少な人的財産であり、無駄に使ってはならないのだ。特に死傷する可能性が高いために志願者が希少である場合には。

資材についても状況は芳しくない。数が充分でない上に費用がかかるため無駄に使うことはできない。西側世界のほとんどの地域で徴兵制度が廃止されたので、《国家間戦争》を支えるだけの兵力を供給する道はもはや存在しないし、戦時用に多額の補助金を受けていた軍需物資の生産ラインもまた存在しない。そのため他の顧客、つまり他国軍向けに今もつくられている武器あるいはシステムを別にして、一国の軍隊のためだけに生産ラインを動かしておくだけの商業上の理由はない。ただし、重要な点検整備のための小規模な部品製造ラインは別だ。実際、ソ連はその軍隊が活用されることがないにもかかわらず、市民社会の物質的利益の全体的な向上を犠牲にして、その戦時の生産ラインを維持しようとした。そして、このことがソ連の崩壊の一因となった。現状では、大量の装備を失うと多大な時間と莫大な費用をかけなければ入れ替えられない。市民生活の向上という軍備以外の問題を国家の優先事項としている国では、軍の装備のために多大な時間をかけ莫大な費用を払うことは容認されない。実際、西側世界である程度無制限に軍を派遣できるのは、少なくとも資材を投入できるのは、アメリカのみのようだ。しかし、そのアメリカにおいてでさえ、政界や市民社会のなかに強い異議が存在している。さらに、多くの品目の価格を考慮すると、いかに予算が莫大でもやはり限度がある。二〇〇三年から〇四年にイラクに派遣されたアメリカ軍、イギリス軍は、防弾チョッキから作戦環境に適した通信手段にいたるまでさまざまものが足りないと不平を言った。最終的に多くの国の軍隊や主要な装備を提供しているのは国内の業者ではなく世界各国の軍隊向けの国際企業であるし、自国の防衛産業基盤を全面的に管理している国はほとんどない。アメリカ、中国、ロシアのように大規模な経済圏をもち大規模な軍隊を維持したいと考えている国々は、自国の防衛産業を厳しく管理しているだろうが、アメリカの防衛用製品ですら世界中の他の産業界と協同で製造されている。自国の防衛産業基盤を全面的に管理しようとする国は、何十億ドルという莫大な金を投資しなければならないだろうし、それだけの投資をしてもたぶんかぎられた品目で我慢するしかないだろう。

以上述べたことがすべて現代の軍隊と任務の現実につながる。軍隊――兵士も装備も――は不測の事態に備えて取りおかれる場合が多い。一九九〇年から九一年の湾岸戦争時、イギリス軍機甲師団を指揮していた私はこうした圧力をひしひしと感じた。イギリス軍が保有する最新式の戦車すべてが私の指揮下にあり、またそのエンジンの信頼性が低いため在庫の戦車用エンジンほぼすべてを渡されていた。イギリス軍の他の部隊はイラク相手にもちこたえられる戦力を私に提供するために、自分たちの装備をはぎ取られていた。私はイギリス軍が保有する最新式の装備のほとんどが自分の指揮下にあること、そして損失が出てもそれをすぐに埋め合わせるための生産ラインがないこと、これらの装備を必要とするかもしれない他の任務のあることを知っていた。今でもそう思うが、当時の私は自分のことをいかに兵力を失わずに戦うかを慎重に考える珍しい将軍ではないかと思っていた。前任者たちが配下の部隊の安全に気を配っていなかったと言っているわけではない。彼らも充分気にかけていた。しかし、戦闘を目前にして彼らは、装備の予備がどこかにあること、補充品をすぐに製造できる産業基盤があることを知っていた。お前には鉄道模型のセットを渡したが、できるだけ完全に近い形で返してくれと私にあからさまに言う上司は一人もいなかった。しかし、当時イギリス本国から訪ねてきた上級部隊の司令官や政府高官の関心の本当に多くが、私に渡された装備に関するものであることに驚いた。実際、兵力を失わないように戦う必要があるという認識は、イラク侵攻に際して私の指揮下の部隊を行使するための方法にある程度影響した。たまたまイラク軍が非常にお粗末だったので我々はほぼすべてを持ち帰ることができた。

現状では、多くの国の軍隊が似たような境遇におかれている。彼らはあまりにも多くのものに関わりすぎており、損失に耐える余裕がない。納税者は家庭を守ってくれる軍隊のために税金を払っている。納税者は税金が国防以外の分野に使われてもかまわないとするかもしれないが、彼らは自分たちを守ってくれる軍隊が装備を整え緊急の場合にはすぐに出動できることを期待している。そのため国防に直接関係のない紛争や対立に従事するためにどのくらいの防衛能力を割くことができるのかを判断しなければならない。そして、これまで見てきてわかっているように、そうした冒険的行為は果てしなく続きかねない。国は軍隊を新しい軍事行動に投入できるかもしれないが、他の地域での状況を維持するための任務も従来どおり続けなければならない。一九九一年以降に実施された大規模な国際的軍事作戦を考えてみたい。イラクから始まってボスニア、クロアチア、続いてコソヴォ、それからアフガニスタン、ふたたびイラクであった。それらの作戦が実施されているあいだ、我々の軍の一部はかねてより進行中の作戦を続けるべくあとに残っていた。さらに、この期間中ずっとアフリカでかなりの数の小規模な軍事作戦が行われており、はっきりわかっているものだけでもルワンダ、コンゴ、シエラレオネを挙げることができる。すでに述べたイラク等の事態に軍隊を派遣していた多くの国々は、これらのアフリカの軍事作戦に対しても軍隊を送った。これは三重の抵当に入れられるのと同じかそれよりも悪いものであり、たいていの場合、小規模の軍隊と縮小した財源しか投入されない。そのうえ、新たな危機が生じればそちらに対処する別の部隊を見つけなければならない。

軍隊や財源が不足していることは、我々がおかれているような状況をつくる大きな要因であり、そうした状況では我々がすでに投入している軍隊を維持することも難しい。アメリカは規模の大きな軍隊を派遣しているが、現在のような関与を維持するのは困難だと感じている。ヨーロッパ諸国の軍隊を足し合わせるとアメリカ軍に匹敵する規模になるだろうが、展開可能な軍ということになればアメリカと同じレベルには到達できないでいる。参謀本部とか司令部、国防省など各国の個別の基幹組織から生ずる間接的経費を考慮してもそうなる。なぜなら多くの場合、そのような軍隊は相変わらず《国家間戦争》を戦うような構造になっているからだ。予備役は訓練を受け、編成され、軍隊の規模を拡大したり、さまざまな任務を遂行するための能力を与えるために、あるいは戦争中のみ軍隊のために、動員が必要とされるまで維持される。例えば、たいていの軍隊は、戦況に応じて障害物をつくったり障害物を横断する――地雷原を敷設したり、川に橋をかけること――戦闘工兵と、建物や道路をつくる土木技術者である建設工兵とを区別している。通常前者は現役の野戦部隊であるのに対し、後者は予備役の部隊であり、緊急時に召集され、その期間は市民社会では彼らを使えないという合意がある。現代の戦争では、我々は戦闘土木工兵よりも民間の土木技術者を必要としている。戦闘工兵は戦場で大規模な軍隊が戦術機動する際に必要とされるものだ。しかし、建物や道路をつくる土木技術者すなわち建設工兵を軍に供給することは、彼らを長期にわたり召集し、例えば本国の高速道路網を補修する能力を低下させることになる。政治的な観点から言えば、そのように市民生活に迷惑をかければ悲惨な結果を招く――だからそのような試みはめったになされない。その結果、《人間《じんかん》戦争》に展開している軍の多くでは、直面する任務に必要な技術も資材も不足している。

したがって、根本的に我々の軍隊は依然として《国家間戦争》のパラダイムの枠内で構築されているのであって、我々は現代のこういった軍事行動を遂行できるよう絶えず軍隊を再編成しているのだ。そして再編しないでいると、目標達成には役に立たないのに防護と補給が必要な大規模な軍隊を戦域においていると気づくことになる。その兵力に効用はない。さらに、再編成しなければ我々は軍事行動を維持できない。これが我々の現代の軍事行動に特有の機構上の特徴であり、本書のまえがきでも述べたがこのような見方は正常とみなされるようになった。しかし、この絶えず変化する状況をそのような目で見ることをやめ軍隊の根本的な再編に着手しないかぎり、軍隊を戦域に維持するのが難しいというよりも状況全体が持続不可能になるだろう。個別の状況に直面した場合に作戦のために再編成することが、編成による機動力という重要な概念の一部であることは間違いない——これはどんな軍事力の行使にも不可欠である。しかしながら、我々が現在おかれている状況はそれとはまた異なる。これは敵の行動に反応しての単純な適応ではなく、考え方が現状に適応しそこなっているのだ。というのも、我々がやっていることは、特定の目的——《国家間戦争》——のために特定のやり方で構築された組織からまったく異なった概念の紛争——《人間《じんかん》戦争》——のための軍隊を抽出するという継続的な試みであるからだ。任務に従事する我々の軍隊に効用をもたせるつもりであれば、このパラダイムの変化を反映し、軍事行動ごとに適切な軍隊を構成するための必要を満たすよう我々の常備軍を編成する必要がある。

新しい紛争が起きるたびに古い兵器や古い組織の新しい用法が見出される

我々の軍隊の構造上の基本的な欠陥から生じている五つ目の傾向は、本来設計し取得した時に想定していたのとは異なる要領で兵器を利用しているということだ。我々が今日保有している装備の大半は、《国家間戦争》でソ連の脅威を打ち破るために入手されたものだが、今日我々が直面している敵はソ連の脅威とはまったく性質が異なる。通常、ソ連軍よりもはるかに軽装備である。実際この一五年間に使用されたもっとも有効な武器は山刀《マチェーテ》だった。一九九四年にはルワンダで三カ月のあいだにマチェーテにより一〇〇万人近くが虐殺された。数字だけを見れば、これは過去のどんな《国家間戦争》におけるよりも一日当たりの犠牲者の数は多い。マチェーテほどではないとしてもＡＫ―47や自爆テロも効果的で、それらが、冷戦が終結して以降さまざまな国家や連合が従事している現代の紛争の中核にあるのは間違いない。そのうえ、こうした武器を使う側はたいてい非常に巧みに使いこなす。我々の軍隊をマチェーテだけで装備させたらどうかと提案しているわけではないが、我々は今や自分たちが保有している《国家間戦争》用のハイテク兵器をこうした環境に適応させなければならないのだ。

自国の軍隊が必要とする装備を入手する過程は国によって少しずつ異なるが共通の特徴がある。この過程は《国家間戦争》の論理に基づいている。すなわち、敵がどこの国でどのような兵器をもっているのかの観点から自国に突きつけられている脅威を確認することが必要であり、これを打ち負かせるように操作され組織された兵器群で対抗せねばならないのである。重要なことは、突きつけられている脅威よりも技術的に優勢になることだ。作戦構想やそのための編成は、戦い方をどうするかということよりも、この技術的な優位を生かすように調整されることが多い。戦争に関する業務はこの過程と密接につながっている。すなわち、予算はつねに不足しており、その結果として、まったく新しい形の装備を導入するというのではなく、要求仕様を満足することがわかっている既存の装備を改良する傾向にある。つまり、主要な脅威に対応できるものであればよいということだ。戦闘爆撃機は今では我々の基盤的兵器となっており、イラクやボスニアの飛行禁止区域のパトロールに、あるいは小さな戦術的標的に少量の爆弾を投下するのに使われている。しかし、そのような使い方をするのだとわかっていたら、購入されることはなかっただろう。また、新しい装備が設計されると、特定の脅威にのみ対応させることによってコストは低く抑えられる。例えば、湾岸戦争時に私の指揮下にあったチャレンジャー戦車といくつかの航空機にはサンドフィルターが装備されていないか装備されていても役に立たないという状態であった。これらの兵器がドイツ北部の草原でソ連の脅威に立ち向かうことを前提にして設計されていたからである。就役当時には予算の関係で追加装備は認められず、やっと出番がめぐってくると新しい脅威に立ち向かえるよう早急に改造されなければならなかった。コソヴォ空爆が行われた一九九九年にNATO欧州連合軍最高司令官（SACEUR）であったウエズリー・クラーク大将について報道されているコメントの大半は、彼の著書 *Waging Modern War* のなかでもうまく述べられているが、セルビア軍の防衛能力を前にして、入手可能な手段あるいは兵器体系を自分が設定した目的を達成するために使う方法の模索についてであった。現在直面しているのとは異なる目的と敵を想定して獲得され組織された手段を利用するための新しい方法の模索と、それが引き起こした摩擦は、彼の主張の基盤となっている。

この傾向の主要な原因は、敵が我々の兵器体系の効用が発揮できなくなるぎりぎりのところで戦うことを学習したからである。彼らは、我々がもっている兵器とその使い方が威力を発揮できるような場所には姿を見せぬようにすることを学習したのだ。意地や自信過剰から彼らが間違いを犯せば損害を被るが、受ける打撃が破滅的なものでないかぎり彼らはその経験から学び二度とそのような失敗を繰り返さない。一九九三年にソマリアの首都モガディシオで権力を握った軍事的指導者であるアイディード将軍の場合を検討してみよう。モガディシオでアイディードは、国連を支援するための行動するアメリカ軍に直面した。双方の所有する武器を比較すれば、質的にもそしておそらく量的にもアメリカ軍が優位だった。しかし、偶然かどうかは不明だがアイディードは戦術レベルで軍事行動を実行する方法を見つけた。アメリカ軍としてはアイディードのやり方で交戦する以外選択肢はなかった。この戦闘で一八名の死者と約七〇名の負傷者を出したアメリカ軍は、その後撤退した。もちろん理屈のうえでは、アメリカ軍はその《国家間戦争》用の軍事力を充分行使して圧力をかけるという選択肢もあったのだが、それは国内外の政治的理由から現実的ではないと判断された。攻撃対象を見つけるのが難しいこと、一般市民に多数の死傷者が出る確率が高いこと、そのような企てに対してアメリカ国民の支持が得られないことを比較考慮して、ワシントンがそう決めたのだ。もしアイディードがアメリカ軍兵士の遺体引き渡しを拒んでいたら結果は異なっていたかもしれないが、彼は脅威をよく理解していたしいずれにしてもアメリカ軍兵士の遺体はもはや不要だった。アイディードがそのような行動をとったのはもちろん自分の手元にある武器を利用する方法を見つける必要があったからだ。しかし、何よりもまず彼の目標は、食糧配給の管理権を握り、それによって権力を掌握しソマリア国民を支配することにあったからである。彼はアメリカ軍に撤退してもらいたい――考えを変えてもらいたい――と思っていた。すなわち、アメリカ軍を打ち負かしたいとは思っていなかった。これに対して、一九九一年のサダム・フセインは、アメリカ軍が想定している戦争のやり方で戦っては、特に広大な砂漠地帯では、勝ち目のないことを世界中に示した。すなわち、彼の軍隊は惨敗したのだ。しかし、彼は自分が力ずくで負けたのだと言える立場を得た。したがって、相手の軍事力の規模が大きければ大きいほど、強力であればあるほど、自分は数で敗れ力で負けたのだと見せかけることができた。そして、これは彼の目的のためには都合がよかった。

ゲリラ戦術やテロ戦術に依存している連中は、《国家間戦争》用の兵器や戦術による攻撃の格好の標的となるような形で自分たちの姿をあらわすことを避けようとする、少なくともそうした条件で戦う準備が整うまでは。北ヴェトナムのザップ将軍はディエン・ビエン・フーでフランス軍を相手にまさにそのように戦った。ゲリラの策略は、敵の在来型軍隊がゲリラ側が優位に立てるような条件で戦わざるを得ないように仕向けることである。そうでなければ、〈人々の間〉で戦いを仕掛けてくるゲリラに対して、敵の在来型軍隊が《国家間戦争》のやり方を全開にして反応してくるように仕向けることである。そうすれば、ゲリラの挑発戦略とその行為の宣伝は効果的となる。ＩＲＡは自分たちを軍隊とみなしており、かなりの程度までそのように振る舞っている。イギリス軍の兵器体系が効用を発揮できない範囲内で軍事行動をとるように気をつけているし、イギリス軍はイギリス軍で《国家間戦争》型の兵器体系をアイルランドに持ち込まないように気をつけており、例えば歩兵大隊は展開前に再編成される。迫撃砲のような破壊力が大きい歩兵兵器を受けもつ支援中隊は、ライフル中隊としての役割を担うことになり、監視部隊や偵察部隊の兵力は増強される。軍事行動を維持するために兵士が多数必要な場合には、砲兵部隊、機甲部隊、工兵部隊もライフル中隊のなかに編入される。またＩＲＡの戦術に反撃するべく練り上げられた戦術のなかで確実に行動できるよう、すべての部隊は展開前に訓練を受ける。

戦争に関する事柄は別の意味でもこの五番目の傾向に影響を与えている。兵器や砲床を製造する産業は《国家間戦争》という戦争形態を前提としてそれらを製造することに固執する傾向がある。だから、たとえ装備が入れ替えられるとしても——アメリカ軍の場合のように大規模にであれ、他の国の場合のように少しずつであれ——古いパラダイムを前提としてなされている。しかしながら、もう一度言うが、軍隊は紛争ごとに編成装備を適合しなければならないし、それができなければ、その軍隊は効用をもてない。例えば、イラクに駐留するアメリカ軍は二〇〇四年末に、適切かつ充分な装甲を持つ車両がないと不平を述べており、防御力を追加するために、金属を求めてゴミの山をあさる必要があるのは明らかだった。敵対的な環境のなかで巡回するのに必要な装甲車両が不足しているだけでなく、「装甲されていない」車両も大量に不足していた。《国家間戦争》では、装甲されていない車両はいつでも銃後の輸送手段だ。もう一度言うがパラダイム・シフトが起きたことが認められていないのは明らかだ。この概念上のギャップこそが、新しい装備の製造に影響を及ぼしている。新しい装備は昨今の軍事行動の形態に適していない場合が多い。

たいていの場合、交戦している双方ともに非国家主体である

最後の傾向は、我々が国家ではない連中を相手にして、同盟あるいは有志連合という形で多国籍軍を組織して、紛争や対立を処理しようとしているということである。実際、現代の紛争の多くにおいて、国を代表しているのは兵士たちだけであり、彼らは準国家あるいは超国家という集団と環境のなかで行動する。国際的観点から見ると、この傾向はある程度他の傾向の結果である。つまり戦いの目的が変わりつつあるという傾向と、我々の軍事行動が果てしなく続くという傾向である。目標がある条件を作為するといった「緩くぼんやりとした」ものになればなるほど、そして、対立や紛争がより長く続くようになればなるほど、関係国が手を組むことがより重要になってくる。

我々がこのように協力するのにはさまざまな理由がある。より多くの軍隊を必要としている、すなわちより多くの余裕を必要としている。さまざまな正当性を欲している。さまざまなリスク——失敗するリスク、責任リスク、兵員や資材のリスク——を分散したいと思っている。そして、我々はみな交渉の席につきたいと考えている。第六章で述べたように、同盟はより永続的なもので、同盟を構成する国はすべて対等である。これに対して有志連合は特定の目的のために一つないし二つの強力な構成国が主導するその場かぎりのものである。同盟は軍事衝突が起きることを懸念し、ある行動方針を思いとどまらせようとして形成され、通常は、同盟がより有用なものになるよう計画や訓練が調整される。同盟のもっとも難しい部分は、同盟を形成するきっかけとなった目下の問題が軍事衝突にまでいたっていない段階において、共通の目的そして戦略的目標を決めることである。有志連合は特定の事態の産物である。有志連合に参加する国々には共通の目標がある。提携は形式の整ったものである必要はない。実際、二〇〇三年のアメリカのアフガニスタンにおける軍事行動は北部同盟（アフガニスタン救国・民族イスラム統一戦線）との連合で行われた。一九九三年のNATOのコソヴォにおける軍事行動は爆撃期間中コソヴォ解放軍（KLA）との同盟で行われた。人道主義色の濃いこうした軍事行動においては、さまざまな非政府組織（NGO）とも非公式な有志連合の形で協力する。しかし、そのような非公式連合は慎重に扱う必要がある。当然のことだが、二つの組織——軍隊とNGO——の目的はたいてい本質的に異なるからだ。軍隊とNGOはイデオロギーを共有しているからではなく、よんどころなく有志連合を形成しているのだ。公式、非公式を問わず臨時の連合を結ぶ当事者はつねに、その連合をまとめているものが共通の敵であって共通の望ましい政治的成果ではないことを心に留めておかなければならない。そのため敵に勝利した結果失われる団結力を埋め合わせる措置を講じる必要がある。そのような措置が講じられなかったため、第二次世界大戦後にロシアと連合国のあいだに、また、一九九九年に空爆作戦が成功したのちＮＡＴＯとコソヴォのＫＬＡのあいだに、深い溝ができた。

国際部隊、特に国際機関の枠内で編成された部隊の司令官は、つねに同盟なり有志連合という構造の背後にある政治的要因を認識しておかなければならない。実際、同盟国間の関係の性質は、軍事作戦との関連で、重要な要素である。実利的なものであれ倫理的なものであれ、法的に正当なものであれ、協力の基盤となっているものは最高レベルにおいて明確でなければならず、それは下位のレベルに伝えられている必要がある。というのも、最終的にそれが共同活動の限界を規定するからだ。そして軍事力が下位のレベルで行使されようとしている時には、この基盤に関する理解は下位のレベルにもなければならない。特に軍事行動が検討されているレベルの司令官にとっては重要なことである。司令官は指揮下にある部隊が純粋に一国の兵士のみで構成されているわけではないことを理解しなくてはならない。各国が部隊を派遣する理由はさまざまだろうし、参加することによるリスクとそれから得られる利益についての均衡に関する感覚は政府や国民によって異なる。各派遣部隊の装備、編成、作戦教義、訓練はある程度異なるし、受けているさまざまな社会的支援、法的支援、政治的支援だけでなく物資の出所も異なる。こういったいろいろな違いが存在する結果として、通常、同盟国は有望な選択肢のなかからもっとも多くの国に受け入れられるものにつながりそうな目標に同意する。各国は勝利した場合に得られる利益のために同盟に参加しているのであり、司令官は利益の性質を理解していなければならない。

このような多国籍軍に対抗するのもまた国家ではない組織の集団である。軍事行動を行っている主体は編成された軍隊であれ、ゲリラであれ、テロ集団であれ、軍閥の一団であれ、彼らは内戦や反乱の当事者かもしれない。多国籍軍が形式にこだわるのと対照的に――そのように形式や手続きにうるさいのは、軍を拠出している国々が、自分の国の軍隊に及ぶリスクが最小のものとなるように事態を処理するよう、多国籍軍に圧力をかけるからである――この非国家主体は雑然としているように見える。彼らはたいてい国家に関連する専門用語から借用した政治的肩書、軍事的肩書を使っており、また、《国家間戦争》用に構成された軍隊の用語体系を使って、自分たちの軍事組織を説明している。しかし、彼らは法的にも現実にも国家ではない。そのうえ、紛争に関わっている当事者集団がいくつもある場合、公正で道徳的な旗印を掲げているように見える集団が、必ずしも、一般市民の大多数の支持を受けまた責任をとれる体制や手順をもっているとはかぎらないことに注意しなければいけない。例えば、一九九九年にアメリカ軍が行ったKLAに対する支援もそのような根拠のない前提に基づいていた。

国家、軍隊、国民というクラウゼヴィッツの三位一体の考え方は、たとえ紛争の当事者たちが国家という体裁をとっていなくても、彼らの目的を分析するのに有用な手段である。すでに述べたように、介入する多国籍軍も含めて、すべての関係者の目標は一般市民の意志を獲得することだ。したがって、非国家組織の側もある程度一般の市民に従属する形になり、また一般市民とつながりをもつだろう。ある種の軍隊が出てくるだろうし、その軍隊を使用するための何らかの政治的指針も出てくるだろう。特に組織ができて間もない段階では、政治的決定と軍事的決定の両方が一人ないし少数の人物の手中にある状態も往々にしてあり得るが、この二つは別個の決定であろう。支配地域にあるダイヤモンド鉱山から利益を得ることを第一の目的とする軍閥は、マーケットや他の軍閥、ダイヤの仲買人である近隣諸国と政治的関係を確立しなければならない。軍閥は労働力の供給源として、またおそらく兵力の供給源として国民に依存するだろう。軍閥は自分の命令に従う、多少なりとも組織化された大規模な軍隊をもっているだろう。軍閥は自己の利権を守り、そしてことによると利権を拡大するために、その軍隊を行使するだろう。また国民に自分の政策を強制的に支持させるためにも軍隊を活用するだろう。見たところ軍閥が雑然としているということは重要ではない。軍閥はいずれ体裁を整えるだろうが、本書の他の項で述べたようにそれは我々のではなくあくまでも相手の論理に合わせて動く形態のものだろう。軍閥は自分たちの体裁を整えようとするが何らの根拠もない見せかけであることが多い。思い出すのは一九九五年のロンドン会議だ。この会議は最終的にボスニア紛争を終結させる軍事行動につながった。当時の全欧連合軍最高司令官だったジョルワン将軍は、会議でボスニアのセルビア人勢力がサライェヴォ周辺に三個軍団を集めていると説明した。しかし、実際にはそんな事実はなかった。ジョルワン将軍配下の情報将校は、ボスニア・セルビア軍がNATO軍のように編成されていると考え、部隊名称もそれに応じて解釈しcorps（軍団）を地域防衛のための静的な組織というよりも機動的組織と思ったのだろう。この話が示しているように、敵の言うことを簡単に信用して、正統なものだと認めたり、実際よりも強力な組織だと自分も思い込み周囲にもそう思わせることのないよう注意しなければならない。敵が、自分は将軍だとか地方政党の指導者だと言っても、また国内外のメディアにたくさん取り上げられていると語っても、そんなものはたいていはちょっとした作り話であって、真面目に受け取る必要はないのだ。そんなことをすれば作り話を助長することになるだけでなく、一般市民にその人物は重要だと思わせ、さらにその人物の立場を強化する場合もある。ある種の状況を確立するということが唯一つの目標である軍事行動に突入したら、その目標にふさわしくない行動はしないよう特に注意深くあらねばならない。コソヴォでの一九九九年の軍事行動がいい例だ。目標は、コソヴォ州を国際統治下におくことによって、民族に基づく暴力、特にセルビア共和国の少数民族であるアルバニア人に対するセルビア人の攻撃をコソヴォから取り除くことだった。この目的を達成するために軍事力を行使するにあたり、NATOはKLAと共同戦線を張った。その結果、KLAは合法的な存在になった。遺憾ながら、戦闘中そしてNATO軍がコソヴォに駐留を開始した直後に、コソヴォ州の少数派であるセルビア人は家を追われ難民となった。さらに国際統治が継続されていた二〇〇五年には、民主的に選ばれたコソヴォ自治州の首相――彼はかつてKLAを指揮していた――が旧ユーゴスラヴィア国際戦争犯罪法廷（ICTY）から、一九九九年の戦いのさなかに行われた犯罪行為について訴追された。彼は辞職し、裁判を受けるためハーグに飛んだ。

この検討は本節で述べた六番目の傾向が示している決定的な真実へと導く。すなわち、これらの紛争において、明確に定義された国家をはっきりと代表しているのは、国際部隊に所属する個々の兵士だけなのだということだ。たとえ青いヘルメットをかぶりNATOの旗の下に戦おうと、あるいはイラクでのように「国際的な有志連合」を構成していようと、国際的な兵士というものは存在しない。新兵として採用された時点で兵士たちは、その軍隊が所属する国家に忠誠を誓い、忠誠と法の枠組みに留まる。その一方で、国家は一定期間あるいはある種の軍事作戦のために、彼らを同盟あるいは有志連合に貸し出す。したがって、国際部隊に参加している兵士は国家ではない主体を象徴する構成国それぞれの国軍兵士として、戦場において、国家の体裁をとっていない雑然とした敵と戦っている。このような状況において多国籍軍の司令官――彼自身、自分の故国から派遣されてきているのだ――はその目標を達成しようと努力する過程において、妥協点を見出しバランスを保つのに非常に苦労している。

明確に組織された敵がいないことが、《国家間戦争》を遂行することの蓋然性がきわめて低いことの主要な理由であり、そして、それゆえに、戦争の新しいパラダイムの基盤となる強い要素である。この種の敵がまったくいないということは、宿命の輪がほぼ閉じつつあることを示している。すなわち、《国家間戦争》は戦場における勝利のために銃後の個人は国民国家に従属すべきものとみなしていた。次に、第二次世界大戦における戦略的爆撃やホロコーストは銃後の個人に対する国民国家の攻撃であり戦場という明確な戦線を曖昧なものにしてしまった。そして、戦争の新しいパラダイムにおいては、個人がテロ攻撃や国家という枠組みの外にある軍隊を使うという手段によって、国民国家の象徴——その国の軍隊を含む——を攻撃している。我々の現在生きている世界が国民国家というものが存在しない世界へ向かっているのかどうかはまだ完全に明確にされたわけではないが、国民国家がその地位をめぐって戦っているということは考えられる。国家がその軍隊を派遣しているのは、この国民国家の地位をめぐる戦いを背景としているのであり、国家としての利益を守りこれを促進するためではあるが、皮肉なことにこの行動は非国家主体という形態の中で行われている。国家の軍隊がその効用を欠くことがしばしば見受けられるのは、この理由によるのである。今検討されねばならぬことは、そのような軍隊が軍事行動を行う枠組みとしての政治的軍事的機構であり、どうすればこの機構を改善できるのかということである。

第八章

方向

軍事力行使の目的を設定する

前章で検討した六つの傾向を合わせて考えると、我々は、今では、《国家間戦争》を遂行できないということがわかる。というよりも、我々は軍事力を使って紛争に関わっているが、そこで目標にしているものは問題の解決に直接つながらないものなのである。というのも、必要最小限の戦術レベル以外での我々の目標は、その紛争地域における領土とか軍隊ではなく、そこの住民たちと彼らの指導者たちの意図に関係したものになることが多いからである。その結果として、我々はこの住民たちを我々の意図する方向へ動かそうとして、彼らの意志をめぐって彼らの指導者たちと戦う破目になることが多い。そのような戦いで我々が使用している武器は元来そのような目的でつくられ用意されたものではないものであり、その使用方法についても然りである。そして、我々の軍隊にはその兵力の損耗を許すほどの余裕はない。実際のところ、我々はすでに投入している軍隊を維持するのも難しい状況にある。手短に言えば、我々が携わっている紛争はこれまでとは異なるパラダイムに属するものであり、紛争へ移行する対立という構図にはっきりと基礎をおくものである。それにもかかわらず、人々はこれらの紛争を《国家間戦争》の変形であるとかいずれ《国家間戦争》へ移行するものだと見ようとしている。そのようなわけで、これらの紛争地域への軍隊の派遣を「戦争ではない軍事行動」、「潜在的戦闘」、「平和執行」、「安定化実行作戦」などと呼ぶのが流行っている。その一方で派遣される部隊の兵士たちはまさに戦争を遂行する「戦士」になっている。こういったことはすべて、現実には状況が変化していることをみなが認めていることを示唆している。しかし、細かく注意して調べてみると、公式の軍事理論にも使われているこれらの言い回しは、全面的に《国家間戦争》という見方と理解の枠のなかでつくられたものであることは明らかである。さらにつけ加えて言えば、だからこそこういった活動やそれに従事している人たちを戦争ではない他の何かと結びつける必要がある。変更を必要としているのは軍事行動範囲とか用語ではなくて、見方なのだと言ってもなかなかわかってもらえないようだ。

この観点から見れば、この六つの傾向は新しいパラダイムの特徴だけでなく、紛争に対する我々の取り組み方の欠点も実際に示していることが明らかとなる。そうした欠点は、政治、軍事いずれの領域においてもはっきり現れており、特にこの両者のあいだの関係のなかに現れている。というのは、《国家間戦争》というパラダイムに依然としてとらわれているのが軍部だけではないからだ。そして、軍隊を展開すれば問題はすっきりと解決できると思い込み、問題の解決を求めて軍隊を派遣しているのが政治的指導部だからである。軍に資金を配分し、軍事行動を実施するための政治的意志を創出し維持する責任と、その国の常備軍を維持する責任を負っているのも政治的指導部である。同様に、提携や同盟を形成するのも、指揮系統が複雑にならざるを得ない多国籍軍で行う軍事任務をつくりだすのも政治的指導部だ。最後につけ加えておくが、利用可能な軍隊を行使するにあたって、その国の資産――軍隊そのもの――に保険金もかけず、その軍事行動にその国が有する他の強硬な手段との一貫性をもたせないまま、軍隊を派遣しているのが政治的指導部だ。言い換えれば、政治的指導部は、建築中の物件の青写真もなしに、工具箱から出す工具のように軍事力を使おうとしている。それにもかかわらず、時代遅れの戦争概念に相変わらず夢中で、その概念が示す目標に合わせて軍隊を編成することにこだわっているのが軍部だ。たとえ現在の脅威、新しく出現しつつある脅威が、《国家間戦争》のような性質の脅威とはまったく異なっていても、その解決を求めて、古いパラダイムの科学技術的手段を相変わらず使用しているのもまた軍部だ。

したがって、現今の新しいパラダイムの戦争に対処している政府と軍部とのあいだの関係が基本的に問題なのであり、軍隊をいろいろな形で派遣するのを決定しているのはこの関係だ。政府と軍部両方の組織が問題の核心である。すなわち、いずれの組織も、《人間《じんかん》戦争》というパラダイムの戦争に対しては、どのような目的で軍隊を派遣することができるのか、また、どのような方法でその軍事力は行使され得るのか、ということをひどく誤解しているというよりもむしろ知らないのだろう。軍隊の派遣とか軍事力の行使に関する決定は敵に関する情報やデータに基づいてなされる。しかし、私がここで言いたいのは次のことである。すなわち、《国家間戦争》という概念はそういった事柄を扱う政府や軍部の組織に非常に大きな影響を与えてきているので、《人間《じんかん》戦争》というパラダイムが生みだすさまざまな現実がまだ的確に評価されていない。意志決定の段階に存在するこういったさまざまな要素を理解し、軍事力の適用においてこれらの要素をすべて勘案せねばならない指揮官たる軍人の世界を理解することが本章の目的である。

すでに述べたように、政治的指導部は権力の源であり、紛争に突入する目的はここで決定される。また、その狙いを明確にし、全般的な政治的指針を組み立てる作業もここで行われる。これは軍事力の行使を決定・管理する国民国家の組織――外務省、国防省、法務局、軍務局――においてなされるのであるが、これらの組織そのものが国家というものの発展と《国家間戦争》への対応から生まれたものであった。こういった組織の存在そのものとその世界観は《国家間戦争》に根拠をおいている。毛沢東の革命戦争の結果である中国のように、《国家間戦争》のアンチテーゼに起源がある国でさえ、国家の形態を整えるにつれて《国家間戦争》の形式や組織を取り入れた。戦争に関する概念にはこのような歴史的経緯がある結果として、戦略的軍事的には《国家間戦争》には達していない紛争に対して軍事力を投入する過程は、これらの組織にとって困難なものとなっている。そうした困難は、残念ながら、あらゆる軍事行動に特有の五つの問題に関連している。

- ◉敵について分析し、これを継続すること。これには分析を裏付ける資料と情報の収集のための活動が含まれる。
- ◉作戦の狙いおよび目標を明らかにしこれを明示すること。
- ◉目標達成のために選択された行動方針に付随するリスクを局限すること。
- ◉全ての努力が同じ方向に向かうよう指示・命令を与え調整すること。
- ◉成功に向けての意志を形成し維持すること。

こういった包括的な理解の難しさは、昨今の軍事行動においていつも見られることである。これはその軍隊が一国のみの軍隊なのか、多国籍軍――構成している各国の軍隊は多かれ少なかれそれぞれの国の組織からの指示を受ける――なのかにはよらない。この難しさが発生する原因は、方針決定に携わるいろいろな組織があらゆる状況を、古い《国家間戦争》型の戦争か、それとも武力行使に価値があるのか疑問に思われる非戦争様の何か、のいずれかに分類して見ているところにある。これの代表的な例がワインバーガー・ドクトリンの六つの原則と、その余波に見出せるかもしれない。国内においても国際的にもアメリカを論争に巻き込んだヴェトナム戦争終結後、世界各地の紛争にアメリカが介入する問題に多くの軍事思想家や政治思想家が熱心に取り組んでいた。特に有名で普及している考え方は、当時アメリカの国防長官だったキャスパー・W・ワインバーガーがつくりだしたものである。彼は一九八四年に六つの条件をまとめ、紛争がこの条件を満たす場合にはアメリカが介入を検討するべきであるとした。

1　アメリカと同盟国の国益にとって死活的な事態でなければならない。
2　勝利するという明確な意志をもって全力で介入しなければならない。
3　明確に定義された政治的・軍事的目標の設定
4　達成すべき目標とそのために投入する兵力の関係を不断に見直し、必要に応じて修正しなければならない。
5　アメリカ国民と議会が介入を支持するという点について一定の確信がなければならない。
6　アメリカ軍の投入は最後の手段でなければならない。

ワインバーガーはこの条件を、アメリカがふたたび泥沼にはまり込むのを阻止する「介入基準」と定義した。その後、コリン・パウエル将軍が、統合参謀本部議長を務めた一九九〇年から九一年の湾岸戦争時に、もう一つ原則を加えた――アメリカが介入する場合は、その軍事行動は、短期間でアメリカ軍に犠牲者を極力出さないものであり、投入される軍事力は決定的で圧倒的なものでなければならない。

一読すると、これらの原則はまったく賢明でまっとうであるよう思われるかもしれない。たしかにそうだが、我々が昨今関与している紛争にはそぐわない。なぜなら、個々に見てもまた全体をまとめ合わせて見ても、これらの原則は《国家間戦争》を遂行するための政治的条件が満たされている状況を述べているからだ。軍隊は《国家間戦争》という特定の目的のために設計された「道具」を備えた組織であるという観点から見れば、これらの原則はこの道具が間違った使われ方をされないようにする手段として理に適っている。しかし、軍隊は個々の「道具」ではない。軍隊が所有し行使する手段、すなわち兵器が「道具」なのである――この手段が用いられる方法とその目標が、軍隊を特徴づけ、また軍隊とその支配者である政治的指導者たちとの関係を明らかにしている。さらに詳しく調べると、ワインバーガーの原則において介入する前に明確にしておきたいとする事柄の多くは、軍事介入してから、あるいは介入が終わってからでないと明らかにならないし、またさまざまな解釈が可能であることがわかる。また、パウエル将軍による補足は、敵を迅速に打ち破ることができ、その勝利が政治的目的の達成に即結びつくと仮定している。しかし、目標が一般市民の意志である場合とか敵がゲリラとして軍事行動を行っている場合とか当方が容認できる管理統治組織を実現するための条件をつくり維持するという場合であれば、そうした前提は満たされないだろう。また、イラクやハイチ、コソヴォやコンゴなどアメリカ軍や多国籍軍が関与するようになった世界各地の紛争で明らかなように、そうした前提が満たされていないのは明らかだ。

ワインバーガーの原則はそれが組み立てられた一九八〇年代半ばから冷戦終結までの短い期間においては有効だったようだ。なぜなら、アメリカの政府と軍部の関係組織は、抑止戦略がその目的を果たすためには、《国家間戦争》を大規模に遂行できる軍隊をもっていることを相手に信じ込ませるだけの外観をもつ必要があるのだと主張することができたからである。冷戦終結に伴いこの理由は消滅してしまったが、我々は相変わらず《国家間戦争》を念頭において状況を分析している。実際のところ、ワインバーガーの原則とそれが表している精神は、軍事力を有効に行使するうえでの障害になってきている。というのも、ワインバーガーの原則は欠陥のある前提に基づいているからだ。この前提は欠陥があるにもかかわらず石に刻まれたように永久不変のものと思われてきている。例えば、「軍事力の行使は最後の手段である」という考えだ。果たしてそうだろうか？　そのような主張が土台としている前提は次のようなものと思われる。

◉当事者双方が認めている整然とした手順が存在し、その手順のなかで軍事力の行使が最後の手段となっているという前提。
◉軍事力は他のいろいろな選択肢と一緒に用いられるものではなく、そのような他の選択肢に代わるものだという前提。
◉他の選択肢がすべて使い果たされてしまってから、軍事力が解決をもたらすという前提。

これらの前提は戦略的軍事的決着を追求して、《国家間戦争》に向けた平和——危機——戦争という展開を検討する場合には一般に満たされている。しかし、軍事力が解決を提供できない場合にはどうなるのか？　単に軍事力を積み増していくだけなのか？　それでうまくいったとしても、代償が高すぎるということにならないのか？　敗北を受け入れる以外、他にどんな選択肢があるのか？　他に選択肢がないとすれば、最後の手段が機能しない場合にどのようにして交戦を終結させるのか？　それとも敗北を出口戦略として受け入れるべきか？

前章までに示したが、ワインバーガー・ドクトリンにもかかわらずアメリカ軍は世界各地における紛争に関与し続けている。これは、次のような事情を考えるとよくわかる。ある紛争に対してアメリカ軍を派遣することに一人の将軍が反対した時のことだが、国務長官マデレーン・オルブライト（在任期間一九九七〜二〇〇一年）は、「軍を使わないというのであれば、我々がこの軍隊を保有しているのは何のためなのだ？」と言ったのである。私がアメリカに対してだけ特に批判的だというのではない。私が強調したいのは次のようなことだ。すなわち、軍隊を派遣している多くの国の政府に対して言えることは、ほとんどの場合これらの軍の展開は《国家間戦争》から生まれ戦争に関係する我々の組織に深く染みついた考え方に起因する特性によって特徴づけられている。私はロンドンをはじめとする各国の首都でワインバーガー原則の趣旨に沿った主張を何度も耳にした。特に一九九三年から九四年に国防省で作戦・安全保障担当の国防参謀次長を務めていた時がそうだ。一九九四年の夏にルワンダで起きた大量虐殺を例にとってみよう。政策立案機関――外務（英連邦）省の官僚と国防省のあいだで論争があり、虐殺が行われていた数週間にわたって続いた。始まりはぞっとするようなことが起きているという政治的認識だった。そして誤解のないように言うと、事実についての常識的な感覚もだ。すなわち、ぞっとするような出来事に直面したら人間は行動する必要があるというものだ。イギリス軍は、第七章で説明したが、ルワンダで国連が展開した不適切な派遣団には一人の人間も参加させていなかったため、このニュースに驚くばかりで起きていることの全体像を把握できていなかった。こういったことを背景として知っていれば、軍事力を行使できるとか行使すべきだということについて行われた外務省と国防省とのあいだの以下に示す議論の趣旨はわかるだろう。

外務省：ルワンダで起きている事態を受けて、我々には何ができるだろうか？
国防省：我々に何をしろと言うんだ？
外務省：行動すべきだ。何か手を打たなければ。このまま一般市民が虐殺されるのを黙ってみているわけにはいかない。国連安保理の常任理事国である以上、傍観していると見られるわけにはいかない。
国防省：では、軍事力を行使しろと？
外務省：そうだ。
国防省：何のために？　虐殺を止めさせるためにか？
外務省：ああ、そのとおりだ。
国防省：戦う相手は誰だ？　誰が虐殺をしているのか、はっきりしていないんだぞ。部族間の争いではないのか？　それともある部族の軍隊と戦うことになるのか？　それにルワンダは広い。どこから始めるんだ？　まあキガリだろうな、首都だし介入すれば我々には空挺堡が必要になる。
外務省：もちろん、多国籍軍が編成されるはずだ。
国防省：イギリス軍が多国籍軍に加わる狙いは何だ？
外務省：国連安保理の常任理事国としての役目を果たすことだ。
国防省：イギリスが多国籍軍を指揮するのか？
外務省：いや、軍を指揮するのは国連だ——国連の正式な派遣団だ。
国防省：編成にはかなり時間がかかるだろうから、虐殺を止めさせるのには間に合わないだろう。

外務省：その時は、派遣団は紛争が収まってからの秩序回復を目標にすればいい。

国防省：わかった。しかし、現在、どれだけのイギリス軍を派遣できるのかはっきりさせる必要がある。現在、イギリス軍はアイルランド、ボスニアの他いくつかの地域に展開しているので、出せる数はそれほど多くない。

外務省：じゃあ、どうしたらいい？

国防省：イギリス政府は何を優先するのか？　すでに着手している他の任務よりもこちらの多国籍軍に貢献する方が優先順位が高いのか？

外務省：それはないだろう。

国防省：もしそうであれば、こういった国連軍派遣の場合、いつも遠征部隊に対する兵站支援が充分ではないことに目を向けるべきだ。我々がこの国連軍の展開を早めたいのであれば、兵站部隊を出すのがもっとも有益な貢献になるだろう。

外務省：その任務がイギリス軍兵士を危険にさらすことはあるだろうか？

国防省：それはまずない。

この話し合いの結果は実行に移された。すなわち、戦闘は止むことなく続いて大量虐殺は拡大の一途をたどり、最終的に秩序を回復するべく新たな国連派遣団が編成された——その時点で不運な国連ルワンダ支援団（ＵＮＡＭＩＲ）の人員は四〇〇人を切っていた——イギリス軍は兵站を受けもった。しかしながら、本章の観点から考えると、もっとも重要なのは基礎となっている精神である。もしワインバーガーの原則を考えれば、そのすべてが関わっていることがわかる。

だからこそ軍事的介入がなかったのだ。その紛争はイギリスの重要な国益とは関係がなかった。全力を尽くすつもりも、勝利する意志もなかった。政治的目標や軍事的目標を定義することは不可能だった。事態が進展するにつれ、事態のひどさが明らかになるにつれ、目標と投入できそうな兵力との関係が不断に見直され、非常に多数の兵力が必要になるだろうからという理由で、軍事的介入はしないという選択肢が強固なものとなったのである。その時点で、介入に対する国民の関心は薄く、支持もほとんどなかった。国連は最後の手段には訴えないという選択肢を提示した。

ワインバーガー原則はこうした事態を理解するのに有効な方法である。しかし、基本的には、この議論を行った外務省と国防省の双方が戦争――時代遅れの《国家間戦争》――を戦うことができるのかどうかを検討し、できないという結論に達し、どちらも関心を失ったということを強調しておくことも重要である。もっと正確に言えば、この混乱状態に終止符を打つというよりも整理するべく国連平和維持部隊を派遣した。だが、最初に短期間、すばやく介入していれば解決されていたかもしれないし、少なくとも大いに改善されていたかもしれないという例があるとすれば、それは一九九四年のルワンダだった。国連決議を無視した部族間の武力衝突は処罰されることを反乱の指導者たちに強く示すという目標をもつ軍事力の行使だ。反乱者側の兵器がマチェーテやＡＫ―47のみであることを考慮すると、多大な兵力を空輸するというような力業はこれには伴わなかっただろう。しかし、そうはならなかった。これは、ワインバーガーの考え方からすれば、戦争になりようがない事態に対しては軍事力を投入しないということになるからだ。すなわち、軍事力が展開されるのは戦争の場合だけだ。言い換えれば、国連の平和維持活動は《国家間戦争》というパラダイムのなかで出てきたものに違いなく、実際そうだ。だからこそ、ルワンダのような事態に対しては効果がない。

政治レベルと軍事レベルにわかれている現代の戦争の特徴は、軍事的な事柄に対する政治的干渉についての不平・不満の声がひんぱんに聞かれるということだ。ウェリントン公爵は、イベリア半島戦役中に本国の陸軍大臣に宛てて書いたと思われる手紙のなかで、この問題についていかにも彼らしく例によって率直に述べたようだ。

閣下

周囲に山積みとなっているくだらない書簡に返事を書こうとすれば、戦役という肝心な任務がおろそかになってしまいます。……私が独立性のある地位にあるかぎり、私の指揮下にある将校が時間を空費するくだらない手紙の返事書きをして、もっとも重要な義務に精励できないようなことはさせません。彼らのもっとも重要な義務は、戦場でどんな敵でも打ち破れるよう部下の兵卒を訓練することです。

もう一つの例は、ビスマルクの干渉に憤慨していた大モルトケ配下の参謀たちだ。私も理不尽としか思えない政治家たちのさまざまな要求に苛々した経験が何度もある。しかし、次章の検討で明らかになるが、一九九五年に国連保護軍司令官として政治的空白の状態のなかで軍事行動をとった経験から、いかなる形であれ政治レベルの介入はないよりもあった方がよいと確信するようになった。紛争にかぎらず(いやひょっとしたら紛争以上に)対立においても、適切で継続的な政治レベルの関与は、軍事行動を成功させるための重要な要素である。なぜなら、政治的行為と軍事的行為は密接につながっているからだ。現代の対立や紛争では特にそうだ。しかし、残念ながら現代の対立や紛争は、多国籍軍あるいはその場限りの同盟の枠内で実行される場合が多いので、そのような調和のとれた関係をつくるのは非常に難しい。なぜなら、政治レベルと戦略レベルとのあいだの関係や政治的組織と軍事的組織とのあいだの関係のなかに見られる微妙な相互の差異は国際的な枠組みの中では一国の場合に比べてすべて何倍にも増幅されてしまうからだ。理屈のうえでは、各国際機関や有志連合のなかには中核となる仕組みがあって、これが作戦の構想・計画・指揮・実行における一貫性を担保するべきであるが、実際にはいつもそうなっているというわけではない。NATOにおいては、各国の大使と上級軍事代表たちの常設の委員会があり、あらゆる事項を取り決めている――特に危機の最中はそうだ。各出席者は、この委員会に出席する前に各国の外務省と政治上層部の人たちから状況説明と訓令を受けている。そして、この委員会において、戦略レベルに対する政治的指針が展開される。これは、ベルギーのモンスにあるNATO軍司令部に対する政治的指針となる。この司令部はすべてのNATO加盟国から派遣された将校たちで構成されており、戦域における軍の展開を指揮統制する軍司令部となっている。しかしながら、これらの将校たちは、それぞれに原則的にも実際的にも、欧州連合軍最高司令官（SACEUR）を補佐するのではあるが、それぞれに自分の給料を払ってくれている母国ともつながっている。上級将校になればなるほどこの出身国とのつながりは公然のものとなり、また役立っているものと期待されている。

こうした枠組みは全般的には非常にうまく機能しているが、危機の際には必ずしもそうとはかぎらない。各国政府は互いに話し合うし、その一方で、それぞれの大使や将校たちに簡潔な指示を出す。同様に、各国政府は、展開している自国の軍と、NATOの指揮系統を通さずに直接連絡を取ろうとする。ＮＡＴＯは非常に扱いにくい複雑なクモの巣のような組織である。国連には戦略や軍事レベルでの機構がないため、ＮＡＴＯに輪をかけて複雑な代物となっている。その結果、各国は紛争地にいる自国の派遣部隊に直接口を出し、自分の計画の枠内でこれらの部隊を運用しようとしている戦域司令官を困惑させてしまう。こういったことは結局のところ各国の派遣部隊が本国の指揮下にあり続けているからだ。このことは各国の派遣部隊が正当性と行政的支援の拠り所となっている。このため、多国籍軍の司令官は各派遣部隊に対し状況に応じ、限られた指揮権限を持つことになる。各派遣部隊の指揮官たちは気がつくと自国の司令官と多国籍軍の司令官の両方に報告を入れている。この指揮の二元性は、特に昨今の通信手段の手軽さとどこにでもいるメディアの存在を考えると、注意深い管理を必要とする。実際、多国籍軍を指揮することは、別の対立に対処することであると考えることもできる。すなわち、関係しているすべての国が意図を共有することにより団結した協調的対立である。多国籍軍の司令官は、この共有された意図がどこまで広がるかを理解するよう大いに気を配る必要がある。またそれぞれの部隊を派遣している本国政府との関係確立を試みる必要がある。そうすることによって、総体的合意を通じて各国政府から許可証をもらうというのではなくて、自分が借りた形になっている各国の軍隊を実際に展開し使用することについて各国政府の同意を獲得するのである。これは達成するのが難しい。というのも、多国籍軍に参加するという政治的決定は総体的合意に基づいているのに対して、司令官は、その国に政治的な強い影響を与えるかもしれない軍事的決定に対してその国の政府当局が熟慮のうえで同意することを求めるからである。戦略レベルの指揮官たちは、この総体的な合意を具体的行動についての同意に転換するべく可能なかぎりの取り組みを進める義務がある。しかし、結局のところ、この転換がどの程度達成されるかは、各国政府がこの多国籍軍司令官をどの程度信頼しているかにかかっている。すなわち、彼は各国政府の立場を理解しており、各国政府の利害に配慮しており、独善に走ることはないという信用である。指揮のこのような特性は多国籍軍があるかぎりなくならないだろう。多国籍軍に参加する軍が民主主義国家から派遣されている場合は特にそうだ。部隊を提供することを決定する政治家たちは、国民、すなわち有権者に対して責任を負っている。部隊に及んでもかまわない危険の程度は、国民にとってその軍事行動がどれだけ価値があるかということに直接かかわってくる。そして、司令官——たぶん評判でしか知られていない男——に対する信頼は、このリスクを評価する際に非常に重要である。この点に関して私はいつも「名声は過去のものであり、人気は現在だけのものである」という格言を想起するのがもっともよいと思っている。

一九九〇年から九一年の湾岸戦争時に、このような環境のなかで作戦行動を指揮した私は、三つの規則を指針とした。その効果は相互に関連している。

◉**単一の目標なり目的を全体として共有できるようにする。** 特にいろいろな国の政府が関与し、自国の軍隊に及ぶ危険を限定したいと思っている時には目的を共有することは難しい。派遣国政府の介入が多いと、ある特定の軍事行動案を一つか二つの派遣部隊にしか割り当てられない場合があり得る。これは司令官の能力を限定してしまい、敵がつけ込む弱点となる。負担がわかち合われていないという点でこれは多国籍軍にとってよくない。したがって、そのような選択肢はできるだけ避けるべきである。

◉**リスクと評価が公正であるようにする。** これは、同盟国がすべて同じリスクを負い、同じ評価を獲得すべきだと言っているのではない。そうではなく、同盟国がそれぞれ背負うリスクに応じて評価されるべきだと言っているのだ。これはまさに表現の問題なのであって、司令官が対外広報の方針を考える際に念頭におくべきものである。その対外広報のなかで、役割分担に応じた評価が確立されていることをできるだけ肯定的な表現で述べることである。これは非常に重要なことであり、テレビカメラに向かって話をする際にいつも冒頭で使う「すばらしい同盟国」という紋切り型の表現とはまったく別の物である。

◉全参加国に対する善意に基づいて指揮する。司令官とその配下の参謀たちがそうすれば、他の人たちもこれに倣うだろう。不信や妬みや反感といった心を蝕んでいく態度が隷下の部隊のなかに入り込んでくると多国籍軍の士気は壊れやすいので、部隊の士気は悲惨なことになる。部隊を派遣している各国において多国籍軍を最も強力に擁護してくれるのは、派遣部隊それぞれの指揮官である。

ここ数年、相互運用性や多くの国の軍隊で共通している手順や装備の標準化を追求することがよく話題にのぼる。相互運用性とは、いろいろな国の組織と装備を使って効果的に仕事をするための必要な手段のことである。つまり、混乱を処理しようということだ。標準化とは、そもそも混乱を避けるために必要な手段のことである。しかしながら、これらの事柄は重要ではあるのだが、これらは上にあげた三つの人間的要因《ヒューマンファクター》という重要な要素に全面的に依存している。そして、これらの要素を組み入れていない多国籍軍の司令官は、自分の指揮下にある部隊の扱いにたぶん苦労するだろう。

多国籍軍は何ができる組織なのかということで理解されねばならないのであって、「平和をもたらす」とか類似の目標に見られる抽象的願望の観点から理解されるものではない。多国籍軍はそのような目標のために装備されていないし、人員も配置されていない。私はこれを「戦闘のレベル」についての理解と呼んでいる。すでに述べたように、多国籍軍隷下の各部隊はすべて、異なる支援源すなわちそれぞれの派遣元の母国に結びついており、その軍事行動にはそれぞれに異なる拘束や抑制がかけられている。そうでなかったらどんなにすばらしいことかと思うのだが、軍事行動を遂行する人たちと同じように、その軍事行動の背景となる状況を整える人たちも現実を認識しておかねばならないのである。個々の戦闘なり特定の戦術的交戦は、一国で構成される部隊によってのみ実行できる。緊急時にそれ以外のことをすれば、語学力、訓練、軍の文化、装備の相互運用について安全に遂行できる以上のものを求めることになる。これは陸海空全軍種に当てはまる。例えば、空爆においては爆撃機、戦闘機、電子戦、対レーダー、指揮・統制といった各種の機種・機能を複合した戦力が必要であり、このような部隊全体としては多国籍でもよいが、特定の時間に特定の標的を攻撃する航空機はすべて一つの国から派遣されたものになるだろう。地上戦闘はもっと複雑だ。なぜなら、戦車中隊のような小さな集団においても、九両から一二両の戦車が広い地域で交戦する。平坦な砂漠における戦闘は別として、このことはそれぞれの戦車の車長が自分のいる場所の地形の様子やそれと目標との関連にしたがってこの戦闘についてそれぞれに異なる理解をもつということを意味している。支援砲兵や支援歩兵――もちろん敵の砲火も――を加えれば、問題はさらに複雑になる。この時点で戦車の指揮官に命令を母国語以外の言語に訳すことを期待するのは馬鹿げている。

「戦闘のレベル」という考え方は以下に述べる二つの状況に当てはめてみれば理解できる。一番目の例は、一九九五年のボスニアにおいて私がたまたま経験したことだが、その時にはすでに「戦闘のレベル」という状況が出現していた。私の配下にあった多国籍軍は、いろいろな国から派遣された大隊を主体として構成されていた。その各々は別々の地域に配置されたそれぞれの任務を遂行しており、守るべき基地をもっていた。その結果、各大隊は、大隊全力として作戦機動できず、私に可能な「戦闘のレベル」はせいぜい増強された「中隊」（大隊は二個中隊以上で構成されている）のレベルであった。

しかしながら、最終的に私が戦うことになった敵、すなわちボスニアのセルビア人勢力は砲兵に支援された中隊と大隊で行動していた――そして、私が勝利の望みをつなぐためには砲兵と一緒に機動できる、一カ国の部隊のみで構成される大隊が手元に必要だった。その年は事態が進展するにつれ、フランス、イギリス、オランダからそうした大隊が提供された。これだけ大隊がそろったので、私は配下の部隊を効果的に運用する計画を立てることができた。すなわち、部隊規模に応じた目標を選び、単一国の部隊による戦闘を組み合わせ、それぞれが目標を達成することにより、その総和が全体としての目標を達成するようにしたのだ。このように指揮官が隷下部隊にとって実行可能な「戦闘のレベル」について理解していなければ、おそらくその部隊を不利な形で使うことになるだろうし、その司令官の下ではその部隊は崩壊するだろう。そのような部隊に効用は期待できない。

しかしながら、このような分析は事態が発生する以前にやっておくのが最善である。すなわち、戦略レベルでの軍事行動が検討されている最初の時点でやっておくのだ。取り上げる二番目の例がこのような状況である。例えば、一九九九年に我々がコソヴォへのＮＡＴＯ軍投入を計画していた時期に、セルビア側の防御が大隊レベルの集団を基盤としていると正しく認識していた。したがって、コソヴォに入るＮＡＴＯ軍が抑止力あるいは強制力として説得力をもつためには、旅団レベルで戦う能力が必要であった。部隊の新編、ＮＡＴＯ用語で言えば「部隊造成」を担当する将校として、私は旅団を派遣してくれそうな国を求めてＮＡＴＯ加盟諸国を訪ねた。旅団を派遣できると言ってくれたのは、イギリス、フランス、イタリア、ドイツ、アメリカだった。派遣の前にこのことを検討したおかげで、我々は隷下部隊の指揮官たちに、彼らが実際に使用できる戦力を与えることができた。

「戦闘のレベル」についてのこの議論は、敵との関係において多国籍軍をいかに編成するかということについての理解に帰結する。すなわち、事態が発生した時あるいは発生する前に、敵の軍事力が何であれこれに打ち勝つ多国籍軍を編成する過程における話である。しかし、そもそも戦うか否か、どのような性質の闘いにするのか、どの標的や目標を選択するか、それらを達成するためにどのような兵器や手段を選択するかを判断するために、法的な検討を経なければならない。国連安保理が国連による軍事行動を開始する場合は、武力の行使を自衛に限定した国連憲章第六条に基づく、いわゆる平和維持活動なのか、任務達成のためにあらゆる手段を行使できる七条に依拠した活動なのかを峻別しなければならない。前者はあくまで受動的であり、目標を達成するために武力行使は認められない。後者は要するに能動的である。国連、NATO、有志連合などあらゆる形態の多国籍軍における政治的な統制も交戦規定（ROE）によって行われる。交戦規定が現在の形になったのは冷戦中のことであり、その目的はあらゆる不測の事態——どんなに些細なものであろうと——における敵への対応行動を制御することであった。そして、軍事力が行使される時にはそれがどのような状況においてどの程度までのものであるべきかを規定している。何にもまして交戦規定の目的は、核戦争を引き起こしかねないあらゆる不測の事態が起きないようにすることだった。そのため交戦規定は特定の行動を禁止する性格のものであり、我々は今やこの禁止の論理を、冷戦とはいささかも似ていない状況に当てはめている。これが、昨今の状況において、軍事力の適切で時宜を得た使用を抑制している要因である。

より実務的なレベルにおいては、国連憲章第六条あるいは第七条のもとでの軍事行動に関する指令と交戦規定とのあいだに一貫性を保つことが必要である。というのも、例えば国連憲章第七条による強制的な任務において自衛しか認めない任務で交戦規定を課すのは意味がない。また、現代の国際的な軍隊の展開で一般的な三つ目の法律文書、すなわち地位協定（ＳＯＦＡ）ともある程度一貫性がなければならない。実力を行使しての軍事介入以外の場合、他国への軍隊駐留が認められるのは地位協定によるものである。駐留を強要するための武力を有していれば、国際社会あるいはどの国でも、他国に軍を簡単に駐留させられると一般市民の大部分は思っているようだが、実際はまったく違う。国連派遣団を含めて、軍隊が他国に合法的に駐留するためには、受け入れ国の同意が必要であり、駐留軍に対して配慮される待遇や地位が詳細に定められている。例えば、バルカン諸国に介入した際には、国連が国連軍に兵を拠出したすべての国の軍隊を代表して、一九九二年以降の旧ユーゴスラヴィアの全政府とのあいだに地位協定を結んでいた。そうした地位協定には、国連軍が駐留できる場所、そこでできること、駐留するために国連が払う金額等が明示されていた。反対に、例えば、二〇〇二年のアメリカ軍のアフガニスタン侵攻後、キルギスでは首都ビシケク郊外の飛行場に、数カ国の軍隊からなる軍隊が駐在した。これは単一の指揮のもとで作戦行動を行う統一のとれた多国籍軍ではなかったので、兵を派遣した国はいずれも個別にキルギス政府と地位協定を結んだ。こうした協定書があればこそ、各国の軍隊はキルギスの空軍基地に滞在し、そこから部隊を出撃させることができたのである。これとは対照的にウズベキスタン政府が自国の領土から出撃するのを許可したのは、人道的な軍事作戦のみだった。このためキルギス政府とのあいだに結んだものとは内容が異なる地位協定が必要であった。

こうした協定書はすべて戦域の特質を決定し明らかにする要素の一部である。そして、多国籍軍の司令官は、軍事力の行使を計画し遂行することができるためには、こういった事柄を知っている必要があるし、それらが首尾一貫して機能するやり方を知っていなければならない。そのためには、多国籍軍の司令官は追求する目標と望む成果、およびそれを達成するための方法についてはっきりとわかっていなければならない。

ロンドンの国防省にいた一九九三年に私は、いかなる政治的対立あるいは紛争における軍事行動においても、派遣部隊が達成できることは四つしかないと結論していた。すなわち、改善(ameliorate)、抑制(contain)、抑止または強制(deter or coerce)、破壊(destroy)、である。その後この結論についてNATO関係者たちの前で講演したが、深い感銘を与えたかどうかわからない。それよりも重要なことは、その後八年間の勤務期間中の活動において、私はこの四つの機能を理解したうえで軍事行動を行ったということだ。

◉**改善**。この機能には、武力行使は関係ない。ここでは軍隊は救援物資を届け、テントを張り、通信手段を提供し、橋をかける等市民生活に役立つ建設的活動を行う。あるいは、その地域の軍隊の兵士たちを訓練する、あるいは監視する。軍隊は人道的な色合いが濃い状況で行使されるが、それは軍隊がいつでも使用できる状態にあり、また自分たちで自分たちの面倒を見ることができ、必要な技術を身につけているからだ。要するに、彼らはどんな場所にも市民生活めいたものをつくりだし、それを維持できる自動装置である。武力が行使されるとしてもそれは自衛の場合のみである。しかしながら、次のことは知っておくべきである。それは、軍隊は緊急事態に対応するもっとも迅速な方法である場合が多い――これは軍隊が政府の管理下にあるという理由のためだけではない――のであるが、これは高くつき、また、その場しのぎの解決以上の技量を持ち合わせていないことが多いということだ。例えば、監視がそうであり、これは次に述べる「抑制」の範疇に近い。軍事監視要員や軍事監視団も、それが駐在していることまた自分たちの見聞したことを外部の関係者や紛争の当事者に報告する権限をもっていることによって、この改善という機能を果たしている。しかしながら、そうした報告をしても何の手段も講じられなければ、監視要員たちは価値を失いむしろ問題の一部と化してしまう。その地域の軍隊に訓練を施す、あるいは助言を与えること、ヴェトナム介入の初期段階でアメリカがやったように(また、ソ連がエジプトやシリアでやったように)「軍事顧問団」を派遣することはむしろ軍隊の本務に近い。しかし、その場合でも派遣されている軍隊が直接武力を行使するわけではない。なぜなら、彼らの本来の目的は、訓練を受けている部隊の能力を高めることだけなのだから。

◉抑制。この機能には、ある種の軍事力の行使が関係している。なぜなら、ここでは何かが広がること、あるいはある種の障壁を通過することを軍隊が防止するからだ。概してそのような軍事行動は、貿易制裁が無視されたり兵器が供給されたりするのを防止するためのものだ。ある種の兵器が利用されるのを防止するための飛行禁止区域もこれに該当する。軍隊はこうした軍事行動を実行するための情報システムや兵器をもっている。武力が行使されるのは限定的であり、自衛のためあるいは侵入禁止区域なり障壁を強化するため、障壁を突破しようとする試みに対応するためである。ある種の交戦規定によって軍事力の行使を管理することが可能となるが、たいていは管理以上のことはできない。

◉抑止または強制。この機能はより幅広い武力行使を伴う。というのも、ここでは、ある当事者の意図を変えるなり形成するために、その当事者に脅威を与えるべく、あるいはその当事者に対して脅しをかけるべく、軍隊が展開するからだ。そのような軍事行動の例としては、冷戦という対立のすべて、イラクにサウジアラビア沿岸の油田地帯奪取を思いとどまらせるべく行われた一九九〇年の砂漠の盾作戦におけるペルシア湾岸地域への展開、あるいはセルビア人に少数派のアルバニア人攻撃を思いとどまらせるべく行われた一九九八年のNATOによる爆撃するぞという脅し、セルビア人勢力にコソヴォ州からの撤退を強要するべく行われた一九九〇年のNATOによる爆撃といったコソヴォがらみの国際的軍事行動がある。抑止という範疇においては、軍隊は威嚇的な態勢で展開し、強制力の発揮可能な体制を整えるために積極的に行動する。強要という範疇においては、軍事力を使用する。抑止の段階においては、軍事力の行使は通常、交戦規定を使って上級の政治レベルが厳密に管理する。強要の段階においては、軍事力の行使は、交戦規定だけでなく、標的リストに対する細心の政治的注意によって管理される。

◉**破壊**。この機能は武力行使を伴う。というのも、ここでは軍隊が、政治的目的の達成を妨げる敵の能力を破壊するべく、敵軍を攻撃するからだ。二度の世界大戦のような典型的な《国家間戦争》における武力行使と同様、現代では一九八二年のフォークランド紛争や一九九〇年から九一年にかけての砂漠の嵐作戦などがこの武力行使の例である。軍隊はこのために訓練を受け組織されているのであり、先に述べたようにこれこそ我々が軍隊の主要目的と考えているものであり、その目標を達成するために、しかるべくこの軍事力をつくり、管理し、行使しようと政治的、法的、軍事的制度を発展させたのである。

これらの四つの機能は二つの対に分類される。最初の二つ、改善（amelioration）と抑制（containment）は、望ましい政治的成果を考えずに実行できるが、望ましい政治的成果はあらかじめ決定されている方が好ましい。地震や津波のような自然災害に対応しての非常に利他的な動機でさえ、一国の軍隊が展開されるとなると政治的な含みが感じられる。どちらの機能も決定にはつながらないだろう。いずれも決定が見出されるような状況をつくりだせるだろうが、その状況が直接解決に役立つことはありそうもないことだ。これは主として対立や紛争に関わっているいろいろなグループの政治的指導者たちが、抑制あるいは改善のおかげでつくりだされた小康状態のなかで、軍事行動を継続できるからだ。国連の活動はたいていこれら二つの範疇のなかにある。抑止（deterrence）、破壊（destruction）という他の二つの機能を果たすためには、とられる行動が戦略の枠内に収まっていなければならないし、戦略を立てるためには望ましい政治的成果を把握していなければならない。指針を示す論理となる戦略なしに抑止や破壊が実行されれば、達成される結果はせいぜい改善か牽制ぐらいだろう。昨今の、世界各地における紛争の多くに見られる状況は、残念ながらこの効果の上がらない道をたどっている。例えば、いわゆる「テロとの戦い」の一環としてオサマ・ビンラディンおよびアルカイダを追跡してアフガニスタンに侵攻した一件は、抑止する（deter）ことと破壊する（destroy）ことを意図していたが、最終的にせいぜいが戦略的抑制（strategic containment）という軍事行動になった。もう一つの例としては、一九九二年にイラク南部に飛行禁止区域を設けたことがあげられるだろう。飛行禁止区域を設定したのは、イラク軍にマーシュ・アラブ族を弾圧させないようにするためだった。これによりイラク空軍を牽制し、マーシュ・アラブ族攻撃にイラク軍機が用いられないようにしたが、弾圧をやめさせることはできなかった。

これらの四つの機能は、軍事活動の三つのレベル――戦略・戦域・戦術のどのレベルにおいても達成されるし、さまざまな機能がさまざまなレベルで達成できるだろう。例えば、戦略レベルにおいて発揮される機能は強要（coerce）かもしれないが、戦域レベルや戦術レベルで発揮される機能は脅しを実行するための破壊（destroy）となる場合がある。この例としては、一九九〇年に行われたコソヴォ爆撃がある。戦略レベルで必要な機能は、NATO軍がセルビアのコソヴォ州を占領し国連がそこを統治できるよう、ミロシェヴィッチの軍の同州からの撤退をミロシェヴィッチに強要することだった。ここで留意すべきことは、これ自体が求められている政治的成果ではなかったということだ。なぜなら、それはまだ明確に定められていなかったからだ――明確になったのは爆撃から六年後だった。脅しは、ミロシェヴィッチ軍とその基幹施設を爆撃することにあった。望ましい政治的成果が決まっていないこともあり、脅しの性質、利用できる兵力、武力行使に関する制限は、戦域レベルでの機能と戦略レベルでの機能が同じ強要する（coerce）こととなったが、戦術レベルにおいてこの脅しは破壊（destroy）という機能として実行された。そして、コソヴォ州を占領した国連、EU、欧州安全保障協力機構（OSCE）などの国際機関やその加盟国は、政治的成果を求め続けた。その一方でNATO軍は三つのレベルすべてにおいて抑制する（contain）という機能を達成している。一九九一年に行われた砂漠の嵐作戦の場合は、すでに議論したように戦域レベルと戦術レベルにおいて破壊する（destroy）という機能があったが、この場合もやはり所定の政治的成果を達成するための明確な戦略が欠けていたので、戦略レベルでの軍事的機能は抑制（containment）することにとどまった。

ものごとをこのように理解することは、文民であると軍人であるとを問わず、軍事力の使用についての決定に関わるすべての人にとって有益である。このことはアメリカとヨーロッパの軍において多くの人が「効果重視型作戦」について話しているので、ますます重要になっている。四つの機能それぞれが、戦略・戦域・戦術の各レベルにおける軍事力の具体的な行使によって達成しようとするものを明らかにし、また、それらの効果の関係を明確にするのだ。しかしながら、直面している状況のなかで必要な軍事力の機能とその軍事力の目的について正しい判断をくだすためには、意志決定者たちは適切な情報を充分にもっていなければならない。また、部隊指揮官が意志決定者たちから受けた命令を実行するためには、敵および周囲の状況についてできるだけたくさんの知識をもっていなければならない。いずれも適切な情報を必要とする。

情報活動と情報資料（整理され処理された「情報」の源となるデータ）は、軍事力の行使に関するあらゆる決断において、またそれに続く軍事行動の全体を通して、非常に重要な要素である。二〇〇三年に行われたイラクの自由作戦の背景について考えてみよう。主要な開戦理由《カースス・ベリー》は、サダム・フセインが大量破壊兵器を保有していることのようだった。開戦の是非をめぐる話し合いの重要な部分はイギリスおよびアメリカの情報機関の報告書に基づいていたが、のちにその報告書が根拠のないものだったと判明した。それにもかかわらず、そうした資料を鵜呑みにして戦域レベルで大規模な軍事力行使が行われた。すなわち、サダム・フセインとの対立は紛争となり、フセインは権力の座から引きずり下ろされたものの、大量破壊兵器は見つからなかった。すでに述べたように、質の高い情報資料を得ることは、行動方針を選択するにせよ攻撃を行うにせよ、いずれのレベルにおいても武力を有効に行使するために欠かせない。情報資料は多くの情報源から入手できる。情報機関、軍隊、外交官、ＯＳＣＥのような国際機関、ＮＧＯ、当該地域の機関、通商、マスコミといった具合だ。情報機関が敵の主要な意志決定者のそばにスパイを潜り込ませられれば理想的だ。もちろん敵もそのような事態が起きないよう手を打つだろうが、はっきりと組織されている認識可能な敵との長期にわたる対立の場合、そのような有利な立場を達成できるかもしれない。しかし、そういったことはあなたのまったく知らないところで行われるのだ。時代によって異なるが、これは諜報活動の本質を示している。諜報活動は、時と偶然と人間性の気まぐれに左右される。これらが、好機があるかどうか、好機をものにできるかどうかを規定する。《人間《じんかん》戦争》の本質は、特にそれが非国家組織間で行われている場合、典型的な既成国家間で行われるような「諜報活動」をしても、軍事力を投入する前に重要な情報が得られるような状況はまずあり得ないというところにある。

私はと言えば、情報という機能の本質をなす大量の、たいていは何の変哲もない情報資料を処理するなかで、自分が対応しなければならない問題はどれなのかを理解しておくことがいかに重要かを認識するようになった。そして、そういった問題を知ることができるのは自分が達成したいと思っているものが何であるのかを知った時である、ということがよくわかった。自分が何を達成するつもりなのか、あるいは答を必要としている問題は何なのかを知らないとしても、このことが私の分析や行動を不可能にするのではない。そのような状態において、私は何をなすべきかを決めるために情報を集める必要があることを学んだ。そのうえ情報収集について意識的に決定をくだす必要がある。現在では、我々のまわりには大量の情報が存在しその大部分は簡単に手に入る。しかし、それを処理するための時間や人手・資金はかぎられている。したがって、自分にとって必要な特定の項目や問題に努力を集中させねばならない。そして、こういったことを自分の幕僚と情報収集機関や情報源にはっきりとわからせておく必要がある。意志決定者はみなそうすべきだ。さもないと別の問題を解決するために収集された情報に基づいて行動する破目になる。

前述の私の経験において、私は（諜報機関によって整理処理された知識としての）情報《インテリジェンス》よりも、（収集されたままの）情報資料《インフォメーション》をかなり意図的に使った。私は情報を二様に考えている。一つ目は、評価あるいは分析の産物としての情報であり、諜報機関の解釈すなわち思考の結果としての情報である。この種の情報はしっかりと管理し、敵から隠しておかねばならない。もっとも、あなたがそのような情報をもっていることを敵に知らせたい場合は別である。この種の情報を隠したいのは、これによってあなたの意図を推定でき、また敵がそれに気づけなければ奇襲が可能になるからである。二つ目のものは、秘密裏に収集された情報資料としてのものである。あなたはその情報資料をもっていること、そしてそれがどのようにして収集されたのかを隠しておきたいはずである。集められた情報資料はあなたの質問に対する答、すなわち情報を生み出すように一切合切まとめて評価されねばならない。これは軍事レベルでの活動に対してだけでなく、政治レベル、文民レベルでの活動に対しても言えることである。というのもこれらはお互いに関連しているからである。なによりもまず、秘密資料だからというだけで情報資料が正しいとか自分にとって価値があるものだなどと思い込む落とし穴に落ちぬようにしなければならない。

軍を指揮する者にとって、情報資料は、それゆえ、次の二つの大まかな対象についての質問に答えることを求められている。すなわち、アイテム（物質的なもの）と敵の意図に関するものである。アイテムは大まかに言って二つに区分される。つまり、戦場や周囲の状況と敵の兵力や装備である。アイテムに関する情報資料を集めることにより、蓋然性の高い敵の意図を推定できるし、敵のアイテム（部隊や装備）を発見すればそれを攻撃し、敵の意図を挫折させることができる。ここで「蓋然性の高い」と表現したが、それは予想というものはそれが基づいている前提次第だからである。前提はつねに疑ってかからねばならない。一九九三年の贖罪の日《ヨム・キプル》にイスラエルは奇襲をかけられたが、これは国家機関が前提を疑うことを怠った例を与えている。すなわち、大規模な軍隊が国境地帯に集結していることをあらゆる情報資料が示していたにもかかわらず、エジプトにもシリアにもイスラエルを攻撃する能力も意志もないし絶対に協力し合ってはいない、という前提は変更されなかった。そのため国境地帯でエジプト軍、シリア軍の動きが活発なのは通常の部隊の交替、たぶん拡張された部隊の交替のせいだとされた。現実よりも前提に合わせた理屈である。意図に関する情報資料を集めるのはさらに難しい。知りたいのは指揮官や政治家の意図である。彼らは警護されており数も少ない上、タイミングについてだけでも意図はすぐに変わってしまう。ナポレオンの敵たちは、形を迅速に変え軍団《コール・ダルメ》をしかるべく機動させるナポレオンの能力に困惑し、そのためナポレオンの思惑どおり混乱を引き起こしたことを覚えておくといい。敵はナポレオンの一つのアイテム——一個ないし数個の軍団《コール・ダルメ》——を発見してもナポレオンの意図を測りかねた。さらに適切な場所に入り込んだスパイや情報源をもっていなかったので、敵にはナポレオンの考えがわからなかった——いずれにしてもナポレオンは土壇場まで決断しない傾向があった。これは編制による機動性があればこそであった。

実際、情報資料収集の歴史は古く、旧約聖書が書かれた時代には間違いなく行われていた。最良の経路、糧秣、水を見つけるべく兵士たちは送り出された。敵の陣地を突き止め、挑発して攻撃させるために送り出される兵士もいた。国王の親書を運んでいる使者を途中で捕まえるために送り出される兵士もいた。スパイは、敵陣の抵抗力を探り、指導者の評議会に潜入し、敵の意図について報告し、理想を言えば敵の指導者の意図に影響を及ぼすべく、敵陣や敵の都市に送り込まれた。流動的な紛争においては、指揮官はいずれも情報を収集する自分の能力は、いったん標的を見つけたらずっとそれを監視下においておく必要性により制限されると認めている。というのは、いったん標的を監視下におくと、監視任務を課せられている部隊なりスパイ要員を他の任務には使えないためだ。紛争当事者双方がお互いに相手に対して同じことをやっており、双方とも相手の情報活動を阻止しようとしている。孫子の『兵法』は多くの方法で情報やスパイの利用を説いた長編の専門書であり、なるべく軍事力を行使せずに狙いを達成すること、あるいは、軍事力がもっとも効果的に行使されることを目的として書かれている。今日、科学技術は進歩し略称で知られる多くの諜報機関が存在するけれども、答を必要としている問題の詳細以外は何も変わっていない。

《国家間戦争》においては、敵のアイテムに関する情報資料収集が重要視される。我々は、敵の意図は武力を行使してこちらを打ち負かしそれによって戦略的決定を達成することであり、敵が望ましいと考える結果は我々が望む結果の真逆であると思っている。このような前提に基づいて、敵のアイテムに関する情報資料を収集し、敵の意図を挫折させるための計画を立案する。もちろんそれと相容れない質の高い情報資料がないかぎり、である。そして、たとえ質の高い情報資料が手に入ったとしても、その情報源を隠すために対応しないかもしれない。攻撃する場合は、情報資料が指示するものを攻撃すれば敵を打ち破れるだろう。本質的に我々は、降伏あるいは滅亡が敵の唯一の選択肢になるまで、他の選択肢をとる敵の能力を破壊することによって、敵の行動を方向づけようとする。我々の諜報活動能力は、アイテムに関する質問に答えるべく、そして、これらのアイテムを見つけ攻撃するべく、大いに発達してきた。我々は、敵を攻撃する機会、戦場、敵の勢力や活動等を知りたいと思っている。我々の情報システムはこのようなことに関するデータを大量に提供してくれるし、たいていは敵に関するデータよりも自軍に関するデータの方をたくさんもっている。こうした情報資料は客観的なものであり計算によって評価でき表や図の形で提示される。司令部において参謀が行うことは、意思決定のための過程を補佐し、次いでその決定に基づき作戦の実行を補佐することである。

アイテムに関わる問題の他に、意図に関する問題がある。昨今の紛争のように、戦場における戦略的決定を求めて我々と戦うことをしない敵を相手とする場合、敵も我々も一般市民の意志獲得を目標にしている場合、敵が一般市民のあいだに入り込み我々の兵器体系の効用が発揮できない戦いを仕掛け、我々の対応によって自分たちの立場を強化するべく挑発してくる場合、を考える。そういった場合には、我々にとっての問題の大部分は、アイテムに関することではなくて意図に関することだ。本質的に我々の目標は一般市民の意図を形成することであり、それによって敵の指導者たちが紛争という選択肢を思いとどまるよう彼らの意図を変えることだ。というのも、味方が一般市民の意志を獲得すれば敵は自分たちが攻撃にさらされ撲滅される可能性が高いと判断するからである。このような状況において生ずるいろいろな問題に対応するために必要となる情報資料は、アイテムに関することではなくて敵の意図、行動の時機、成り行き、に関することである。これらは確率や感情と関係する主観的な情報資料である。すなわち、その情報資料の評価においては敵の論理についての判断と理解が要求される。その評価を簡単な図や表で示すわけにはいかない。アイテムに関する情報資料も依然として要求されるが、特定のレベルのものであり、いろいろなことについてのものである。環境についての情報資料は問題になっている社会が機能している仕組みに関係するものである。すなわち、その社会の基盤設備の機能、その社会を誰が支配しているのか、子供たちはいつどこにある学校に通うのか、等である。敵のアイテム——兵力と装備——に関する情報資料はそう簡単には得られないだろう。すでに述べたように、敵兵力が正体を見せるのは、そうしても安全だと思った時だけである。敵のアイテムについての情報資料を得るためには、その環境のなかにおける人々の生活様式を理解することが最善である。そうすれば、変則的なことが起きた時にその原因を探すのだ。時にはその原因が無邪気なものではないことがある。《国家間戦争》においては、装備は戦争遂行上非常に重要なアイテムであり、兵士たちはそれに付随したものである。したがって装備を発見すれば兵員の居場所も分かる。《人間《じんかん》戦争》においては、人が非常に重要なアイテムであり、必要な時には手当たり次第のものを武器とする。そして、その人である敵は現実的に必要となる最後の瞬間まで武器を携帯したが、この時初めて彼が一般市民とは違うと確認される。

《国家間戦争》用に編成された軍においては偵察・監視のための部隊や装備品の数は、敵を実際に攻撃する部隊や装備品に比べて小規模である。こうした部隊とその装備は、一般市民のなかに入って軍事行動をとるのには向かない場合が多い。すなわち、こうした装備はいろいろなものを探すべく設計製作されたものだが、形の整った軍隊をもたぬ敵がそのようなものをもっているはずがない。また、これらの部隊は《国家間戦争》という概念の枠内で軍事行動するよう訓練を受けている。アイテムではなくて人間を捜し出すことが要求されていることと、さらなる偵察や監視より情報資料を引き出していく必要性とが相俟って、この数が少ない特別の部隊はすぐにお手上げになってしまう。このような事態を救済する策は次のことを認識することである。すなわち、情報収集の努力において重要なことは、低いレベルの情報資料を大量に収集することなのであって、大規模な戦術レベルあるいは戦域レベルの機動を遂行するための情報資料を集めることではない。このような情報資料収集をするためには、これらの偵察部隊や監視部隊は、文民による諜報機関と同様に、《人間《じんかん》戦争》における敵についてもっと深く理解していく必要がある。すなわち、自分たちが武力行使を考えている活発な敵に対する理解を深めねばならない。

新しい敵は、組織された軍隊あるいは正式な軍隊をもっていない。新しい敵は、国中のいたるところに工作員を配置しているかもしれないが、戦域レベルで軍事行動をとることはできない。敵は一般市民に依存しており、一般市民に自分たちの攻撃の効果を感じさせようとしていることを考慮すれば、敵の軍事行動はすべて「局所的なものと」とみなさなければならない。敵軍が機動することはないし、会戦計画もないし、他の地域における軍事行動との直接のつながりもない。個々の交戦はそれ自身で閉じている。しかし、全体は何よりも重要な政治的思想という神経系統で結ばれている。

この神経系統は、在来型軍隊の神経系統とは異なる。在来型軍隊はその神経系統ないし指揮系統を《国家間戦争》の一部として発展させ、ほとんどは無線が使われ出す前に確立された。在来型の指揮系統は本質的に階層的組織である。情報は下から上に上げられ、指揮系統の特定のところでまとめられる。命令や指示は上から下に流れ、指揮系統の各階層で詳細な任務に分解される。このようにして兵力の全体が唯一の軍事的戦略的目標の達成に向かって集中される。すなわち、個々の軍事行動とそれが達成するものが一貫性をもってこの目的に貢献する。しかし、この機構は、その指揮系統のある箇所が失われた——鎖が切れた——場合、役に立たなくなるという弱点をもっている。現在では、これを基本的モデルとして近代的通信技術が使われている。このモデルは今もなお基礎となっている。ゲリラ、特にテロリストの組織においては、神経系統はこのようにはなっていない。それは主として彼らが一般市民に依存しているからであり、戦略的軍事的目標をもっていないからである。その結果、彼らは、軍事行動を行っている地域に特有の性質をもつようになる。植物をたとえに使うと、彼らの神経系統は「根茎的」である。根茎植物は根で増える。イラクサ、キイチゴその他たいていの雑草がそうだ。根茎植物は種をまき散らしても増えるし、種をつくらずに根系でも――根が親株から切り取られていても――増える。こうすることで植物は厳しい季節を生きぬき、土壌の状態が悪くても枯れない。

「根茎的」指揮系統は、軍事作戦や政治的闘争の場で見られるように、地上にある明らかに階層構造的な組織によっても、地下にある根を中心としたもう一つの真の組織によっても作動する。それはたくさんの対等のグループからなる水平組織である。それはその目的を周囲の状況に合わせて自然淘汰する過程を経て進化するものであって、あらかじめ定められた作戦用の構造をもっているのではない。それが基盤としているものは、それが活動している地域の社会構造の基盤である。グループの規模はさまざまであるが、生き残ってうまくやるのはたいていの場合規模が小さくて分離したいくつかの細胞《セル》で構成されたグループである。各細胞のメンバーたちは他の細胞との関係とか他の細胞のメンバーたちを必ずしも知っているわけではない。これらの細胞は、自分たちで直接あるいは偽装組織を使って間接的に新しいメンバーを獲得し、加入すなわちグループへの帰属の印として可能なかぎりのダーティー・ワークをやらせながら軍事行動を行っている。どんな場合でも自分たちの安全確保を最重要と考えている。細胞というものは最低限、次の三つのことをやろうとしている。すなわち、軍事行動を指導し時には自らが率いて行う、資金や兵器を集め保管する、学校への資金援助から選挙運動までいろいろな政治的活動を指導し時には自らが行う。通常、異なる活動は異なるメンバーによって遂行される。

こうした細胞はフランチャイズ方式で根系組織の中枢に合わせて機能する。中枢組織は思想や活動の原動力となる論理を提供する。中枢組織はこの一種の布教活動を通じて、細胞の活動の全般的な方針についても指図し、任務の目的を理解しない細胞や自分勝手な行動をとる細胞を容赦なく追放する。中枢組織は、よい結果を出す細胞に対しては資金や技術、兵器を提供して強化し、その細胞が成長できるよう聖域をつくろうとする。細胞はその地域の状況に合わせて自分たちの活動方針を選ぶというやり方に関してかなりの自由度を持つ。ただし、安全確保手段が破られず、その細胞がよい結果を出し、その活動においてやり方が不正なものでもなく許容されるものであるかぎりにおいて、である。この後半の部分はこの細胞の活動がつねにもっている潜在的な弱点である。そして、この弱点を見極める際に理解しておかねばならぬことは、不正かどうかの判断をするのは地域社会だということである。もしゲリラ兵が一般市民の防御者として姿をあらわし、大勢の善良な市民のために命をかけるのであれば、人々はゲリラ兵を支持するだろう。そして、ゲリラ兵の命がけの攻撃が、大多数の人が積極的に支持している大義を促進するのであれば、大勢の人がゲリラ兵を支持するだろう。しかし、一般の市民が、ゲリラが個人的利益を得ているのを見れば見るほど、ゲリラの行動は「保護恐喝」のように見え、一般市民は進んでゲリラを支持しなくなる。それまでゲリラ兵を快く支えていた人たちがゲリラ兵に対する支援を停止する段階は、人によって、文化によって、また大義によってさまざまだが評価は可能だ。現体制の継続や安定した社会から恩恵を受けるであろう人たちは、変化をたぶん支持しないだろう。彼らにとっては非常にリスクが高いし、彼らはその地域の収入の大部分を手にしているのだ。そのような人たちが細胞やゲリラを支援するのは、変化が避けられない場合、あるいはイデオロギー上の理由から変化を望ましいと考える場合である。それぞれが分け前をとることが当然とされている文化の社会、あるいは権力が無条件に行使され、具体的な禁止事項によってのみ制限されている文化の社会は、ある人が他の人よりも多く稼ぐことを容認する傾向が強い。弱点を探している治安部隊にとっては、一般市民が容認できる以上にゲリラが踏み込んだ行動をとっていること、また一般の市民がゲリラを支援していてもゲリラを恐れてのことだとわかれば、この根茎のようなシステムを攻撃する好機が存在する。

根茎のような指揮系統を攻撃するのは難しい。根茎雑草を根こそぎにするのが難しいのとまったく同じだ。庭師ならば誰でも知っているが、きれいな芝生を育てようと思ったら大事なことはいろいろあるが、芝生を刈り込みローラーでならし土壌に水分と養分を絶やさぬようにすることが特に重要だ。これによって根系は刺激を受け根をしっかり張り新芽を伸ばす。同様に花壇をつくりたいならば、その土壌に生えている雑草を根まですっかり抜いてしまわなければならないことも庭師は知っている。根が残っていれば雑草はいずれまた生えてくる。根茎は次の三つの方法のどれかで根こそぎにできる――根茎を掘り起こす／薬をまいたり土壌から養分を取り除く／浸透性農薬を根に浸透させる。地上に出ている先端部分を刈ってもいずれまた伸びてくる。ゲリラやテロリストのネットワークのように根茎的指揮系統を備えた組織についても同様だ。そこにおける一般市民と組織との関係は、土壌と根茎との関係に同じだ。どちらかというとこの類似性は、私にとっては、毛沢東のよく知られている言葉――人民とゲリラの関係は、海と魚の関係と同じである――よりも役に立つ。根茎植物に対する攻撃――先にあげた方法のどれかが使える――とは違い、根茎的指揮系統に対する攻撃は、この三つの方法をすべて使ってそれぞれがお互いに補完し合うように行うのが最善である。大切なことは、この根茎的指揮系統の外にあらわれた目に見える要素、特に下位レベルの活動に関わる要素は、ある程度犠牲にしても仕方がないということだ。ゲリラやテロリストが殺されたり捕まえられれば、他のゲリラやテロリストがそのように行動しないための抑止力となり、ゲリラやテロリストは行動や活動を制限するが、それは必ずしも行動を起こすという決意を抑止するものではない。実際、ゲリラやテロリストが殺されたり当局に逮捕されると、別方面での活動に拍車がかかる場合が多い。このため、このような敵に対して軍事力を行使することは慎重に決めなければならない。

《人間《じんかん》戦争》は、対立と紛争のパラダイムであり、第七章で議論した六つの傾向によりはっきりさせることができる。それは、戦略的標的にはならない一般市民のなかにしっかり入りこんでいる敵と戦う戦争である。我々の組織は文民の組織も軍部の組織も、この新しい現実に対応していない。すなわち、いずれもが、それ自身の内部において、また軍事行動についての決定につながる絡み合った世界のなかでこの新しい現実に適応していないのである。加盟国から兵力を派遣してもらう国際機関についても同様だ。国際機関は相変わらず《国家間戦争》という世界にはまり込んでおり、自分たちが軍事行動を実行しようとしている敵についてよく考えずに、あるいは軍事行動を実施した場合の結果を考えずに、これまでと同じやり方で武力を行使する決定をくだすための情報を求めている。暴力行為を止めるために軍事力が行使されても、この軍事力行使を決定した人たちが求めているような戦略的に決定的な結果は得られない。というのも、《国家間戦争》とは違って、《人間《じんかん》戦争》においては軍事力の行使は決して決定的なものではないからだ。すなわち、力くらべに勝つことが一般市民の意志獲得にはつながらない。基本的に一般市民の意志を獲得することこそが、現代の紛争において軍事力を行使する唯一真の狙いなのである。

第九章　ボスニア

〈人々の間〉で軍事力を行使する

いよいよバルカン半島諸国について話をする時が来た。これは主として、第七章で議論した六つの傾向と、それを取り巻く、特に前章で提起したような、いろいろな問題とを例証するのが目的である。私は多国籍軍の司令官を務めていたが、その司令部は、《国家間戦争》において軍事力を行使するために情報を収集し決定をくだすように組織されたものであった。一方、私が指揮していた部隊はといえば《人間《じんかん》戦争》を戦うものだったのである。本章における議論も軍事力の行使に関するものである。というのも、ヨーロッパ南東部のこの領域で起きた出来事は、それ自体悲劇的なことであったが、軍事力の行使について我々が理解している方法を、少なくとも多国籍軍に関してではあるが、つくり変えてしまった——大部分は役に立たなかったのだが。なお悪いことに、一九九五年にはボスニアで、一九九九年にはコソヴォで軍事力を行使したにもかかわらず、我々はその経験から軍事力の効用についてほとんど学んでいない。もう少し具体的に言えば、国連軍を運用するのが非常に難しく、紛争に対処するためにこれを派遣するのは得策ではない。部隊派遣国の多くは、ボスニアで起きた武力衝突を通じてこのことを学んだ。また、NATOのコソヴォ空爆でアメリカ軍は、共同体として多国籍軍を統制することが世界で唯一の超大国にとっては実際的でないことを学んだ。こうした状況は変わっておらず、そのために、軍事力

を多国籍で行使することはますます複雑なものになってしまっている。これは、それ自体で矛盾したことである。なぜなら、《人間《じんかん》戦争》というパラダイムの六つ目の傾向を反映して、我々はこれまでにも増して共同で紛争に対処するようになっているからだ。

　私は退役前の一〇年のうち七年間、国連とNATOによるバルカン諸国がらみの軍事作戦に関わっていた（一九九六年から九八年にかけては北アイルランドの司令部だった）。イギリス国防省において作戦担当参謀次長として多くの議論に関与し、ユーゴスラヴィア国連保護軍、すなわち一九九二年にクロアチアで編成されつつあった国連保護軍に対してまずイギリス軍の医療部隊を派遣し、次にこの部隊の活動範囲を内戦状態に陥った悲惨なボスニアに拡大した。これにNATOが介入したことにより、国連を代表するアメリカのサイラス・ヴァンス大使とEUを代表するイギリスのオーウェン卿の話し合いが行われ、結果として出てきた二つの解決策を協議するべく連絡グループを組織し一緒に仕事をした。しかし、こうした努力は一九九四年にアメリカ政府によって退けられてしまった。一九九五年一年間と一九九八年末から二〇〇一年秋に現地を去るまでボスニアで国連保護軍を指揮した。また、ボスニアおよびコソヴォ、マケドニア、アルバニアでNATOが続けていた軍事行動において全欧連合軍副司令官としての任務を果たしていた。この間の作戦すべてについて話をするつもりはない。バルカン諸国での軍事行動はまだ続いており、また他の人がたくさん書いているから。私は高いレベルで意思決定に関わった視点から、バルカン諸国で行われている軍事行動を取り上げ、昨今、世界各地で起きている対立や紛争の複雑さを説明したい。また、ボスニアに焦点を置き、《人間《じんかん》戦争》の六つの傾向が明らかになった時系列に沿って、バルカン情勢全体について検討していく。

戦いの目的が変わりつつある

一九九五年および一九九九年にNATOの行った爆撃を含めて、一九九〇年代にバルカン諸国で展開された軍事行動すべてを理解するための起点は、それらが戦略のない軍事行動であったということだ。とどのつまり、軍事行動は戦域レベルで調整されたが全体としては、特に国際介入に関しては、それらの軍事行動は反射的なものであり、第三帝国のやり方を理解するためにつくりだされた言葉を使えば機能主義的ななりゆきであった（トップダウンに示された全般方針に従って全体が行動するのではなく、所掌（機能）ごとに低いレベルで進められたことが次々に連鎖して、例えばホロコーストのような全体の流れを形成してしまうこと）。すなわち個々の軍事行動は、計画の一部というよりはそのすぐ前に行われた軍事行動の結果に引きずられるものとなっていた。理屈のうえでは委任統治計画を立てた国連安保理決議（SCR）を根拠としていたが、全体としては国連軍であれNATO軍であれ、展開され行使された軍隊の戦略的目標を視野に入れてというよりも現場の出来事に反応して用いられた。つまり、どのような政治的目的のためにバルカン諸国に軍隊が展開されたにせよ、それは問題となっている紛争や対立の解決に直接つながる目標の達成に寄与するものではなかった。そして、このことは初めから明らかだった。

国連保護軍は当初、クロアチアに住む多数派のクロアチア人と少数派のセルビア人とのあいだの衝突に対処するため一九九二年二月に展開され、その当時「中立」の立場をとり安全だったボスニア・ヘルツェゴヴィナの首都サライェヴォに配置されていた。この状況はそれまでに行われた国連の標準的な平和維持活動――交戦中の敵対勢力間の停戦合意を履行するための中立的機関――を取り巻く状況と変わらないように思われたため、型通りにものごとが進められた。国連軍に与えられた任務は「ユーゴスラヴィアに関するEU首脳会議の合意に基づいて、ユーゴスラヴィアにおける危機を包括的に解決するための協議を行えるよう必要な平和で安全な状況をつくり出すための暫定的な措置を講じる」ことであった。国連安保理は、クロアチアに住む少数派のセルビア人は国家ではなく、国家としてクロアチアと交渉する権限を与えられていないということ、あるいはユーゴスラヴィア崩壊によりさまざまな民族がスロボダン・ミロシェヴィッチの支配する大セルビアに組み込まれるのを避けようとしてこの状況が生じたこと、あるいはボスニア、セルビアに住むセルビア人がクロアチアに住むセルビア人を支援するかもしれないということ、に気づいていなかった。言い換えれば、おそらくそのような不安定な状態を認識していなかったのである。バルカン諸国におけるこのような状況にも関わらず、国連保護軍はこれらの状況を抑制しなかった。そしてセルビアのクロアチア人たちは国連保護軍に与えられた命令において「国連保護地域」となっている場所に住み続けた。
一九九二年六月、ボスニア・ヘルツェゴヴィナで戦争が勃発すると、そこでも活動できるよう国連保護軍の任務が拡大され、その年の秋にはこの危機が国際的に関心を集めた。この危機は起こるべくして起きたのだ。新たに独立したボスニア・ヘルツェゴヴィナが三民族間の戦争状態に陥るにつれ、ユーゴスラヴィア連邦軍の軍服を着て完全武装したボスニアのセルビア人が、無防備ないし軽装備で秩序がとれていないクロアチア人やボシュニャク人——ボスニア系イスラム教徒——を攻撃する様子が世界中のテレビで流れ、家を失った人たちが周辺の国々に大量に流れ込んだ。これを受けて国連保護軍はまず六月にカナダとフランスの部隊をサライェヴォに展開していたが、両部隊としても傍観するわけにもいかない一方、どう対応したらよいのか、またどのような目的で対応するのかが不透明だった。国連安保理で繰り返し議論されたのち、国連保護軍は以下のような指示を受けた。

国連難民高等弁務官事務所(UNHCR)がボスニア・ヘルツェゴヴィナ各地に人道援助物資を輸送するのを支援すること、またUNHCRの要請に基づき、UNHCRが保護等が必要だと判断する時と場所において防御すること……[そして]赤十字国際委員会からの要請がありかつ国連保護軍司令官が要請を実行可能と判断した場合、解放された民間人抑留者の輸送縦隊を保護すること。

言い換えれば、それは平和へいたる状況をつくるのではなくむしろ状況を「改善すること」を意図していた。国連憲章第六条の下で採択された任務と、それに適合するよう定められた交戦規定にのっとれば、武力を行使できるのは自衛の場合のみで、状況を変えるために武力を行使することはできなかった。

イギリスは戦闘群をこの作戦に沿って展開させた。我々は、この部隊は武力衝突の真っ只中で(戦争状態のなかで)作戦行動を行うことになるだろうと思っていた。そして、それを掩護する機甲歩兵部隊が装甲戦闘車両とともに派遣された。イギリス以外の国も同様の措置をとっていた。総合的な軍事力はさまざまな国から派遣された大隊規模の部隊で構成されていた。つまり部隊派遣国の軍隊である。ほとんどの国は一個大隊のみの派遣で、スカンジナヴィア諸国の場合は合同で一個大隊を編成していた。各大隊それぞれに担当する地域と任務を割り当てられており、部隊を提供した各国政府の関心はここにだけ絞られていた。各部隊の後方支援は一般的に当該派遣国の責務だった。ユーゴスラヴィア国連保護軍の司令官にとって、軍事力使用という視点からいえば、このことは全部隊をまとめて機動運用することはできないということだった。というのも、実際問題として、いったんその部隊がその担当地域に落ち着いてしまったら、ずっとそこにいるだろうからである。言い換えれば、たとえ軍事力の行使が可能だとしても、決まった地域における大隊以下のレベルにおける一連の交戦としてしか企画できず、一つのまとまった戦力としての機動性はなかったのである。

作戦行動の指示や指揮のための国連の機構は、典型的な平和維持活動のためのものだった。つまり、戦闘当事者たちが和平を望み、青いヘルメット《ブルー・ヘルメット》と白い車両に象徴される国連休戦監視部隊員を受け入れる、実際には要請する場合を想定していたのだ。残念ながらボスニアにおける三つにわかれた当事者たちは全体としての和平を望むのではなく、三者それぞれに違った和平を求め、そのための戦いに熱中していた。それはまったく一貫性のない状況であり、国連が想定していた国連保護軍の任務とそれが展開された現実の状況とはまったく別個のものであった。言い換えれば、国連安保理はこの状況を対立と理解しそれに対応する派遣団を送ったのであるが、派遣された先では、いくつかの集団が戦略レベルでの紛争を戦っていたのである。しかし、事態は一貫性がないというだけではなかった。戦っている三者すべてに受け入れられる和平の姿を見出すための交渉は国連のサイラス・ヴァンス・ユーゴスラヴィア担当代表とEUのオーウェン卿が仕切っていた。二人は交渉の経過をそれぞれ国連事務総長とEUに直接報告していたが、彼らの交渉と国連保護軍の活動とのあいだには直接のつながりはなかった。国連派遣国自体は民軍共同の組織であり、仕切るのは国連事務総長特別代表（SRSG）と国連の政治・平和維持・行政部門の職員たちであった。彼らは国連保護軍司令部の幕僚と連携していた。NATOと違って国連には常設の多国籍指揮機関がないため、国連保護軍の参謀将校は各国から派遣されていた。ザグレブに設けられていた国連軍本部には国連とNATO両方の職員たちがいた。ここは決してまとまりのない組織ではなかったのだが、双方の顔を立てるためには多大な努力が必要だった。ボスニア領内の国連軍隷下各部隊の司令部には文民職員が配属されていたが、実体は各国派遣部隊の本部であった。唯一の多国籍本部は、国連保護軍司令部だった。当初サライェヴォ郊外に設置されたが、その後キセリャクに移されボスニア戦争が始まって最初の二年間は同地にあった。その後一九九四年に当時の国連保護軍司令官マイケル・ローズ将軍が市内の旧チトー邸に戻した。私が一九九五年にローズ将軍から引き継いだのはこの司令部で、ボスニア・ヘルツェゴヴィナ国連軍あるいは国連管轄地域として知られていた。

このような機構の枠内で、現場では大きな矛盾が露呈しつつあり、現場にいる国連も、広範囲に展開した結果として、手がつけられぬほどに身動きがとれなくなっていた。国連はこの紛争を戦う当事者ではなかったが、人道上の任務で来ているとはいえ、そこにいるのは明らかだった。国連が付与したこの任務規定はボスニアにおける軍事的目標を制約に満ちたものにし、また交戦規定や各国派遣部隊の活動に反映された。ボスニアにおける紛争は悪循環を繰り返し、この状態は国際的にも大げさな表現で報道された。このような状況下で行われた国連保護軍の配備・運用はいつも力強く断固としたものであったが、人道支援物資の輸送としばしば自分たち自身を守ろうとする国際部隊の基地を補強する程度のことにしかならなかった。そこに戦略的指針はなく、達成すべき戦略的軍事的目標もなく、戦略的軍事行動も戦域レベルの軍事的目標もなかった。活動すべてが戦術レベルのものだった。国連保護軍はサライェヴォ空港への経路を整え、空港の安全を確保し管理した。また、援助物資の輸送を護衛した。だが、年を追うごとに、そしてつねに現場の事態に対応して、ますます多くの軍隊が派遣されてきた。一九九五年に私が指揮をとる頃には二万の兵力が駐留しており（一九九二年に初めて部隊が展開された際の兵力は五〇〇〇だった）、それぞれ本国の司令部に束縛され、また国連による指令と交戦規定により自衛の場合以外の武力の行使を禁じられていた。

一九九三年の「安全地域」創設につながる事態は、このようなやり方の弱点を示す好例である。一九九二年中、ボスニア東部に住むボシュニャク人は、スレブレニツァやゴラジュデの町、ジェパ村を中心とするボスニアのかなりの領域で支配力を維持していた。こうした地域内部の人道的状況はひどいものだった。この事実は敵対勢力の政治活動の口実の一部として利用されていた。国連難民高等弁務官事務所（ＵＮＨＣＲ）の職員はオーウェン卿に次のように報告している。

イスラム教徒居住地域は（一九九二年）一一月に［ボシュニャク］サライェヴォ政府により、もっと断固とした行動をとるよう国際社会に対して圧力をかけるための材料として利用された。援助物資の輸送が妨害され、包囲されているボスニア諸都市の住民に物資が届かない期間が長くなるにつれ国連が国連保護軍に与えた任務拡大を求める圧力が増した。援助物資輸送隊が包囲されている都市に到着すると、さらに断固たる措置を求める声は正当性を失った。輸送隊が初めて援助物資の輸送に成功してから二週間後、イスラム教徒［ボシュニャク］はブラトゥナツ（包囲されたスレブレニツァのすぐ近くにあるセルビア人勢力が支配する町）に対して攻撃を開始した。国連難民高等弁務官事務所および国連保護軍の信頼性は揺らぎ、さらなる援助物資輸送は不可能となった。もっと断固たる措置をとるようにとの圧力はふたたび強まった。

この報告は実状を反映したものであり、国連難民高等弁務官事務所と国連保護軍がどのようにして人質あるいは人間の盾と私が呼んでいる状況に陥ったのかを示している。ボスニアにおける国連保護軍物語そのものである。他にどうしようもなかったのだ。いかなる形の戦略的指針あるいは戦域的指針もなく、誰も国連保護軍がさらされている危険に気がついていないようだった。

ボスニアのセルビア人勢力は一九九三年一月にボシュニャク人が住むボスニア東部を攻撃し、防御側はスレブレニツァ、ゴラジュデ、ジェパを中心とする飛び地に追い込まれた。二月半ばにはこうした飛び地の状況は悲惨なものとなっていた。食糧や医薬品は底をつき、住民は栄養失調やちょっとした怪我で死んでいった。そして何か手を打つべきだとする「国際社会」に対する圧力が強まった。それから数週間にわたりアメリカは飛び地に援助物資を空中投下し、フランス、ドイツ、イギリスもあとに続いた。そして三月上旬、国連安保理が国連事務総長に対しボスニア東部における国連保護軍の兵力増強を要請した。これを受けて当時の国連保護軍司令官であるフランスのフィリップ・モリヨン将軍は自ら小規模の分遣隊を率いてスレブレニツァを訪れた。分遣隊の一部はボスニア南部にある基地からかなり離れた地域で軍事行動をしていたイギリス部隊だった。三月中旬以降モリヨン将軍——ある時はスレブレニツァ市内に閉じ込められている人々の人質であり、ある時はボスニアのセルビア人の人質であった——は、自分が出した命令を実行するために行動した。三月一九日には援助物資を積んだ輸送隊を率いてスレブレニツァに入り、次の日には援助物資を下ろしたトラックにおよそ七五〇人の難民をボシュニャク人が支配する町トゥズラまで運んだ。モリヨン将軍はボシュニャク人指揮官たち、およびボスニアのセルビア人の指揮官であるラトコ・ムラディチ将軍と交渉し、UNHCRを始めとする人道的組織を支援し、難民を保護し、難民を援助しようとしたが、軍事力を用いての介入はしなかった。

戦闘を行わない地域を設けるという考えは今では目新しいものではないが、一九九二年頃にバルカン半島危機に関連して宣言されたのが最初である。この提案者たちはその少し前に、一九九〇年に始まり九一年に終結した湾岸戦争の余波のなかでクルディスタンに設けられた安全な「避難場所」という考え方を参考にしていたのだ。クルディスタンでこの考えがうまく機能したのは、湾岸戦争終結後、同盟関係にあったアメリカ軍、イギリス軍が中立の立場をとらず軍事力を行使する意欲を示したためだと考えられていた。地形上空軍力の行使が可能で、また当該地域は孤立しておらず、同盟国トルコ側の国境を越えて行き来できた。ボスニアの場合にはこのような特徴はなかった。それにもかかわらず、交渉期間中はスレブレニツァ周辺地域を非武装化するという考えがモリヨン将軍により提案され、この案はふたたび各国の政府および国連で検討された。本質的にこの三者間の対話、ザグレブにある国連保護軍の総司令部を入れると四者間の対話になったが、国際情勢の枠内で方針を立て、それを実施することの測りしれない複雑さを反映している。

三月二六日、ベオグラードで行われたミロシェヴィッチおよびムラディチとの会談で停戦が合意され、二八日には新たな輸送隊がスレブレニツァに到着した。翌日、輸送隊はセルビア人勢力のはっきりとした承認を得て、援助物資を積んできたトラックに二四〇〇人ほどの難民を乗せ、同市から脱出させた。その後、セルビア人勢力は飛び地に行けるのは荷を積んでいないトラックだけだと宣言した。その後も輸送隊によるトラックを使った難民脱出が続けられたが、ボスニア政府は六度目にはトラックがスレブレニツァに入ることを拒否し、一連の難民脱出に反対する立場を表明した。ボスニア政府としては、スレブレニツァに避難しているボシュニャク人難民に同市内に留まってもらいたいと考えていたのだ。ボシュニャク人の影響力を維持し、また軍事行動の拠点を維持するためだけでなくスレブレニツァを援護するよう国連に圧力をかけるためであった。国連はジレンマに陥った。難民を脱出させて、特にボシュニャク人による民族浄化に手を貸したという非難を浴びるか、それともボスニアのセルビア人勢力の抵抗をはねのけスレブレニツァに必要な物資を供給するか。国連は両方をやろうとしたが四月五日に停戦が破られた。モリヨン将軍が自ら介入したにもかかわらず停戦状態は回復されず、新たな戦闘が勃発した。四月一六日、ボスニアのセルビア人部隊がスレブレニツァにこれまで以上に近迫し、同市に派遣されていた国連保護軍の弾薬が尽きかけるなか、安保理決議八一九号が採択された。この決議はスレブレニツァは安全地域であると宣言し、「いかなる武力攻撃、その他の敵対行為」もとってはならないとした。このような表現にもかかわらず、本当の問題は誰も「安全地域」とは何かをはっきりとわかっていなかったということで、そして実質的に安全地域を支援する人は誰もいなかったのだ。この決議を守らせるために必要な部隊を派遣する国はほとんどなかった。

ロンドンの国防省に勤務していた時期、あちこちからこうした事態に関する情報が入ってきた。国連保護軍のイギリス軍派遣部隊が提出した報告書は、スレブレニツァ市内にいるイギリス分遣隊の報告書を参考にしたものであった。そうした報告書は時宜を得たもので事実に基づいていたが、大きな出来事に関与している小規模部隊のやや狭量な見方になっていた。兵士派遣国である我々の手元には国連保護軍の司令部が出した報告書もあったが、それはたいてい国の外交ルートを通じて入ってくる報告書よりも情報が古かった。これは一つには報告書を作成するのに時間がかかるためであり、また一つには国連の通信手段が民間のネットワークに依存していたこととイギリス軍派遣部隊が提供していた通信手段に比べてお粗末だったためである。我々のところには海外の在外公館、特に国連やＮＡＴＯの出先機関から報告が入った。それに最終的にはメディアがあった。マスコミ報道はきわめて重要だった。ひとつの情報源であることはもちろんだが、それだけではなく他の人が状況をどのように理解しているのか、また他の報告書の価値をいくらかでも理解するための背景を教えてくれた。出来事一つとってもたいていの報告書はそれぞれまったく異なる側面に焦点を当てていた。この紛争についての一般市民の理解の背景となっているメディア報道が非常に説得力のあるものだということを私はすぐに知った。時には、他の報告書の内容が無視され得るあるいは効力を失わせるようなものであることもわかった。テレビを見ている人が以前に他の報道からつくりあげていた認識と矛盾する視覚情報を提供された時には特にそうであった。したがって私は報告書をすべて読み終えるまでは、テレビを見ないでラジオを聴くようにした。

我々は三つの問題を取り扱っていた。前述したスレブレニツァ周辺で起きている出来事についての報告書もあったが、我々の関心はイギリス軍派遣部隊という一部分に集中していた。これは、この手の多国籍軍の特徴の一つを示している。各国の機関は全体としての結果には責任を負わず、全体的な結果を達成するために投入したそれぞれの派遣した部隊についてのみ責任を負っているということだ。イギリス軍派遣部隊からの報告は、メディア報道と国連の報告書——それが届いた時の話だが——とともに多少とも一貫性のある描像をつくり出すのに有用であり、それに対して助言するのが作戦担当国防参謀次長としての私の務めであった。全体像は非常に重要だったが、我々の最大の関心事はイギリス軍派遣部隊の展開状況であり、その範囲がどのように拡大するかということにあった。イギリス部隊はかつてのようにダルマチア沿岸のスプリトからスレブレニツァまで広がっていた。二つ目の問題は安全地域に関連しており、三つ目の問題は、当初はスレブレニツァに必要な物資を供給するため、その後は飛行禁止区域を設けるための空軍力の使用に関係していた。それと同時に、難民のために行動すべきだという圧力が高まっていた。テレビで痛ましい映像が流れれば必然的にそうなる。こうした緊急の責務を考えると、また今にして思うと、もっとも筋の通った緊急の課題は、実際に手を打つ前に、現況をよく理解する必要があるということであった。「何か手を打たなければならない」というのがその頃のキャッチフレーズであり、国連だけでなく政治家や外交官、メディアが盛んに使っていた。国連が直面している真のジレンマ——国連は全紛争当事者の人質、あるいは盾となっていた——と、国連保護軍が指定された目的をつねに達成できずにいる理由を分析する必要性とを、深く議論する機会を抹殺してしまったのは、このやり方だった。

こうした背景のもと、国連では各国の代表が強く断固とした調子の安保理決議を起草するべく努力していたが、その一方で自国の派遣部隊を危険にさらさないよう奮闘していた。四月一六日に採択された安保理決議八一九号および六月四日に採択された八三六号の「建設的曖昧さ」を読むだけで彼らの苦労がよくわかる。当時、平和維持活動担当事務次長の特別補佐を務めていたシャシ・タレールはこの二つの安保理決議に注目し、問題をよく分析している。

決議は関係者にこれらの地域を「安全」なものとして扱うよう求め、そこに住む人々や防御者たちには何の義務も課さず、安全地域に国連軍を展開させたが、国連軍には「攻撃を抑止する」ための影響力しか期待せず、国連保護軍の兵士たちに安全地域を「防御」する、あるいは「防護」するよう依頼することは慎重に避けていたが、「自衛のために」空軍力を求める権限は与えていた——如才ない草稿の傑作だが、作戦に関する指針としてはまず実行不可能である。

この考えは拡大され、ジェパ、ゴラジュデ、サライェヴォ、トゥズラ、ビハチが矢継ぎ早に「安全地域」に指定された——だが、国連保護軍には国連平和維持活動局（ＵＮＤＰＫＯ）がこの新しい任務を遂行するために必要だと算定した兵力が提供されなかった。さらに悪いことに、国連保護軍は今や難しい立場に立たされていた。ボシュニャク人の目から見ると国連保護軍は安全地域へ食糧や医薬品を供給する責任を負っており、責任を果たせないと彼らは国連を激しく非難し、断固たる国際行動をとるよう要求した。しかし、ボスニアのセルビア人勢力の目から見れば国連保護軍は安全地域の非武装化を維持することに責任を負っており、ボシュニャク人が安全地域から作戦行動を開始すると、援助物資を積んだトラックが安全地域に入ることを妨害することにより、安全地域のなかにいる住民と国連を「罰した」。これはまさに人質であり盾であるという状況であった。

「何か手を打たなければならない」がバルカン半島危機への主要な対処法になると、その「何か」によって危機はさらに複雑になった。その「何か」とは、アメリカから出た空軍力を行使したいという考えであった。バルカン諸国に対して何をすべきかという議論に、アメリカはいよいよ関与の度合いを強めていた。これは特にボシュニャク人やクロアチア人がロビー活動を強力に展開したためである。アメリカの立場ははっきりしていた。ボスニアの地上戦闘に関わるのはごめんだと考える一方で、両者に関しては中立の立場をとる必要はないと見ていた。難民の列にボスニアのセルビア人勢力の航空機が攻撃を加える映像がテレビで流れると、国連は一九九二年一〇月、一九九三年四月にボスニア上空を飛行禁止区域とすると宣言し、アメリカ軍、NATO軍が飛行禁止区域の監視に乗り出し、また飛行禁止作戦を開始した。これを先導した動機は、援助物資を空中投下するアメリカ軍機を保護することと、セルビア人勢力が難民の列に機銃掃射するのを阻止することだった。しかしながら、アメリカがこれを主導したことは指揮統制上のジレンマを引き起こした。世界のどの国であれ軍の幕僚大学の学生が、一つの作戦地域内の部隊が二つの指揮系統の下で作戦するような計画を立案したら、運がよければやり直しを命じられるが、そうでなければカードに落第と書かれるだろう。国連の作戦の枠内でNATOが飛行禁止区域を設定したことで、まさにこの状況が生まれた。このためNATOの計画立案者たちは、国連に認可された航空機が攻撃されたりしないよう二つの指揮系統をリンクさせる方法を見つけなければならなかった。また、NATOが攻撃を行った際は国連保護軍は報復攻撃を受ける可能性があると警告された。NATOが編み出したこの解決策は「二重の鍵」方式と呼ばれるようになった。ボスニアではこの枠組みのもとでＮＡＴＯおよび国連保護軍の上級司令官がＮＡＴＯの作戦行動を認可した。一九九五年の夏に私は司令官となり国連保護軍という鍵を回した。

一九九三年春に起きたこうした出来事は、その後の二年半に及ぶ気の毒な物語のなかにおける国連保護軍の関わり合いの要素をすべて含んでいた。これ以降、状況は六つの傾向すべて――特に戦いの目的が移ろいやすいという第一の傾向――を示す下降スパイラルの繰り返しに向かった。意志決定者たちが口にする美辞麗句や率直な願望がどんなものであれ、ほとんどの期間、軍事力は改善しか達成できなかった。すなわち、ボスニアとクロアチアにおける紛争の最悪の結果を改善したことだ。国連軍である国連保護軍は武力行使によって状況を変えることは求められておらず、自衛のためにのみ武力行使することとされていた。そして、部隊を派遣している国々には自衛以外の目的で部隊を戦わせるつもりはなかった。その結果、指揮官は次々と紛争当事者のあいだに入り、援助物資の輸送を支援するべく命令を実行させようとしたが、気がつくといつの間にかスレブレニツァのモリヨン将軍のような立場におかれていた。すなわち、不可避的に人質や盾になってしまったのだ。戦ってはならず、また中立を維持しなければならないという明確な指示が出ているため、各指揮官は命令を実行させようと、ゆっくりとだが確実に国連保護軍の立場を弱めるような合意を交わした。つねに戦う姿勢が欠けていることが、敵対する全勢力の目に明らかになり、国連保護軍は、事実上、紛争当事者のいずれかの人質あるいは盾であるという局面がますます多くなった。私は一九九五年一月に国連保護軍の司令官としてこうした善意から出たさまざまな取り組みを引き継ぐまで、この因果関係を充分理解しておらず、気がつくといつの間にかサライェヴォで包囲されていた。ボスニアのセルビア人勢力には指揮下の部隊のあらゆる動きに異を唱えられ、ボスニア政府とアメリカ政府の代表者たちにはやかましく非難され圧力をかけられていた。さらに重要なことだが、私も前任者たちが経験したような状況に直面すれば、おそらく同じようにしていただろう。なぜなら、部隊の目標——人道援助を守ること——は、交渉を行うための状況を確立するという望ましい政治的成果とは直接関連がなかったからだ。

また、国連とＮＡＴＯの目標が異なるという問題もあった。ＮＡＴＯが強く主張した飛行禁止区域はボスニアのセルビア人勢力が空軍を利用するのを阻止することにより、戦域での暴力のレベルが上がるのを阻止した。そして、戦闘が続き国連保護軍がますます役に立たないように見えるにつれて、同盟国の空軍力を積極的に利用するための試みがなされた。飛行禁止区域が設定されて間もなく国連保護軍は、自衛のための近接航空支援をＮＡＴＯに依頼できるようになったのである。脅威にさらされている国連軍に通信手段とＮＡＴＯ軍の航空機を標的に誘導する能力のある兵士がいれば、ＮＡＴＯが考案したこの仕組みは実行可能なものだった。ＮＡＴＯ加盟国の派遣部隊であれば平素から連携することに慣れていたため、この措置が奏功することは期待された。しかし、国連軍はＮＡＴＯ加盟国から派遣された部隊のみで構成されているわけではないので、ＮＡＴＯ加盟国以外の派遣部隊が適切に援護されるか確信がもてなかった。

その後、特に一九九四年初頭サライェヴォ市内で市場の立つマルカレ広場に残忍な攻撃が加えられて以降、ＮＡＴＯ軍の力は大いに利用されるようになった。この作戦はサライェヴォ周辺を立ち入り禁止区域にして安全地域を補強することを狙っていた。ボスニアのセルビア人勢力に個々の立ち入り禁止区域からの重火器の撤去を求め、これに従わない場合は空爆するとした。ＮＡＴＯ、そして特にこのアイデアを主張したアメリカからすると、これは単純な計画であり、度重なるサライェヴォ砲撃により染み込んでいたテロの重圧を緩和するであろうと思われた。しかし、国連と国連保護軍の観点からするとそのような行動は不公平なものだった。すなわち、そのようなことをすればボスニアのセルビア人勢力にとっては、例えばサライェヴォ市内にいるセルビア人を守ることが妨げられるということであった。こうした相違点を解消するべく、NATOと国連のあいだで二週間にわたり激しい議論が戦わされた。この議論は四つの階層で行われたために、当初の見込みよりはるかに困難だった。まず、各国派遣部隊と本国の司令部のあいだで、次に各国政府内での国連担当者とNATO担当者とのあいだで、次に関係する国々の政府間で、そして最後に国連とNATOのあいだで行われた。どの話し合いもだらだらと続くことがしばしばであった。そのなかで各国は、自国部隊を保護するという口にしにくい問題以外については決定せずに済ませようとする態度で、この問題に対して決定をくだす能力がないことを示した。前国防参謀総長で当時NATO軍事委員会の委員長を務めていた陸軍元帥ヴィンセント卿は、そのような会合を「弱気の温床」と評したことがあった。その後のNATO勤務時代を通じて私もこの描写が適切だと思った。会議は延々と続くが結局のところ合意に達した決議は、人質と盾の変種だった。武器は収集場所で集められ国連が「管理」する――この「管理」という言葉はその後さまざまな解釈が可能になった――が、自衛のために必要な場合、セルビア人勢力は武器を保持できた。またその場合、武器は返却された。NATO空軍が爆撃するという脅しには効き目があり、ボスニアのセルビア人勢力は渋々ながら火器を撤退させるかあるいは収集場所に運んだ。国連保護軍に部隊を派遣していたロシアは、NATOが空軍力を行使するという見通しを深刻に受け止め、一方的に突然クロアチアに駐留していたロシア大隊をサライェヴォに移動させた。これは、一人のサッカー選手としてボールをキープしている選手をマークする、という類であり、ロシアは一九九九年にコソヴォにおいても同じことをやろうとした。しかし、ボスニアのセルビア人勢力は、国連がＮＡＴＯ──ロシアから見てＮＡＴＯはアメリカだった──を抑えることができること、また盾や人質にしたりする計画はＮＡＴＯにも使えることを徐々に学んでいた。というのもＮＡＴＯは強要(coerce)したり躊躇(deter)させようとしていたが、国連は抑制(contain)したり改善（ameliorate）しようとしており、こうした異なる目標に一貫性をもたせるための統一戦略がなかったからである。国連保護軍に兵士を派遣している国の多くがＮＡＴＯ加盟国でもあったため、国として考慮すべき事柄、特に兵士の身の安全、がつねに幅を利かせていた。

ＮＡＴＯと国連の活動目標が異なるうえ、空軍力はこれらの目標に合わせて用いられても、強制もしくは抑止のためにしか効果的に行使できなかった。現場の部隊を支援したり部隊から脅威だと通報のあった標的を攻撃するために空爆を要求することができた。また空軍力によって飛行禁止区域を飛行する航空機にすばやく対応し撃墜することができた。しかし、それが抑止や防御を目的として行使されるというのであれば、敵にとって重要なものを標的として効果的に攻撃することができるのだと敵に信じ込ませる必要がある。そうした標的は、必ずしも、敵が戦闘で必死に守ろうとしているものである必要はない。また、最初の攻撃で敵が敗北しない時には、こちらは攻撃をエスカレートさせその結果は敵にとって不利なものになるということを敵に信じ込ませることも必要である。これは、事実上、紛争ではなく対立における脅迫あるいは軍事力行使による交渉である。建前上、ＮＡＴＯと国連はいずれもボスニアのセルビア人勢力と対立していた。しかし、ＮＡＴＯがボスニアのセルビア人勢力だけに焦点を絞っていたのに対して、国連保護軍はこの紛争のすべての当事者たちとそれぞれの立場に対処していた。そして、仮にこの二つの組織が提携しその目標を一致させていたとしても、そのような方針を充分効果が出るよう実行するためには、攻撃目標を選択する必要があった。選択すべき目標は、必ずしも目の前の具体的なものである必要はなくむしろ敵の意図に影響を及ぼすようなものである。例えば、A村の橋が敵に攻撃されるかもしれないとする。しかし、これに対処するのに、敵にとってもっと重要なB村の道路を攻撃する方がずっと有効かもしれない。そして、それは敵に対するより大きな強制力になるだろう。しかしここで何よりも重要なことは、敵の攻撃が行われた時点で抑止が失敗したと認識しなければならないということだ。攻撃があればそれが行われた場所での対応は緊急事態として必要となるが、それだけではない対応が求められていることを認識しなければいけない。すなわち、立場を守りまた強制力による抑止状態を元どおりに回復することである。ボスニアの状況においては、脅威下においてNATOがとった行動は、立ち入り禁止区域内にある武器、および収集地点外にある武器に取り組むことだった。要するに、戦闘に使われていた兵器に対処することだった。これは、抑止状態を回復することなしにA村の橋を防御するようなものだった。というのもボスニアのセルビア人勢力による攻撃はNATOによる脅しを充分に承知したうえでのことであり――実に多くの攻撃があった――そのことが意味するのは、いかなる理由であるにせよNATOの抑止力が無視されてきたということだからである。基本的に部隊を派遣している各国、したがってNATOも国連も、すでに投入している軍事力を行使して力強く行動する気もなければ、投入した軍事力を実質的なものとするために全体を統括する外交的政治的機構をつくる気もなかったのだ。

我々は〈人々の間〉で戦っている

一九九五年に私が国連保護軍の司令官に就任した時、サライェヴォは雪に覆われそこそこ落ち着いていた。ジミー・カーター元アメリカ大統領と文民として国連保護軍の最高指揮権を付与されていた明石康の仲介により、三勢力が一九九四年一二月三一日に停戦協定（ＣＯＨＡ）を結んだためだった。着任後数週間かけてこの国際色の濃い部隊に慣れた。停戦が実現しているおかげで、セルビア人勢力の支配下に入っていないボスニア全域——ムスリム・クロアチア連邦（ボスニア・ヘルツェゴヴィナ連邦）として知られており、一九九四年に双方のあいだで合意が形成されたのを受けて生まれた——にわりと簡単に行けたのは間違いない。私はザグレブにも出向き明石と会った。前年にロンドンの国防省でボスニア問題に取り組んでいた頃、明石とは何度か顔を合わせていた。明石の相棒の武官で総司令官のベルナール・ジャンヴィエ中将に対しては、国連の指揮系統上指揮下に入る旨申告した。一九九一年の湾岸戦争以来の付き合いだがいい男である。湾岸戦争の際はフランス軍師団を指揮していた。四カ月の停戦が合意されており、停戦期間中、戦争当事者は交渉をもう一段推し進めることになっていたが、これまでの経験から、また周囲の人の多くの意見から、交渉が進展する見込みは薄かった。冬が終われば戦闘の機運がふたたび高まるだろう。停戦期間中は比較的自由に動けたので、私は各地の国際司令部とその部隊の多くを訪ねた。また、ボスニアのセルビア人勢力の範囲にあるスレブレニツァにも立ち入ったが、セルビア人勢力は私が他の飛び地に入ることは認めなかった。それどころか二月中旬には、国連難民高等弁務官事務所（ＵＮＨＣＲ）と国連保護軍が安全地域、特にスレブレニツァに近づくことを制限し、三月に入るとサライェヴォ市内では双方による狙撃事件が増えた。同月、ボシュニャク人勢力は北東部と西部の二カ所で大規模な攻勢をかけた。四月八日、セルビア人勢力はサライェヴォ空港に通じる道路をすべて封鎖し、人道援助物資の空輸を中止させ、同月半ばには事態は悪化し全面戦争の様相を呈していた。

ムラディチ将軍とは戦域に入ったその週に初めて会った。サライェヴォから一〇キロほど車を走らせ、ボスニアのセルビア人勢力の活動拠点であるパレという村で、標準的な手順にのっとって初めて会話した。会見の場に同席したのは、ジム・バクスター軍事補佐官、国連非軍事問題担当首席のエンリケ・アギアール、スポークスマンのゲーリー・カワードと通訳数人だった。ムラディチの傍らには三K、すなわちカラディッチ、クライシュニク、コリエヴィッチがいた（この三人は私の頭のなかで、狂人、悪人、過激派と分類された）。彼らはボスニアのセルビア人勢力の政治的指導者だった。そしてもちろん、参謀長を従えたムラディチの姿もあった。会談が始まると、この地方の歴史について長々と聞かされた。一四世紀の中世にトルコ人が出現したところから始まって、第二次世界大戦中の出来事までをゆっくりと振り返った――いずれも一九九二年に戦争に突入し、それ以降戦っているボスニアのセルビア人勢力がとった立場を正当化し妥当なものとするためにねじ曲げられていた。その後行ったボシュニャク人勢力、クロアチア人勢力との会話も似たような感じで、それぞれの具体的な大義が正当化されていた。歴史の長講義が終わったところで、私は自己紹介した。その後向こうが、私と国連保護軍に何を期待しているかを話した。つまり、セルビア人勢力と結んだ協定について、ボシュニャク人、クロアチア人側が守るべき約束を彼らが守るよう監視することだった。きちんと監視できなければ、こちらとしては挑発された以上反撃せざるを得なくなるだろう（セルビア人勢力が挑発という言葉を非常に好み、繰り返し使うということが次第にわかってきた）、また協定すなわち停戦が崩れたり停戦が破られれば、それは国連――つまり私自身と国連保護軍――の責任であると言われた。続いて、今度は私がセルビア人側に期待している事項を話した。人道援助物資を運ぶ国連難民高等弁務官事務所と国連保護軍の輸送隊がすべての安全地域に入れるようにしてもらいたいと述べた。またセルビア人勢力も署名している協定書には協定違反に対処するうえでの一定の手続きが定められており、それには制裁措置をとることは含まれておらず、むしろ許されていないということを説明した。援助物資の輸送妨害は協定違反、国連決議違反であり、同時に制裁とみなされる。私の言葉を聞くとセルビア人勢力はまた歴史の、といっても最近の出来事についてだが、講義を始め、敵対勢力はセルビア人に人権を認めていないしセルビア人を虐待していると主張した。三時間以上にわたって互いに主張を繰り広げたのち休憩し、一緒にバルカン式の昼食をとった。どこの家でも午後三時頃に食べているような生温かくかなり脂っこい大量の肉にスリヴォヴィッツ（杏実ブランデー）という取り合わせだった。

それから二カ月のあいだに私はもう二回ムラディチと会い、彼が軍の責任者であるとの認識をもつようになった。また、軍の統率は彼が中心になっているようだった。ムラディチは部下に非常に尊敬されており、その命令が忠実に実行されているのは明らかだった。これは命令が適切なものと認められていると同時に、命令を守らない場合に科せられる処罰を恐れてのことと思われた。ムラディチは部隊に支持されている偉大な司令官だった。また、ボスニアのセルビア人勢力はカラジッチよりもムラディチを自分たちの闘争の象徴と見ているとの印象を受けた。ムラディチは私や国連には無礼で横柄なごろつきのような態度をとり、国連保護軍を脅威というよりも邪魔者と見なしていた。こうした会見の一つはスレブレニツァからの帰り道にあるヴラセニツァで三月七日に行われた。会見の内容は国連に提出した報告書に次のように反映されている。

会見でムラディチ将軍は「安全地域」制度に不満を漏らしていた。また、東部の飛び地に対して軍事行動をとるかもしれないとほのめかした。ムラディチはまた軍事行動をとった場合でもその地域に住んでいるボシュニャク人の身の安全は保障すると述べた。国連保護軍司令官は、飛び地に対して攻撃をかけないよう警告し、そのような行動をとればまず間違いなくセルビア人勢力に対する国際的な軍事介入を招くことになると述べた。ムラディチは横柄な態度であった。

ボスニアのセルビア人勢力支配地域を通り抜ける旅行とボスニア東部の要路上にある小さな町ヴラセニツァにおける会談を経験する過程において、私は、自分で「テーゼ（定立）」と呼んでいるものに到達した。このような呼び方をするのは、それがある一つの理論的前提から始まったものだからである。敵の意図を突き止めようとすれば何らかの仮説に情報収集を集中させる必要がある。情報を獲得したら、アンチテーゼ（反定立）を組み立てるかあるいは最初の仮説を強化してテーゼ（定立）を組み立てる。ボスニアで起きたのは後者だった。私の仮説は、セルビア人勢力を含めて紛争を起こしている三つのグループはいずれも、適切な訓練、組織、武器、兵士のどれかあるいはそのいくつかを欠いているので、いかなる規模のものであれ統制のとれた部隊を編成し機動し、戦場で短時間でも作戦を持続することはできない、という認識に基づいていた。内戦勃発前に存在していたユーゴスラヴィア連邦軍（ＪＮＡ）は、侵略者が国境を越えてきたら国土を防衛できるよう地域単位で組織されていた。ユーゴスラヴィア連邦軍は大規模な隊形で機動するようには組織されていなかったし訓練もされていなかった。各地域の軍隊はそれぞれに自軍の地域を防衛し管理する責任をもっていたが、上級司令部は、必要があれば、ある地域の軍隊の一部を割いて別の地域の軍隊を補強するよう指示を出すことができた。部隊への物資補給と維持は、その地域の補給所と現地資源を基盤にしており、そのような基盤は全国に散在していた。

この上級司令部は規模の小さな指揮所を前線に派遣して、特定の戦闘を指導させることもできた。徴兵制度は国民皆兵制で成人男子はみな各地域を防衛する現地部隊で予備役についていた。

崩壊したユーゴスラヴィア連邦軍からもっとも多くを得ていたのは、三勢力のうちボスニアのセルビア人勢力であり、訓練を積んだ将校、装備の多くは彼らのもとに流れた。しかし、兵士に関してはもっとも少なかった。これは旧ユーゴスラヴィアでセルビア人が有利な地位を確立していたことを示している。一方で、他の民族が独立を願望した理由でもあった。実際、彼らは旧ユーゴスラヴィア連邦当時の政府と軍のなかに、人口比から見ると不釣り合いに多くの支配的地位を獲得していた。そのためボスニアのセルビア人勢力のもとには旧連邦軍の将校が数多くおり、ボスニアが崩壊して内戦が勃発すると旧連邦軍の武器に対するアクセスも容易であった。その一方で、セルビア人の人口が比較的少ないという点は、紛争以前にボスニアでセルビア人が少数派であった事実を示していた。少数派であるため当然のことながら召集できる下士官兵の数も少なかった。セルビア人勢力における多数の将校、豊富な武器と不足しがちな下士官兵という組み合わせのため、彼らが支配地域を拡大すればするほどただでさえ少ない兵力が各地に散らばり、その密度の低下を火力の増加で埋め合わせなければならないということだった。さらに、前線に配置する兵士を召集すればするほど、農地を耕したり経済活動を支えたりする人が少なくなった。このような部隊を指揮するにあたり、ユーゴスラヴィア連邦軍の軍団司令官であったムラディチは自分が養成された際の方法を使った。すなわち、さまざまな地域の部隊をひとまとめにしたら、上級幹部を一人派遣し、個別の戦闘や事件の監督にあたらせた。他の二勢力も似たような手段をとったが、武器や訓練を受けた兵力が不足していたためセルビア人勢力ほどの効果は上げられなかった。

私のテーゼ（定立）に話を戻すが、セルビア人勢力支配地域を通り抜ける移動において、その地域には人がいないことが明らかになった。自分たちが確保したものを守るための兵士はほとんどいなかったのだ。崩れかけている停戦協定もボシュニャク・クロアチア連合とセルビア人勢力が、自分たちの問題に戦闘で決着をつけたいと考えている証拠だった。彼らは対立から紛争に後戻りしたいと考えていた。連合は国連から武器禁輸措置を課されていたにもかかわらず武器を外国から購入し、また兵力をこれまで以上に確保して力を増していた。これに対してボスニアのセルビア人勢力は現状維持がせいぜいだった。これは双方が武力により早期に決着をつけようとしているということだった。というのも、どちらも長い期間はもちこたえられないからだ。サライェヴォ包囲を解かなければならなかった。というのは、ボスニアのセルビア人勢力がこの難局に立ち向かうべく必要な部隊をつくりだすためには、東部の飛び地スレブレニツァを包囲している兵士の数を減らさざるを得ないだろう。となると、人道援助物資を運ぶ国連の輸送隊を妨害したり、スレブレニツァの安全地域防御線の内側へ入り込みボシュニャク人が簡単には攻撃できないような形で動き回ったりして、この安全地域に対する締め付けを強化するだろうと私は予想した。

私はこの仮説をテーゼ（定立）としてこれに対比されるような情報を求め続け、その後の判断を続けた。そして、ついに、私のテーゼの大部分は正しかったことが判明した。しかし、私の判断なり分析ではいずれの時点でも飛び地のボシュニャク人勢力の防御が崩壊するとは予想していなかった。飛び地のなかから彼らが行う軍事行動は非常に勢いがあり、ボシュニャク人の部隊ならば防御を充分に実施できると思っていた。実際、ボシュニャク人側の軍事行動があまりにも激しいため、セルビア人勢力はボシュニャク人側の活動を脅威と見て国連当局に管理するよう抗議していた。さらに、どの時点においても、私はスレブレニツァにおける七〇〇〇人を超える成人男子や少年に対する無差別殺人を想像することはできなかった。したがって、一九九五年七月半ばにスレブレニツァ安全地域が残忍なやり方で失われ、続いて八月初旬にジェパの安全地域が失われると、国連保護軍にとってその軍事行動が危機的状態に陥ったのは当然のことであった。こうした安全地域の喪失は最悪の事態で、悲惨な結果を認識するにつれてその大変さは大きくなるばかりだった。この災禍の種子は一九九三年の春にいくつかの決定がなされた際に蒔かれていた。すなわち、軍事行動する意志を伴わぬ威嚇を行うという決定、その軍事力を使用する意志なくして兵力を配備するという決定、自国の軍隊に損耗が出ることを恐れること以外になにもない。政治的意図を背景としてなされた決定、介入の期間を通じてさみだれ式に補強されていく決定、である。一九九五年五月以降のいろいろな出来事はこれを例証している。

五月、私はサライェヴォ周辺をふたたび立ち入り禁止区域にしようとした。立ち入り禁止区域は、セルビア人勢力がサライェヴォに対して砲撃を再開し、提出していた武器を収集場所から引き揚げ、停戦協定が完全に破られた際に無効になっていた。この目標を達成するため私はNATOを利用してボスニアのセルビア人勢力の弾薬庫を爆撃した。当時の私はこれをそのような観点からは見ていなかったが、この件をめぐってムラディチと対立していた。私とムラディチとの対立は、国際社会とセルビア人勢力との対立というより大きな背景のなかにあった。それが安全地域や立ち入り禁止区域といった考えを生み出したのだ。前回は軍事行動を起こすと威嚇したにもかかわらずムラディチを抑止する（deter）ことができず、立ち入り禁止区域は無視され安全地域は砲撃されていた。私は威嚇が単なるジェスチャーではないことを示したのだ。最初の爆撃で標的を破壊したものの、威嚇が不充分であることが明らかになった。ムラディチはすべての安全地域を砲撃し、トゥズラでは市民を七〇人以上殺害した。これに対応して私は、ふたたび爆撃した。ふたたび標的が破壊され、ムラディチも再反撃に出た。人質をとりその生命を保証しないと脅してきたのだ。私は国連から軍事力行使を中断するよう命じられ、各国政府において人質救出に向けてさまざまな取り組みがなされた。その後ニューヨークで国連事務総長により自衛の場合を除いて空軍力を行使しないという決定がくだされ、私は一九九五年五月下旬に国連から指示を受けた。これで各国の立場が明らかになった。「国連職員の身の安全は任務の遂行に優る。その意図は、安全地域を守るためにそこを守る人の生命を犠牲にするわけにはいかないということであり、人質をとられていることによる余計な弱点を回避する」ということであった。部隊の安全の方が任務達成よりも重要だったのだ。ムラディチは対立に勝利した。

国連保護軍は関係者すべて――紛争を起こしている三勢力はもとより、アメリカとNATOも次第に、そして国際的なメディアすべて――から効用がないと見られていた。こうした出来事が消えてなくなる前には政治的指針はほとんど存在しなかった。私の唯一のアドバイスやコメントの源はカール・ビルトだった。ビルトはこの危機の後、人質を取り戻すためにオーウェン卿の後任としてEUの交渉担当に任命された人物である。私は戦闘で（あるいは対立で）敗れた。これについてじっくり考えるなかで、次のような結論に達した。すなわち、私はこれまでとは違った方法での軍事力の行使を理解しなければならないということ、そして、軍事力は意志決定者の意図を変えるように行使されねばならないということ、そして、この理解は私の攻撃目標選定に影響するに違いないということ、であった。というのは、その頃には次の三点が私にははっきりしていたからだ。まず第一点は、ムラディチには国連保護軍を制御する必要があり、そうすることで我々を潜在的な人質としていたのだ。第二点は、ムラディチにとって火砲は重要である。なぜなら、その火力は歩兵の不足を補っているからである。そして第三点だが、我々は空軍力を行使していたが、それは我々が思うほどの脅威ではなかったということだ。空爆の脅威はムラディチが火砲を欲する気持ちをそぐほど強力ではなかった。こうした理解に基づいて、また国連保護軍の将来についての決定がどうであれ、ムラディチにとって、私自身が何をやらかすか予想できない手に負えない奴だと思われる必要があると考えた。この目標を達成するため、私は我々国連保護軍に与えられていた任務を実行に移す計画を立てた。すなわち、イグマン山を越えてサライェヴォに入るボシュニャク人のルートを利用すること、攻撃された時には自衛のため強力に対応すること、そして安全地域、特にスレブレニツァにヘリコプターで物資を供給すること、また安全地域が攻撃された場合に空爆を行い同地域を守ることだった。しかし、こうした計画は実施されなかった。物資供給を確実にするという目標のために部隊を危険にさらすことに対する政治的意志に欠けていたからである。ムラディチが勝負ではなく心理戦を挑んできている理由は私にはよくわからなかった。これは特に私の構想が具体化しなかったからでもあるのだが、別の理由としては、国際社会やメディアの大半から我々は問題を起こしている側の一部として見られており、問題を解決しようとしている側とは見られていなかったことが考えられる。それにもかかわらず、私はあらゆる機会をとらえては部隊の安全および行動の自由について、有利な立場を回復しようとした。何を決めるにせよこの二つが必要になるだろう。

ボスニアでの戦い——民族間の戦いおよび国際社会との戦い——はいずれも〈人々の間〉で行われた。ボスニアのセルビア人はボシュニャク人に囲まれて生きたいとは思わず、またボシュニャク人を自分たちとともに生活させることも望まなかった。クロアチア人もセルビア人やボシュニャク人とともに生きたいとは思わなかった。ボシュニャク人は当初は共生を望んでいたかもしれないが、だいたいセルビア人やクロアチア人と同じように考えていた。非常に主観的な紛争だった。戦いに参加した人の大多数は、もともと戦場となった地域に住んでいた。多くの場合、自分が戦う相手を個人的にも知っていた。隣人が隣人をその住居から追い出した。地元の指導者たちに指揮された狭い地域の軍隊は、その地域の人々を守ることができるという理由でその地域の人々から権限を付与されその地域に関わる目標のための戦いに終始していたのである。軍事力は、その土地の住民を恐怖に陥れその土地を荒廃させ建物を破壊するために、中世の君主にしか理解できないようなやり方で行使された。人質がとられ、人間の死体が売買され、民族浄化の名のもとで人々は家を追われた。「民族浄化」という言葉は一九九二年の内戦勃発当初の不適切な訳に由来していると私は考えている。ある村で、守備隊を打ち破ったボスニアのセルビア人勢力がそこに入った直後、村から逃げていく人を目撃した記者が、セルビア人に状況を尋ねた。すると「掃討作戦《モッピング・アップ》中だ」と相手はセルビア語で答えた。これが「浄化」と訳されたのだ。

ボスニアでの紛争は、紛争当事国以外の人々、つまり世界中の〈人々の間〉でも戦われていた。ボスニアは戦争という劇の舞台だった。ボスニアに入るずっと前から私は、国際世論を形成するうえでメディアが非常に重要な役割を果たすことと、それゆえ紛争においてはメディアの意見が非常に重要であることを認識していた。戦争という劇においてメディアは、人々の間の戦争、すなわち《人間《じんかん》戦争》を世界中の人々に伝える媒体だった。そのためメディアは紛争当事者たちにとってなくてはならないもの、紛争を動かす力となった。戦場という舞台の上で当事者たちは有名になった。ボスニアの取るに足りない当局者たちと悪党である三勢力の主導者たちの大半が注目を集めショーの目玉となった。その一方で、関係する世界各国の大物政治家や将軍たちの言っていることはちぐはぐでまったく異なる台本に従っているようであった。危険にさらされている現実の問題ではなくて登場人物の個性が分析や解説の根拠になってしまっていた。関係者はそれぞれカメラに合わせて芝居をしていた。ボシュニャク人は自分たちの悲惨な状況を訴え、国際社会がボスニアにおける事態の悪化を等閑視していることを道徳的に許せないと非難した。クロアチア人は自分たちには他の民族から分離した形で生存する歴史的権利があると主張した。なかでもボスニアのセルビア人たちは特に傲慢で自信過剰な態度でカメラに向かっていたが、自分たちのこの会見の様子が広く報道されれば、自分たちの仲間や本国のセルビア人社会には好感を与えるかもしれないが外部の人たちには不快感を与えることになるのだとは気づいていないようであった。このテレビ報道の舞台は、国際的協議の場においていつ、いかなる決定をくだすべきかということにも影響を与えた。個々の主要な決定は、サライェヴォが砲撃され多数の死傷者が出た、難民が爆撃された、あるいは虐殺が行われた証拠等が見つかった等の吐き気を催すような事件についてのテレビ報道がきっかけでなされたのだ。視覚映像とそれに続く解説者の政治家たちに対する質問は、各国政府がふたたび戦争に加わるための刺激となった。これはたいてい国連に新たな任務を課すことになった。新たな任務のため国連は軍隊と物資を約束されたが、どちらも到着は遅れた。国連保護軍の複雑になる一方の構造は、すべてこの紛争に対処するための手段がこのように受動的に定められ、充分な資源を充当されなかった結果であった。クロアチアからボスニアへの当初の展開、飛行禁止区域、安全地域、立ち入り禁止区域といった対策のすべては、いずれも世界で報道された大きな事件がきっかけとなっていた。このような事態の流れには何の問題もない。しかし、個々の出来事に戦略の論理もなく、前後関係も考えずに対応したことにより、一貫性のなかった作戦行動がますますその傾向を強めていった。

私が戦域に到着した頃には国連保護軍に対するメディアの評価は低かった。国連保護軍は、バルカン半島へ派遣された最初の時点から、それに関わった国連保護軍参加諸国自身が作り出した不安定で危険な立場におかれていたのだという事実にはおかまいなしに、バルカン半島における国連の活動の弱点はすべて国連保護軍のせいであると非難されていた。この状況はメディアと国連軍の前任の司令官たち、そのスポークスマンたちとのあいだのごたごたが絶えない関係により悪化していた。スポークスマンたちは国連保護軍に与えられた任務に照らして自分たちの行動の意味を説明し正当化しようとした。だいたいにおいて、彼らの説明は事実の面としては正しかった。しかし、こうした説明の背景にあるものが、砲弾を浴び吹き飛ばされている罪のない人々の無数の映像に反映されているボスニアの人々のいつ終わるともしれない苦しみであることを考えると、彼らは責任逃れをしようとしている狭量で思いやりのない人間とみなされ非難されるのだ。私は、こうした非難は当たっていないことを知っていた。振り返ってみるまでもなく、この司令官たちがみな立派な軍人であるとわかっていた。彼らは、政治的な支援がまったくない困難な状況におかれながらも、自分たちに与えられた任務——地域の住民を助け自分たちの軍隊に損耗が出ないようにすること、そして軍事力は行使しないこと——を一度は実行しようとしたのだ。この背景を考慮して私は戦域に到着後ただちに明確なメディア対処方針を打ち立てるよう努力した。鍵は軍事力行使と同様、エスカレートする能力にあるように思われた。このためメッセージを強調する必要がないかぎり私はメディアの前に出ないことにした。私にはゲーリー・カワード（その後クリス・ヴァーノンに代わった）とアレックス・イヴァンコという二人の首席スポークスマンがいた。それぞれ軍人と文民で、私に代わって話をする権限を与えた。また、彼らが上級スタッフを対象とした日々の状況説明会に出席し、事態のあらゆる進展について充分情報をもてるようにした。そして彼らをさまざまな国籍の広報担当者たち——軍人、文民——が支えた。

広報担当者たちはさまざまな言語で世界各国のメディアに説明することができた。さらに私は週に二回、夕食をとりながら報道陣と非公式に会う試みをスタートさせた。毎回三、四人が国連管轄地域にやってきて一緒に食事をした。このようにしてこの重要な報道関係者たちと接触を絶やさないようにしたおかげで、全般的な情勢と国連保護軍の個別の活動の背景を説明できた。こうした諸々の対策をとったうえで、私はメディアとの間で情報とその解釈への信頼性を基礎とする良好な関係を築こうとした。

兵力を失わないように戦う

一九九五年五月に国連保護軍要員が人質にとられる事件が発生した直後（ＮＡＴＯがセルビア人勢力の拠点パレの近郊を空爆。セルビア人勢力は国連保護軍要員を「人間の盾」として抵抗した）、私は人質救出に備えてイギリスの大隊を基幹とする戦闘群を編成した。結果的に私は攻撃的行動をとることを禁じられたが、緊急対応部隊（ＲＲＦ）というアイデアはロンドンとパリで弾みがつき、六月上旬にそのような部隊を展開させることに合意が得られた。緊急対応部隊はフランスとイギリスの機甲歩兵戦闘群と、イギリス、フランス、オランダの砲兵軍部隊で構成されることになっていた。指揮官はフランスの准将であり、多国籍の司令部をともなうこととされた。その後、イギリスはダルマチア沿岸に航空機動旅団を展開させたが、こちらも要求すれば利用できた。この部隊は国連の青いヘルメットをかぶったり車両を白く塗る予定はなかった。それは目印の付いていない国連軍であった。これは私にとっては好都合であった。彼らは戦うはずだから、彼らが国連軍のように見えては困る。私は特に火砲が欲しかった。航空機に比戦する火砲は、目標探知や射撃統制のシステムが適切であれば、より正確かつ持続的に火力を発揮できるし、天候の影響も小さい。また私の指揮下に入れることもできた充分な砲兵を適切に展開すれば、セルビア人勢力の砲兵を撃破する力を持っていた。

緊急対応部隊をうまく使おうと思ったら、奇襲的に運用しなければならないが、その展開は衆人環視のなかでのものとなる。そのため、私がこの部隊を指揮していると見られる事態は避けなければならないようだった。私ではない誰か——NATO、どこかの国、あるいはザグレブの国連本部（UNHQ）の指揮下にあるように思われなければならなかった。この部隊が私の指揮下にあるとムラディチが考えれば——特に五月の空爆後には——、彼のことだから人質にとれるような人間を手元におこうとするだろうし、脆弱な国連軍陣地を砲の射程内に収めようとするだろう。私はこの認識を自分の胸一つに収めておくことにして、ことを進めた。部隊の展開には時間がかかった。特にボシュニャク人、クロアチア人がこの部隊を大変な疑いの目で見ていたからだった。彼らはこの部隊が自分たちに向かってくるかもしれないと思っていたのだ。火砲が所定の位置に配備されたのは八月も半ばになってからだった。次の問題は、各国政府が緊急対応部隊を投入することで国連保護軍の防護を改善できるということについて疑問視していたことだ。フランスは自国派遣部隊をサライエヴォの中心部においており、各国派遣部隊のなかでももっとも多く死傷者を出していた。彼らは緊急対応部隊のなかのフランス軍部隊、特にその砲兵をサライエヴォ周辺におき、サライエヴォを射程内においておくことを主張した。緊急対応部隊が使用される場合、サライエヴォ周辺での運用が最善であるというのがフランスの立場であった。

六月末には五月の空爆後に人質にとられていた国連保護軍要員が全員解放され、緊急対応部隊は展開を開始した。私が緊急対応部隊を危険にさらすつもりがないことははっきりしており、ジャンヴィィエ将軍はセルビア経由で飛び地に人道援助物資を輸送することについて交渉していた。私は休暇をとった。副司令官でサライェヴォ地区を管轄するエルヴェ・ゴビヤール将軍にあとを委ね、無線機をもった小規模の分遣隊を連れ、毎日連絡を入れる手はずを整えた。その週、私は安全地域であるスレブレニツァが砲撃されていることを無線で伝えられた。スレブレニツァ南部の地域で戦闘が起きていた。この地点は緊張した状態にある地点として知られていた。というのも、ここのボシュニャク人勢力の陣地からはセルビア人勢力が使用している道路を見下ろすことができ、また最近ボシュニャク人勢力はこの周辺で繰り返し攻撃をかけていたためだ。今回の攻撃はこうした「挑発」行為を受けてのものであり、飛び地に対するさらなる締め付けにつながるかもしれないという意見に私も同感だった。その後休暇から呼び戻され、七月八日にジュネーヴでブトロス=ブトロス・ガリ国連事務総長、明石康、ジャンヴィィエ将軍と会談した。その日私は事務総長が安保理に提出する国連保護軍とその任務の先行きに関する報告書について話し合った。会談終了間際、ボスニアのセルビア人勢力がふたたびスレブレニツァを攻撃していること、スレブレニツァを守っていたオランダ兵一人がボシュニャク人に殺害されたが、その時の状況ははっきりしていないとの連絡が入った。これはボシュニャク人の陣地に対するさらなる締め付けが強化されている証拠と評価された。私は休暇に戻ってかまわないということになった。

七月一〇日未明には、それまでずっとスレブレニツァへの攻撃が続いており、守備側が退却しつつあること、現地で停戦監視に当たっていたオランダの部隊は阻止陣地を築いていること、またこれを支援するための空爆が計画されていること、オランダ兵三〇名ほどがセルビア人勢力の人質になっていることが判明した。また、明石とジャンヴィィエ将軍がボスニアのセルビア人勢力およびベオグラードと接触していること、二人が空軍力の行使に同意していることも知らされた。その日も遅くなってから空軍力が行使されなかったことを知った。翌一一日未明、私は参謀長から、休暇を切り上げて現場に戻るよう要請された。包囲されているサライェヴォに戻るのには三六時間ほどかかり、その頃にはスレブレニツァは陥落していた。我々はまた失敗してしまった。また対立で敗れたのだ。その対立は紛争に移行しそうにもなかった。ここから立ち直りたいのであれば、兵士を脱出させ、我々が望む対立を選び、我々に都合のよいやり方で対立状況に対処することが一層重要だった。

状況を把握するのにかなり時間がかかった。通信手段がお粗末な上に報道も混乱していた。ボスニア・ヘルツェゴヴィナ（BH）司令部において確認したかぎりでは、オランダ大隊は二万人以上の女性、子供とともに飛び地内の宿営地に入っていた。ボシュニャク人の男性二〇〇〇人ほどはどこかに連れていかれていた。また、一部のボシュニャク人兵士や若い女性はトゥズラやジェパにむけて脱出したようだった。最終的に我々は捕虜となっている三〇人のオランダ兵を取り戻さなければならなかった。また、こうした検討の過程で、およそ七〇〇〇もの人が虐殺されていたとは思いもしなかった。今でこそ、ことがどのように行われたか、言い換えれば私が状況を分析しているあいだに何が起きていたかは判明しているが、この段階ではまだ大量殺人が行われていたことには思い及ばなかった。そのような情報が入ってくるのはその後のことだ。その間に私は自分には三つの務めがあると思った。スレブレニツァから逃げてきた人々を受け入れられるように国連難民高等弁務官事務所（UNHCR）を支援すること、第二にセルビア人勢力の捕虜となったボシュニャク人に赤十字国際委員会、UNHCRが接触できるよう要求すること、第三にオランダの大隊および人質を取り戻すことであった。

難民に対処するというのは大変な仕事だった。セルビア人勢力は、女性と子供をバスでオランダ軍の宿営地からトゥズラに移送することを認めていた。ボシュニャク人はスレブレニツァで同胞を守れなかった国連を「罰し」たいと願望しており、スレブレニツァからのボシュニャク人難民の脱出を妨害した。このためただでさえ難しいこの作戦は一層困難になった――ボシュニャク人勢力もセルビア人勢力と同じぐらいひどいことをしていると我々が主張できるようになるまでこの状態は続いた。物資補給の手はずはすっかり狂い、UNHCRその他の機関は、ショックを受け故郷を追われた大量の難民に対処するのに時間がかかった。私は難民がすべていなくなるまでオランダの大隊を撤退させないことにした。七月一四日遅くカール・ビルトEU代表から、ミロシェヴェッチ、ムラディチと重要な会談をするため一五日昼までにベオグラードに着けるかと尋ねられた。我々はすぐに出発した。イグマン山の山道に沿って防壁の外に出て、夜が明けるとヘリコプターでスプリトまで行って飛行機に乗り換え、ザグレブで明石代表とジャンヴィエ将軍を拾ってベオグラードまで飛び会談に臨んだ。

ムラディチとは三カ月ぶり、そして五月にNATOが空爆を行ってから初めての会談だった。我々はカールとミロシェヴィッチに送り出され、スレブレニツァからオランダの大隊を引き抜く手続きについて話し合った。その前にまず五月に行った空爆とスレブレニツァへの空爆について時間をかけて議論した。書記を務めた将校はこの会談について、双方が喧嘩腰にはっきり意見を述べたと記録している。話をした結果、どうやらムラディチは空爆自体を恐れていないようだった。彼は空爆されたら自分のやりたいことがやれなくなるということをわかっていなかった。むしろ国連軍の指揮官たちをコントロールできなくなることを恐れていた。もうボスニア人の敵だけで充分もて余しており、局面を変える、あるいはひょっとしたらボシュニャク人やクロアチア人を有利にするような指揮官集団など望んでいなかった。問題はいかにしてこのような私の判断をテストするかであり、そして私の判断が正しかった場合、いかにこのムラディチの不安を利用するかだった。
オランダの大隊についての話し合いのなかでムラディチはUNHCRと赤十字国際委員会が捕虜に接触することや、スレブレニツァ全域に立ち入ることを認めると約束した。医薬品や食糧の輸送が認められ、捕虜となっていた三〇人のオランダ兵が解放される七月二一日にオランダ部隊は撤退することになり、国連が飛び地に移動する自由は保証された。最後に、七月一九日にムラディチと私がボスニアでもう一度会談すること、また同じ日にカール・ビルトとミロシェヴィッチもベオグラードで会談すること、電話で二つの会談をつなげることが決まった。こうした会談が行われるまで我々はスレブレニツァへの立ち入りを認められていなかったが、スレブレニツァである程度の残虐行為が行われたのは明らかだった。今度もムラディチとミロシェヴィッチは立ち入りを認めると約束した。会談が終了すると幕僚から、ロンドンに召喚されており明日、空路で帰国しなければならないと伝えられた。

国連保護軍に部隊を派遣している国で、この軍隊を戦闘に投入させる、あるいは危険にさらしてもよいと思っている国はなかった。その点について言えば国連保護軍を支援するNATOにもそんなつもりはなかった。交戦規定は武力行使を自衛目的だけに規制するために存在していた。安全地域に対する砲撃を阻止するための立ち入り禁止区域を設けるという強制的手段ですら、本質的には防御用だった。部隊を危険にさらしたいと考える国は一つもなかった。ほとんどの派遣部隊には装甲車を装備していたが、それは敵に戦いを仕掛けるというよりも兵士の身を防護するためのものだった。スレブレニツァを安全地域に指定した安保理決議八三六号を実現するために必要な派遣部隊を見つけるのに困難をきわめたのがそのいい例だ。オランダの大隊がスレブレニツァに展開するまでに一年近くを要した。そして一九九五年六月にNATOがアメリカ空軍のF―16一機をボスニアのセルビア人勢力のミサイルで失ったあと、彼らは行動空域をアドリア海上空まで後退させた。しかし、もしこの件について何らかの疑いがあるというのであれば、一九九五年五月下旬に国連から私に出された命令がこの時の情勢をはっきりさせてくれるだろう。すなわち、そこには軍隊の安全がその軍隊に課した命令よりも重要であると明記されていたのである。それは、部隊を派遣しているすべての国々が展開兵力を危険にさらしてもよいという政治的意志を欠いていることを示していた。そして、この指示はどこの国の政府によっても取り消されることはなかった。軍隊を展開するが軍事力は行使しないという複雑な国際的論理の枠内では、この命令は理にかなっていた。しかし、少しだけ妊娠することはできないのと同じように、少しだけ軍事干渉することもできないのだ。殴り合っている二人のあいだに立てば小突きまわされることを覚悟しなければならない。仲裁に入るのであれば一方と戦うのか両方と戦うのかを決めなければならないし、その仲裁を続けるのであれば、目標を達成するために配置された部隊を危険にさらすことを覚悟しなければならないのである。

軍事力が行使されるたびに古い兵器や組織の新しい用法が見出されている

すべての派遣部隊提供国と幅広い国際社会が参加するロンドン会議が召集されたのは、どの派遣国も、特にイギリスは、攻め落とされずに残っている東部の飛び地ゴラジュデに部隊を駐留させていたため、そこで第二のスレブレニツァをつくりだしたくないと思ったためだ。会議前日の夕方ノーソルトに着いた私は、そのままジョン・メージャー首相のもとに連れていかれた。首相は、ボスニアのセルビア人勢力が次にゴラジュデを攻撃したら、攻撃を中止するまでNATOがセルビア人勢力に対して空爆を実施することが決定されたと言った。これは我々がまったく公平を欠く姿勢をとることを意味するとともに、紛争当事者間の均衡が崩れても、事態が必要に応じてエスカレートしても意に介さないということを明らかにした。この空爆決行の「判断《キー》」は軍部の二人に任せられることになっていた。すなわち国連のジャンヴィエ将軍とNATOのレイトン・「スナッフィ」ことレイトン・スミス海軍大将である。この判断に対して政治的な横槍が入ってくる心配はなかった。政治的決断はすでにくだされたのだ。空爆を実施することの決断は軍部だけに任されたのであり、責任は重大であった。ムラディチに今回は本気であることを率直にわからせるべく空軍の上級士官が派遣されることになっていた。私は他の安全地域について尋ねた。ゴラジュデ以外の安全地域に対する攻撃についてもこの威嚇は適用されるのかどうか知りたかった。返ってきたのはノーという答だった。ゴラジュデのみだった。ロンドンがゴラジュデにいるイギリスの大隊を心配していることは知っていたが、このような全面的な方針変更、すなわちロンドンが一カ所の飛び地にのみ特別な関心を払い、さらには包囲されているゴラジュデのボシュニャク人よりもゴラジュデ市内に展開している兵士たちに重点をおくとは予想していなかった。

この威嚇はすべての飛び地について適用するべきだと私は主張した。国連軍司令官である私にどうやってそれぞれの飛び地に差をつけろというのか？　多国籍軍のイギリス人司令官としてイギリス軍部隊が攻撃を受けた場合の対応が、他国軍が展開する飛び地に対するものと違うということを、他国軍人である部下たちにどう説明すればよいのか？　私の管轄下にあるゴラジュデ以外の安全地域へ入っているフランス、エジプト、ロシア、ウクライナ、バングラデシュ、北欧の大隊はどうなるのかと尋ねた。実際的な問題にも気がついた。ボスニアのセルビア人勢力に対してただちに衝撃を与え攻撃を中止させられるような爆撃目標があるとは思えなかったし、また報復措置として国連の宿営地が砲撃されたり兵士が人質にとられたりしても空爆を行うという、全体としての覚悟が我々にあるかどうかも疑わしかった。空爆による威嚇を行えばムラディチがそれに対抗して対策を講じてくるのは間違いなかった。ボスニアのセルビア人勢力とは喜んで戦うが、ゴラジュデにいるイギリス部隊を守るためという一つだけの口実では戦いたくないということ、彼らが主導権を握っていて私が増援を得られず空軍力以外には彼らを射程内に収める武器のない場所では戦うつもりもないということ、を私は説明した。

しばらくしてマルコム・リフキンド外務大臣が加わった。首相と外相はこの計画に私がまったく熱意を見せないので驚いていたが、計画はすでに決定済みだと言った。話し合いはそれから一時間ほど続き、首相から明朝会議の前にマイケル・ポーティロ国防大臣と朝食をとるよう指示されて終わった。私はホテルに戻ってジャンヴィエ将軍と会い、情報を交換した。彼も方針転換に驚いていた。我々は会議の場で出席者に現地の実状をはっきりと認識させることにした。

翌朝の朝食の時間までには会議に臨む考えがまとまっていた。ゴラジュデだけでなくすべての飛び地について今度攻撃したら空爆するとボスニアのセルビア人勢力を威嚇するのが何よりも重要だと思った。そうすれば司令官として私が国連保護軍を団結させるのに役立つだろう。会議の場でこの件にけりがつくとは期待していなかった。結果が廊下ですでに調理されており、どこの国が調理したか私にはわからなかったためだ。私はこの会議中、できるだけＮＡＴＯとの関連で緊急対応部隊の話が出るようにしたいと思ってもいた。

朝食をとりながらマイケル・ポーティロと話をした。彼にとって国防大臣は初めてのポストで、私はそれまで会ったことがなかった。それにもかかわらず、大臣が事前に概況説明を受けていたおかげで、私はすぐに多国籍軍司令官としての自分の立場や、威嚇はゴラジュデに入っているイギリス、ウクライナの部隊だけでなく私の管轄下にあるすべての部隊に適用しなければまずいことを説明できた。その点については調整できるが会議終了時までにその調整ができるとは期待しない方がよいと大臣は言った。あわただしい朝食のあいだに、ロンドンが現地の状況について私とはまったく異なる見方をしていることも次第に明らかになった。ボスニア東部のもう一つの飛び地であるジェパが陥落していないことにポーティロはいささかびっくりしていた（ここは七月二五日に陥落した）。我々が受け取っている情報の性質は異なっていたが、この状況がはっきりしないなかで戦域レベルでの軍事力行使についての決定がなされつつあった。

会議当日は非常に暑い日だった。会場となったランカスター・ハウスは出席者でごった返し、険しい雰囲気が漂うなかＮＡＴＯ、国連、アメリカの他、国連保護軍に兵力を派遣している国々の代表が顔を揃えていた。全体的な雰囲気はオランダ部隊に対して同情的だった――会議の途中でオランダの大隊が無事ザグレブに入ったと発表されると、出席者のあいだから拍手が起きた――が、これは、「運が悪かったら自国の兵士がそうなっていたかもしれない」という気持ちからだろうと私には思えた。ジャンヴィエ将軍や私も含めて誰もが発言権を行使した。長い一日の終わりには記者会見が行われ、ゴラジュデに対する脅威はいかなるものでも激しい空爆の対象となると発表された。三六時間後、サライェヴォに戻る途上で、ボシュニャク人勢力とクロアチア人勢力が会談し手を結んだことを知った。この決定がきっかけとなってボスニアのセルビア人勢力に対する連邦軍の攻撃が好成果をもたらすことになった。一週間後、新聞ですべての飛び地に対する攻撃はロンドン会議で宣言された攻撃の対象となると発表された。

ロンドン会議での決定事項を促進するための計画を立てるだけでなく、私はジェパの人々がスレブレニツァの人々と同じ運命をたどることがないようにしようとしていた。この新しい公表にもかかわらず、この飛び地を守るために激しい空爆を開始する気がないのは明らかだった。もっとも実際的なのは、私を始めとする多国籍軍関係者ができるだけジェパに入ってセルビア人勢力を「マーク」することだった。八月三日、最後まで残っていた国連要員が撤退した。敗れた対立からのもう一つの撤退である。住民の大部分もジェパを脱出するか安全なところへ護送された。

ジェパに対する圧力は七月二九日、ボスニアのクロアチア人勢力と、クロアチア共和国の軍隊がボスニア南部に攻撃をかけ、家を追われたセルビア人一万人ほどがバニャ・ルカに向かい始めると緩和された。この攻撃はクロアチアにおける「嵐作戦」の前兆であった。クロアチア軍の総攻撃により住居を追われたセルビア人はクライナに向かった。その結果、さらに二〇万の難民がボスニアのセルビア人勢力支配地域に流れ込み、一部はそこからセルビアに移った。バニャ・ルカ地域に残っていたクロアチア人やボシュニャク人たちは家を追われた。クロアチア人はクライナを破壊し尽くした。クロアチアに入っていた国連保護軍は当初の目撃を達成できなかった。しかし、急にセルビア人勢力は守勢に立たされた。

セルビア人をクロアチアから追い出すという民族浄化は、「戦争という舞台」の発展のパターンを示すすばらしい例であった。この当時、クロアチア人の行動は新聞やテレビで報道されたが、その行為自体はメディアのなかで何の攻撃も受けなかった。この行為は、民族が違うということを根拠として国家が少数民族の人たちをその家から追い出すというものであった。そして、国連は彼らを守ることに失敗したのだ。特に彼らを守ることこそが、国連軍展開の本来の目的だったのに、である。私の考えではこの重大な失敗の理由は、犠牲者がセルビア人であったということだ。長年にわたるこの地方での紛争と、サライェヴォ包囲と各地の飛び地包囲、特にスレブレニツァが陥落して以降の飛び地包囲、その後の残虐行為の証拠収集から、セルビア人はバルカン半島における諸悪の根源と見られていた。このクロアチアを追われたセルビア人は、こうした犯罪行為を行ったボスニアのセルビア人ではなく実際にクロアチア共和国の市民であることは無視されていた。彼らが、オーストリア帝国によりオスマン・トルコから国境地帯を守るべく一六世紀に移住させられて以降ずっとその地を所有してきたクロアチア市民であることは無視された。国際的な観点から、特にメディアの観点から眺めれば、彼らはセルビア人だった――そして今こそセルビア人が、ボスニアにおいて行った行為の報復を受ける時だった。

事態の進展の速さと、事態がセルビア人に与えた影響を受けて、アメリカのウォーレン・クリストファー国務長官はある種の合意へ向けた話し合いを新しく開始したい旨を公表した。ヨーロッパ・カナダ担当国務次官補のリチャード・ホルブルックが交渉を進める予定だった。その一方で、私は幕僚とともにロンドン会議後に明らかになった試験問題に直面する日に備えて、NATOや緊急対応部隊とともに計画を立てていた。いつどこで問題が提示されるのかわからなかったし、問題が出てくるまではいつもどおりにしていなければならなかった。ボスニアのセルビア人勢力は自分たちに都合がいい時間と場所を選んで来るだろうと私は予想していた。その時が来れば、自分はその状況に見合った対応をすることはわかっていたが、それはさておき、その結果として自分はセルビア人勢力と新しい関係、つまり威圧的な関係、をもつことになるだろうと確信していた。結局のところ私には、セルビア人勢力の攻撃が成功しないようにすること以外にこの軍事的努力を向かわせる政治的目標は思いつかなかったのである。現状維持以上に望ましい成果として何を求めたのだろうか？　こういった問題が我々の軍事計画のまさに中核になっていったのである。というのも、そのような全体的な目標なしには空爆の目標選択が難しかったからである。

セルビア人勢力に主導権を握らせるつもりはなかった。基本的に、戦う場所や時間と目標を決める側になりたかった。我々は各安全地域に対してセルビア人側が攻撃をかけてきたらどうするのか計画を練り、緊急対応部隊は展開のための部隊移動を続け、できるだけNATOに所属する部隊のように見せかけた。と同時に我々は、ゴラジュデに入っているイギリス軍派遣部隊の規模を少しずつ縮小した。そして七月にイギリス軍は、この大隊の勤務期間が九月初めに終了しても別の大隊と交代させるつもりはないと明言した。そしてこの任務をかって出る国もなかった。ジェパが陥落し、そこに展開していた小規模のウクライナの部隊が撤退すると、同じように規模の小さいウクライナ分遣隊がゴラジュデから撤退するのは簡単だった。私はボシュニャク人やセルビア人にとって、イギリス軍をゴラジュデに留めておくことは彼らの「人質と盾」として彼らの利益になると考えるべきであると判断していた。一方ロンドン会議での決議やボスニア南西部におけるボシュニャク人勢力の最近の成功の観点から見ると、ボシュニャク政府をイギリス軍撤退に賛成させることもできるだろうとも考えた。さらに、彼らはゴラジュデで自分たちの軍隊を充分制御しているのだから、たとえ盾を失うことに反対でも、言われたとおりにするだろう。ムラディチとセルビア人勢力は、イギリス軍大隊が撤退するためには彼らの支配地域を通らざるを得ないということだけでなく、まったく別の問題があった。

実際のところ、この頃にはムラディチは問題をいろいろと抱えていた。南東部で連合軍による攻撃の脅威が増しつつあるのに加え、セルビア人勢力も深刻な難民問題を抱え今までになく国連、特にUNHCRを必要としていた。私は恒常業務のようにイギリス軍大隊の撤退を処理することに決めた。したがってその手順についての話し合いは、セルビア人難民に対する我々国連の支援についての幅広い議論の一環として行うこととした。ムラディチはこのやり方に同意した。彼は国連保護軍も私のことも脅威とは見ていなかった。この頃私の通訳は、彼が私のことを「青い子羊」言っているのを耳にしている。まったく私は国連の息のかかったお人好しだった。ムラディチはイギリス軍の指揮官を含めたセルビア人勢力の地域司令官全員との会談に同意した。その会談の場で私はムラディチに、私およびイギリス大隊指揮官ジョン・ライリーの前で、配下の指揮官たちがイギリス軍大隊の撤退に合意するよう命令を出してもらった。ムラディチ本人が撤回しないかぎりセルビア人勢力の指揮官たちは命令に従うだろうと予想してのことであった。我々は撤退の具体的な期日は設けなかった。それはジョン・ライリーがもう少し先の八月下旬あるいは九月上旬に決めることになっていた。

緊急対応部隊はその後も展開のための部隊移動を続け、クロアチア人勢力とボシュニャク人勢力が設置した大規模な障害物を処理したのち、サライェヴォを見下ろすイグマン山に砲兵群を配置した。フランスは自国砲兵部隊はそこでフランス部隊を支援するのだと言って譲らなかった。フランス部隊は全員サライェヴォに入っており、私のもとには、イギリス砲兵連隊から六門編成の砲兵一個中隊とその弾薬を空輸するヘリコプターしかなかった。したがって、私が最大の火力を発揮して戦うことができる場所はサライェヴォ地域だけだった。このため、結局ロンドン会議でくだされた決定は次のようになった。もし私やNATO、緊急対応部隊の手元にある部隊を、私がもっとも効果的に行使したいのであれば、私はセルビア人のサライェヴォ攻撃により生じた最初の機会をとらえなければならないし、可能なかぎり他の安全地帯への攻撃は無視しなければならない。NATOと一緒に計画を立案したので、私は空爆に適した攻撃目標が限られた数しかないことを知っていた。空軍、砲兵、戦闘群など攻撃形式を組み合わせれば組み合わせるほど、我々の選択肢が広がり効果も高まった。これはサライェヴォ周辺で余裕で達成された。私の配下の緊急対応部隊は異なる国から派遣された二つの機甲歩兵戦闘群からなる臨時の部隊で、三カ国の装備を広く利用している砲兵に支援されていた。緊急対応部隊は国連の指揮下にあり、NATOの第五戦略空軍に支援されていた。第五戦略空軍自体、いくつかの国の空軍を混成しており、装備も同様だった。この部隊は、その装備や組織の構想が立てられた時には予想もしなかった目的のため、攻勢に出ようとしていた。

たいていの場合、交戦している双方ともに国家という体裁をとっていない

八月二八日、五発の迫撃砲弾がサライェヴォ市内のマルカレ市場に飛び込み、市民二三人が死亡した。我々はただちに調査を開始した。セルビア人勢力はすでに、今回の事件に自分たちは関わっていない、ボシュニャク人勢力がボシュニャク人市民に対して砲撃したのだと主張していたが、その言葉を裏付ける証拠はなかった。しかしながら、私は我々が攻撃を開始する前に、この砲弾がセルビア人勢力支配地域から飛んできたことを合理的疑いの余地なく立証したかった。この頃ジャンヴィエ将軍は休暇をとっており、決断するのは私だった。しかし、私はもしジャンヴィエ将軍が任務についていたら同じようにしていただろうと確信している。イギリスの大隊がまだゴラジュデから撤退していなかったので、最初からこの決断を公表するわけにはいかなかった。大隊がゴラジュデから撤退する期日は次の日に決めることになっていた。まずいろいろと確認したたのち大隊長に連絡を入れ、できるだけ早く撤退するよう伝えた。ムラディチにこちらの決断を隠しておくことも重要で、事件について調査しているあいだも電話を欠かさなかった。彼は合同委員会の設置を希望したが、私は上級司令部に相談する必要があると言葉を濁して時間を稼いだ。

その晩、イギリスの大隊はセルビアに入り、クロアチアの首都ザグレブまで進んだ。セルビアを突っ切る経路を私が承認したのは単純な理由からだった。イギリス大隊をボスニアの国連基地へ向かわせるのではなくこの方向へ移動させることは、明らかにムラディチの政治的立場を有利にするものであったのだが、もしこの経路による移動がうまくいけばイギリス大隊はもっとも短い時間でボスニアのセルビア人勢力支配地域へ入ることができたのだ。二九日に電話で、例の迫撃砲弾はセルビア軍側から発射されたものであると判定したと告げるまで、イギリスの大隊がザグレブまで進んだことをムラディチが知っていたかどうかはわからない。私の言葉を聞くなりムラディチはイギリスの大隊にあれこれしてやるぞと威嚇してきたので、私は話を打ち切った。イギリス大隊がムラディチ自身の命令に保護されて立ち去ったことを知った時、彼の司令部で何が起きたか知りたいものだ。当時はそんなことを思っては一人悦に入っていた。続いて私は国連軍司令官として決断し、NATO南欧軍司令官である「スナッフィ」ことスミス海軍大将がNATO軍としての決断をくだした。我々は二人のスミスとして知られていた。軍事力は計画どおり行使されるばかりになっていた。しかし、戦略の方まだ不透明なままだった。私は、「一線を画す」とか「我々が本気であることを思い知らせる」とか「信頼できること」といった成果とは違った望ましい政治的成果が我々の決断した攻撃から生まれるのかどうかについてこの期に及んでもまだ疑問をもっていた。リチャード・ホルブルックに電話をかけた。彼はすでに交渉を始めており、私としては彼に状況を理解しておいてもらいたかった。また、先方が何か政治的情報を提供してくれるのではないかと思った。というのは、我々がやろうとしていることが彼の交渉に影響を及ぼすのは間違いなかったからだ。驚いたことに彼は予定されている我々の活動を、自分の交渉には関連のないばらばらの活動で自分にはどうでもよいと見ていた。このため私は戦術的目標をサライェヴォ包囲を解くことによって決定した。これによってサライェヴォ市民に対する補給路を開き、国連保護軍の目的を達成できる。そして作戦レベルでの狙いは、自分がボスニア情勢を支配しているのだというムラディチの思い上がりを攻撃することであった。これは、ホルブルックの交渉を支援することになると考えていた。

ロンドン会議終了後の計画立案期間中、私はNATO空軍司令官のマイク・ライアン将軍の考えに賛成していた。彼はNATO空軍力を用いてのボスニアにおける攻撃目標は、セルビア人勢力の防空組織を制圧するためのものであるとしていた。いわゆるSEAD（敵防空網制圧）である。我々が制空権を確立したいのであれば、これを最優先でやらなければならなかった。地上軍を指揮する私としては、そして軍事力行使のための全体計画の一部として、私が定めた目標を達成するような攻撃目標を選ぶ必要があった。というのも、NATOの空軍力に加えて、私には空からの攻撃に調和して運用できる緊急対応部隊の砲兵隊と戦闘群もあったからだ。

攻撃目標と攻撃は三つにわけて考えることもできるが、お互いに関連し合ったものである。まず第一のグループはSEADのための目標であった。これは、今回の攻撃全体が成功するための要となるものであったが、同時にボスニアのセルビア人勢力軍隊のなかにおける全体的な指揮・管理能力に影響を及ぼすものでもあった。彼らの通信機関やその他の設備を大きく破壊しそれによってムラディチの支配能力に大きな影響を及ぼすはずであった。二つ目のグループはセルビア軍砲兵陣地とサライェヴォ周辺の装甲車両であり、包囲の具体的な原因であった。これらは国連軍砲兵とNATOの近接航空支援による攻撃を次々に受け、最後は緊急対応部隊の戦闘群の餌食になった。一方、私の管轄下の砲兵はサライェヴォのすぐ近くにあるセルビア側の防空施設を目標として射撃した。こうした協同攻撃の結果、三日もしないうちにサライェヴォ包囲は破られた。三つ目の攻撃目標群は、ムラディチ特有の支配者意識を攻撃することによって彼の意図を変えることを目指したものであった。最初の二つの攻撃目標に対する攻撃の複合結果はこれにも強い効果を及ぼしていた。すべての爆撃は司令官としてのムラディチに傷をつけることを狙っていた。しかし、私はムラディチの支配者意識を支えているものを攻撃しようとしていたのだ。そのような攻撃目標の例が、彼の両親が埋葬されている村にある軍事施設だった。そこは繰り返し攻撃された。ムラディチの文化では、先祖の遺骨を守らないというのは一族としての義務を放棄する恥ずべき行為とみなされていることを知ったうえでの攻撃だった（こうした攻撃に合わせて圧力を強めるべく我々はボシュニャク人報道陣に、ムラディチは両親の墓の世話もできないと話した）。もう一つの例は、ボスニア全土に広がっているムラディチ配下の軍団とムラディチの連絡網――電子的なものも物理的なものも含めて――に対する攻撃である。この攻撃において、私はこの連絡網の切断を進めることにより、ムラディチ配下のセルビア人勢力部隊が個々に孤立するところまでもっていこうとした。私はムラディチに、日々の状況説明を受ける際に連絡が少しずつ途絶えつつあるという感覚、そして支配力を失いつつある感覚を味わわせたかった。私にとってこうした攻撃の背景にあるものは、我々は物理的な戦いではなく精神的な戦いをしているのだというムラディチについての理解――何カ月もかけてできあがった――であった。私はこの心理戦に重火器を持ち込み、その成果を活用できるようになった。

空爆と砲撃だけではサライェヴォ包囲は解けなかっただろう。空爆と砲撃の戦果を拡張しサライェヴォ市民に自信を与えたのは第一線に進出した戦闘群だった。ＮＡＴＯ空軍はこの包囲解除に欠くことのできないものであったが、砲兵と戦闘群からなる国連軍地上部隊がいなければ打開できなかっただろう。空爆の効果をすみやかに活用したのがこの地上部隊であった。すぐにリチャード・ホルブルックが毎日のように接触してきて、我々の軍事行動の結果を自分の交渉に利用しようとした。彼は、セルビア人勢力から爆撃中止を要請されていた。我々は三日間爆撃を中止した。その間にボスニアのセルビア人勢力が保有する兵器は、ふたたび立ち入り禁止区域となったサライェヴォから運び出された。こちらの要求を呑んでいることを我々にわからせようとしてのことだ。しかし我々は納得できなかったので爆撃を再開した。最初から予定された筋書きがあったということではなく事態がうまく噛み合って進展したおかげで、我々の攻撃とホルブルックの交渉とは今や堅く結びついたのである。

NATOと国連の協同行動の第二段階が始まると、クロアチア軍とボスニア・ヘルツェゴヴィナ連邦軍は八月にボスニア南西部で獲得した陣地とクライナから、バニャ・ルカに向けて協同で攻撃をかけた。彼らは順調に進んだが爆撃の効果に助けられていたのは間違いなかった。九月一四日には我々が攻撃する標的がなくなりかけていたが、リチャード・ホルブルックも交渉を進め九月一四日にミロシェヴィッチがボスニアのセルビア人勢力に圧力をかけ停戦させるところまでもっていっていた。それから数日間サライェヴォ空港が再開され、ボスニアのセルビア人勢力は立ち入り禁止区域からすべての武器を撤去し、市民が通りを自由に歩きまわるようになった。私はまた緊急対応部隊の真の指揮官の正体をそれまでのところうまく隠せているという証拠もいくつか受け取った。九月一七日、ムラディチの参謀長の一人であるミロシェヴィッチ将軍と会談したが——ここで将軍はボスニアのセルビア人勢力軍撤退に向けた取り決めを伝えられた——、緊急対応部隊が私の指揮下にあること、攻撃目標の多くを私が選定していたことを知ると仰天した。我々の策は見事に成功していた。九月二六日に国連とＮＡＴＯの司令官たちは、「軍事任務は成功したので」ので「現在のところ、空爆再開の必要はない」と声明した。その後ボスニアにおける国際的な軍事力行使は終了した。

ロンドン会議終了直後の数週間になされた決定事項について書くにあたり、その決定の政治的結果についてはまったくわからなかったし、まして成果を出す方法など論外であったことを強調しておかなければならない。私がしたことは、機会が訪れた時に配下の部隊を最大限効果的に、すなわち最大限の効用で行使できるよう、最大限の行動の自由度をもてる立場を築くことだった。戦術的に我々は包囲を解除した。残念ながら政治的に考えた場合の直接的な効果、すなわち交渉――対立――をどう支援できたかとなると判断が難しくなる。これは主に国連が最初から対立の一部だったというよりも少しずつ対立の一部になっていったためである。これは初めての本格的な軍事力行使であり、事前のあるいは計画的な背景はなかった。その一方で、政治的成果も他の活動に影響されていた。クロアチア軍とボスニア・ヘルツェゴヴィナ連邦軍も自分たちの目標を達成するために軍事力を行使し、国連とＮＡＴＯの協同作戦の成果を利用した。最後に、ことを決したのは彼らの猛攻撃だったと思っている。猛襲されてセルビア人勢力は支配地域を爆撃されるというよりも失ったのである。

紛争当事者たち――ボシュニャク人勢力、クロアチア人勢力、セルビア人勢力――はいずれも法的に有効な国家ではなかったが、一九九二年に国際社会はボスニア・ヘルツェゴヴィナを独立国家として承認し、サライェヴォのボシュニャク・クロアチア政府を認めた。その一方で、国際機関である国連とＮＡＴＯが関係していた。彼らの目的は一致していなかった。すなわち、国連は中立の立場を貫こうとしていたがＮＡＴＯはボスニアのセルビア人勢力を抑え込もうとしていた。この不一致は一九九五年七月のスレブレニツァ陥落まで明白な状態で続いていた。そのうえ、両者共生じた事態に好意的態度をとり、その結果として、ボスニアのセルビア人勢力は事実上国家のようなものでそのように取り扱われるべきだと彼らが思い込むまでにしてしまった。両者のこのようなやり方が一緒になって、国連保護軍を一層脆弱なものとし、人質や人間の盾として利用されるところまでもっていった。一九九五年九月のサライェヴォ解放作戦以前の段階では、いろいろな重大局面において国連とＮＡＴＯの不一致がはっきりしてくるとボスニアのセルビア人勢力はこの不一致点を利用することを覚え、人質をとるとかそれ以上のことをして両者を脅迫するまでになっていた。アメリカやＮＡＴＯが不満に思っていたことは、派遣部隊提供国の基本姿勢がつねに兵士を失わないようにするというものだったことである。ボスニアに派遣した自国軍部隊に害が及びかねないあらゆる軍事力行使――直接であれボスニアのセルビア人勢力の報復によるものであれ――を否定するかもしくは厳しく制限するものだったことである。こうした挫折感から大西洋を挟んでかなりの緊迫した状態が生まれた。この状態の真の姿はＮＡＴＯという軍事力がもう一つの国連という軍事力――これは軍事力を強く前面に出す意図をもっていなかった――の上に二重写しされたものであり、ＮＡＴＯはその軍事力を効果的に使うことができない状態であった。この二つの軍事力は異なる目標をもっていた。国連は紛争当事者たち全てに対立する状態にあり、何か重大な事件が起きるたびにすぐに結果を出したものの、長い目で見ると立場を弱めた。ＮＡＴＯはボスニアのセルビア人勢力とのみ対立していたが、最初こそ成功したもののその後、ＮＡＴＯの威信は急激に減退した。ボスニアのセルビア人勢力は、ＮＡＴＯ空軍は国連保護軍により活動を制限され、攻撃目標の選定により制約され、そのためＮＡＴＯ軍の航空機は重要な攻撃目標を首尾よく攻撃できないと見ていた。国連とNATOが明確な計画に基づいて適切に調整されて初めて、その国際的な立場が紛争当事者として明快に表現された。これは究極の非国家組織であった。

これは果てしなく続きかねない戦いである

多国籍軍のボスニアへの展開は、国連の旗のもとで一九九二年春に始まった。それから一三年がたち私がこの原稿を書いている今も、多国籍軍は相変わらずEUの旗のもとで駐留している。ボスニアにおける国連とNATOの協同作戦は、一九九五年に停戦をもたらした。その後オハイオ州デイトンで数週間にわたり交渉が行われた結果、同年一二月にデイトン和平協定が調印された。この協定書は、実際、非常に詳細にわたる停戦協定書であるが、結局のところ解決策が見つかるような別の条件をつくりあげるものにすぎない。その解決策はまだ見つかっておらず、それが見つかるまで国際社会は軍隊を駐留させるという条件を維持しなければならないのである。当初兵力六万のNATO軍が駐留していたが、一九九六年に兵力二万の国連保護軍と交代した。年々駐留軍の規模が縮小され、二〇〇四年一一月に引き継いだEU軍の兵力は七〇〇〇であった。本質的にそれは同じ軍隊だった。国連軍がNATO軍になった時、すでに現場にいた兵士の大半はそのまま留まり、青いベレー帽を自国のベレー帽に、国連旗をNATO旗に変えた。EU軍がNATO軍から任務を引き継いだ時、兵士の大半はやはりそのまま留まり、掲げていたNATO旗をEU旗に変えた。どこの国も一組の軍隊しかもっていないが、それが用いられる組織と目的に従っていつも二重、三重の任務に従事できるよう期待され指定されているのだ。

一九九五年九月、私が指揮した軍隊は任務を見事に果たした。彼らは目標をすべて達成した。しかし、総合的に見て次のことを承知おき願いたい。攻撃し戦術的目標を達成するために軍事力が行使されたが、これが成功したからといって戦略的な狙いあるいは決定的な政治的成果を達成することはできなかった。ボスニアでは、ホルブルックの政治的交渉とともに軍事行動によって紛争が終結した——しかし対立はまだ続いている。

結論　何をなすべきか？

《国家間戦争》というパラダイムに比べて《人間《じんかん》戦争》というパラダイムが優れているというわけではない。単に異なるだけだ。だから今後はその違いを理解し、受け入れていかなければならない。それが我々の目前にある中心的課題だ。対立や紛争は今後もなくならないだろうし、単一の国家としてであれ、ますます頻繁になりつつある有志連合あるいは同盟という形であれ、国際社会のために我々は今後も対立や紛争に関わり、巻き込まれ続けることになるだろうからである。このため新しいパラダイムの傾向やその暗示するものを理解し、根本的に頭を切り替えていかなければならない。NATOに加盟していない多くの国々と同様、NATO加盟国も現在、「変革」に取り組んでおり、これは前向きな一歩である。しかしながら、今のところ、こうした取組みは、我々が戦争と平和の世界ではなくて対立と紛争の世界に生きているのだという認識を含んでいない。また、このパラダイムの変化が一足飛びのものではなくて徐々に進行してきたものだという見方も含まれていない。実際、この「変化」の世界は状況が変わってしまったという明確な理解の上に構築されている。しかし、戦争と呼ばれる事象の全般的な概念が変わってしまったとは考えていないのである。つまり、私は、多くの人たちが自分たちは戦争ではなく軍事行動をとっているのだということを仲間内で受け入れている状況のことを言っているのだ。しかし、そこにおいては、人々はその軍事行動が、他の手段による問題解決への貢献・支援ではなくてその軍事行動だけで政治的問題を解決する明白な軍事的勝利をもたらすと期待しているのである。対立と紛争が絶え間なく続いているなかに生きているという認識はないし、それゆえこうした軍事行動は対立に由来する紛争であるという認識もないし、たとえ軍事行動が大規模なものでありそれが成功したとしても、対立状態は残り、他の手段や力の行使によって解決されるべきであるという認識もない。誤解のないように言っておくと、与えられた問題を軍事的に解決することはできないと述べている軍の高官についての記述があるのは知っている。そのとおりだ。彼らはパラダイムの変化を認識している。しかし、変化を認めるのとその認識に基づいて行動することは別物であるし、そのような行動はまだ目に見えていない。我々の間に深く根づいた思考のパターンや組織の構成を根本的に変える必要性が理解され、これに基づいて行動が取られるようになるまで真の転換はあり得ない――我々の軍隊そのものにおいても、求める結果を得るために軍隊を運用する方法においても。要するに、我々の軍隊は効用を欠くことになる。

何をなすべきか？　これはレーニンが書いた重要な小論文の表題であり主題であった。レーニンが唱えたような過激な手法を取るべきだと言っているわけではないが、我々の考え方のなかに《人間《じんかん》戦争》という枠組みに基づく革命的な変化が不可欠だといいたい。すなわち、我々が関与している対立と紛争は、政治的な事象と軍事的な事象が密接に絡み合ったものとして理解しなければならず、政治的手段と軍事的な手段を密接に絡み合わせなければ解決できないということだ。政治家や外交官にとって、軍隊が軍事力で問題を解決すると期待するのはもはや現実的でないし、軍にとっても背景となる政治的状況を考慮せずに純軍事的な作戦行動を計画・実行し、あるいは戦術レベルでの行動をとることは、もはや実際的ではない。政治家も軍部も状況の進展に合わせて軍事行動の意義と、それに基づく計画を軍事行動の終始を通じて適合させていくのだ。これは、もはや、《国家間戦争》ではない。敵は、もはや、かつての第三帝国や日本のようなものではない。第二次世界大戦における日独両国は、認識できる集団の形で絶対的で明白な脅威を突きつけており、連合国側にとって軍事行動の意義ははっきりしたものであった。これに対して昨今我々が直面する敵は、これまで見てきたように、はっきりした形をもたず、その指導者たちや工作員たちは、我々がこの世界や社会を律している機構の埒外にいる。彼らは、我々の意図を変え自分たちの思いどおりにするために、我々の国家や領土に直接脅威を与えるのではなく、さまざまなグループに属する人々の安全や財産、生き方に脅威を与えている。なかんずく、そうした敵は、戦場となる場所にまとまっている敵ではない。敵は〈人々の間〉にその一部として存在し、そこで戦闘が行われる。にもかかわらず人々の意志を獲得するという究極の目標を達成するために、この戦いには何としても勝たなくてはならない。我々の前に立ちはだかり軍事力で我々を脅かし、人々の意志を捉え我々の意図を変えてしまうべく〈人々の間〉で明白な軍事行動をとっている連中に立ち向かい打ち負かしたいのであれば、この現実を正面から見つめて順応する必要があるし、その覚悟をもたねばならない。こうした事実は軍事力の行使に対する我々の取り組みの基礎である。同時に、紛争に勝利したとしてもその紛争のきっかけとなった対立も含めて、すべての対立が軍事力の行使によって解決されるわけではないこと、あるいは他の手段によっても解決されないかもしれない、ということを理解しておくことも重要である。実際、どうしても何とかしなければならない紛争もあるだろう。ここで述べるやり方は実行可能でり、かつこのやり方以外では軍事力に効用はない。本章の目的は、このうえで必要な修正に取り組む方法を明らかにすることにある。

分析

我々のやり方を変える出発点は、分析についての考え方を変えることでなければならない。分析はあらゆる政治的軍事活動の基本である。今までの分析のやり方では状況を《国家間戦争》の観点で分析しがちであり、状況がそれではうまく説明できない時には、非対称性であるとか非対称戦争と決めつけてしまう傾向がある。本書の冒頭でも述べたが、私は非対称という表現には関心がない。というのは、戦争という行為の本質は、敵に対して非対称的な優位を達成することにあると思っているからだ。科学技術だけでなくあらゆる観点から見ての優位である。仮に敵があなたの産業・工業上および科学技術上の優位を無効にする方法を見つけ、あなたが何らかの理由で自分の優位を回復するために自分の持ち札を変えることができない、あるいは変える気がない場合、あなたは敵がしつらえた戦場で、敵が設定したルールに従って戦わなければならないのである。そして、総合的に考えてみると、イラク、イスラエル占領地域、その他世界各地の紛争地帯で我々がよく見るのはこの結果である。

ここを起点として、戦略——政治的、軍事的、経済的、構造的、局地的その他の基本概念を含むもの——を策定する場合、もたらすことが望ましい成果がそのようなものであるか詳しく理解するとともに、紛争によって解決可能と考えられる要素や分野と、対立状態が改善されていないと予測される要素や分野について具体的な認識を持っておく必要がある。今や大規模な軍事力を単独行使するだけでは戦略的目標は達成できないと私は主張してきている。たいていの場合、軍事力が達成できるのは戦術的結果のみで、一時的な価値以上のものをもつためには、軍事力はより大きな計画のなかに縫い込まれなければならない。したがって、望ましい成果についての分析は、何を攻撃するのかということについて充分詳細に練ったものである必要があり、また、この軍事力の行使を他の力と組み合わせることも詳しく検討したものでなければならない。

生存および生き方に直接つながる脅威にさらされた場合であれば、望ましい成果は明らかだ。しかし、それ以外の状況は検討評価が難しい。人道的救援や国際秩序の安定を通じた安全といったことから得られる倫理的満足感だけではなくて、例えば、資源や領土といった物質的利益の見込みがある場合には特に難しい。こうした問題は込み入っており、達成したことの現実的な面が明らかになるのに伴い、望ましい全体的な成果に優先順位をつけたり修正したりすることが必要になる。実際には、理想的な成果を達成するうえで非常に価値のある問題や事項を最優先にするのではなく、今何をなすべきかという行動の緊急性に基づいて決定される傾向がある。医療を例にとって説明してみよう。職場と家庭で精神的に追い詰められ、バランスを欠いた食生活が続いた結果ひどい皮膚病になってしまった患者が来たら、医者は何を優先するのか決めなくてはならない。医者がとる行動の優先順位はたいてい皮膚病、食生活、職場・家庭の順になるだろう。しかし、良好な健康状態を保つという目的を達成するうえでの有効性の優先順位はおそらく逆だろう。しかしながら、実際には医者は現実的な人間であり、患者の職場や家庭について自分ができることはほとんどないとわかっており、また、何よりも患者に診察料が支払えるようでいてもらいたいと思っている。そこで、医者は食事の見直しを最優先とすることで手を打ち、患者に事態を説明し、適切な食事をとるよう勧め、患者が来た理由である皮膚の症状を和らげる軟膏を出す。国際問題においては、我々は、自分たちの究極の目標を達成するものにではなくて、自分たちが現にやっているものを最優先にしがちだ。これは我々が目的を充分詳しく定義していないためという場合もあれば、行動を起こす際にもっと上位の優先事項があることを忘れているためという場合もある。一九九〇年から九一年にサダム・フセインのクウェート占領に対してなされた決定は、優先順位を正しく決めそこなった例である。クウェート占領が、いずれサダムがそこを統治する前兆であるのは明らかだった。サダムこそが問題だった。行動の優先課題がクウェート解放であるのは明白だった。しかし、望ましい成果を得るための優先事項は、最低限でもイラクを支配しているバース党体制を無力化することだった。事態が進展するにつれ我々は自分たちが現にやっている活動——クウェート解放とイラク軍の大半を破壊すること——に夢中になり、望ましい成果を達成するべく獲得していた立場を利用することを怠っていた。

軍事力が果たす役割があるのか否かを判断する前に、望ましい成果がどのようなものであるかを理解することが重要であると強調しておかなければならない。自分が何を望んでいるかを知らなければ、分析者や情報機関に問うべき質問を組み立てることはできない。そして、自分が望んでいるものを政治的成果という観点から理解することによってのみ、軍隊に達成してもらいたいものを決めることができる。はっきり言えば、戦略的軍事的目標は軍事行動の結果を明確に示すものでなければならない。第二次世界大戦時においては軍事的目標を簡単に表現できた——例えば、「ドイツの無条件降伏」である。しかし、最近の状況においては、我々は軍事力の行使に対してそのような戦略的成果を求めてはいない。最新の例をあげれば二〇〇三年のイラク侵攻の際もそうだった。軍隊が達成するよう期待されているものを説明するためにさまざまな用語——「人道作戦」、「平和維持」、「平和執行」、「安定化作戦」、「安定した安全な環境の実現」——が用いられたが、これらは成果というよりもむしろ活動の説明でしかない。それにもかかわらず、上級意志決定者たちや政策立案者たちをはじめとして多くの人がこうした用語をよい成果を表現するものとして使い、また理解している。これは目的の混乱につながりかねない。

したがって、望ましい政治的成果に基づいて分析を行うのが非常に重要だとわかる。というのも、そのような分析をすれば、軍事力を行使できるか、行使すべきか、また、もし行使するのであればどの程度に、何を目的としてであるかといったことが明らかになるからである。理想的な状況では、望ましい成果を充分詳しく決定するところから始めることになる。そうすれば、それを実現するために達成されねばならないものの特徴を説明することが可能となる。不明な点がないところまでこの望ましい成果を決めることができない場合――決断するに足るだけの充分な情報がないとか、決断は民主的になされることになっているからといった理由で――には、最終的目標が達成されるような状況をつくり出すことが中間的な政治的目標となる。例えば、特定の国に民主的な政府をつくることが望まれていても、その最終的な形を規定することはできない。それを決めるのは国民だというのが民主主義の本質だからである。しかし、こちらが満足するような決定をその国の人たちがくだす可能性が高い条件を作り出すことを目標として決めることはできる。したがって、中間的な政治的成果はこの条件の実現ということになる。望ましい政治的成果とその成果を達成する途上にあるいろいろな政治的目標について理解したので、今度は第八章で列挙した軍事力の四つの機能――改善（amelioration）、抑制（containment）、抑止または強制（deterrence or coercion）、破壊（destruction）のうちいろいろな状況において成果を出すのにどれがもっとも適しているかを決めなければならない。

四つの機能のうち抑止／強制は、成功すれば敵の意図を直接変え、これによって力くらべではなく意志の衝突で相手に勝つことができる。抑止／強制が機能するためには、軍事行動による脅しは敵にとって非常に価値の高いものを標的としなければならない。すなわち、敵がその標的の安全を確保することの方があなたに敵対するという当初の意図を達成することよりずっと重要だと考えるものを選ぶのだ。威嚇のための軍事活動は、攻撃目標が明らかな場合にのみ有効だ。というのは、威嚇が効果的であるためには、相手側に、脅しが実行されると確信させなければならないからだ。この確信は、脅されている側が、あなたには脅しを実行する能力があると判断することで生まれ、続いて、あなたに屈する以外なく、かつあなたにはそれを受け入れる意志があると考えるようになる。さらに、敵に対して、対策を講じても自分にとって重要なものは発見され破壊される、また仮にその痛手に耐えたとしても、あなたがもっと重要なものを標的として攻撃してくるだろうと確信させなければならない。というのは、エスカレーションの効果は、威嚇されている側にとって攻撃される目標がどれほどの価値を持つかで評価されるものであり、それを破壊するために用いられる砲弾のトン数や量で評価されるのではないからだ。敵の考え方を変えるという効果の達成を狙う場合、用兵には二つの目標、すなわち兵力展開の目標と軍事力行使の目標があるが、このことは簡単に忘れられてしまいがちである。兵力の展開は対立状況のなかで行われ、敵に対して、先述のような確信を持たせ望ましい成果——すなわち主要な政治的目標の達成に寄与するよう行動しなければならない。そして、紛争状況下ではいつでも脅しのために選択した目標を攻撃できる準備ができていなければならず、それによって標的、主要な政治的目標は達成されるようでなければならない。

　我々は、政治的意志や国内の支持の欠如あるいは兵力不足あるいは成果についての明確な認識の欠如などさまざまな理由で、軍事的に達成する目標として改善（amelioration）あるいは抑制（containment）を選択することがある。つまり、軍事力を展開するだけで終わるのだ。そして他の非軍事的手段や非軍事的機関——政治的、外交的、法的、経済的——がこちらの望むように問題を解決できない場合には、抑止／強制によって望む結果を達成するべく、軍事力とかそれによる脅しを使おうとする。つまり、軍事力を使用する。抑止という措置が取られるまでに望ましい成果がどういうものであるのかをわかっていれば、この漸進的な対応に問題はない。というのは、抑制という措置が取られる頃になっても望ましい成果が何かわからないとなると、先に述べたように抑制しか達成できないからだ。これは〈人々の間〉にいる敵もこちらを抑止／強制するべく軍事力を使っているからである。しかし、敵がそのようにするのは、敵は自分にとっての望ましい成果を知っているからだ。敵は、自分が実行している威嚇が特定の目標を達成するためのものであることを理解しており、目標に向かって前進するように行動している。自分の努力に方向づけを与えるための目標もないまま、敵の行動を打ち破るためだけに軍事力を行使していれば、〈人々の間〉で作戦行動を行うという敵の戦略——挑発戦略、行為の宣伝——によりその活動は敵の立場を弱めるよりも強固なものにしてしまうだろう。我々とは異なる成果を念頭においている敵も、自分が求め、意図する成果の性質を把握している。軍事行動に先立って、あるいは軍事行動の終始を通じて事態の展開に即して継続的に分析を行うにあたり、彼我の二つの対立する未来像は、どこに共通点があるかを調べるべく慎重に検討されなければならない。なぜなら、まず第一に、同意できることについて一戦を交える必要はないし、第二に、あなたの望んでいる成果に適合する方法でみなが望んでいることを提供するためであり、またそれが人々の利に適うことを示すためである。すでに述べたように、誰もが安全と秩序を求めており、この特質は双方が望む成果に共通している可能性が高い。というのは、毛沢東主義の革命家あるいは原理主義の神政主義者ですら、安全と秩序を確立する必要性をたいてい理解しているからだ。それは間違いない。問題は、誰が何に基づいて安全を提供しているのか、誰の法規や規制が優先しているのか、審判者は誰なのかである。

法と紛争

本書で検討した《人間《じんかん》戦争》のすべての例のなかで、望ましい成果はいずれも安定した国家の確立であった。すなわち、民主的に統治され、国際規範の枠内で法の支配が機能し、人権という概念が充分発達し、財政的・通貨的調整が信頼できるような方法で経済活動が営まれている国家がその戦争の結果として樹立されることである。この大まかな条件を満たすような国の正確な姿は状況によって変化し、個々の事例でそうした特徴を定義するのは難しい。特に前節で議論したように前もって定義することができない場合もある。そうではあるのだが、法の支配する国家という条件を落とすことはできない。

何世紀にもわたって我々は戦争を始めることの正当性と倫理性に関わる概念と戦う場合のやり方について議論してきている。最後の大規模な《国家間戦争》である第二次世界大戦が終結してから我々は国連憲章——どのような場合ならば戦争を始めることが正当であるのかを述べている——を採択したが、すでに触れたように、近年その拘束はさまざまに解釈されている。我々は戦犯として有罪になった敵を罰し、またそうすることで命令に従っていただけという弁明を葬った。また、国際人道法の核心となる部分を発展させるために作業を積み重ねており、戦争の遂行、特に非戦闘員や傷病兵《オル・ド・コンバ》の保護について規定するジュネーヴ条約の締結が手始めであった。国際人道法自体は、軍事力行使の倫理性については関与しておらず、紛争が正当かどうかということについても、例えば国連安保理決議の採択によるといった規定はない。一九四五年以降に展開された法的措置の大部分は、《国家間戦争》という前提のなかで理解され生み出されてきた。現在、我々は《人間《じんかん》戦争》を戦っており、参戦するか否か、あるいはどのように戦争を遂行するかについて考えるにあたっても、自分たちの活動の適法性と倫理性を混同している。イラクの自由作戦で二〇〇三年三月にアメリカ主導で連携した多国籍軍がイラクに侵攻した際には、国際世論が抗議の声を上げた際に明らかになったように、戦闘を行うことが適法であれば倫理的でもあるし、その逆もまた真であるという見解がある。この見解で曖昧なことは兵士がどの法律に基づいてどのような法的地位をもつのかということだ。その結果、我々は特定の状況での軍事力の効用についてしばしば混乱してしまう。これは〈人々の間〉で軍事行動をとっている時には一層複雑になる厄介な議論だ。なぜなら、軍隊が介入する人たちの社会にはすでに何らかの法律があるし、その一方で介入する多国籍軍の兵士たちは別な一連の法を持ち込むからである。先にも述べたが、国際的な兵士というものはいないし、兵士はそれぞれに自分の国の法律に対して責任を負っている。この複雑な現実は、法と紛争の二つの側面を反映している。すなわち、紛争が生じている地域の人々のなかに法の支配を確立することと、軍隊とその法律との関係を明確にすることである。

第一に関しては、もし〈人々の間〉で軍事行動をとっており、その目的が政治的経済的措置を講じることのできる秩序ある状況を作り出し維持することであれば、その軍事行動そのものが、何らかの形で法の支配を確立しようとするものになっている。はっきり言えば、これは戦略的目標と定義されるかもしれない——したがって、戦術的に法の埒外で軍事行動をとることは、自分の戦略的目標を攻撃することを意味する。二〇〇四年にバグダッドのアブグレイブ刑務所で起きたアメリカ軍兵士による捕虜虐待事件、バスラで起きたイギリス軍兵士による捕虜虐待事件、あるいはキューバのグアンタナモにあるアメリカ軍管理下の収容所で起きた捕虜虐待事件が事実上これだ。グアンタナモ収容所にはアフガニスタン戦争中に逮捕されたテロリスト被疑者が収容されていたし、今も収容されている。そのうえ、そのような行為や政策は、敵の挑発という戦略や行為の宣伝を助けるための証拠を提供するようなものであり、敵が一般市民の支持を獲得し、彼らの心をこちらに敵対してくるように仕向けるのを手伝っているだけということになる。ここで我々は〈人々の間〉で行うあらゆる軍事行動の目標は一般市民の意志であるという非常に重要な問題に立ち戻ることになる。もし我々がこの紛争地域に安定した国家を確立することを望み、そうなる前段階としての「状況」を維持するために駐留している我々の軍隊をその任務から解放したいと考えるのであれば、それらの軍隊の行動は最終的な目標と充分に合致したものでなければならない。武力を使って我々に対立する考え方を推し進めている連中を打ち破ったり無力化することが必要な過程であるのは間違いないが、一般市民がそのような連中を拒む、少なくとも今後は支持しないような方法でやらなければならない。

展開している軍隊を取り巻く環境によって、必然的に守られるべき法と、それを守らせる人たちの権限が決まる。原則として、紛争状態にある時、ある種の法律や法例が順守されなくてもよいという理由はないのだが、そういう手段をとるのであればすべての人に対して公平かつ平等に適用される必要がある。もっとも基本的なこととしては、軍服を着ていない人々による兵器の運搬や使用、兵器の隠匿、停止命令が出た時に停止しないこと、身体検査や所持品検査に抵抗することは、どの社会においてもある程度法律で禁じられている。いずれにしても、軍事行動をとっている人たちとその背景となっている一般市民は、適用される法律について明確に理解している必要があり、そのなかには少なくとも国際人道法が含まれる。

〈人々の間〉で軍事行動をとる際、軍隊はある程度強制的に秩序を確立し維持するためここにいるのだということを頭の片隅に入れておくと役に立つ。この目的のために、イギリスの慣習法には優れた指導原理がある。これは暴動に直面しそれを鎮圧するのが任務である場合、人命や財産に損害が出る可能性がもっとも少なそうな措置を取れということだ。もちろん軍隊は武装している敵と戦い十二分に打ち破らなければならないが、軍はこの指針に沿って行動しなければならない。戦闘や混乱の最悪の場合には、断固たる措置を取る必要性から、死傷者、破壊、粗雑な判断、手荒な取り扱い、が結果として出てくることが多い。そうではあっても事態を管理する手段はあくまでも法律であり、軍隊は法律に対して責任を負うべきである。そのために私は国際慣習法の慣行は発展する余地がかなりあると思っている。秩序が確立されるのが早ければ早いほど、通常の警察がより有効に機能し始める。

法による支配を、紛争地域の一般市民がそれを支持するまでに高めるためには、軍事的手段は法を破る者に焦点を合わせなければならない。そのためには精度の高い情報、攻撃や逮捕の対象を間違えぬこと、成功裡に遂行されること、等が要求される。罪のない人が攻撃されたり逮捕されたり殺害されたり拘留されるたびに——たとえその人たちが法を破る者たちを支持していても——法は傷ついてしまい、法の支配を支持する一般市民の意志を獲得するという究極の目標の達成がさらに難しくなる。秩序を課すための手段に、テロ行為により住民を恐怖に陥れることが含まれれば含まれるほど、住民を守る側としての敵の立場は強化される——そしてあなたが戦略的目標とする一般市民の意志獲得に成功する可能性は低くなる。この目標のために軍事力を行使するのは難しい。なぜなら、本来その軍事力は破壊的で大規模で恣意的になりがちだからである。また軍で実務にあたる兵士たちはたいてい、自分たちが戦っているのとは異なるタイプの戦争を戦うための訓練を受けてきている。

軍隊が抑止効果を発揮するのは、それが確実に脅威となるからだ。つまり、あなたが法を破るところを見つけたら、軍隊はあなたを殺すなり逮捕するということだ。軍による抑止力が適切に機能するためには、大多数の人々の心にこの脅威を植えつけなければならない。しかし、この状況は軍隊の駐留によって維持すべきである一方、その状況自体は望ましい成果ではない。望ましい成果に達するためには、法の下での秩序を達成するために必要な存在としての銃による抑止力は、法の許す範囲内での正義を達成する——起訴と判決にいたる証拠に基づく情報を得る——ために必要な存在としての抑止力へと変わらねばならない。この目的のために、軍隊はその地域に根づきつつあるその地域の非軍事当局に大きく協力することができる。軍隊には人手も情報収集組織も、情報を処理し伝達する組織もある。大量のデータを処理するこの能力が、証拠に基づく犯罪の抑止力を強化していくうえで警察を支援するようになれば、この軍事力による抑止力は表舞台から姿を消すことになる。

私は原則として、持続可能な法の支配の発展を支援するためには、軍事活動が必要であると主張してきている。この原則の適用と割り当てられる軍事的努力の程度は状況によってさまざまだろうし、もちろん、それと反対の敵の手段に直面して、効果的に適用するのには時間がかかるだろう。しかし、望ましい成果の特質のなかに持続可能な法の支配があるならば、これに向けてあらゆる努力を傾けるべきであり、軍事力の効用は法の支配を確立することになる。

そこで軍事力行使の適法性の二つ目の側面が出てくる。軍隊と法律の関係である。軍隊を運用する者の法的な立場および軍事力を使用するということの法的な位置づけについては最初から理解しておくべきだ。旧ユーゴスラヴィア戦争犯罪法廷（ＩＣＴＹ）や国際刑事裁判所（ＩＣＣ）

等国際人道法に違反する事件に対処するため、法廷を設置すればするほど、我々は軍事行動に参加している兵士の立場について確信をもつ必要が増す。我々はまずその軍事行動全体の倫理性と適法性に確信を持たねばならない。これは簡単に判断できるものではなく、多国籍軍として編成され派遣される場合は特にそうだ。高級指揮官の姿勢に注目してもらいたい。彼らは適法性に欠けていると思う軍事行動に兵士たちを投入しようとしているのだろうか？ 過去の事例に基づく我々の軍隊一般としての思考様式ではイエスである。すなわち、祖国が正しかろうと間違っていようとも、忠誠心と規律に従って、命令されたとおりに実行されるのである。しかし、ニュルンベルク裁判以降、また最近のハーグ国際司法裁判所では、命令に従っただけという弁明は認められない。私にとってもこの問題に対して深刻すぎるということはあり得ない。例えば、一九九一年初頭に我々は、コソヴォからセルビア軍を撤退させるようミロシェヴィッチを威嚇するため、NATOがセルビアおよびセルビア軍を爆撃するか否かについて決定を待っていた。セルビア軍はセルビア共和国の自治州コソヴォに駐留し、住民を弾圧していた。この爆撃は国連安保理決議のお墨付きなしに行われ、私は我々が計画した作戦の適法性について、また全欧連合軍副司令官である自分がこの作戦行動に参加すべきか否かについても疑問をもっていた。私はこの一件をじっくり考え、最終的に倫理的な理由からこの作戦行動は適法であるとの結論をくだした。散歩の途上で暴力犯罪が行われている家に出くわし悲鳴が聞こえれば、ドアを押し破って中に入り、力ずくでもやめさせるのが頑健な自分の務めだという認識である。

我々には、兵士を戦域に派遣している国々の法律、戦域を構成している国なり国々の法律がある。いろいろな形でこれらの法体系は軍事力の行使を規定するだろう。通常、軍事力は自衛の場合、また、混乱が人命・財産を脅かしている時に秩序をつくりだすために行使することが容認されている。いずれの場合でも軍事力の行使は、明白かつ急迫の脅威と行使される軍事力とが均衡のとれたものであるべきだという考え方で抑制される。

軍事力の行使が通常比較的低い水準で始められるのが《人間《じんかん》戦争》の特質である。〈人々の間〉で戦争が行われることによるとばっちりを受けるのは一般市民と兵士たちであり、指揮官たちだけではない。このためすべての関係者は彼ら、すなわち一般市民の主張を知っておく必要がある。というのも、無法の状況でもっとも苦労するのが一般市民であり、また我々が獲得したいのが一般市民の意志であるからだ。兵士たちも一般市民の主張を知っておく必要がある。なぜなら、軍事衝突が終わってからさまざまな問題を検討する際、法的に責任があるのは彼らなのだから。国際人道法、特にジュネーヴ条約や戦争法は、条約加盟国の軍隊に所属する将兵すべての標準的教科書とされている。国際人道法が正規軍であろうがゲリラのような不正規軍であろうが世界各国の軍隊に確実に伝わり理解されるようにすることが、国際的な目標にならなければならない。こうした軍事行動における自分の行動について、兵士は法に対して責任を負っており、また兵士を派遣する人たちは兵士が法および法に基づく自分の立場を適切に理解するようにしなければならない。兵士は、兵士のさまざまな活動の背景にある政治的目標や政策上の意義などを設定している人たちが、法の範囲内で、兵士が効果的に軍事行動を行えるように、そうしているのだということも知っておく必要がある。こうしたことを目指すためには、法に従うということと法の支配を確立するということは、最初から、〈人々の間〉で行われる軍事活動の指導的論理の中心になるべきである――その場合の法律は最低限国際人道法の主要部を含むものであり、秩序をもたらすことと兵士が自らを守ることに関係するものである。

したがって、結局、軍事力使用について適法性を確保することは必須である。一方、軍事力使用の倫理性を確保することの重要性はいくら強調しても足りない。しかしながら、この二つが同義でないことははっきりさせておかなければならない。相互にも同義ではないし軍事力の効用に関しても同義ではない。狙いが法の支配を生み出すことであれば、法と倫理の限界を超えた軍事力行使には効用はない。なぜなら、その軍事力の使い方が、軍事力使用の目的と矛盾しているからだ。アルベール・カミュはその辺のことを『アルジェリア通信』のなかでうまく述べている。

少なくとも歴史を紐解いてみれば、価値のあるもの――国民に関するものであれ人類に関するものであれ――は、我々がそのために戦わなければ生き残れないというのは真実だが、戦闘も軍事力も価値あるものを正当化するには不充分だ。戦闘自体がそうした価値により正当化され啓発されなければならない。真実のために戦い、真実を守るために使っているまさにその武器で真実を殺してしまわないように気をつけること。言葉の力を復活させるために、これはどうしても譲れない主張だ。

計画立案

次に計画立案の段階となる。そもそも軍事行動に関する計画というものは詳細なプログラムではなく、作戦間に生じる事象の筋書きを大まかにとらえた概案というべきものである。計画は望ましい成果を達成するための情報と分析に基づき、達成すべき目標を明確にした上で、隷下部隊に対して責任と権限と資源をそれに従って割り当てるものである。これによって、部分部分において達成される結果が全体として一貫性があり、焦点が絞られて、互いに連携し合うようにするのである。これを行うのは難しい。特に、《人間《じんかん》戦争》ではなく《国家間戦争》を遂行するために発展させてきた組織構造を以てしては。だいたいにおいて我々は現在、「チェックリスト」方式による計画立案を行っている。この方式は、問題が単純で、単一の権限に限定されているかあるいはより高いレベルでは単一の組織に限定されている場合は実にうまくいく。自分の考え方が画一的になるのを避けるため、問題を分析し目標を設定し、自分の努力をまとめていくのに私は問題を自分自身に問いかけていくというやり方が有効な方法であることを見出している。これは特に誤った方針に基づいて行動を開始しないようにするのに役立つと同時に、情報を入手するために必要な行動が明らかになるため逡巡することもない。以下で述べるいろいろな質問を最初から使ったという経験はまったくないのであるが、ある計画がうまく機能しなかった理由を理解するとか、問題を論ずるとか、状況の進展に伴う一連の特別な状況のなかで何をするべきかを決断する目的のためにこれらの質問を活用してきた。

　計画を立案する際に問いかけるべき質問は二組ある。まず第一の組のものは、政治・戦略レベルにおける軍事行動全体の背景に関係している。第二の組のものは、戦域レベルにおいて軍事行動を遂行するうえでの背景に関係している。以下では、軍事力の使用が検討されつつある場合を想定して述べていく。しかしこれらの質問は、軍事力以外のすべての力とその影響についても適用できるものであり、それらの取り組みはすべてがあるレベルにおいて統合されなければならないことを明らかにする。それぞれの組の質問は反復的なものとなっており、それぞれの質問に対する答は、他の質問に対する答と首尾一貫したものであり、一つの組の質問に対する答は全体としてもう一つの組の答と首尾一貫していなければならない。

　軍事力による介入が必要であり得る状況に直面した場合、この第一の組の質問はその時点での具体的な状況の下において、目指すべき成果とそれを達成するための取り組みのあり方を明確にしてくれる。

我々は誰と敵対しているのか？　敵が望む成果は何か？　敵が脅かしている将来はどのようなものか？　我々が望む成果と敵が望む成果はどう違うのか？

我々は秩序あるいは正義を求めているのか？　秩序と正義を両端においた物差しの上で、我々が求める成果はどのあたりに位置するのか？　我々が正義を求めているのであれば、それは誰のための正義なのか？

我々は誰に対処しようとしているのか？　敵の現在の指導者たちなのか？　それとも他の人々を権力の座に着けたいと考えているのか？　そうであれば、それはどんな人間なのか？　現在の指導部を完全に変えるつもりなのか？　そうでないのであれば誰が留まるのか？

我々は彼らの法を使うつもりか、それとも自分たちの法を使うつもりか？　もし自分たちの法を使うつもりならば、彼らの法が変わることを求めているのか？

誰がその国を統治するのか、彼らか、それとも自分たちか？

達成すべき目標を具体的に設定するために充分な程度まで自分たちが望む成果を詳細に理解し

ているか？　そうでないのであれば、達成できるのは自分たちが好ましいと思う成果につながりそうな状況、すなわち最終的目標達成に向かう「条件」を、実現することを中間目標にするのがせいぜいだ。だとすればそのような中間目標を具体化できるほどこの「条件」を詳らかに規定できるか？　そうでないのであれば、できることは改善（ameliorate）と抑制（contain）がせいぜいであるが、この間これらの問いに答えるためにはどのような情報が必要かが明らかになってくる。

理論的に軍事力で直接目標を達成できるのはどのレベルにおいてなのか？　これをなすべきか？　これができるのか？　これをするのか？　いつやるのか？

軍事力で直接目標を達成しないとすれば、目標達成のために自分たちは何を標的として脅しをかけ、あるいは何を与えると約束するつもりなのか？　自分たちが脅威を与えられるもので、敵が特に高く評価しているものは何か？　敵は特に何を望んでいるのか？（威嚇は失敗した場合に高くつき、買収は成功した場合に高くつくということをつねに心に留めておくこと）。これをいつやるのか？

第二の組の質問は、その時点における戦域の状況と第一の組の質問に対する答に基づいて答えられる。しかしながら、これらの質問を列挙する前に、軍事力の行使と軍事力を行使するという威嚇とのあいだには密接な相互関係があるということを強調しておかねばならない。第一の組の質問が終わる頃には、軍事力が単独で効用をもてそうなのはどのレベルなのか、すなわち、対立が紛争に移行する段階がわかってくる。戦域司令官が軍事力を直接行使することを期待されているのであれば、彼は軍事力を威嚇のために使うだけではなく、《国家間戦争》における作戦と同様、自分の目標に対して純軍事的に取り組めばよい。しかしながら、そうでないとすれば——たとえ最初はそうだったとしても、ずっとそうだというのは非常に稀だ。なぜなら、うまく進展するにつれて状況は変わってくるのだから——その時には、戦域司令官は最初から自分の威嚇の特徴をよく考えて自分の軍事行動がこの威嚇を強化するようにしなければならない。このことをよく理解すれば、第二の組の質問に向かうことができる。

当方の威嚇に信憑性があること、すなわち、脅し（のために見せつけている行為）を実行するつもりでいること、また必要な場合には成功裡にエスカレートさせるつもりでいること、を敵に対してどのように示すのか？　採用可能な他の行動方針はすべて、脅しを実行に移すよりも魅力的でないと考えられるのか？

一般市民にとっても、敵にとっても、当方にとって望ましい成果の実現に協力する方が脅しを実行に移されるよりも得であることをどうやって示すのか？

敵の威嚇は不充分であり、当方は彼らの望む成果の実現を阻止できるであろうことをどのようにして示すのか？

敵と一般市民の目から見て当方の約束が信頼できるものであることをどのようにして保証する

のか？

敵と一般市民が信頼できるものだということをどのようにして確実にするのか？

計画を検討する際に、これらの質問に対する答が広範囲にわたる機関において共有されていることが明確になっていなければならない。軍はそれらのなかの一つであり、そのうえ比較的重きをおかれていない機関にすぎないのかもしれない。仮に一カ国だけが関与しているとしても、そこに含まれるべき機関は多岐にわたっており、とりわけ外務省、情報機関、財務省、そして国際援助や国際開発を行う政府機関やＮＧＯ等である。有志連合あるいは同盟による軍事行動を計画する場合には、各貢献国の関係機関が関わってくる。国連の下にある一連の国際機関のように国際的な委任に基づく組織も同じだ。そして、介入の性質次第では介入の対象となる国の諸機関を含めることにも効用があり得るし、実際、そうする必要がある。

これらの機関がすべての質問に答えるようにもっていくことは制度的に実に難しい。そうではあるのだが、これはやらねばならぬことである。さもなければ、軍事力の行使は当方の望ましい成果へ導くのではなくて、敵の立場を強化するという結果をもたらすことになる。これらの質問に答える過程において、諸機関による介入の背景となる事柄が確定し、これにより何がわかっていないのかあるいは何が決まっていないのかが明らかとなり、それに応じて目標――質問に答えるための情報収集という目標も含めて――が設定され得るのである。どんな軍事行動も――特に《人間《じんかん》戦争》においては――敵について学ぶなかでの行為であり、この目標に向けて遂行されるべきである。これらの質問に答える過程において、対立しあるいは競合する望ましい成果――我々自身のものも敵のものも含めて——のあいだの差異が最初から頭のなかに入ることになる。こうしておくことにより、とりわけ、軍事的努力が筋の通ったことであるのかそうでないのかを熟慮することができる。求める成果の相違が最初から頭のなかに入っていれば、軍事力の行使やその他すべての圧力を、この相違を有利に解消することに向けることができる。そのような計画立案は、対立から生じている紛争を有利に終結させるためのものであり、またその計画の狙いは、対立を有利に解消する可能性が増すような方法で、紛争を完全に終結させることだということを忘れてはならない。それゆえ、〈人々の間〉にいる敵を打ち破ることとあわせて一般市民の意志を獲得しようと努めるのであるが、介入する軍が直面する両者——敵と一般市民——が同じ国民あるいは同じ民族である状況においては、多くの場合これを達成するのは非常に難しい。根底にある対立は非常に簡単に、「余所者と現地人」という対立になってしまう。このような状況においては、計画立案の早い段階でこちらが取引する相手を決めることが特に重要だ。例えば、その相手が現在の指導者である場合には、対立を平和な状態へもっていくためには一般市民を敵から引き離すよう指導者と協力することが重要になってくる。このような状況における軍事力の行使は細心の注意を必要とする。もしあなたの軍事力の行使が——やりすぎたとか少なすぎた、早すぎたとか遅すぎた——不適切であれば、一般市民を率いている指導者層は介入軍にとって何の役にも立たぬことになる。

画一的な考え方

現代の軍事行動を遂行するうえでの難しい点は、戦域に入っているあらゆる機関の取り組みを一つの目的に結びつけることだ。第一の組の質問と答を背景として、第二の組の質問に答える過程において、我々はどのような情報資料やそれを分析処理した知識としての情報を必要としているのかがわかる——公開された情報、メディアの報道、軍事的・経済的・政治的・行政的に目指すべき目標に関する情報、そしてもっとも重要なのがいろいろな目標に向かってなされている活動のあいだの関係に関する情報である。軍隊を例にとると、軍隊が他の機関と関係なく一つの独立したグループとして行動できるレベルは、軍事力によって決定的な成果を求めようとしているレベルである。そのように交戦のレベルが典型的にみられるように中隊である場合には、中隊より上級レベルの部隊においては、すべて他の機関と密接に連携すべきであり、それらとの間の相互依存性を理解していなければならない。言い換えれば、中隊の行動という低い戦術レベルより上では、軍隊は唯一の参加者あるいは主役ではないということを理解しておかなければならないということだ。この場合、最大の成果を得るためにはすべての機関の役割を定め、これらの機関のあいだを調整することが重要である。これをするにあたって主要な要件は、例によってこれが《人間《じんかん》戦争》であることをつねに思い起こすことだ。《国家間戦争》から《人間《じんかん》戦争》へパラダイムが移行したことによりどれだけの変化が必要になったかをはっきり示す一つの例は、紛争のあいだ一般市民に対応するための幕僚機構である。《国家間戦争》における考え方は、戦場から一般市民を追い出すこと、前線の後方地域で一般市民が邪魔にならぬよう管理することである。この目的のための要員はこの任務に取り組むための訓練を受け組織されている。ＮＡＴＯではＣＩＭＩＣ（軍民調整）要員と呼ばれている。この組織はたいていの国において予備役によって維持され、動員時にのみ必要とされ、日常の社会生活を送るうえで必要な機能を包含している。この観点では、一般市民に対応するのは副次的で補助的な任務であるし、一般にこの部門に選ばれてもキャリアを高めるとはみなされないだろう。しかしながら、現在、我々が関わっているような紛争においては、一般市民に対応することは目標と直接つながっており、副次的ではなくもっとも重要な活動である。さらに、これは戦域内における他のすべての機関や軍事力以外の力による強力な手段との協調を担う中枢である。実際には、このようなスタッフはつねに需要があるもののその数は不足しているため、予備役に重い負担をかけているが、このことは彼らの重要性を実証するものでもある。にもかかわらずＣＩＭＩＣ要員がその任務を果たすための準備が充分でない場合が多い。これはＣＩＭＩＣ要員の多くが軍の他の部門から無作為に引き抜かれた者であり、戦域における住民とのあいだに時間をかけて信頼関係を築くことが求められているにもかかわらず勤務時間が短いことに起因している。これもパラダイムの変化を認め、軍隊をそれに合わせる必要があることを示す非常に重要な例である。

《人間《じんかん》戦争》を戦うために修正が必要なのは何も軍隊にかぎらない。我々は我々の組織において制度化されてきた画一的な思考や論理の様式すべてを新しい状況に適合させなければならない。我々の組織、例えば各省庁・軍隊・同盟等には《国家間戦争》を戦うなかで確立されてきた手順がある。この手順は考え方を体系化するものであり、《国家間戦争》の観点から情報を整理し検討評価する傾向をもっている。この思考様式は別のものに変わる必要があるのだ。それは、軍事力の行使を他の手段に対する補助的手段の一つであると日常的に考え、また、その逆もあるというものである。そのような状況においては、軍事力は最後の手段という行為ではないし、軍事力は支援すべき他の多くの手段という、より広い文脈のなかで的確に行使される必要がある。現在の組織は戦術レベルから戦略レベルまで縦割りになっており、特別な場合を除いて異なる組織の間に相互作用はない——多国籍組織の場合は特に明白である。我々は、少なくとも戦域レベルにおいて、あるいはそれ以上のレベルにおいてさまざまな活動を統合して発揮するための能力を持たねばならない。これによってさまざまな活動が統一された指示によって行われ、一貫性あるものとなる。これはすべての省庁や参謀組織についても言えることである。すなわち、占領国の業務の遂行に責任をもつ国防省が画一的な思考様式に固執するのは馬鹿げている。

指示を出すのは一人でも数人でもいいが、考え方が一致しており、所期の目的を果たすために行動する権限をもっていなければならない。その総指揮権をもつ人は、上級外交官・政治家・行政官・軍の将校のいずれであってもよい。しかし、彼は成功するためには自分とは異なる機関の上級代表を配下にもつ必要がある。自分と一緒に行動し、自分の質問に答えることができ、いろいろな対策を頼める人である。我々は、意志の衝突に勝利することを託されている人たちが自分たちの集合的努力を戦域における唯一の目的に向けやすくなるような組織を育成していかねばならないのである。軍の行動が他の活動の達成を支援する、その逆もまた然りとすることで、対立に勝利するためだ。この組織上の変化の必要性は、多国籍軍で活動する――それは今後ますます普通の形になることを覚悟しなければならない――場合に特に重要である。多国籍軍で活動する場合、さまざまな組織がさまざまな国の政府につながっている。もっと言えば、国連やNATOの場合はより複雑だ。加盟国の派遣部隊はそれぞれの政府・ニューヨークの国連本部・ブリュッセルのNATO本部と直接つながっている。国連本部とNATO本部では加盟各国の代表がやはりそれぞれの政府につながっている。さらにNATOは軍事問題にしか対応しないので、NATOが展開されている時には他の組織――例えば、法や秩序、統治や経済に関する問題を取り扱うための組織――がNATOとは分離した形で側にいなければならない。

本質的に必要なものは、軍事行動全体の背景となる政治・戦略上の意味合いを決定する戦略レベルの組織であり、これが戦域に対する指針と支持の出所となる。ＥＵはこの点に関しては大きな可能性をもっていると私は考えている。ＥＵのさまざまな組織はあらゆる行政活動を網羅している。また共通の外交政策、安全保障政策を策定し、それを支援するための軍事力投入の力ももっている。こうした取り組みが《国家間戦争》ではなく対立や紛争のための能力——行動する意志も含めて——を発展させることに向けられれば、二一世紀におけるＥＵの地位は確固としたものになるだろう。

しかし、そうした組織上の変化がうまく機能するためには、軍事行動についての考え方に変化がなければならない。我々は軍事行動をばらばらの出来事の連続——例えば、準備、侵攻、占領、国づくり、撤退——としてではなく全体として考える必要がある。その全体として捉えた軍事行動を一つの対立として考え、そのなかで紛争は一つの役割をもっているのだと考えることによって、初期の紛争の段階において取られるさまざまな活動は、後の活動の目標達成に直接貢献するために遂行されるのだという理解となる。あるいは、少なくとも後における活動がやりにくくなることを避けることができる。先に列挙したいろいろな質問に答えていくことは、事態を全体としてもまたさまざまな関係者間のつながりとしても、明確にするのに役に立つ。事態が展開するにつれて、さまざまな機関が大なり小なり関わってくるので、これらの機関はすべてこういった考察のなかに含まれねばならない。そして、こういった考察が意志の衝突を勝ち取るための標的や目標の選定に影響してくるのである。

軍事行動の戦域についても《国家間戦争》における空間的な概念よりも広範な概念として理解しなければならない。もちろん、事件が起き活動が行われるのは地理的にある特定の場所においてであるが、現代の場合その場所に一般市民がいるのだ。そして、現代の通信手段のおかげである場所で起きた事件や活動はいろいろな場所に伝わり、その場所その場所の一般市民次第でさまざまに共鳴する。例えば、アフガニスタン戦域でアメリカとＮＡＴＯが軍事行動を行っているが、テロリスト掃討作戦や麻薬撲滅作戦に対する戦域はどこなのか？　また、そうした軍事行動はアフガニスタンにおける活動とどう関係があるのか？　そうした関係がわかるまで、我々は何が戦略上の問題で何が作戦レベルの問題なのか適切に定義することはできないし、情報資料の収集や評価もできない。まして、そういった情報を広めて影響を及ぼしたり周知を図ったりすることはできない。

そして、特に指揮官たちにとって、戦略と一連の軍事行動に関する計画を左右する重要な要素は情報の入手であることを理解しておくべきである。すなわち、敵と一般市民について詳しく知り、両者を引き離す手段を見つけるための情報の獲得である。この情報があれば、武力を伴うか否かにかかわらず、我々の努力を的確に、そして我々の優位を活用するように行使することができる。《人間《じんかん》戦争》は、《国家間戦争》流の機動と損耗を巡る作戦ではなく、情報とその周知を巡る作戦を遂行するのが最善である。この情報の大半は行われている軍事行動や活動の背景を理解するために必要だ。というのは、この背景についての理解がなければ、いろいろな事象が相互に関連がないかのように進行し、そうなると、戦術的成功が作戦的失敗につながることになる場合もあることを理解できなくなる。この情報の大半は収集が可能であり、それ自体に軍事的な性質はない。情報の検討評価とどのような行動を取るかについての決定が技量の試されるところである。最終的に我々は、法という抑止力を達成するために情報を必要としている。法による抑止を首尾よく遂行するための、証拠に基づく重要な情報である。法による抑止がなければ、何よりも重要な目標が達成されないままとなり、安定維持のため軍隊の駐留期間が長くなる。意志の衝突で勝利するためには、一般市民の意図を変え、あるいは形成しなければならない。一般市民の意志の変化をもたらすいろいろな強制力や要因は、軍事力の示威や行使だけでなく、法の支配に対する信頼を育てるような他の行為についての情報が一般市民のあいだに伝わることによっても導かれる。

メディア

メディアとその役割も計画立案に欠かせないものである。たとえメディアというものが何が起きても現場にやってきて話をでっち上げるだけだとしても、その報道と役割について最初から考慮しておくのが得策だ。このような理解を根底において、私はメディアというものはだいたいにおいて、劇場で演じられる芝居の背景を説明する役割をもっているものと見ている。メディアが事実をつくるわけではないが、事実を表現し展示するのは彼らなのだ。戦争という劇場において、舞台にいる人たちと観覧席にいる観客たちはこの背景としての状況のなかでこの劇場における交戦を判定する。そして、メディアを通じて観衆たちに、舞台上には少なくとも二組の演出家と劇団がいることをつねに確実に思い起こすようにさせるのが計画立案者たちの仕事だ。この二組は一つにまとまることはない。だからこそ、事態の背景となる状況をはっきりさせメディアの報道内容を最初から入手しておくことが重要なのである。効果的に上演するために、観衆の大部分と舞台上の人々がその背景のなかで敵の台本ではなくてこちらの台本に従うような立場を得ようとする。一般市民の意志を獲得することを目指して戦っているのであれば、あなたがいかに多くの戦術的成功を達成しても、あなたが勝っていると一般市民が思わなければ、その戦術的成功は無に等しい。一般市民がどう見ているのかをかなりはっきり知ることができるのは、メディアを通しての一般市民との意志疎通だ。

私の考えでは、戦域司令官が戦域で有利に作戦を進めるための背景を設定するうえで主導的立場に立つのが政治・戦略レベルの人たちの仕事である。もし、彼らがそれをすることができないとかやろうとしない――国際的な支持が弱い有志連合や同盟の軍事行動において特に生じやすいことである――のであれば、戦域司令官はこの背景を設定するべく、できるだけのことをしなければならない。しかし、概して戦域司令官の地位はそのような仕事をするのに適切なものではなく、他に優先すべき事項を抱えていることも多い。とはいえメディアのなかでその背景がどのように表現されようと、戦域司令官はつねに自分の作戦が既存の背景の枠内でうまく機能するよう、その構想を立てなければならない。戦域での活動を背景に結びつけ、それらを次の動きに役立てるためにはメディアが伝える物語をこちらのものとしなければならない。そのためには、「語り手」が必要となる。語り手は観客に、何が起きたのか、その重要性、その出来事がこの先どうなるのかを説明する。「語り手」は単なるスポークスマンではない。語り手は何か起きた時にさまざまな出来事を結びつけ、物語として告げ、舞台には二組の演技者と二通りの台本があることをつねに思い起こさせ、その状況のなかでの非常に説得力のある物語にまとめる。語り手が権威をもって話していること、また司令官の立場に立っていることは誰でもわかっているはずだ。多国籍軍では語り手は複数いるのがよい。聞き手の気持ちを理解できるネイティヴスピーカーが全国メディアを満足させられるよう、彼らはいちおう主要言語を話す集団の代表である。ナレーションがうまくいった典型例が、コソヴォ空爆期間中、ＮＡＴＯにおけるメディア管理の進化だ。空爆期間中に、ＮＡＴＯや各国政府のメディアに対する話が首尾一貫性をもつようになるまでしばらく時間がかかった。地理的、技術的、手続き上の理由が重なった結果だった。空爆はロンドンとは一時間、ワシントンとは六時間の時差があるヨーロッパで行われていた。まずイギリス政府が正式な記者会見を行い――たいてい大臣を国防参謀総長が補佐するという形で――、それからＮＡＴＯが毎日の定例記者会見のなかで触れていた。このためＮＡＴＯのブリーファーは、いつの間にかロンドンでの記者会見の内容に基づいて質問をするメディアから異議を申し立てられるようになっていた。さらにＢＢＣ、ＩＴＶ（イギリス最古の民間放送局）、ＢＳｋｙＢ（イギリスの衛星テレビ放送会社）の放送圏が広いため、イギリスの記者会見の模様がヨーロッパ各地で流れ、またヨーロッパ各国政府の国内向けの政治談話に使用されていた。このためワシントンは毎朝起きるとその日の業務予定表――少なくともメディアに関するかぎり――をヨーロッパに押しつけられている事態となった。これは、一種のメディアによって仕組まれた混乱状態であり、関係する国々のあいだの政治的不和をもたらしかねないものであった。最終的に四月半ば、トニー・ブレア首相は状況を収拾するべく、イギリス政府の報道担当責任者アリステア・キャンベルをアメリカおよびＮＡＴＯに派遣した――その結果、記者会見の内容を調整する手順を確立できた。それ以降、事態は改善されＮＡＴＯのスポークスマンであるジェイミー・シアが紛争の語り手として確固たる地位を築いた。すばらしい語り手だったためＮＡＴＯがコソヴォに入った際、地元住民たちは他の指導者たちの名前と同じぐらいシアの名を口にしていた。

　どの指揮官にとっても出発点は、事実が不正確に報道されても不正確な報道が訂正されないままでも、自分以外責められないというところにある。戦域に入っている報道関係者たちは、誰に頼ればいいのかを知りたがっている。彼らは確かな情報を提供してくれる安定した情報源（できればコーヒーと、情報を送るための通信手段つきで。しかし昨今は最新機器があるので、後者はそれほど重要ではない）と自分たち自身の安全に関わるたしかな情報資料を求めている。彼らに対してこうした基本的な便宜を図る必要はあり、語り手としての報道担当官は彼らの求めに応じていつでも彼らに話をする用意ができていなければならない。彼らを惑わすためであれ敵を惑わすためであれ、報道関係者に嘘をついてはならない。いずれ嘘をついたことはばれる。その結果、あなたの一般市民に対する意志疎通の力は損なわれることになる。その一方で、幻惑することは許される。すべての装甲車の中に歩兵がいるわけではないが、そのことを詳しく説明する必要はないのだ。

司令官は、話題になろうとしてジャーナリストと手を組む、という誘惑を避けるべきだ。そのようなことをすると、報道関係者たちはあなたをいつも次のような人物だと思うようになるだろう。すなわち、鎌を掛けるのが簡単で、自尊心が傷つきやすく、よかれあしかれ目立ちたがり、共同で行われている複雑な軍事作戦を擬人化し単純化してしまうような人物だと。「名声は過去のものであり、人気は現在だけのもの」と覚えておくべきだ。私の考えでは、司令官は、メディアを通じてしか一般大衆に伝えることができない事項がある場合にのみメディアを使うべきである。他方では、司令官は戦域の背景となっている状況には精通していなければならない。彼の役割は、作戦という物語を語ることである。語り手としての報道担当官は聞き手がこの物語を理解できるように事象をつないでいくが、司令官は報道関係者たちが事象とその背景とのあいだのもっと複雑なつながりを理解できるよう説明しなければならない。司令官はこの戦域におけるプロデューサーである。彼は報道関係者がこの物語の筋を理解してくれるよう望むべきである。しかし、プロデューサーとしての司令官は、この軍事行動の成否が明確になるまでこの物語のなかには入ってこない。

報道関係者、特にテレビの場合には大変な仕事がある。彼らには、画面の映像を意味のある文脈のなかに置くための時間がほとんどない。映像はそれだけで何かを意味するだろうが、正確な背景のなかで明確な視点から眺められて初めて充分に説明される。与えられた時間のなかで背景を提供するために報道関係者は心象に訴えなければならないが、我々の戦争に関する心象は主に過去の《国家間戦争》に基づいている。一九九一年の湾岸戦争終結後、我々が展開するところから停戦が成立するまでのあいだにBBCやITVが流した私の部隊についてのニュース報道の録画をすべて見る機会があった。どの録画も見るのはその時が初めてだったが、視覚映像がどれもこれもよく似ていることに驚いた。すなわち、戦車と航空機の映像が主体であり、また言葉による描写は第一次世界大戦における塹壕や第二次世界大戦における爆撃に関する映像記憶に訴えるものであった。たいていの場合、報道関係者たちは、おそらく公平を期そうとしてであろうが、戦場で戦っている人たちの観点からではなくて自分たちそれぞれの観点から報道している。その結果、私が指揮下の部隊とともに経験したことの本質は失われていたし、伝えられていなかった。我々が関与する現代の軍事作戦において語り手は必須の存在であり、物語の所有権を最初から主張しなければならないという認識をもったのはこうした録画を見てからである。

最後に言っておくが、報道関係者や一般市民に伝えるという努力において、完璧など期待してはいけない。完全な失敗、正真正銘の見解の相違、誤解はあり得るし、敵も同じように必死に努力しているのである。長い目で見ることが必要であり、目先の利益や報道関係者が提供してくれる世間の注目を浴びるという誘惑には用心しなければならない。作戦を遂行している軍隊およびすべての機関の任務は、将来のために敵を打ち破り、一般市民大多数の意志を獲得することであって、明日にはネコのトイレになるような新聞を売ることではない。

《人々の間での戦争》

本章においては、現代の紛争への取り組み方を分析し、計画する方法を検討してきた。この検討は、我々が現在生きている世界が戦争ではなく対立と紛争の世界であり、それゆえ軍隊には果たすべき役割があるのだという世界観に基づいている。このことは明白にしておかねばならない。しかし、その役割は並行して行われている他のさまざまな活動から独立したものではないし、戦略的目標を単独で達成することもできない。何よりも私は軍事力を有益に行使したいのであれば、この検討のやり方は適切かつ必要なものだと考えている。また、政治的目標を達成するために、軍事力に果たすべき役割があることも確信している。先に触れたアメリカ軍のイラクの自由作戦を例に取り上げてみたい。いまさら何を言っても仕方がないし実際の計画立案にはまったく関わっていないが、それでも実際に起こったことと、私が提案している分析とを比較してみる。

最初から大げさな表現を使うと、望ましい結果は西側民主主義国家の基準に合わせて機能し西側諸国との自由貿易を喜んで受け入れる民主主義国家をつくることであった。そのような国家ならばサダム・フセインやフセイン政権を一掃し、イラク国民や中東地域、あるいは世界に軍事的脅威を与えるような真似、例えば大量破壊兵器をテロリストに渡すことなどはしないだろう。この政治的にも軍事的にも望ましい結果を前提とすれば、敵は反応し考える存在であるという基本的な格言を決して忘れず、この前提から出発してかなり詳細に戦略を組み立てることになる。敵はこちらの猛攻をただじっと待っているのではなくて、こちらの攻撃を失敗に終わらせ、逆にこちらを攻撃してやろうと自分の戦略を立てている。さらに、対立と紛争という考え方をする場合、敵は軍事的な存在であると同時に政治的な存在でもある。すなわち、軍事的な抵抗と政治的な抵抗の両方に攻撃の焦点を当て、両方に打ち勝たねば望ましい戦略的成果にはいたらないということだ。このことを念頭におけば、分析と計画立案は、戦略的目標、すなわちイラク国民とその指導者たちの意志を獲得することを理解し、そのために必要な手段、あるいは彼らの意志を少なくとも中立的なものに保つために必要な手段を検討することから始まっていただろう。言い換えれば、占領開始前、つまり侵攻の前に占領によってもたらすべき望ましい成果を明確にするところから始めるのが適切な手順だということである。それゆえこの計画立案を主導する機関は、軍部ではなくむしろ望ましい結果を出し占領を行うことに責任を負う機関であるべきだったのだ。入手できる証拠から判断するかぎり、イラクの自由作戦ではどうやらそうではなかったようだ。

戦略の組み立てと、その戦域レベルでの実施は、先に提起した二組の質問にのっとって行うべきだったし、行えたはずだ。特に第一の組の冒頭にある五つの質問が基本的なものであるので、以下に再掲する。そしてこれらの質問に対する答に到達する過程において首尾一貫していることが重要であるのだ。

我々は誰と敵対しているのか？　敵が望む成果は何か？　敵が脅かしている将来はどのようなものか？　我々が望む成果と敵が望む成果はどう違うのか？

我々は秩序あるいは正義を求めているのか？　秩序と正義を両端においた物差しの上で、我々が求める成果はどのあたりに位置するのか？　我々が正義を求めているのであれば、それは誰のための正義なのか？

我々は誰に対処しようとしているのか？　敵の現在の指導者たちなのか？　それとも他の人々を権力の座に着けたいと考えているのか？　そうであれば、それはどんな人間なのか？　現在の指導部を完全に変えるつもりなのか？　そうでないのであれば誰が留まるのか？

我々は彼らの法を使うつもりか、それとも自分たちの法を使うつもりか？　もし自分たちの法を使うつもりならば、彼らの法が変わることを求めているのか？

誰がその国を統治するのか、彼らか、それとも自分たちか？

望ましい成果を考慮すると、イラクの自由作戦のためのこうした問に対する答は、抵抗をものともせず首都に到着し、指導者を退陣させなければならないことをはっきり示しており、そのために軍隊は必要だった。しかし、自ら統治するためにイラクの統治能力を破壊し一掃したのか？　もしそうだというのであれば、何があるいは誰がこの国を治めるのかという質問があって然るべきだった。もしそうでないというのであれば、何を破壊しなければならないのか、そして何をもとのまま残しておくべきなのか——どのようなものというだけではなくどの組織を——という質問があって然るべきだった。例えば、政権を握っていたバース党を解党するのであれば、政治的にはともかく行政的な面では何をバース党に取って代わるものだと考えていたのか？　イラクではバース党以外の組織構造は宗教組織としてのモスクや宗教指導者を中心としたものであり、その多くは宗派間の対立によって急進的になっていたことを頭に入れておくべきだった。したがって、バース党を解党するにあたりアメリカはこの唯一実用的で宗教色のない組織を改造することを考えてもよかったのではないか。だとすれば、改造後、この組織を管理するためにどのような手段をこの組織のなかに組み込んでおくべきだったのか。

　このような分析を行うにあたっては、軍事力によってのみ達成できるさまざまな目標と軍事力の行使だけでは不可能な目標――例えば、民意に沿った行政や一般市民の治安に必要な基幹施設など――を明らかにすることが第一歩である。続いて、軍事力を行使したいと考えるレベルについての質問が出てくる。私の言っていることは、つまり、軍事力の行使は戦略レベル、戦域レベル、あるいは戦術レベルのいずれを達成するつもりなのかということである。望ましい成果の本質から考えてそれが軍事力によって達成できなかったことははっきりしている。軍事力が達成できることは、せいぜいのところ、他の力による手段が望ましい成果を達成できるような状況を実現することだったのである。したがって、軍事力は戦略的成果をもち得なかったし、実際もつことはなかった。さらに、攻撃開始から二年がたっても、望ましい成果をもたらす戦域的状況を達成したかどうかもはっきりしていない。

　フセイン体制を破壊したあとのイラクの行政機構、法治、治安についても質問を提起して検討しておくべきだった。したがって、警察や国内治安部隊を含めてイラク軍がすべて解体されるべきなのかどうかについての質問も検討しておくべきだった。あるいは、紛争において敵対した者として排除すべき勢力と、対立の構造のなかにおいても相手として新しい行政機構のなかに取り込まねばならぬ人たちとを明確に区別する必要を理解しておくべきでなかったのか？　そうでなければ、低いレベルにおける指導層とその指導者にあった治安要員や官僚が〈人々の間〉に紛れ込んでしまって機会をうかがうようになることを予想すべきであった。このように考えるのであれば、このような人々は紛争が終わったあとに、対立しているとはいえ、多国籍軍に協力することの方が自分たちの利益になると考えるような形で統治する側に残った可能性もある。例えば、彼らの給料や特権の継続を約束する一方で、彼らの上司であった上層部に対する明白で広範囲にわたる処分に込められた脅しを見せつければ、彼らをこちら側に取り込めただろう。特に軍事力の行使と並行して他の力による手段が速やかに効果的に示されていれば、そうなっていただろう。例えば、多国籍軍を形成している国々がイラクの警察支援に迅速に取り組んでいれば、イラクの国内治安部隊の再教育の過程がもっと早く始まっていたのではないか。このように事態の行く末を分析する過程で明らかになってくる非軍事的分野における取り組みに対して、軍隊や治安部隊が何を焦点として行動すべきかという点について予見しておくべきだ。同様に、現在の統治機構に民間から行政の専門家を迎え入れていれば、残存した（させた）部分を含む行政機構は力を発揮することができ、日常生活における平常への復帰が容易であっただろう。その一方で、別の分野における再構築の過程も同時に進めることができていただろう。

これらの選択肢や解決策のすべてを根底で支えているものは、政治的・経済的・軍事的な諸活動が、ひとつにまとまったものとして効果を発揮するように統括する仕組みに対する深い理解であり、このことは戦略レベルの司令部から戦域レベルの司令部を経て行政管理の末端のレベルにいたるまで、一貫していなければならない。それに加えて、本書の第三部を通してなされている基本的な主張、すなわち一般市民は敵ではないという点にはつねに立ち戻る必要がある。敵は一般市民のなか、〈人々の間〉に、紛れ込んでいるのであり、軍事力その他の力を行使する目的は、敵と一般市民を見分け、一般市民を味方につけることである。これが取り組み方についてのさらなる要点につながる。軍事行動の進め方を決めるにあたっては、いったん行動を開始したらその主要目的は、一般市民のなかから真の標的を見つけ出すため、また標的が軍事行動を行っている背景を理解するため、また標的に対する攻撃の成果をうまく活用するための情報獲得でなければならない。つまり、いくつか例外はあるもののたいていの場合、軍隊の展開や軍事力の行使は結果として、情報も獲得するという成果につながり、また軍事力以外の手段による力を補助するものであるべきだ。これらの軍事以外の分野こそが戦術的軍事行動の成功を利用できるのであり、そして軍隊が支援すればするほど、彼らは戦略的目標に近づけるのである。このやり方を取り入れなければ、戦術的な行動が、行為の宣伝や挑発戦略を常套手段としている抜け目のない敵によって、当方にとっての不利なものに変わる危険性がある。これは最後の論点につながる。なぜなら、軍事行動――イラクの自由作戦――と世界的なテロとの戦いとの関係についての質問がまだ残っているからだ。イラクの自由作戦における戦略レベルでの行動はアメリカおよびその同盟国をテロ攻撃から守る戦略のなかでどのような位置を占めているのか？　あるいはそれは行為の宣伝や挑発戦略という教義に従って軍事行動を行っている敵に燃料、すなわちハイオクの戦略的燃料を提供する結果に陥っているのではないか？

したがって、要するにイラクを全体として、あるいはイラクのすべての部隊を全体として見るのではなく、望ましい成果を出発点とする分析であれば、このイラクの自由作戦のどの段階でフセインの軍事力を破壊すべきであったのか、どの段階で他の手段と一緒に行使するべきだったのかがわかるのだ。すなわち、軍事的活動は特定の障害物を取り除くために行われるのであり、その他の障害は対立の形で残るであろうが、それらはすべての手段を組み合わせ時間をかけて解決されるという理解が必要なのだ。ここで取り上げたイラクの自由作戦は一つの例にすぎないのではあるが、紛争に対する我々の取り組み方を変えることの決定的な重要性を示している。そして、その変更を成し遂げてこそ軍事力の効用を獲得できるのである。

軍事力の効用

この表題の下で、私は、昨今の紛争において我々の政治的目的を達成するために軍事力は使えないとか、効果的には使えないと言うつもりはない。単純な武器で武装した少数の敵兵士がいかに効果的な成果をあげているか、彼らを打ち負かし、彼らが軍事力を使って自分たちの政治的な構想を推進しこれを実現しようとするのを阻止することがいかに難しいか、を見ればわかることだ。軍事力は防衛、国家と国民の安全保障、国際的な平和維持などのあらゆる目的に対して効用をもっている。本節の表題の下で私が意図しているのは、平和維持から平和執行そして防衛まで多岐にわたる分野での国際的な取り組みに実効性を持たせることである。しかし、軍事力が効果的であるためには、その行使によってもたらすべき望ましい成果が詳細に理解されていなければならないのである。そして、そのためには、軍事力行使の背景としての状況が軍事力行使の対象である目標と同じくらい明確になっている必要がある。というのも、すべての介入において、全般的な目的ははっきりしているからだ。すなわち、我々は介入する地域の一般市民と彼らの指導者たちに対して、さまざまな問題をめぐる対立という状況においてつねに存在する紛争への移行という選択肢は望ましくないということをはっきりわからせようとしているのだ。これは、核保有国、ならず者国家、テロリスト、マチェーテを振り回す反乱勢力等のいずれに対しても当てはまることだ。こういった連中はいずれも一般市民を武力で脅し自分たちの政治的目標に到達するための状況をつくりあげようとしている。このような連中にはっきりとわからせるためには、軍事力は経済的・政治的・外交的な手段と同様、介入し影響力を及ぼすことのできる強力な手段として有効な選択肢である。しかし、それが効果的であるためにはあらゆる手段を一つの目標に集中させているより大きな計画の一環として行使されなければならない。

意志の衝突における勝利を支援するように軍事力が正しく使用されるのであれば、軍事力にはまだ効用があると私はずっと考えてきているのであるが、同様に正しく運用されるのであれば我々の軍隊もまだ有用だと思っている。陸軍・空軍・海軍の相対的な規模やそれぞれの装備の性質と量は新しいパラダイムに合うように確実に変化を遂げていくだろう。しかし、もっとも緊急に変化を必要としているのは軍の組織である。軍隊を行使する手段を計画立案する戦略機構は、軍事力が戦略的に用いられる方法をよく考える必要がある。本書のいたるところで私が主張してきているように、任務の重点は、国土を防衛するために国軍を組織することから軍隊を使って国民とその生き方を守るために軍事力を使うことへと変化しており、その軍事行動は国境から遠く離れたところで遂行されるようになってきた。核弾頭が装着されているいないにかかわらず、どこかの国がミサイルで直接攻撃してくる可能性は存在しており、大量破壊兵器の拡散阻止を目的とする安全保障措置が失敗すればその可能性は高まるだろう。そうした攻撃は常に抑止されなければならない。そのためには、ほとんどの国の場合、信頼できるとともに効果的なミサイル防衛システムとそのための情報網と、報復攻撃能力を提供する同盟が必要となる。しかし、これらの防衛手段はそれだけを他から切り離して考えてはいけないのである。城を築くのは結構だが包囲された城のなかで暮らす破目にならないよう、幅広いと狭いとにかかわらず国益を守ることと、守り抜く能力と意欲があると見られることが重要であり、実は後者が要である。安全保障を目的とした行動を開始する際、一定の要素が変化しないことがわかる。そのような行動は遠征的であり、ある程度多国籍の要素を持ち、非軍事機関も参加するものであり、また長期にわたる。多国籍部隊への参加国はそれぞれの歴史とおかれた環境に応じて少しずつ異なる編成で到着するだろう。しかし、こうした編成が他国の編成と似通っているほど、多国籍軍という形でまとまった時にうまく機能する。これはヨーロッパ各国、特に各国陸軍は直面している課題だ。各国の軍隊は旧ソ連製の兵器で武装した敵に対応するために有効な編成・装備をもっている。これらの部隊を即応態勢におき、かつ国外において運用可能な状態を維持するのは、戦略レベルにおける編成上の問題である。

作戦という観点から考えると、軍事力の使用方法すなわち用兵とそのための編成は、戦略的に普遍的な要素と《人間《じんかん》戦争》に独特な要素の両方を反映したものでなければならない。この点について我々は、通信、戦力展開、指揮に関する優勢を獲得するべく、科学技術の恩恵をすべて――特に宇宙空間、空、海で――活用しなければならない。しかし、これをしようとする際には、敵がこうしたこちらの強みを無力にするために〈人々の間〉に入り込んだのだということを承知しておかなければならない。昨今の環境においては、これらの技術的強みはそれだけでは不充分なのだ。それ自体に効力があるわけではない。我々は〈人々の間〉に入り込んでいる敵と交戦しなければならないが、こうした環境における技術的優位とは、〈人々の間〉で交戦する味方部隊を科学技術が直接支援して初めて獲得できるものだ。ここでいう編成上避けることのできない変化を実現するためには、前方に展開する陸海空三軍の各部隊相互の間の関係や構成部隊間の関係を《国家間戦争》における相互関係と異なるものへと変化させなければならない。また、あらゆる点において科学技術を活用する必要性がある一方、我々は《国家間戦争》の図式のなかで科学技術を見ないように気をつけなければならない。もはや二つないしそれ以上の陣営が、互いに科学技術で相手を打ち負かそうとするという問題ではないのだ。例えば、現在「戦場のデジタル化」と「ネットワークが可能にする戦争」には大きな強みが期待されている。しかしながら我々は、どこで、何に対して、この有利な立場を得ようとしているのかをはっきり理解するよう注意しなければならない。自身について知れば知るほど、敵について知らなくなる危険がある。情報技術は、敵を理解し発見し、一般市民から引き離すために遂行する情報活動を支援するため、また味方の諸活動が互いに補完するようその効果をネットワーク化するために利用されるべきである。

情報収集手段はこの目的に向けて増え、戦域周辺や〈人々の間〉に広く配置されるようになるだろうと私は予想している。こうして収集された情報は、関係する人たちの意図を確かめるためのものであり、またいろいろなものや特定の人物を見つけるためのものでもある。この偵察・監視ネットワークには工作員が必要だ。工作員は〈人々の間〉に入り込み動き回り彼らの言葉をしゃべり、彼らの行動規範を理解し、彼らのことをよく知っていなければならない。自分たちの敵が近くにいると彼らが気がついていてもそのなかを悠々と動き回り、なおかつ挑発や行為の宣伝という敵の戦略に陥らぬようこの工作員たちには特別の訓練と気骨が要求される。

収集された情報が増えるにつれて、こちらが攻撃すべき目標の存在場所が明確になり、得られた情報に基づく攻撃の数は、歩兵・砲兵・戦闘爆撃機・艦艇のいずれによるものであれ、減少してくる。兵器や技術はさらに精巧なものになるだろう。これらの兵器は一元的に管理され、情報活動を支援し、またその成果を拡張するような目標を攻撃するために適確に指向される。ここにおいては、兵器設計において必要な射程や精密さを得るために駆使された我々の技術的優位が大いに発揮されることになる。支援火器や支援部隊は、標的にならないよう、また作戦の係累、特に基地防護のための監視・巡回所要人員を減らすよう最小限に抑えなければならない。もちろん一部は残さなければならないが、こうした施設や付随する警備員、物資補給部隊は攻撃されるのを待つ標的のようなものであり、敵を有利にしてしまう。また、特にその保安巡察は圧政的な駐留軍の証拠でもある。このことを理解して撤退すれば、一方の集団は勝ったと主張するであろうし、もう一方の集団は逆に安全確保の信頼が欠如するとして基地を残せと要求するだろう。こつは最初から軍事行動を全体として捉え、そのような危険に不必要にさらすことを避け、止むを得ない場合に行動を起こすべく有利に背景を設定することだ。ここでも制空権、制海権があるとこうした活動の多くを安全に遂行できるかもしれない。戦域レベルあるいは戦略レベルにおいても、長期にわたるのではなく単発的な襲撃のような軍事力の使用を考え出さなければならないと思う。このような用兵は息の長い情報活動とは対照的なものとなる。ここでも多国籍主義を活用できるかもしれないが、それには政治的意志という手段が必要になる。例えば、EU加盟国の国民が医学的な緊急事態に直面した場合、簡易な書類EⅢに基づいて、EⅢでカバーされるEU域内を移動できるのであれば、戦場でも同様の医学的取り決めを結べるはずだ。

兵士の士気を維持するために兵士を守りたいという願望は心から支持すべきであるが、往々にして兵士と一般市民を隔てる手段と化してしまう。ヘルメットをかぶって武装し武器を手にして一般市民の前にあらわれる、あるいは通りで重装甲車に乗っている。巡回する際の兵士のこのような態度は威嚇的だ。基地は厳重に防備をかため一般市民を監視するのに都合のいい場所に建てられている。こうした手段は、どうしても必要な場合もあるが、私はだいたいにおいて反対である。こうした手段はいずれも兵士が「余所者」であることをはっきりさせるものであり、〈人々の間〉に入り込んでいる敵は、日々その場での優位を獲得することになる。他の方法も取り入れるべきだ。すなわち、編成装備をこれまでとは異なる形に変化させ、意思決定のレベルを低くするようにし、これによって人々の前にさらされる兵士の数と見た目の存在感を必要最小限に減らした方がいい。

こうした軍事行動で指揮官たちを支える幕僚機構は必要に応じ、多国籍であるのはもちろん多機能でなければならないし、司令部や手続きもそれなりに組織されている必要がある。戦略的見地から軍事行動を全体として見て計画し指揮する必要があるのとまったく同じように、戦域においてもそのように行われる必要がある。軍司令部は作戦開始前から常設されているため、ここでいう多機能司令部の骨格になるものであるが、軍司令部は単に他の分野の代表者たちを受け入れるだけにとどまらず、彼らを意思決定機構のなかに組み入れなければならない。対立や紛争に関して、異なる情報がほしいという要請に対処できる要員や組織が必要である。戦闘や紛争で必要な情報は、客観的なもの、すなわち時間、空間、量、効果などについてのものである。対立の場合必要となるものは、意図やタイミング、結果に関する主観的な情報である。過度に単純化する危険を承知のうえで言うと、戦闘の計画は橋の建設計画に似ている。すなわち、活動は建設の論理に従って順次実行に移され、前もって見積もられた資源が予定表に合わせて提供されるのだ。これに対し、対立を処理するにあたっては、事態の進展に伴って必要になってくる「選択肢のポートフォリオ」を組むことになる。選択肢はそれぞれが望ましい成果に向かって進むように選ばれる。《人間《じんかん》戦争》においては、それぞれの戦闘や紛争の背景は対立という状態である。戦域における司令官と幕僚、そして隷下部隊の指揮官は、その時々に、自分たちが対立と紛争のどちらを遂行しているのかということ、そしてそのなかで隷下部隊がどのような役割を果たさなければならないのかということをはっきりと認識していなければならない。このように考える場合の結論の一つは、指揮系統の階層的構造は特に低位の戦術レベル交戦の場合、障害になりかねないということである。この階層的指揮系統は、紛争において実際に交戦している部隊や司令部と、より大きな意味で対立という状態に対処している司令部のあいだに何層もの結節をつくることになる。もし我々が効果的でありたいならば、これもまた軍組織の変更につながるだろう。

最後に言っておくが、こうした複雑な作戦を遂行するべく派遣される将兵に対し、その肩にのしかかる責任に相応しい権限を与えるためには、信頼関係を築くことが不可欠である。この信頼関係は適任者を選抜し訓練することによってのみもたらされるものであり、多国籍軍の場合にはさらに困難で時間を要するものとなる。そうではあるのだが、これが達成されないかぎり、展開された軍事力や資源がもつ潜在力を完全に手にすることはできないはずである。

序論で戦争のレベルについて独自の考えを述べた際、各レベルはそれぞれ上位のレベルの背景の枠内に位置するということを強調した。各レベルにおける指揮官は、自分が付与した目標を隷下部隊が達成するために最適の機会を捉えることができるよう、隷下部隊に対してその背景を提供する責任がある。指揮官はいかなる状況においても、敵部隊の規模に応じて目標を設定し、その目標を達成するべく戦力を割り当て、必要であれば予備隊を投入しなければならないし、指揮下部隊の戦場をはっきりと示さなくてはならない。

こうした判断は活動に先だって行われる。実際に行動を起こす際の上級指揮官にとって、敵の行動を現実に目の当たりにして自分がくだしていた判断の妥当性が揺るがないということが試金石になる。しかしながら、さらに対立という状態のなかで勝利することを目標として、戦略レベル以下において軍事的目標を達成するために軍事力を使用する場合には、他の組織の力、すなわち経済的・外交的・政治的・人道的な要因等が軍事行動の背景の一部となることを理解することが必要となる。それらの要因は対立という状態における戦場を明らかにしてくれる。このように戦略レベル以下で作戦する指揮官は、自分たちの目標の達成と活用に密接に関わる政治的・経済的・社会的要因を含む背景のなかに自分たちの行動をしっかりと位置づけておく必要がある。この広範な背景がないと、どのレベルの指揮官も目標を達成できないし、当然望ましい政治的成果――すべての活動の何よりも重要な目的――を最終的に達成することができなくなる。すなわち、軍事力に効用がなくなる。

このような変革が行われれば、〈人々の間〉で行われるこうした長期にわたる軍事行動をめぐって展開し運用される限りある兵力を最大限に活用するために必要な、また他の機関と統一性をもってそうするために必要な、編制による機動性を獲得する助けとなるだろう。そのためには、次のことを決して忘れてはならない。もはや戦争は存在しない。他方、対立、紛争、戦闘が世界中に存在し続けることは確かであり、国家は相変わらず力の象徴として用いる軍隊を保有している。それにもかかわらず大多数の一般市民が経験的に知っている戦争、戦場で当事国双方の兵士と兵器のあいだで行われる戦いとしての戦争、国際紛争を解決する手段としての大がかりな戦争、すなわち《国家間戦争》、こうした戦争はもはや存在しない。現在、我々が関わっているのは絶えずさまざまに変形している《人間戦争》である。直面している対立や紛争に勝利したいのであれば、このたしかな現実に我々のやり方を順応させ、また我々の組織を現実に合わせて編成し直さなければならない。

【著者】**ルパート・スミス**　General Sir Rupert Smith
元イギリス陸軍大将。欧州連合軍副最高司令官。湾岸戦争ではイギリス陸軍機甲師団長、ボスニア・ヘルツェゴビナ紛争では国連軍司令官として作戦に参加。2002 年に退役。欧州のエリート軍人特有の軍事史に関する深い見識と自らの経験に基づいて記した軍事論が本書である。

【監修】**山口昇**（やまぐち・のぼる）
元陸将。在米国大使館防衛駐在官、陸上自衛隊研究本部長等を経て 2008 年退官、2009 年から防衛大学校教授。2011 年 3 月から 9 月まで内閣官房参与。

【翻訳】**佐藤友紀**（さとう・ゆき）
宮城県生まれ。武蔵大学経済学部卒。訳書にクレフェルト『戦争文化論』『戦争の変遷』、ローズ『終戦論』、スタントン『歴史を変えた外交交渉』など。

ルパート・スミス

軍《ぐん》事《じ》力《りょく》の効《こう》用《よう》

新《しん》時《じ》代《だい》「戦《せん》争《そう》論《ろん》」

●

2014年3月28日　第1刷

著者…………ルパート・スミス
監修者…………山口《やまぐち》 昇《のぼる》
訳者…………佐藤《さとう》友紀《ゆき》

装幀…………岡孝治

発行者…………成瀬雅人
発行所…………株式会社原書房
〒160-0022 東京都新宿区新宿 1-25-13
電話・代表 03 (3354) 0685
http://www.harashobo.co.jp
振替・00150-6-151594

印刷…………新灯印刷株式会社
製本…………東京美術紙工協業組合

ISBN978-4-562-04992-9, Printed in Japan